国家出版基金项目

"十三五"国家重点图书出版规划项目

"十四五"时期国家重点出版物出版专项规划项目

国家出版基金项目
NATIONAL PUBLICATION FOUNDATION

中国水电关键技术丛书

水电工程三维协同设计技术

中国电建集团华东勘测设计研究院有限公司

主编 张春生 时雷鸣 王金锋

中国水利水电出版社
www.waterpub.com.cn
·北京·

内 容 提 要

本书系国家出版基金项目《中国水电关键技术丛书》之一。中国电建集团华东勘测设计研究院有限公司(简称"华东院")结合近 20 年在水电工程三维协同设计上的众多案例实践,阐述了三维协同设计的技术理论,总结了三维协同设计的生产组织、通用技术、专业技术、管理技术及标准体系。同时,本书结合华东院在工程数字化领域的深入应用成果,介绍了如何在水电工程开展数字化建设管理和智慧化运维管理,并在数字城市(CIM)创新推广应用方面做了深入的阐述,此外还介绍了三维协同设计在非水电工程中的应用。本书旨在为水电工程三维协同设计提供参考,为数字化技术在工程全生命周期以及智慧城市建设中的应用提供思路。

本书适用于工程行业的设计、施工、监理、运维等技术和管理人员,以及工程类专业的教师和学生参考借鉴,尤其适合水电工程技术人员和工程数字化技术人员阅读。

图书在版编目(C I P)数据

水电工程三维协同设计技术 / 张春生,时雷鸣,王金锋主编. —— 北京:中国水利水电出版社,2023.6
(中国水电关键技术丛书)
ISBN 978-7-5226-1449-6

Ⅰ.①水… Ⅱ.①张… ②时… ③王… Ⅲ.①水利水电工程—设计 Ⅳ.①TV222

中国国家版本馆CIP数据核字(2023)第046744号

书　　　名	中国水电关键技术丛书 **水电工程三维协同设计技术** SHUIDIAN GONGCHENG SANWEI XIETONG SHEJI JISHU
作　　　者	主编　张春生　时雷鸣　王金锋
出 版 发 行	中国水利水电出版社 (北京市海淀区玉渊潭南路 1 号 D 座　100038) 网址:www.waterpub.com.cn E-mail:sales@mwr.gov.cn 电话:(010) 68545888(营销中心)
经　　　售	北京科水图书销售有限公司 电话:(010) 68545874、63202643 全国各地新华书店和相关出版物销售网点
排　　　版	中国水利水电出版社微机排版中心
印　　　刷	北京印匠彩色印刷有限公司
规　　　格	184mm×260mm　16 开本　33.5 印张　815 千字
版　　　次	2023 年 6 月第 1 版　2023 年 6 月第 1 次印刷
定　　　价	**298.00 元**

《中国水电关键技术丛书》编撰委员会

《中国水电关键技术丛书》组织单位

中国大坝工程学会
中国水力发电工程学会
水电水利规划设计总院
中国水利水电出版社

本书编委会

本书编写人员名单

第 1 章　陈　沉　魏志云　丁　聪

第 2 章　斯铁冬　陈　佑　廖　川　冯　斤　张文东　丁　聪

第 3 章　魏志云　斯铁冬　张家尹　廖　川　马继生　曹可杰
　　　　王开乐　朱宇旭　石芳芳　应　宇　丁　聪

第 4 章　陈　沉　邬远祥　陈　佑　彭媛媛　李小州　冯　斤
　　　　曹可杰　廖　川　赵杏英　侯志通　岳　超　周碧云
　　　　张　帅　熊保锋　潘怡如　马继生　周淼汛　胡　婷
　　　　师晓岩　陈　军　叶　虹　徐蒯东　夏云秋　胡坚柯
　　　　李　倩　郑晓红　季　昀　李鹏祖　朱欢丽　鲍志强
　　　　江海琳　郑锦辉　黄德法　李东伟　依俊楠　张善亮
　　　　郭磊磊　韩晓劲　丁　聪　谢栋材　刁百灵　王厚霖
　　　　曲柄宇　柯腾煜

第 5 章　斯铁冬　张文东　廖　川　丁　聪

第 6 章　陈　佑　邓新星　朱欢丽　斯铁冬　丁　聪

第 7 章　卓胜豪　杨　帆　方志威　朱泽彪　王　驰　张成涛
　　　　周怡冰　来庆涛　蒋昶涵　朱欢丽　赵江浩　丁　聪

第 8 章　陈　佑　陈　沉　曾　敏　商黑旦　廖　川　马继生
　　　　朱欢丽　潘怡如

第 9 章　侯志通　刘　明　王　辉

历经 70 年发展，特别是改革开放 40 年，中国水电建设取得了举世瞩目的伟大成就，一批世界级的高坝大库在中国建成投产，水电工程技术取得新的突破和进展。在推动世界水电工程技术发展的历程中，世界各国都作出了自己的贡献，而中国，成为继欧美发达国家之后，21 世纪世界水电工程技术的主要推动者和引领者。

截至 2018 年年底，中国水库大坝总数达 9.8 万座，水库总库容约 9000 亿 m³，水电装机容量达 350GW。中国是世界上大坝数量最多的国家，也是高坝数量最多的国家：60m 以上的高坝近 1000 座，100m 以上的高坝 223 座，200m 以上的特高坝 23 座；千万千瓦级的特大型水电站 4 座，其中，三峡水电站装机容量 22500MW，为世界第一大水电站。中国水电开发始终以促进国民经济发展和满足社会需求为动力，以战略规划和科技创新为引领，以科技成果工程化促进工程建设，突破了工程建设与管理中的一系列难题，实现了安全发展和绿色发展。中国水电工程在大江大河治理、防洪减灾、兴利惠民、促进国家经济社会发展方面发挥了不可替代的重要作用。

总结中国水电发展的成功经验，我认为，最为重要也是特别值得借鉴的有以下几个方面：一是需求导向与目标导向相结合，始终服务国家和区域经济社会的发展；二是科学规划河流梯级格局，合理利用水资源和水能资源；三是建立健全水电投资开发和建设管理体制，加快水电开发进程；四是依托重大工程，持续开展科学技术攻关，破解工程建设难题，降低工程风险；五是在妥善安置移民和保护生态的前提下，统筹兼顾各方利益，实现共商共建共享。

在水利部原任领导汪恕诚、张基尧的关心支持下，2016 年，中国大坝工程学会、中国水力发电工程学会、水电水利规划设计总院、中国水利水电出版社联合发起编撰出版《中国水电关键技术丛书》，得到水电行业的积极响应，数百位工程实践经验丰富的学科带头人和专业技术负责人等水电科技工作者，基于自身专业研究成果和工程实践经验，精心选题，着手编撰水电工程技术成果总结。为高质量地完成编撰任务，参加丛书编撰的作者，投入极大热情，倾注大量心血，反复推敲打磨，精益求精，终使丛书各卷得以陆续出版，实属不易，难能可贵。

21 世纪初叶，中国的水电开发成为推动世界水电快速发展的重要力量，形成了中国特色的水电工程技术，这是编撰丛书的缘由。丛书回顾了中国水电工程建设近30年所取得的成就，总结了大量科学研究成果和工程实践经验，基本概括了当前水电工程建设的最新技术发展。丛书具有以下特点：一是技术总结系统，既有历史视角的比较，又有国际视野的检视，体现了科学知识体系化的特征；二是内容丰富、翔实、实用，涉及专业多，原理、方法、技术路径和工程措施一应俱全；三是富于创新引导，对同一重大关键技术难题，存在多种可能的解决方案，并非唯一，要依据具体工程情况和面临的条件进行技术路径选择，深入论证，择优取舍；四是工程案例丰富，结合中国大型水电工程设计建设，给出了详细的技术参数，具有很强的参考价值；五是中国特色突出，贯彻科学发展观和新发展理念，总结了中国水电工程技术的最新理论和工程实践成果。

与世界上大多数发展中国家一样，中国面临着人口持续增长、经济社会发展不平衡和人民追求美好生活的迫切要求，而受全球气候变化和极端天气的影响，水资源短缺、自然灾害频发和能源电力供需的矛盾还将加剧。面对这一严峻形势，无论是从中国的发展来看，还是从全球的发展来看，修坝筑库、开发水电都将不可或缺，这是实现经济社会可持续发展的必然选择。

中国水电工程技术既是中国的，也是世界的。我相信，丛书的出版，为中国水电工作者，也为世界上的专家同仁，开启了一扇深入了解中国水电工程技术发展的窗口；通过分享工程技术与管理的先进成果，后发国家借鉴和吸取先行国家的经验与教训，可避免少走弯路，加快水电开发进程，降低开发成本，实现战略赶超。从这个意义上讲，丛书的出版不仅能为当前和未来中国水电工程建设提供非常有价值的参考，也将为世界上发展中国家的河流开发建设提供重要启示和借鉴。

作为中国水电事业的建设者、奋斗者，见证了中国水电事业的蓬勃发展，我为中国水电工程的技术进步而骄傲，也为丛书的出版而高兴。希望丛书的出版还能够为加强工程技术国际交流与合作，推动"一带一路"沿线国家基础设施建设，促进水电工程技术取得新进展发挥积极作用。衷心感谢为此作出贡献的中国水电科技工作者，以及丛书的撰稿、审稿和编辑人员。

中国工程院院士

2019 年 10 月

　　水电是全球公认并为世界大多数国家大力开发利用的清洁能源。水库大坝和水电开发在防范洪涝干旱灾害、开发利用水资源和水能资源、保护生态环境、促进人类文明进步和经济社会发展等方面起到了无可替代的重要作用。在中国，发展水电是调整能源结构、优化资源配置、发展低碳经济、节能减排和保护生态的关键措施。新中国成立后，特别是改革开放以来，中国水电建设迅猛发展，技术日新月异，已从水电小国、弱国，发展成为世界水电大国和强国，中国水电已经完成从"融入"到"引领"的历史性转变。

　　迄今，中国水电事业走过了 70 年的艰辛和辉煌历程，水电工程建设从"独立自主、自力更生"到"改革开放、引进吸收"，从"计划经济、国家投资"到"市场经济、企业投资"，从"水电安置性移民"到"水电开发性移民"，一系列改革开放政策和科学技术创新，极大地促进了中国水电事业的发展。不仅在高坝大库建设、大型水电站开发，而且在水电站运行管理、流域梯级联合调度等方面都取得了突破性进展，这些进步使中国水电工程建设和运行管理技术水平达到了一个新的高度。有鉴于此，中国大坝工程学会、中国水力发电工程学会、水电水利规划设计总院和中国水利水电出版社联合组织策划出版了《中国水电关键技术丛书》，力图总结提炼中国水电建设的先进技术、原创成果，打造立足水电科技前沿、传播水电高端知识、反映水电科技实力的精品力作，为开发建设和谐水电、助力推进中国水电"走出去"提供支撑和保障。

　　为切实做好丛书的编撰工作，2015 年 9 月，四家组织策划单位成立了"丛书编撰工作启动筹备组"，经反复讨论与修改，征求行业各方面意见，草拟了丛书编撰工作大纲。2016 年 2 月，《中国水电关键技术丛书》编撰委员会成立，水利部原部长、时任中国大坝协会（现为中国大坝工程学会）理事长汪恕诚，国务院南水北调工程建设委员会办公室原主任、时任中国水力发电工程学会理事长张基尧担任编委会主任，中国电力建设集团有限公司总工程师周建平、水电水利规划设计总院院长郑声安担任丛书主编。各分册编撰工作实行分册主编负责制。来自水电行业 100 余家企业、科研院所及高等院校等单位的 500 多位专家学者参与了丛书的编撰和审阅工作，丛书作者队伍和校审专家聚集了国内水电及相关专业最强撰稿阵容。这是当今新时代赋予水电工作者的一项重要历史使命，功在当代、利惠千秋。

丛书紧扣大坝建设和水电开发实际，以全新角度总结了中国水电工程技术及其管理创新的最新研究和实践成果。工程技术方面的内容涵盖河流开发规划，水库泥沙治理，工程地质勘测，高心墙土石坝、高面板堆石坝、混凝土重力坝、碾压混凝土坝建设，高坝水力学及泄洪消能，滑坡及高边坡治理，地质灾害防治，水工隧洞及大型地下洞室施工，深厚覆盖层地基处理，水电工程安全高效绿色施工，大型水轮发电机组制造安装，岩土工程数值分析等内容；管理创新方面的内容涵盖水电发展战略、生态环境保护、水库移民安置、水电建设管理、水电站运行管理、水电站群联合优化调度、国际河流开发、大坝安全管理、流域梯级安全管理和风险防控等内容。

丛书遵循的编撰原则为：一是科学性原则，即系统、科学地总结中国水电关键技术和管理创新成果，体现中国当前水电工程技术水平；二是权威性原则，即结构严谨，数据翔实，发挥各编写单位技术优势，遵照国家和行业标准，内容反映中国水电建设领域最具先进性和代表性的新技术、新工艺、新理念和新方法等，做到理论与实践相结合。

丛书分别入选"十三五"国家重点图书出版规划项目和国家出版基金项目，首批包括50余种。丛书是个开放性平台，随着中国水电工程技术的进步，一些成熟的关键技术专著也将陆续纳入丛书的出版范围。丛书的出版必将为中国水电工程技术及其管理创新的继续发展和长足进步提供理论与技术借鉴，也将为进一步攻克水电工程建设技术难题、开发绿色和谐水电提供技术支撑和保障。同时，在"一带一路"倡议下，丛书也必将切实为提升中国水电的国际影响力和竞争力，加快中国水电技术、标准、装备的国际化发挥重要作用。

在丛书编写过程中，得到了水利水电行业规划、设计、施工、科研、教学及业主等有关单位的大力支持和帮助，各分册编写人员反复讨论书稿内容，仔细核对相关数据，字斟句酌，殚精竭虑，付出了极大的心血，克服了诸多困难。在此，谨向所有关心、支持和参与编撰工作的领导、专家、科研人员和编辑出版人员表示诚挚的感谢，并诚恳欢迎广大读者给予批评指正。

《中国水电关键技术丛书》编撰委员会

2019年10月

随着计算机和信息技术的迅猛发展和普及应用，云计算、大数据、物联网等信息技术正逐渐融入社会发展的方方面面。工程建设领域应用的建筑信息模型（BIM）技术作为先进的工程三维数字化技术也在快速发展。随着BIM技术的出现和不断深入的研究与应用，以建筑信息模型和数字化协同为代表的信息化成果正在改变着传统的工程建设模式，工程数字化设计、数字化建设和智慧化管理在信息化管理理念、标准体系、数据安全、企业数字化转型等发展潜力远未得到挖掘，存在诸多的提升空间，网络化、数字化、集成化、智能化的应用水平亟待提升。

当前，新一代信息技术不断与经济社会各领域深度融合，有力促进了高新技术成果在传统行业的适配、升级、落地，大大提升了社会运行效率。新技术日益成为创新驱动发展的先导力量，深刻改变着政府管理服务模式和社会运行模式以及人们的生产生活方式，深刻影响着经济社会的发展方向，水利水电勘察设计行业的信息化建设水平和信息化应用能力必然会引起行业设计理念的极大转变。

中国电建集团华东勘测设计研究院有限公司（简称"华东院"）三维协同设计技术的应用于2004年启航，经过10年的不懈探索和全院上下的一致努力，在2015年建立了一整套面向水电工程的三维协同设计解决方案。此后，不仅不断地应用于华东院内的常规水电、抽水蓄能项目，而且也在行业内其他单位的水利水电项目中推广应用。该解决方案不仅满足水利水电行业三维协同设计技术应用的需要，同时能够对整个基础建设行业的工程数字化技术应用起到引导和示范作用，在巨大的工程数字化市场上占有一席之地。

本书主要从建筑信息模型（BIM）技术在设计阶段的水电工程三维协同设计入手，介绍了水电工程三维协同设计的生产组织体系、协同管理体系、设计标准体系等，重点在水电工程各专业模型创建、抽图等三维设计关键点上展开介绍，最后延伸介绍了数字化技术在水电工程建设期和运维期的应用、非水电工程的三维协同设计应用以及数字城市（CIM）发展创新的方向。本书旨在为水电工程的三维协同设计提供参考，为数字化技术在工程全生命周期以及智慧城市建设中的应用提供参考。

由于编者水平有限，编写时间仓促，书中难免存在不妥之处，衷心欢迎广大读者批评指正。

作者

2022 年 8 月

目录

第 1 章

概述

随着我国水电建设的迅猛发展，大中型水电工程对设计水平、设计效率和设计质量提出了更高要求。当代水电工程建设随着技术的发展，设计特点既有传统的多专业与复杂的特点，同时也朝着规模化和周期"短平快"发展。在水电工程的建设中，"投资省、耗能低、环保好"是当代水电工程设计重要的关注点之一。常规的二维制图已不能满足上述"高质量、高效率"的设计需求，而三维协同技术能够解决复杂工程空间碰撞问题和提高整体设计效率问题，在实际建设过程中能够通过模拟分析，极大地减少水电工程建设施工中出现的各种问题，对水电工程施工具有非常重要的指导意义。

水电站项目通常是体量巨大，涉及专业众多的复杂项目。以前期地质地貌勘察为例，该项工作范围大、时间长、要求高，作业环境艰苦，采集数据量巨大，作业面分散，勘察数据整合耗时耗力，传统的人工处理方式容易出错且效率低下，借助无人机等新型作业设备及配套的数据处理软件，能够有效降低成本、提高效率，并且可实现实景模拟，为未来协同设计积累丰富的数据资产。在多专业协同上，三维协同设计技术涵盖从前期基于测绘模型的大坝及各类建筑物的选型选址设计，到深化设计中各专业的空间协调，再到施工中场地布置、施工方案模拟、设备安装运输路径设计等，无不使决策变得高效精确。

进入 21 世纪以来，我国水电工程领域引进了三维设计技术，开展相关应用及研究工作，但主要集中在一些大型设计院，中国电建集团华东勘测设计研究院有限公司（以下简称"华东院"）就是其中之一。早在 2010 年之前，华东院就通过成立工程数字化研究中心，大力开展技术培训与交流，并实施产学研一体化、战略合作与共享等举措，促进三维协同设计在水利水电行业的全面应用。通过多年来具体的水电工程三维协同设计实践表明，采用三维设计使设计图纸的一次校审通过率可普遍提高至 90%，设计产品的差错率减少约 80%，比传统设计效率提高 40% 以上，工程项目设计周期缩短 30%，大大提升了设计单位的生产力、生产水平和市场竞争力。

2000 年以来，工程建设行业对三维协同设计的认识逐步提升，三维协同技术应用有序推进，取得了良好的经济效益和社会效益。住房和城乡建设部先后出台《关于推进建筑信息模型应用的指导意见》（建质函〔2015〕159 号）等多项文件，要求通过倡导行业服务，加强政策引导，完善相关法律法规等举措推进建筑信息模型在全国的应用。目前国家已从行业层面进入到三维设计标准制定、三维模型库建设及三维平台建设的整合开发阶段。设计是工程建设的灵魂，其质量的优劣关乎工程建设质量的高低。设计作为工程建设的龙头，可以通过改进设计技术手段，提高工作效率，保证工程质量与安全。随着时间的推移，三维协同设计的巨大优势将日渐凸显。对地形地质条件复杂、水工结构多样的水电工程，三维协同设计在统一的可视化设计平台上共享数据、信息和知识，具有可视化、多专业协同、高仿真模拟、便于工程优化等特点，使其成为水电工程设计技术发展的必然趋势。

本书以水电工程三维协同设计为主线，并结合后期的数字化交付、施工运维管理，全面细致地介绍了水电站数字化应用的成果案例、技术原理及未来发展方向。书的最后一章也进一步探讨了数字城市技术的研究和应用。

1.1　三维协同设计技术理论

尽管协同设计的理念已深入人心，但是对于协同设计的含义和内容，以及未来的发展方向，人们的认识却不尽统一。目前所说的协同设计，是指为了满足工程设计项目及相关专业的组织结构和设计流程需要，通过网络进行的一种设计沟通技术。它包括：通过CAD 设计文件间的外部参照，使得工种之间的数据得到可视化共享；通过网络消息、视频会议等手段，使设计团队成员之间可以跨越部门、地域甚至国界进行成果交流，开展方案评审或讨论设计变更；通过建立网络资源库，使设计者能够获得统一的设计标准；通过网络管理软件的辅助，使项目组成员以特定角色登录，及时共享各自的设计成果，可保证成果的实时性和唯一性，并实现正确的设计流程及信息时时协同管理。

BIM 的出现，则从另一个角度带来了设计方法的革命，主要体现在以下几个方面：①从二维设计转向三维设计；②从线条绘图转向三维虚拟实体构件布置；③从单纯几何表现转向全信息模型的集成；④从各工种单独完成项目转向各工种协同完成项目；⑤从离散的分步设计转向基于同一模型的全过程整体设计；⑥从单一设计交付转向工程全生命周期支持。BIM 带来的不仅是技术，也是新的工作流及新的行业惯例。而协同是 BIM 的核心理念，即基于同一模型进行工程数据共享，实现信息的即时更新，让各个专业能够掌握工程模型的最新变化，满足同步作业要求。从这个意义上说，协同已经不再是简单的文件参照，BIM 技术将为未来协同设计提供统一的底层数据支撑，大幅提升协同设计的技术含量。

BIM 软件技术和应用技术的发展为三维协同设计提供了技术支撑，协同设计不再是单纯意义上的设计交流沟通、组织和管理手段，它与 BIM 融合，成为设计手段本身的一部分，即基于 BIM 的协同化设计。

1.1.1　BIM 技术及特点

建筑信息模型（Building Information Modeling，BIM）既是三维几何数据模型，也是一种数字化信息化的技术手段，用于设计、建造、模拟、管理、移交等。BIM 的思想最早源于查克·伊斯特曼（Chuck Eastman）1975 年提出的一种平立剖面图联动的设想。后经过不断发展，普遍认为：建筑信息模型是指建筑物在设计和建造过程中，创建和使用可计算数字信息。而这些数字信息能够被程序系统自动管理，使得经过这些数字信息所计算出来的各种文件，自动地具有彼此吻合、一致的特性。国际标准组织设施信息委员会给出的定义则是：在开放的工业标准下对设施的物理和功能特性及其相关的项目生命周期信息的可计算或可运算的形式表现，从而为决策提供支持，以便更好地实现项目的价值。经过一系列项目的实践以及物联网信息技术的快速发展，BIM 的含义和应用内涵得到了极大地丰富和扩充。

BIM 技术具有可视化、一体化、参数化、仿真性、协调性、优化性、可出图性、信息完备性等特点。它的核心是通过建立虚拟的工程三维模型,利用数字化技术,为这个模型提供完整的、与实际一致的工程信息库。该信息库不仅包含描述工程构件的几何信息、专业属性及状态信息,还包括非构件对象(如空间、运动行为)的状态信息。它可以实现工程信息的集成,从工程的设计、施工、运营直至全生命周期的终结,各种信息始终整合于一个三维模型信息库中;建设、设计、施工、监理、设施运营部门等各参建单位及相关人员可以基于 BIM 进行协同工作,有效提高生产效率,在节约资源、降低成本、缩短工期等方面发挥越来越重要的作用。

1.1.2 三维协同设计技术

三维协同设计技术是以三维数字技术为基础,以三维 CAD 设计软件为载体,为实现或完成一个共同的设计目标或项目,通过建立统一的设计标准、工作环境和工作流程,使不同专业人员在同一环境下开展协同工作,实现三维信息模型及相关数据共享与集成的过程。准确地说,三维协同设计是基于同一协同环境(平台),通过不同权限的账户,以三维设计模型为载体、以数据为基础进行实时协同工作,三维模型为设计的可视化、精准性提供基础,而协同效应则带来设计生产的高效率、高质量。

三维协同设计技术的应用为工程设计尤其是水电工程设计带来了新的设计方法和手段,为实现智能电站提供了基础条件。在水电工程设计的发展中,主要经历了三个代表性的阶段,分别是手工绘图阶段、电脑绘图阶段以及三维设计阶段。进入 21 世纪以来,人们开始深入研究三维协同设计技术。该技术是由三维 CAD 技术演进而来,并基于三维 CAD 技术实现了多领域、多专业的协同,其在水电工程中的应用明显提高了水电工程的设计、施工质量,成为当前水电工程发展的主流趋势。

1.1.3 三维协同设计的意义

三维协同设计逐渐成为现代化设计平台的基础,其具有智能化、数字化、虚拟化等特点,在水电工程中应用三维协同设计,主要有以下几个方面的意义。

1. 提高设计工作效率

水电工程的设计非常复杂,需要多领域技术人员长期合作,因而在设计过程中注重团队协作和效率的提升。在水电工程设计中广泛应用三维协同设计技术,能够让不同领域的技术人员高效率地做到各工程专业间的协调配合。采用三维的设计方式,将设计理念与设计结果通过可视化技术展示出来,形成三维立体虚拟模型,使不同专业设计人员更清楚地了解工程各个结构、各个部位、各类管线、各类设备的空间构造,减少设计变更,从而提高设计效率和设计质量。

2. 降低校核审查时间

传统的产品校核审查工作占有很大比重,二维设计人员完成设计后校核人员相当于重新设计了一遍;而在三维协同设计中,模型的尺寸、位置、属性直接取自模型,校审的对象从二维平面图纸转变为三维模型,三维模型在虚拟空间上的完整性检查、合理性检查和碰撞检查成为校核审查的重点。同时,把传统各专业间协作流程由串行改成并行,给产品设计和校审过程带来了变革,各专业的协调和配合可实时进行,大大缩短了整个设计链条的长度,从而大幅降低设计、校核、审查周期。

3.改善设计方案质量

协同设计效率提高后,设计人员可把大量结余精力用于更高层次的设计优化和创新上,提高设计质量,创造出更大的价值。通过计算机创建的三维模型,真实描述水电工程建设的精准数据,设计人员可在设计深化、优化过程中对数据进行协同修改,最终达到高效工程设计的目标,同时确保数据的准确性。由此可见,三维协同设计技术不仅可以改善水电工程设计方案的质量,还可以有效避免水电工程的建设受到其他不利因素的影响。

4.打破数据交换壁垒

为实现三维信息模型成果利用率最大化,三维协同设计不仅在设计阶段发挥效益,在施工及后期的运维管理阶段均能发挥作用,实现工程项目的"全生命周期管理",三维协同设计的最终目的是将工程信息和资产信息集中起来统一管理,实现各阶段数据信息的移动和共享,以此可以做到数字化设计与施工管理一体化,实现工程数字化移交与全生命周期管理。

(1)数字化设计与施工管理一体化。充分利用三维模型信息量丰富、可视性强的特点,用数字化整体移交方法将三维模型进一步运用于工程现场施工与管理以获取三维模型的附加收益贴合现实需求。为此,可结合水电工程建造、运行一般规律,在工程设计阶段开始建立电站数据关系信息模型,开展水电站全信息三维模型的"信息消费""数据挖掘"技术研究,并提出水电工程信息模型技术方案和标准显得尤为重要;研究信息自动化采集、整理、筛选、输入等技术,建立起工程数据之间的各类关系,形成数字化设计施工一体化管理的工程数据中心。

(2)工程数字化移交与全生命周期管理。随着基础建设领域的企业信息化以及工程的信息化、数字化、智慧化进程的不断深入,服务于工程建设以及工程运营维护、管理的各类应用与信息数据呈现爆发式增长,这些数据俨然已成为企业核心资产的一部分。由于工程设计、建造、运营的各类信息化系统相互独立,从而导致了独立运行于各系统中的数据出现了冗余、不一致,各系统彼此之间相互不信任,致使工程各参建单位之间的生产效率受到影响。为此,根据水电工程的特点,通过开展工程全生命周期管理系统应用的基础研究,选择从工程勘察设计前端切入,逐步构建满足设计、采购、施工、运维管理需求的全信息三维数字化模型以及相关技术标准。在此基础上,进一步整合工程三维设计、施工仿真、数字化管理等业务系统,逐步实现实物资产和全信息数字化虚拟资产的整体移交,全面提高了水电工程数字化管理水平和效率,为工程业主提供工程全生命周期管理服务打下基础。

1.2 三维协同设计技术构成

1.2.1 关键技术

水电工程三维协同设计关键技术主要包括基础应用技术、三维专业设计技术及三维设

5

计标准三个部分。其中，基础应用技术包含 CAD 基础应用技术、数据库管理应用技术、协同设计技术等；三维专业设计技术包括各专业领域的三维设计，诸如地形地质设计、水工结构设计、厂房机电设计等技术；三维设计标准则包含三维设计建模标准、模型编码标准、三维协同技术标准等。

1.2.1.1 基础应用技术

基础应用技术包含三维建模功能，二、三维联动功能，数据接口功能等基本技术。水电工程三维设计基础应用技术应有地形、地质、水工、机电、施工等多个专业的设计业务的基本需求。水电工程在三维协同设计过程中呈现出产品结构复杂、模型数据量的管理和运算庞大、多数模型与数据需要参数控制、关联引用及知识封装等特点，这要求基础应用软件（平台）具有良好的数据兼容性和可扩展性，并考虑其集成 CAD/CAE/CAM 等综合能力以及协同设计管理功能。

目前，在水电工程行业中常用的基础应用平台主要包括以 AutoCAD、Civil 3D、Revit 等为基础的 Autodesk 公司系列产品，以 MicroStation 为基础的 Bentley 公司系列产品和以 CATIA 为基础的 Dassault 公司系列产品等。

1.2.1.2 三维专业设计技术

1. 地质地形设计

由于水电工程地质体的客观性、复杂性以及地质数据的有限性和不确定性，设计人员在地质设计过程中所建立的三维地质模型应与已知地质数据吻合，且符合地质一般规律和地质工程师的宏观判断；另外，地质数据作为水电勘测设计的重要基础，与其他专业紧密相连，在多专业协同设计环境下要求持续调整和增添地质信息的同时，还能及时有效地向其他专业提供可靠的修改信息。具体来说，三维协同设计的地质地形成果能准确表达岩层、岩级、岩脉、断层、深部裂缝、覆盖层等主要地质信息，并能根据逐步增加的地质信息方便修改三维地质模型和任意平切图、剖面图，同时满足下游水工等专业应用的需要。

2. 水工结构设计技术

水工结构设计主要包括枢纽布置、坝体设计、泄水建筑物设计、引水发电建筑物设计、基础处理设计、边坡设计等。由于大多数水工建筑物都是基于地形地质条件、水文、设备布置，且水工结构的异形构造相对较多，水工模型的模块化、标准化难度较大；另外，由于水工结构设计涉及专业众多，相互之间的约束控制关系复杂，在模型设计时需要全面考虑各种因素。水工结构设计在三维协同设计过程中不仅要求快速地在三维地质地形模型上进行边坡开挖、布置水工建筑物，还应准确地根据传统或有限元计算结果进行坝体、孔口、压力管道、厂房梁板柱、蜗壳、尾水洞等各项结构要素设计，且设计模型应具备各项工程必要属性，可任意旋转、拉伸、剖切，可根据工程实际随时进行关联修改，并及时将修改信息反馈各相关专业。

3. 厂房机电设计技术

厂房机电设计主要包括水力机械、电气设备、通信、采暖通风及金属结构等部分内容。相对而言，水电站机电设计模型的模块化、标准化程度较高，相应的设备模型库以及模型编码显得尤为重要。基于上述需求，针对水电站厂房的水轮机、电气设备、通风管道专业系统的特点，探索水电站厂房机电设计相关技术，包括绘制各种原理图，以及水轮机、电气设备、通风管道的三维模型，并实现在厂房内部进行结构设备的任意布置和调整；在此基础上，能够自动进行厂房内部的干涉与冲突检查，进行任意旋转、拉伸、剖切，以及自动计算各类设备、托架的重量、混凝土体积、管道与电缆的长度等。

4. 施工组织设计技术

施工组织设计主要包括导流洞、围堰、施工临时道路与隧洞、料场开采、渣场、辅助企业/加工厂、施工道路等内容。施工组织设计技术内容主要涉及施工导流、围堰、施工临时道路与隧洞等临时建筑物的三维结构设计，还需要对整个施工过程进行模拟仿真。其中，临时建筑物的三维结构设计及计算可参照水工结构进行设计，料场、渣场、施工通道等施工布置内容应充分考虑与地形地质、水工永久建筑物布置之间的交互关系，同时应具备快速统计场地面积、开挖和回填工程量的基本计算功能。理想的施工仿真可准确模拟建筑物模型、直观再现浇筑/填筑、材料运输等系列施工过程，同时具备较好的交互功能，即实时修改调整功能。

1.2.1.3　三维设计标准

三维协同设计的核心内容是在同一个环境下，用同一套标准来共同完成同一个项目。做好三维协同设计，最重要的是对工作内容进行集中存储，对工作环境进行集中管理，对工作流程进行集中控制。其中工作环境的管理是三维协同设计的核心部分，确保在项目过程中将设计的需求用同一套标准来完成，是提高工作效率和工作质量的重要步骤。

水电工程勘测设计的复杂性在于涉及的专业众多，不同专业需要与其他相关专业从结构形式和功能上进行协调，各专业的设计需满足其他专业的要求，良好的多专业协同设计环境对于提高水电设计质量和效率尤为重要。理想的协同设计环境是基于统一的协同设计平台同时进行多专业设计工作，可满足多人并发、异地工作、实时在线协同互动，从而减少设计疏漏、缩短设计周期。

水电工程设计中的协同设计的关键在于如何在三维可视条件下，将分布在不同地点的相关各专业基础资料、数据、成果等信息进行实时共享。在进行协同设计时，应充分考虑各专业间以及专业内协同内容，如水工结构尺寸与机电设备尺寸、荷载及布置的协同等。为保证协同设计过程顺利，科学的协同流程和规定是必不可少的。

1.2.2　延伸技术

参考"互联网＋"思维，基础设施工程建设行业将 BIM 与其他先进技术或应用技术集成，以期发挥更大的综合价值，提出了"BIM＋"概念，包括 BIM＋VR/AR、BIM＋3D 打印、BIM＋大数据、BIM＋IoT、BIM＋GIS 等。国家能源局《水电发展"十三五"规划（2016—2020 年）》提出建设"互联网＋"智能水电站，重点发展与信息技术的融合，推动水电工程设计、建造和管理数字化、网络化、智能化，充分利用物联网、云计算和大数据等技术，研发和建立数字流域和数字水电，促进智能水电站、智能电网、智能能源互联网友好互动，围绕能源互联网开展技术创新，探索"互联网＋"智能水电站和智能流域，开展建设试点。水电工程三维协同设计延伸技术示意图见图 1.2-1。

1. BIM＋GIS 技术

BIM 技术的快速发展，促进了基础建设行业全产业链的变革，也推动了大型设计、

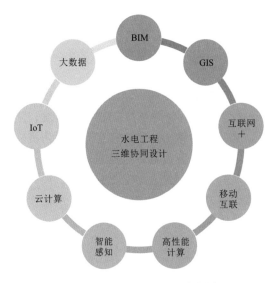

图 1.2-1　水电工程三维协同
设计延伸技术示意图

施工企业的产业化转型升级。地理信息系统（Geographic Information System，GIS）是用于管理地理空间分布数据的计算机系统，以直观的地理图形方式获取、存储、管理、计算、分析和显示与地球表面位置相关的各种数据。

目前，BIM+GIS 融合应用已经成为学术界和产业界的研究热点。BIM 与 GIS 的融合，使微观领域的 BIM 信息与宏观领域的 GIS 信息实现交换和相互操作，将 BIM 从微观领域引入宏观领域，拓展了三维 BIM 的应用领域，为 BIM 的发展带来了新的契机。

采用 BIM 轻量化技术、海量三维地理信息与精细化 BIM 模型的高效融合技术，可实现对水电站设计 BIM 模型的优化，以便更好与三维 GIS 平台融合与展示，实现 TB 量级以上的地理信息数据与精细至设备零部件的 BIM 模型高效融合。设计模型和地形数据在平面坐标系和地球坐标系之间的转换，可实现模型和地形精确匹配，满足水电工程建设、运营、管理对数据的要求。

2. 虚拟现实技术

虚拟现实技术（Virtual Reality，VR）是仿真技术的一个重要方向，是仿真技术与计算机图形学、人机接口技术、传感技术、网络技术等多种技术的集合，是一门富有挑战性的交叉技术前沿学科和研究领域。虚拟现实技术主要包括模拟环境、感知、自然技能和传感设备等方面。模拟环境是由计算机生成的、实时动态的三维立体逼真图像。感知是指理想的 VR 应该具有人类所具有的一切感知功能。除计算机图形技术所生成的视觉感知外，还有听觉、触觉、力觉、运动等感知，甚至还包括嗅觉和味觉等，也称为多维感知。自然技能是指人的头部转动，眼睛、手势或其他人体行为动作，由计算机来处理参与者的动作相适应的数据，并对用户的输入做出实时响应，分别反馈到用户的五官。传感设备是指三维交互设备。

通过虚拟现实技术，可以将二维图纸与三维 BIM 模型无缝对接，充分发挥三维协同设计的优势，使 BIM 模型中的大量建设信息得以充分地展示，为 BIM 模型数据的应用提供了一条全新路径。在招投标环节中，采用 BIM+VR 技术与二维图纸相结合，让交流和决策变得更加高效；在现场施工管理中，通过 VR 技术加载虚拟的施工内容，可以减少由于对施工组织方案和图纸的误解和信息传递的失真所造成的巨大损失，减少施工技术人员乃至施工作业人员反复读图、识图的时间。

3. CAD/CAE 一体化技术

工程设计中的计算机辅助工程计算（Computer Aided Engineering，CAE）是用计算机辅助求解复杂工程和产品结构强度、刚度、屈曲稳定性、动力响应、热传导、三维多体接触、弹塑性等力学性能的分析计算以及结构性能的优化设计等问题的一种近似数值分析方法。在水电工程领域，一般通用的大型计算分析 CAE 软件有 ANSYS、FLAC 3D、ABQUS、FLUENT 等。

随着 CAD 技术的日益成熟，设计人员迫切需要一种对所做设计进行精确评价和分析的工具，借助 CAE 软件来实现工程评价和分析是行之有效的方法。目前，二者之间是相互独立发展的，模型兼容性和数据互通存在诸多限制。CAD/CAE 一体化技术主要是采用参数化等建模技术在 CAD 中快速建立三维实体模型，然后通过数据接口导入到 CAE 软件中进行有限元分析，最后将分析结果导入到 CAD 软件中进行集成展示，通过工程设计人员的综合判断来指导、修改和优化设计方案。

4. 设计施工一体化技术

随着 BIM 技术在水电工程项目中的推广应用，BIM 技术逐步向设计施工一体化方向发展。设计单位利用 BIM 技术可以开展方案优化、碰撞检查、三维抽图、工程算量、设计交底等应用，有效提升设计产品质量和设计理念的可读性；施工单位可以在设计交底的三维模型基础上，结合施工现场环境与实际应用需要，开展施工场地标准化布置、施工模拟、施工节点深化设计、预算工程量统计、预埋件统计、预留洞口定位、接口检查、交通疏解等应用，有效避免返工和材料浪费，提高经济效益。

5. 模型发布技术

模型发布技术是将已建三维模型数据通过轻量化等技术转化为通用的中间数据格式（如 IFC），在网页端、手机端以及 PAD 端实现模型的快速浏览、查询等操作的技术。随着 JavaScript 语言逐步完善和计算机硬件的发展，浏览器脚本语言的图形图像处理能力得到加强，基于 OpenGL2.0 的 Web GL（Web Graphics Library）技术支持在浏览器渲染二维、三维图形图像。Web GL 是一种 3D 绘图协议，该技术可直接通过 HTML 脚本调用 OpenGL 接口，利用 HTML5 Canvas 提供的硬件 3D 加速渲染，借助系统显卡在浏览器里展示三维场景和模型，无须任何浏览器插件支持，避免了插件带来的各种问题。WebGL 三维渲染不仅支持桌面端的各大浏览器，也可在移动端设备的浏览器上正常运行。

6. 数字化移交技术

传统水电工程建设，从工程的建设期到投产运行期，建设单位会从参建各方收集大量的数据，但传统数据移交的技术手段需要大量的手工处理，使得这些数据的准确性、完整性、可用性往往得不到有效保证，难以满足工程建设方对数据集约化、标准化、流程化管理的要求。

三维数字化移交可以正确、完整地收集项目相关的基础数据，通过数据整合、分类和整理，按照一定的标准或者规范建立完善的数据关系模式，将各类数据关联起来，有效消除信息孤岛，避免数据重复建设。实现三维数字化移交，能够满足水电工程日益复杂、建设周期短、运营智能化等要求。

1.3　三维协同设计技术发展

三维协同设计技术作为一种高新水电工程设计技术，已率先在机械、电子、石油、电力甚至是航天领域中得到应用，提升了产品设计质量和使用体验。华东院为提高水电工程设计质量和效率，从 2003 年起开始研究三维协同设计技术，并于 5 年后在业界小范围应用所研究的成果。三维协同设计技术在水电工程中的应用，能直观地将设计理念和结果通过计算机表现出来，更加符合人类的思维方式和思维习惯，也使业界看到了三维协同设计技术的优势。

三维协同设计技术发展大致分成五个阶段（见图 1.3-1）：2005 年之前，是可视化设计阶段；2005—2015 年，是协同设计阶段和参数化设计阶段；2015 年以后，是智能化设计阶段和智慧化设计阶段。

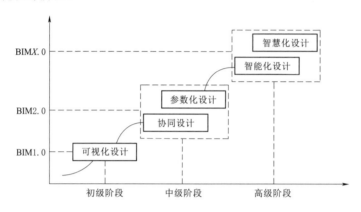

图 1.3-1　三维协同设计技术发展阶段

1.3.1　可视化设计阶段

可视化是利用计算机图形学和图像处理技术，将数据转成图形或图像在屏幕上显示出来，再进行交互处理的理论、方法和技术。可视化设计阶段是以完成模型创建为主，实现设计模式从二维 CAD 设计逐步向三维 CAD 设计转变。利用强大的三维造型表达手段和工程属性关联技术，可以更好地表达设计意图，更准确地定义各种工程对象，更直观地展示设计效果。

2005 年之前，计算机三维建模与可视化模拟技术已开始应用于水电工程的规划、设计、施工等各个阶段，如枢纽布置、施工总布置等。中国工程院院士钟登华等从单独研究水电工程地质、水电工程建筑物及水利水电施工三维可视化建模入手，采用非均匀有理 B 样条（Non-Uniform Rational B-Spines，NURBS）技术，逐步提出了工程可视化辅助设计（Visual Computer-Aided Design，VCAD）理论的构成体系和实现方法；黄河勘测规划设计有限公司、天津大学、广西壮族自治区河池水利电力勘测设计研究院等提出了基于 CATIA 软件的水电工程三维设计方法；三峡大学、中国葛洲坝集团股份有限公司等对三维空间数据、地形、地物模型的建立以及对施工过程三维模拟技术做了相关研究；武汉大学开发了拱坝、重力坝优化设计等可视化系统。

1.3.2　协同设计阶段

2005 年以来，三维协同设计逐步发展成为工程设计的计算机辅助设计手段的主流，它将传统的专业间的配合流程从串行改为并行，给设计和校审过程带来变革，各专业的协调可以实时进行，从而提高了团队协作效率，它强调的是各专业相互配合、相互沟通、相互支撑的过程。标准化是协同设计的基础，也是专业内部、专业间数据共享的必要条件。在标准化的前提下，专业间资料共享的数据接口问题以及数据的重复利用问题均得到很好的解决。

Bentley 公司的 ProjectWise 提供了一个流程化、标准化的工程多专业管理系统，确保项目团队按照工作流程一体化地协同工作，并通过良好的安全访问机制，使项目各个参与方在一个统一的平台上协同工作。

ENOVIA VPM 是法国达索公司的三维协同设计产品，VPM（Virtual Product Life-cycle Management）意为虚拟产品生命周期管理，是基于 CATIA 平台的一个既能满足三维协同设计，又能满足虚拟产品生命周期管理的解决方案。达索公司在 PDM 产品中的 VPM 是一个广义上的协同设计，其软件本身只能提供工具，其他需要人工基于对协同设计的认识来进行管理。

1.3.3 参数化设计阶段

我国大中型水电站设计一般分为多个阶段。每个阶段图纸设计都需要基于前序阶段进行多次深化、优化修改，重复绘图的工作量很大。由于土建设计受制于机电设备参数，随之的变化往往是牵一发而动全身，构件级或者设备级的模型反复修改工作量大、差错率高。因此，参数化设计，尤其是构件级或者设备级的参数化设计对于提高电站厂房设计效率尤为关键。

参数化设计的核心问题是约束的识别、表达和求解。机械工程的参数化设计主要解决零部件的设计、组装等过程，与其不同的是，水电工程还要考虑工程背景以及便于施工的要求，工程选址不同很可能会带来设计方案的完全变更。考虑到水电工程的特殊性，将其参数化设计约束分为几何约束和工程约束。其中，几何约束又分为尺寸约束和结构约束。尺寸约束是通过尺寸标注表示的约束，如距离、角度等；结构约束是指几何元素之间的拓扑结构关系，描述了几何元素的空间相对位置和连接方式。工程约束是外部施加设计变量的约束关系，反映了设计方案要满足工程环境上的设计要求，如地质条件、地下主厂房规模等。在参数化设计过程中，需要将工程约束转化为几何约束。

2010 年以来，参数化设计越来越受到国内专家学者的关注。业界专家分别提出了交互式的参数化图形建模、基于 GIS 的三维实体参数化模型、元件装配法对水工建筑物进行组装式建模等技术或理论。参数化设计的技术本质是设计师通过运用参数化设计软件，生成一系列几何模型，这些几何模型具有特殊的联动关系，当修改其中一个参数时，其他模型会做出相应的修改。参数化设计的优点在于，当设计师改变了设计思路或者某一参数时，按照之前设置的约束可以轻松地做出改变，而不需要对每一个局部进行修改。对于参数化三维设计软件，目前较为流行的是 SolidWorks、Inventor、UG、CATIA 等，设计人员可以使用基本几何工具、特征及布尔运算等构建复杂的特征树，但是每个对象只有一个父对象集，且无法在层次结构不同级别中为 2 个分散独立的元素建立连接。

使用参数化技术建立专业构建库，成为参数化设计的核心。以机电元器件库为例，三维电气元器件库可以按专业划分为电气一次专业元器件库和电气二次专业元器件库两个大类。在这两个大类中继续逐步细分，其中，电气一次专业元器件库按类型分为开关柜、变压器、户外开关站、GIS、柴油发电机、照明设备、桥架设备等；电气二次专业元器件库按类型分为通信柜、控制柜、中控屏、蓄电池、工业电视等。这类构建库极大程度提高了专业设计效率。

1.3.4　智能化设计阶段

智能化设计是三维协同设计的高级阶段，它是指应用现代计算机及信息技术，使计算机模拟人类的思维活动，提高计算机的智能水平，从而使计算机能够更多、更好地承担设计过程中各种复杂任务，成为设计人员的重要辅助工具。

与传统的计算机辅助设计相比，智能化设计技术中的软件能够帮设计人员做更多"高级"的工作，在具体设计过程中计算机会更多地参与"思考"，比如根据设计要求批量生成设计模型，经过分析后确定出图位置及出图方式，在图纸合理的位置进行标注等。

智能化设计的提出最早可以追溯到专家系统技术时期，其初始形态都采用了单一知识领域的符号推理技术——设计型专家系统，但设计型专家系统仅仅是为解决设计中某些困难问题的局部需要而产生的，更多地作为咨询参考，它是智能化设计的初级阶段。工程设计追求的目标，并非都能定量表示，常常还包含一些只能定性表示的目标，如施工难易、美观与否。还有一类目标如工期长短，虽然可以定量表示，但要用到许多一时还无法确定的资料，例如施工方法和机械等，这些在研究拱坝体型方案时常常还难以给出准确的计算值，只能由有经验的工程师给出一个大致估计，即相当于定性指标。

对于水电设计方案，智能设计可实现以下三方面的功能。

（1）按照由小到大的策略，结合专家知识和经验，生成多个各不相同的初始方案。

（2）运用存放在知识库中的修改方案的专家所提供的知识，将远离约束条件的初始方案迅速地拉回到约束边界附近，再结合优化设计方法和用户通过修改设计变量的方法，使方案落在约束条件的容差范围内，并逼近主要目标的局部极值。通过修改方案可以获得数十个各具特色的可行方案。

（3）用多目标模糊全局优化方法对每一个可行方案给予评价。评价目标可包括坝体体积、单位高度柔度系数、工期等，约束条件包括最大拉压应力、坝肩稳定安全系数、坝体最大厚度等。定量目标可算出确切的数值，定性目标只能由用户给出定性指标。最后根据多种计算隶属度、权系数进行决策的方法筛选出最优方案。

2015年以来，三维协同设计技术逐步向智能化设计方向发展，以智能算法为基础，实现智能建模、智能出图和智能标注等功能，同时向后续的智慧运维、智能制造等领域延伸。

1.3.5　智慧化设计阶段

CIMS（计算机集成制造系统）于1973年由美国的约瑟夫·哈林顿提出，进入2000年之后，CIMS得到迅速发展并给智能设计带来机遇，可实现决策自动化，即帮助人类设计专家在设计活动中进行决策。与此相适应，面向CIMS的智能设计走向了智能设计的高级阶段——智慧化设计阶段。与设计型专家系统不同，智慧化设计要解决的核心问题是创新设计。它是以集成化智能 CAD（Integrated Intelligent CAD）为代表的先进设计技术阶段。随着计算机性能的提升，人工智能、大数据、云计算应用的发展，使得全过程的智能设计——智慧化设计成为可能。

智慧化设计具有以下特征：

（1）以人工智能、大数据、遗传算法等技术为手段。借助专家系统技术在知识处理上的强大功能，结合各种人工智能算法，让计算机能更好地学习、应用知识，更好地完成设计过程。

（2）提供强大的人机交互功能。设计师可实现对设计过程进行干预，这种干预与之前的操作设计软件完成设计不同，更多地偏向于"交流"和"融合"。

（3）以三维协同设计软件为工具。在三维协同设计平台上完成设计、分析、优化、发布工作。

（4）面向集成智能化。不但支持设计的全过程，而且考虑到后续的运维、生产，提供统一的数据模型和数据交换接口。

总之，智慧化设计是针对大规模复杂产品设计。它是面向集成的决策自动化，是高级的设计自动化。可以预见，智慧化设计将在不久的将来成为水电开发企业转型升级的重要推动力，在水电工程建设管理中得到广泛的应用，并创造丰硕的成果。

第 2 章

工程三维协同设计 生产组织

2.1 平台选型

2.1.1 平台选型的思路

三维协同设计平台的选型应该依据行业工程的特点进行。水电工程的设计有别于普通意义上的土木工程设计,具有工程体量大、专业涉及面广、标准化程度低、协同配合要求高等特点。在设计过程中涉及测绘、地质、土木、建筑、机械、给排水等 20 余个大小专业,各个专业间的配合十分密切且有着频繁的数据交互,对设计成果共享要求较高。另外,水电站往往建造于崇山峻岭之中,所处地形地质条件十分复杂,因此测绘、地质专业在整个设计过程中扮演着十分重要的角色。

2.1.2 平台选型的原则

2.1.2.1 图形平台性能

作为承载三维设计数据的具体对象,图形平台的性能很大程度上决定了选型对象是否能满足相关行业工程的设计使用需求。

1. 二维绘图能力

二维绘图是复杂设计图形生成的基础,图形平台应该能很好地支持基本二维图元点、线、圆弧、曲线等的生成,同时能够支持文字标注和几何图形标注。

2. 三维造型能力

三维造型能力是衡量图形平台优劣的重要技术标准。优秀的图形平台其三维造型能力应满足以下需求:

(1) 支持三维图素的生成与修改。

(2) 支持复杂曲面的生成。

(3) 支持三维图素的布尔运算。

(4) 支持辅助坐标系定义。

(5) 支持多视图处理功能。

(6) 支持透视图的生成(相机、焦距、视野的定位)。

(7) 颜色及各种复杂材料样式的渲染处理能力。

(8) 具备三维计算能力,如体积、质量、曲面面积、重心等。

(9) 支持三维空间中的捕捉、定位、搜寻等。

2.1.2.2 模型承载能力

采用三维设计技术完整地描述水电工程,要求平台能够承载数万个甚至更多的复杂三维图元,并能够进行流畅展示,效率必须达到绝大多数设计人员可以接受的程度,以保证多专业三维协同设计的正常进行。

图形平台的模型承载能力上限是否满足使用需求，是平台选型的决定性因素之一。同时从控制硬件成本和易于推广的角度考虑，还需要评估不同厂商平台在满足模型承载要求的前提下，对于电脑硬件配置要求的差异。

2.1.2.3　专业涵盖范围

三维协同设计平台所能覆盖的专业范围，以及对主要专业支持的程度，是影响平台选型的重要因素，具体可以从以下三个方面进行评估：

（1）平台必须提供通用专业的三维设计解决方案，且方案综合效能须达到主流水准。通用专业包括建筑、厂房、给排水、暖通等。

（2）平台必须提供水电工程设计重点专业的设计解决方案，且方案综合效能必须满足水电工程设计较高的使用需求，这类专业包括勘测、地质、坝工、引水、水机、电气等。

（3）平台应尽可能多地覆盖本行业设计所涉及的其他专业，此类专业包括金结、观测、建筑、道路、桥梁、施工、规划、移民、景观等。

2.1.2.4　数据流转效率

同样由于水电工程参与专业众多，而每个专业都可能选择不同的三维设计软件进行工作而产生各种不同格式的文件。多专业的协同设计必然带来专业间数据的频繁交换，因而不同专业设计文件间的数据流转效率也是平台选型需要考虑的指标。

2.1.2.5　协同设计难度

既然是三维协同设计平台的选型，如何实现多专业协同以及实现协同的难易程度，也是选型的重要考虑因素。从协同的角度，所选平台应满足以下要求：

（1）具备协同平台，满足所有设计专业及人员同时开展设计工作。

（2）基于协同平台，能够实现对海量设计信息的高效统一管理。

（3）基于协同平台，能够实现各专业间及专业内设计信息的高效传递。

（4）不局限于设计人员，其他如校审和管理等不同角色人员能够基于协同平台实现各自工作。

2.1.3　主流三维设计平台介绍

针对当前主流三维设计平台现状，结合水利业务类型及行业应用情况，介绍了 Autodesk、Bentley、Dassault 三家公司的产品线，并深入了解不同平台所具有的优势与不足。

1. Autodesk 公司平台

Autodesk 公司于 1982 年成立，是世界领先的 CAD 设计软件和数字内容创建公司，提供设计软件、Internet 门户服务、无线开发平台及定点应用，产品可用于建筑设计、土地资源开发、生产、公用设施、通信、媒体和娱乐。在建筑数字设计市场，Autodesk 的市场占有率较高。

Autodesk Revit 是一套建筑信息模型软件，涵盖建筑设计、结构、水暖电工程以及土木与基础领域，其解决方案的优势在于能够创建和使用先前协调好的信息。在这种新型工作方式下，人们可以更快速地制定决策、更出色地完成各种成果，并在尚未动工之前预测建筑的性能。

2. Bentley 公司平台

Bentley 公司的 MicroStation 软件平台，是一个全三维内核的三维、二维兼容软件系统，主要针对工程设计、施工与基础设施建造、运营。该平台的专业软件产品线较长，几乎覆盖水电工程设计行业各专业，并可进一步延伸至其他工程设计领域。该平台在土木工程、建筑工程、工厂与地理信息市场上占有率较高。在国际工程权威杂志《工程新闻报道》（Engineering News-Record）的世界 500 强企业评比中，前 10 强企业均为 Bentley 的用户。MicroStation 的文件格式 DGN，被众多国际工程公司所采纳，是国际工程界流行的工程数据格式。

3. Dassault 公司平台

CATIA 是法国 Dassault 公司的 CAD/CAE/CAM 一体化软件，居世界 CAD/CAE/CAM 领域的领导地位，广泛应用于航空航天、汽车制造、造船、机械制造、电子电器、消费品行业，它的集成解决方案覆盖所有的产品设计与制造领域，其特有的 DMU 电子样机模块功能及混合建模技术更是推动着企业竞争力和生产力的提高。与其他的 CAD 软件相比较，该软件在曲面造型方面具有独特的优势，因而广泛应用于航空航天、汽车、船舶等行业的复杂曲面造型设计中，2010 年前后开始在多个水电工程项目的三维设计中应用。

4. 华东院工程三维设计解决方案

华东院工程三维设计解决方案核心是基于 MicroStation 基础图形平台软件开发了从测绘、地质、结构、电气、景观、桥梁等各专业研发本地化专业软件，并结合 Bentley 已有的路、隧、结构建筑等专业软件，基于不同行业特点并进行有效组合，形成满足中国国内三维协同设计和出图要求的国内本地化基础设计工程解决方案。MicroStation 是 Bentley 公司在建筑、土木工程、交通运输、加工工厂、离散制造业、政府部门、公用事业和电信网络等领域解决方案的基础平台。华东院以此为基础，研发了"水电水利工程三维数字化设计平台"，按照"一个平台、一个模型、一个数据架构"的工程三维数字化设计新技术理念，构建了覆盖水电水利工程设计全过程、全专业的三维数字化设计平台及其生产组织管理系统，解决了各类设计软件构建的模型和属性不统一、数据失真和成果共享困难等技术问题。该平台系统目前包括地质三维勘察设计系统、枢纽三维设计系统、工厂三维设计系统、混凝土配筋三维设计系统、参数化设备及元件库等基础服务组件。2009 年以来，该平台逐步实现产业化，在行业内广泛应用，其中最具代表性的平台有地质三维勘察设计系统和配筋三维设计系统，在水利、水电设计单位得到了广泛认可。

2.2 组织架构

组织架构的本质是为了实现企业战略目标而进行的分工与协作安排。组织架构的设计受内外部环境、发展战略、生命周期、技术特征、组织规模、人员素质等因素的影响，并且在不同的环境、不同的时期、不同的使命下有不同的组织架构模式。因而一个合适的组织架构应该能实现企业的战略目标，增加企业对外竞争力，提高企业运营效率。

1. 三维协同设计的选型及初步应用阶段

一般而言，平台选型阶段是企业工程数字化发展的最初阶段。在对当前国内外各类应用较多的数字化三维协同设计基础平台和能在这些平台上运行的专业三维设计软件进行全面深入的调查、研究后，从基础平台软件产品的行业适应性、专业三维协同设计模块覆盖面占全部专业总数的比例、总体技术性能、性价比、兼容性、开放性、易用性、协同设计平台软件的功能和部署的方便性，以及软件底层对二次开发的开放和支持程度等方面进行认真和全面的比较分析。再将调研、试用和分析结果与企业自身总体战略目标的需要进行对照，经过综合评判和考虑，选择合适的三维协同设计的基础平台软件。同时，结合水电行业的特点和要求，探索研究进行大规模的二次开发的可行性，以解决国际通用三维基础平台软件在中国的本地化和行业"最后一公里"的问题。在此基础上，可以借助科研课题，以试用项目为依托，在地质、枢纽以及工厂三维协同设计三个方面开展相关应用工作，例如成立相对应的科研小组，对各方面的关键技术问题进行研究，并结合水电行业工程三维协同设计的特殊需求进行二次开发工作，以使所选软件适合水电行业，提高各专业人员三维协同设计的实际效率和参与积极性。在成立相关科研小组（地质三维系统科研组、工厂三维系统科研组以及枢纽三维系统科研组）后，进一步推进三维技术应用的发展，并对企业三维设计提供相关技术支撑。项目组的职责主要是负责各专业内三维软件系统的二次开发和功能完善，同时也为各工程项目和各专业三维设计应用提供技术支撑。在这个阶段，施行科研小组这种扁平式的组织架构是相对科学的。综合性设计院三维设计推广初期典型组织结构示意图如图 2.2-1 所示。

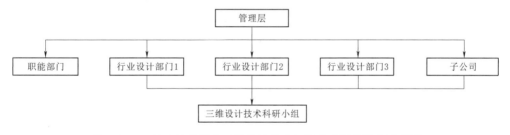

图 2.2-1 综合性设计院三维设计推广初期典型组织结构示意图

2. 深入应用阶段

设计手段的升级转型也是增强企业在非传统优势行业和领域的差异性竞争力，实现弯道超越的重要手段。为了加大对企业内三维协同设计工作的技术引导和技术支持力度，同时适应企业转型需要，促进企业工程设计和生产手段向数字化方向发展，形成企业新的核心竞争力，专门成立一个类似"数字工程中心"的部门是必要的。数字工程中心的职责主要是做好企业内三维设计以及工程数字化应用的推进工作，还包括其他各种专业三维设计工具软件的开发、运行和维护。在管理模式上可以实行项目管理，在研发、生产、经营及内部管理等方面不断探索体制和机制的创新。总的来说，数字工程中心要以企业内工程三维设计生产需要为导向，全力进行相关的科研、技术支撑以及二次开发工作。同时，为了解决通用三维协同设计软件平台在中国工程设计行业"水土不服"的"最后一公里"问题，与国外软件厂商合作成立软件研发中心是值得借鉴的。

为了真正发挥数字化三维协同设计对提高当前设计咨询业务及今后工程数字化产品的

深度应用的优势，企业内其他生产院所需要在数字工程中心的指导下，以满足全专业、全过程、全领域的数字化三维协同设计和将来工程数字化产品在全生命周期管理中的应用为目标，着手进行与工程数字化三维协同设计相适应的设计业务流程再造和技术质量体系的全面改造，研究和实施新的三维协同设计流程和技术标准。为了保证流程再造的顺利进行，需要制定相应的考核制度与措施。深入应用阶段典型组织结构示意图如图 2.2 - 2 所示。

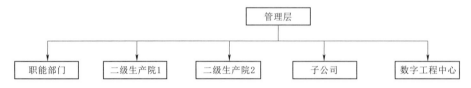

图 2.2 - 2　深入应用阶段典型组织结构示意图

3. 全面推广阶段

在完成一定的技术积累后，企业内的三维设计和工程数字化能力不但可以满足自己的需要，还具备了向全行业、全社会提供技术咨询和技术服务的能力，可成立相应的全资子公司，这是企业工程数字化成果的市场化、商业化的关键一步。同时各生产院经过了一定项目的积累，在数字工程中心的帮助下，可以成立相应的数字化室/智慧化室，为生产院项目的数字化部分履约提供技术服务和支持，分担数字工程中心在企业内的一部分工作。新成立的子公司可以将大部分力量投入到产品研发和技术推广方面。全面推广阶段典型组织结构示意图如图 2.2 - 3 所示。

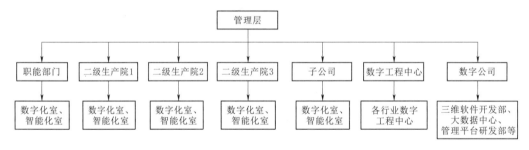

图 2.2 - 3　全面推广阶段典型组织结构示意图

2.3　设计业务流程

2.3.1　传统设计业务流程概述

传统设计项目的生产组织管理，是指按照设计委托合同和有关规程规范的要求，对项目进行生产计划安排，生产资源配置和生产过程控制与协调的一系列活动。它与工厂化实物产品生产系统运行管理的内容基本相同，但计划编制和下达的形式、生产资源配置与组织方式以及生产过程控制的手段、方法，都有很大的区别，需要专门进行研究。

水电站设计通常包含勘察、水文、规划、水工、机电、金属结构等多个专业，以勘察专业与施工专业为例，其设计业务流程分别如图 2.3 - 1 和图 2.3 - 2 所示。

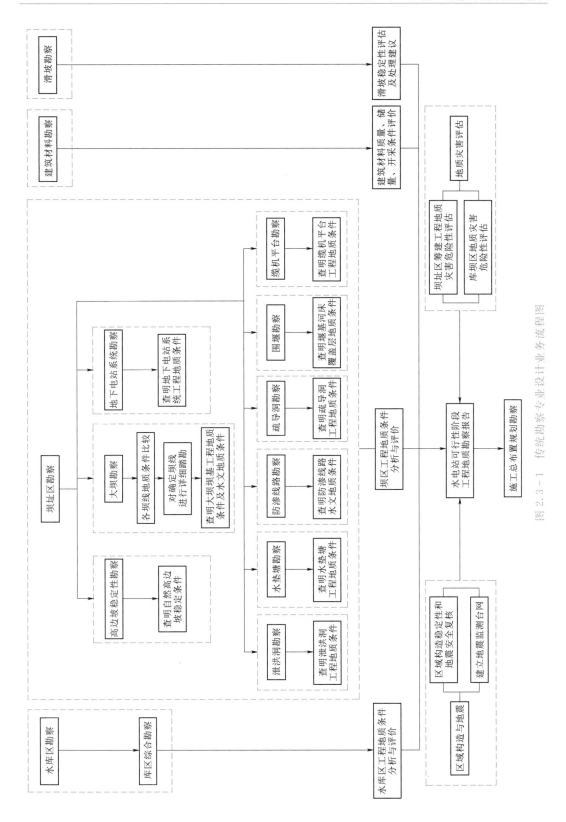

图 2.3-1　传统勘察与设计业务流程图

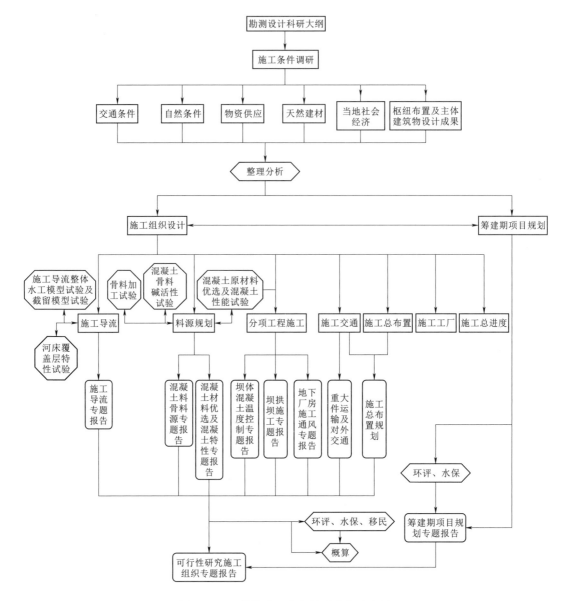

图 2.3-2 传统施工专业设计业务流程图

2.3.2 传统业务流程存在的问题

1. 管理方法的局限性

在职能型的垂直组织中，受有效管理幅度的限制，组织规模的扩大是通过增加新的部门来实现的，部门的增加必然会增加企业的管理层次，从而使企业的指挥链的环节不断增多。管理环节的增加使企业内部的信息沟通失真，信息传递延误，高层对基层的控制困难，企业对外部环境变化的适应能力下降，为此要精简企业的中层管理层次，使企业尽可能地扁平化。然而，在没有进行流程再造的基础上的扁平化并不可能真正解决问题，反而使每个管理层次的管理幅度增大，从而影响到每个管理层次的管理效率。将直接向组织中任何管理者做汇报的下级人员数目限制在一个比较小的范围内，通常被认为是提高管理效率的一种途径。"管理幅度应予减少"的观念被遵奉为提高管理效率不容置疑的管理原则。该原则没有得到普遍认识的问题在于，还存在着一个与之相对立的涉及管理方面的谚语：把一件事情在执行之前所必须经过的组织层次减少到最低限度，就能提高管理效率。对成员交集较多的组织来说，管理幅度有限必然会引起多余的烦琐手续。

2. 缺乏专业间的协同运作

在传统的企业组织结构中，横向的专业部门的设立是基于提高专业化效率的考虑，即：各部门的专业化程度非常高，每个职能专业部门都希望在自己的专业领域内发展，企业仅依靠关键少数就能有效地控制整个企业的运行。但在实际运作中，由于各个职能部门分工明确，每个职能部门可能更多地考虑自己部门的利益而忽视企业的整体目标，各个部门之间常常由于本位主义而引发冲突，比如设计部门设计产品时强调最高技术标准，却不考虑顾客购买能力和企业生产条件的限制，营销部门则希望产品多样化以更多更好地满足消费需求，而生产部门为了提高生产效率却不愿意有任何创新等。管理人员为加强部门之间的横向沟通、协调冲突不得已必须花费大量的时间和精力，这无疑增加了企业的成本支出，降低了企业运行的效率。

另外，由于各个专业部门自成体系，只考虑各自目标达成和利益的最大化，他们之间可能出现争夺资源而内耗丛生，导致无法学习、分享彼此的经验、技能和诀窍，难以实现企业整体资源配置的最优化，最终非但不能达到 $1+1>2$ 的理想目标，反而可能出现 $1+1<2$ 的最差结果，使企业整体的浪费加大，效率降低。

3. 需投入大量的沟通成本

为了坚持统一领导原则，传统生产组织的信息传递要求严格地按照等级系列来进行。但从实际情况来看，有关竞争、需求以及企业内部生产经营活动过程的重要信息却是发生在企业的最底层，即在"活动发生的地方"。企业的低层管理者以及企业的员工最了解企业所发生的具体情况，但有关企业发展全局的信息及对企业发展战略方向的规划却存在于企业的最高层，这就使得企业的最高层管理者在制定企业的发展战略时，会缺乏充分的信息而作出错误的决策。为了解决这个问题，在管理实践中，有些公司把战略决策某些权力授给中层管理者，以利用中层管理者所处的特殊位置，既能获得具体的业务信息，又能获得企业整体的政策信息的优势。这是一种折中的方法，其结果可能会使中层管理失去来自高层和低层的关键信息的同时，又由于权责的不相符而不能作出正确的决策。

4. 设计产品的流转不通畅

传统组织结构的设计是基于"集中控制、统一指挥、提高专业化效率"的思想。这里的专业化效率的提高立足于企业部门内部，由于缺乏顾客服务意识，反而增加了企业内部设计产品沟通协调的难度。在垂直式组织中，每个垂直部门只考虑本部门的利益要求，不会把下游专业当成自己的用户，因而不会考虑如何更好地满足下游专业的需要。通过职能专业化，提高了每个职能部门的工作效率，但从整个企业的角度看，一项完整的价值流分散在企业的各个职能部门，它需要从一个部门转移到另一个部门，而每个部门都有自己更重要的事情要做，从而使一件可以在很短的时间完成的工作要拖很长时间才能完成。

2.3.3 三维协同设计业务流程

为实现三维协同设计的高效运行，计划编制和下达的形式、生产资源配置与组织方式和生产过程控制的手段、方法等方面均需要进行创新。三维协同设计业务流程将各级技术负责人进行技术指导和把关的过程进行"前移"，使得各专业建模进度基本上做到"齐头并进"。业务流程环节主要包括三维设计总体计划、项目三维策划、专业策划、专业三维建模、三维总装模型会审、三维总装模型（阶段）固化、三维总装模型修改、三维抽图以及产品印制、交付和归档等，目的是确保三维设计产品按规程、规范和合同要求完成。

1. 三维设计总体计划

项目三维协调人应结合项目总体进度要求，会同三维技术协调人综合协调各专业主设意见及时组织编制三维设计总体计划，明确项目三维设计工作总体目标和要求。三维设计总体计划应经项目经理审查，并报备生产技术管理部。

2. 项目三维策划

项目三维策划一般由项目经理组织，项目三维协调人主持，原则上必须邀请项目部三维审核组成员和三维技术协调人参与指导。策划会应形成纪要，由主持人签发，并报备生产技术管理部。策划的主要内容如下：

（1）确定项目当前阶段开展三维设计的范围和深度，确定各专业三维建模次序，各专业对其他专业的建模框架性技术要求。

（2）制定三维设计工作计划，明确各专业三维模型完成时间、三维集中办公时间、三维模型固化时间等。

（3）确定厂房布置方案和重要设备控制性尺寸以及可供设计参考的三维模型设计模板，作为各专业三维建模的依据。

（4）确定协同设计平台上项目的目录划分。

（5）其他需要策划的内容。

3. 专业策划

各专业开展三维建模工作前，必须召开专业策划会，一般由专业主设组织，专业主管主持。策划会应形成专业策划纪要，并由主持人签发，发参会人员并抄送项目三维协调人。其主要策划内容应包括以下 4 个方面的内容。

（1）根据项目策划的成果与要求，确定项目当前阶段专业三维模型设计的布置方案、建模深度和细节要求、出图要求等。

（2）制订专业三维设计工作计划。

（3）分解和落实专业三维设计内容。

（4）其他专业性策划的内容。

4. 专业三维建模

专业三维建模的程序应严格按照相关规程执行，主要包括以下 3 个方面：

（1）专业三维建模进度检查。项目三维协调人或三维技术协调人应根据项目三维协同设计工作计划定期召开三维模型进度检查会，及时了解各专业模型设计进度，保持各专业设计进度一致性，避免因少数专业进度滞后导致总体进度拖延情况的发生。进度检查应形成会议纪要，并报送三维审核组和生产技术管理部。

（2）专业三维模型质量检查。各专业完成的三维模型应经校核、审查（或项目核定）后，满足项目当前设计阶段建模深度，模型内容完整、布置基本合理、基本无"错、漏、碰"，本专业与其他相关专业完成初步协调配合，基本无"非技术性"碰撞。

（3）专业三维模型确认。专业三维模型阶段性完成后应达到专业三维模型质量标准，校核人、审查人、项目三维协调人应在专业三维模型质量标准确认单签署确认。确认单替代流程卡，并作为专业三维模型生产组织和质量控制的依据。

5. 三维总装模型会审

三维总装模型固化前，项目三维协调人应组织三维集中办公，开展集中办公的前提为各专业的三维模型已达到专业三维模型质量标准。集中办公参与人员应包括三维设计审核组、项目三维协调人、项目三维技术协调人、各专业三维设计人、主设、主管等。会审主要开展"项目级"的合理性检查、完整性检查和碰撞检查。集中办公期间，项目三维协调人应根据模型检查情况组织部分或全部专业多次集中会审，会审采用评审会议的方式。会审过程中各专业设计人应在"会审问题校审单"中详细记录模型存在的问题。会审问题逐一解决后，应经校审确认。

6. 三维总装模型（阶段）固化

三维总装模型固化按项目阶段主要划分为 4 个阶段，即可行性研究阶段、招标阶段、技施阶段、竣工阶段。各阶段固化条件分别如下：

（1）可行性研究阶段：结合厂房布置进行三维建模，在可行性研究报告完成前进行固化，满足可行性研究阶段厂房布置图要求。

（2）招标阶段：各专业对主要尺寸完成复核后，在可行性研究阶段模型上进行细化，在机电工程安装标前进行固化，满足机电工程安装标附图要求。

（3）技施阶段：在招标模型基础上分二次固化，第一次在主机等设备的第一次厂家联会（或二联会）后，满足部分机电埋管和土建技施出图的要求；第二次在主机二联会（三联会）后，满足各专业技施出图的要求。

（4）竣工阶段：三维模型根据现场设计（修改）通知单（含施工单位变更确认后的调整及增减）完成所有的修改完善，并经项目确认及项目部三维审核组评定后，模型即可固化。

7. 三维总装模型修改

三维模型通过集中会审并满足版本（阶段）固化条件后，即为项目当前设计阶段固化模型。模型固化应经各专业校核人、审查人、项目三维协调人、项目经理、三维审核组在三维总装模型固化确认单中签字确认。模型固化后，各专业原则上不允许任意修改本专业三维模型，但因厂家资料、业主要求、纠正差错等原因引起的方案性变更，应由修改专业

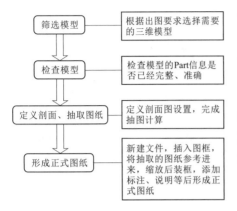

图 2.3-3 三维抽图简要流程图

主设填写"固化模型修改流程记录单",提请项目三维协调人处理。模型修改结果应经相关专业主设签字确认。

8. 三维抽图

三维模型版本固化后,各专业基于固化的三维模型进行抽图,其简要流程如图 2.3-3 所示。完成正式图纸后,根据产品等级,按照公司有关规定,进入相关校审流程。

9. 产品印制、交付和归档

产品的印制、交付程序参照相关规定,二维图纸采用 pdf 文件格式打印。三维设计产品的归档应按照相关要求及时归档。

2.4 标准体系

2.4.1 BIM 标准的必要性

BIM 标准是水电行业建立标准的语义以及数据信息交流的规则,为各参建方在项目周期内共享信息资源,提高业务协作的能力提供基础。一方面,水电工程项目复杂,参与专业众多,工程建造过程中交流沟通的难度大;另一方面,我国的项目管理水平还处于提高阶段,在建设过程中经常会发生难以避免的问题。BIM 标准能有效地促进 BIM 技术进一步应用和发展,提高水电工程管理水平与工程质量。

BIM 标准是推进企业 BIM 技术落地、规范应用、快速推广的重要手段,制定 BIM 标准有助于规范企业 BIM 技术的应用,对推动企业 BIM 技术发展有指导和引导意义。企业的 BIM 标准把企业应用过程中的成功做法及已形成的标准成果提炼出来,形成条文以指导进一步的 BIM 工作。BIM 标准在企业中的成功应用可实现建筑全生命期各参与方在同一多维建筑信息模型基础上的数据共享,促进产业链贯通和工业化建造,对企业 BIM 技术进步有很大作用。此外,BIM 标准还具有评估监督作用,可规范企业工程项目的工作,虽不能百分之百对工作质量进行评判,但能提供一个基准来评判工作是否合格。

最后,落实到具体的工程项目上,使用 BIM 技术的根本目标是通过 BIM 技术使项目的成本降低、工期缩短、工程质量提高、项目管理加强。BIM 标准使得产品信息模型的建立、流转与应用更加标准化与规范化,可促进 BIM 技术的发展与应用。

2.4.2 水利水电 BIM 标准体系

1. 水利水电 BIM 标准体系框架图

水利水电 BIM 标准体系框架图如图 2.4-1 所示。该体系框架由中国水利水电勘测设计协会于 2017 年由"中水协秘〔2017〕72 号"文提出。

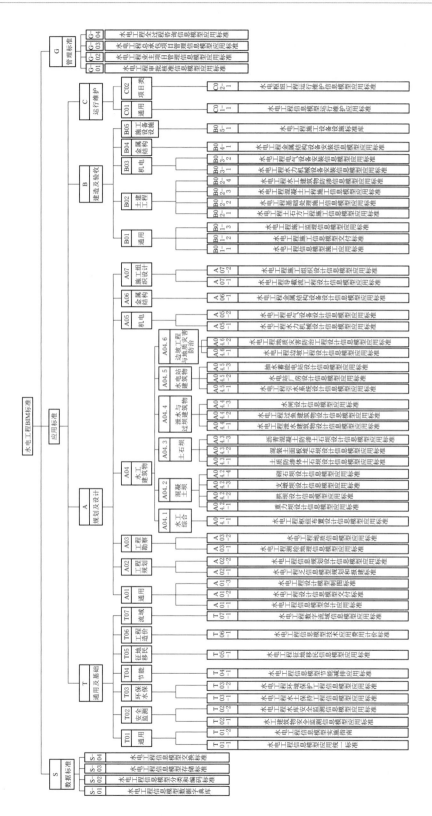

图 2.4 - 1　水利水电 BIM 标准体系框架图

2. 水电 BIM 标准体系表

水电工程行业应具备成熟、完整的标准体系，拟参照表 2.4-1 水电工程 BIM 标准体系。

表 2.4-1　　　　　　　　　　　　水电工程 BIM 标准体系表

序号	标准体系编号	标准名称	适用范围和主要技术内容
	S	数据标准	
1	S-01	水电工程信息模型数据字典库	适用范围：适用于水电工程全生命周期信息模型相关概念在不同场合下语义的描述。 主要技术内容：对水电工程中的概念语义（如完整名称、定义、备注、简称、细节描述、被关联概念、归档等）、语境、统一的标识符、在数据存储标准中的实现进行规范，并与《水电工程信息模型分类和编码标准》（S-02）兼容
2	S-02	水电工程信息模型分类和编码标准	适用范围：适用于水电工程全生命周期信息的分类、编码及组织。 主要技术内容：规定水电工程分类和编码的基本方法，并给出编码结构类目及其应用规则，以适用于水电工程全生命周期信息的交换、共享
3	S-03	水电工程信息模型存储标准	适用范围：适用于水电工程全生命周期信息模型数据的存储。 主要技术内容：采用对建筑领域通用的 IFC（工业基础类）标准以扩展的方式实现水电工程信息 BIM 数据存储标准。借用 IFC 中资源层和核心层定义的对信息模型几何信息和非几何信息的逻辑及物理组织方式，作为水电工程信息模型数据格式；使用 IFC 现有的外部参照关联机制，将水电工程 BIM 信息语义关联到 IFC 模型
4	S-04	水电工程信息模型交换标准	适用范围：适用于水电工程全生命周期各阶段内以及各阶段间的信息交换和共享。 主要技术内容：规定水电工程建设项目全生命周期内信息流动的过程、规则和传递规程。工程项目中信息交换发生在不同业务活动之间，包括全生命周期各阶段间的信息交换、各参与方的信息交换、各专业间的信息交换等多个维度
		应　用　标　准	
	T	通用及基础	
	T01	通用	
5	T01-1	水电工程信息模型应用统一标准	适用范围：适用于水电工程全生命周期信息模型的创建、使用和管理。 主要技术内容：对水电工程各专业不同项目通用信息模型进行协同设计、统一集成、装配、管理等作出规定，包括通用模型体系、数据互用、通用模型运用、各参与方数据共享、成果交付、归档、数据安全等条款。 "数据安全"一章按照 2016 年发布的《中华人民共和国网络安全法》（中华人民共和国主席令第五十三号）的相关要求编写
6	T01-2	水电工程信息模型实施指南	适用范围：适用于水电工程全生命周期信息模型的应用与实施。 主要技术内容：对水电工程项目全生命周期信息模型的基本应用作出规定，包括 BIM 技术应用的目标、组织机构、软硬件环境、数据准备、协同管理、专业应用及保障措施等

序号	标准体系编号	标准名称	适用范围和主要技术内容
	T02	安全监测	
7	T02-1	水工建筑物安全监测信息模型应用标准	适用范围：适用于水电工程水工建筑物安全监测全生命周期信息模型的创建、使用和管理。 主要技术内容：对水电工程水工建筑物安全监测信息模型的建模实施组织流程、数据要求、协同工作流程、建模要求、信息交换、专业检查和成果交付，以及安全监测信息管理系统的设计、建设和运行维护等作出规定
8	T02-2	水电工程水库安全监测信息模型应用标准	适用范围：适用于水电工程水库安全监测全生命周期信息模型的创建、使用和管理。 主要技术内容：对水电工程水库安全监测信息模型的建模实施组织流程、数据要求、协同工作流程、建模要求、信息交换、专业检查和成果交付，以及安全监测信息管理系统的设计、建设和运行维护等作出规定
	T03	环保水保	
9	T03-1	水电工程水土保持工程信息模型应用标准	适用范围：适用于水电工程水土保持工程全生命周期信息模型的创建、使用和管理。 主要技术内容：对BIM+GIS技术在水电工程水土保持工程全生命周期信息模型的创建、使用和管理进行规定，包括实施组织、数据要求、协同工作流程、建模要求、信息交换、专业检查及成果交付等
10	T03-2	水电工程环境保护工程信息模型应用标准	适用范围：适用于水电工程环境保护工程全生命周期信息模型的创建、使用和管理。 主要技术内容：对BIM+GIS技术在水电工程环境保护工程全生命周期信息模型的创建、使用和管理进行规定，包括实施组织、数据要求、协同工作流程、建模要求、信息交换、专业检查及成果交付等
	T04	节能	
11	T04-1	水电工程信息模型节能减排应用标准	适用范围：适用于水电工程全生命周期节能减排的信息模型创建、使用、评估和方案优化。 主要技术内容：对BIM技术在水电工程节能减排中的应用进行规定，包括建立水电工程核心建筑物BIM模型、BIM模型与第三方分析软件共享BIM核心模型，通过在核心模型中提取所需信息，进行专项计算分析（场地分析、空间分析等），并对分析结果进行评估对比等
	T05	征地移民	
12	T05-1	水电工程征地移民信息模型应用标准	适用范围：适用于水电工程征地移民全生命周期信息模型的创建、使用和管理。 主要技术内容：对BIM+GIS技术在水电工程征地移民全生命周期信息模型的创建、使用和管理进行规定，涉及移民信息查询、移民管理分析（实物指标管理、农村移民安置规划、城集镇迁建规划、专业项目复建规划、移民安置补偿管理、移民安置应用管理、移民后期扶持等）、地图操作及三维可视化等

续表

序号	标准体系编号	标准名称	适用范围和主要技术内容
	T06	工程造价	
13	T06-1	水电工程信息模型技术应用费用计价标准	适用范围：适用于水电工程全生命周期BIM技术应用的费用测算。 主要技术内容：对水电工程各阶段及各专业的BIM技术应用费用基价、应用阶段调整系数、应用专业调整系数及工程复杂调整系数作出规定
	T07	流域	
14	T07-1	水电工程数字流域信息模型应用标准	适用范围：适用于水电工程数字流域信息模型的创建、使用和管理。 主要技术内容：对BIM+GIS技术在水电工程数字流域信息模型的创建、使用和管理进行规定，包括创建全流域数字信息模型、基础地理信息、地图数据等，标准中提出数据处理流程和质量要求，数据管理方式（数据组织、数据更新、数据档案管理等）
	A	规划及设计	
	A01	通用	
15	A01-1	水电工程信息模型设计应用标准	适用范围：适用于水电工程规划及设计阶段信息模型的创建、使用和管理。 主要技术内容：对水电工程各专业不同项目通用信息模型进行协同设计、统一集成、装配、管理等作出规定；对工程总布置、方案比选、数值分析、专业协同、工程量统计、施工进度模拟、平面出图、成果汇报等，在设计各阶段的精度和要求作出规定；内容包括通用模型体系、数据互用、通用模型运用和企业实施指引、各参与方数据访问权限等
16	A01-2	水电工程设计信息模型交付标准	适用范围：适用于水电工程规划及设计阶段信息模型交付的相关工作。 主要技术内容：规定水电工程设计信息模型交付过程、水电工程设计各阶段等主要成果节点的信息模型几何信息和非几何信息的精度要求，以及涉及规划及设计阶段BIM产品归档的相关条款等
17	A01-3	水电工程设计信息模型制图标准	适用范围：适用于水电工程设计信息模型及图纸的构建及绘制。 主要技术内容：对水电工程设计信息模型的表达、三维模型工程计量、模型颜色及二三维视图表达等作出规定
	A02	工程规划	
18	A02-1	水电工程规划和报建信息模型应用标准	适用范围：适用于水电工程规划和报建相关的BIM技术应用，信息模型的创建、使用和管理。 主要技术内容：对BIM技术在水电工程规划和报建中的应用进行规定，包括规划和报建专业BIM模型的数据内容及数据格式、应满足的数据共享和协同工作要求，以及规划和报建成果交付的BIM模型和数据要求等

续表

序号	标准体系编号	标 准 名 称	适用范围和主要技术内容
19	A02-2	水电工程乏信息规划设计信息模型应用标准	适用范围：适用于国外发展中国家及我国偏远地区缺乏水文、气象、地形、地质、工程建设条件等基础资料的情况（简称"乏信息条件"）下水电工程前期规划设计信息模型的创建、使用和管理。 主要技术内容：对乏信息条件下水电工程基础资料（测绘资料、地质资料、水文气象资料、社会影响评价资料、交通及建筑材料信息、造价资料等）收集与整编，以及规划设计信息模型的实施组织、数据要求、协同工作流程、建模要求、信息交换、专业检查、成果交付等作出规定
	A03	工程勘察	
20	A03-1	水电工程测绘地理信息模型应用标准	适用范围：适用于水电工程测绘地理信息模型的创建、使用和管理。 主要技术内容：对基础测绘地理信息数据的采集、处理、加工及应用进行要求，包括坐标系统转换、卫星影像、航片、InSAR 数据等统一获取、三维地形曲面制作、三维基础地理信息场景制作等
21	A03-2	水电工程地质信息模型应用标准	适用范围：适用于水电工程地质信息模型的创建、使用和管理。 主要技术内容：对工程地质三维建模基本内容、方法、专业制图、图形库及质量评定方法等作出规定
	A04	水工建筑物	
	A04.1	水工综合	
22	A04.1-1	水电工程枢纽布置设计信息模型应用标准	适用范围：适用于水电工程枢纽布置设计信息模型的创建、使用和管理。 主要技术内容：对水电工程枢纽布置设计信息模型的协同管理、模型拼装、信息交换、专业检查及成果交付等作出规定
	A04.2	混凝土坝	
23	A04.2-1	重力坝设计信息模型应用标准	适用范围：适用于水电工程重力坝设计信息模型的创建、使用和管理。 主要技术内容：对水电工程重力坝（包括碾压混凝土重力坝）设计信息模型的建模实施组织流程、数据要求、协同工作流程、建模要求、信息交换、专业检查及成果交付等作出规定
24	A04.2-2	拱坝设计信息模型应用标准	适用范围：适用于水电工程拱坝设计信息模型的创建、使用和管理。 主要技术内容：对水电工程拱坝（包括碾压混凝土拱坝）设计信息模型的建模实施组织流程、数据要求、协同工作流程、建模要求、信息交换、专业检查及成果交付等作出规定
25	A04.2-3	支墩坝设计信息模型应用标准	适用范围：适用于水电工程支墩坝设计信息模型的创建、使用和管理。 主要技术内容：对水电工程支墩坝设计信息模型的建模实施组织流程、数据要求、协同工作流程、建模要求、信息交换、专业检查及成果交付等作出规定

序号	标准体系编号	标准名称	适用范围和主要技术内容
26	A04.2-4	砌石坝设计信息模型应用标准	适用范围：适用于水电工程砌石坝设计信息模型的创建、使用和管理。 主要技术内容：对水电工程砌石坝设计信息模型的建模实施组织流程、数据要求、协同工作流程、建模要求、信息交换、专业检查及成果交付等作出规定
	A04.3	土石坝	
27	A04.3-1	土质防渗体土石坝设计信息模型应用标准	适用范围：适用于水电工程土质防渗体土石坝设计信息模型的创建、使用和管理。 主要技术内容：对水电工程土质防渗体土石坝设计信息模型的建模实施组织流程、数据要求、协同工作流程、建模要求、信息交换、专业检查及成果交付等作出规定
28	A04.3-2	混凝土面板堆石坝设计信息模型应用标准	适用范围：适用于水电工程混凝土面板堆石坝设计信息模型的创建、使用和管理。 主要技术内容：对水电工程混凝土面板堆石坝设计信息模型的建模实施组织流程、数据要求、协同工作流程、建模要求、信息交换、专业检查及成果交付等作出规定
29	A04.3-3	沥青混凝土防渗土石坝设计信息模型应用标准	适用范围：适用于水电工程沥青混凝土防渗土石坝设计信息模型的创建、使用和管理。 主要技术内容：对水电工程沥青混凝土防渗土石坝设计信息模型的建模实施组织流程、数据要求、协同工作流程、建模要求、信息交换、专业检查及成果交付等作出规定
	A04.4	泄水与过坝建筑物	
30	A04.4-1	水电工程泄水建筑物设计信息模型应用标准	适用范围：适用于水电工程泄水建筑物设计信息模型的创建、使用和管理。 主要技术内容：对水电工程泄水建筑物（溢流坝、坝身泄水孔、泄洪洞、岸边溢洪道等）设计信息模型的建模实施组织流程、数据要求、协同工作流程、建模要求、信息交换、专业检查及成果交付等作出规定
31	A04.4-2	水电工程过鱼建筑物设计信息模型应用标准	适用范围：适用于水电工程过鱼建筑物设计信息模型的创建、使用和管理。 主要技术内容：对水电工程过鱼建筑物（包括鱼道、其他过鱼设施等）设计信息模型的建模实施组织流程、数据要求、协同工作流程、建模要求、信息交换、专业检查及成果交付等作出规定
32	A04.4-3	水闸设计信息模型应用标准	适用范围：适用于水电工程水闸设计信息模型的创建、使用和管理。 主要技术内容：对水电工程水闸设计信息模型的建模实施组织流程、数据要求、协同工作流程、建模要求、信息交换、专业检查及成果交付等作出规定
	A04.5	水电站建筑物	

序号	标准体系编号	标准名称	适用范围和主要技术内容
33	A04.5-1	水电工程引水系统设计信息模型应用标准	适用范围：适用于水电工程引水系统设计信息模型的创建、使用和管理。 主要技术内容：对水电工程引水系统（包括进水口、水工隧洞、调压设施、压力管道等）设计信息模型的建模实施组织流程、数据要求、协同工作流程、建模要求、信息交换、专业检查及成果交付等作出规定
34	A04.5-2	水电站厂房设计信息模型应用标准	适用范围：适用于水电工程水电站厂房设计信息模型的创建、使用和管理。 主要技术内容：对水电工程水电站厂房（包括地下厂房、地上厂房等）设计信息模型的建模实施组织流程、数据要求、协同工作流程、建模要求、信息交换、专业检查及成果交付等作出规定
35	A04.5-3	抽水蓄能电站设计信息模型应用标准	适用范围：适用于水电工程抽水蓄能电站设计信息模型的创建、使用和管理。 主要技术内容：对水电工程抽水蓄能电站（包括抽水蓄能电站总体布置、上下水库、输水系统等）设计信息模型的建模实施组织流程、数据要求、协同工作流程、建模要求、信息交换、专业检查及成果交付等作出规定
	A04.6	边坡工程与地质灾害防治	
36	A04.6-1	水电工程边坡工程设计信息模型应用标准	适用范围：适用于水电工程边坡工程设计信息模型的创建、使用和管理。 主要技术内容：对水电工程边坡工程（包括岩质边坡、土质边坡、支挡结构等）设计信息模型的建模实施组织流程、数据要求、协同工作流程、建模要求、信息交换、专业检查及成果交付等作出规定
37	A04.6-2	水电工程地质灾害防治工程设计信息模型应用标准	适用范围：适用于水电工程地质灾害防治工程设计信息模型的创建、使用和管理。 主要技术内容：对水电工程地质灾害防治工程（包括滑坡、崩塌、泥石流、堰塞湖等）设计信息模型的建模实施组织流程、数据要求、协同工作流程、建模要求、信息交换、专业检查及成果交付等作出规定
	A05	机电	
38	A05-1	水电工程水力机械设计信息模型应用标准	适用范围：适用于水电工程水力机械设计信息模型的创建、使用和管理。 主要技术内容：对水电工程水力机械（包括闸门启闭机、空气压缩机、输配电机械等）设计信息模型的建模实施组织流程、数据要求、协同工作流程、建模要求、信息交换、专业检查及成果交付等作出规定
39	A05-2	水电工程电气设备设计信息模型应用标准	适用范围：适用于水电工程电气设备设计信息模型的创建、使用和管理。 主要技术内容：对水电工程电气设备设计信息模型的建模实施组织流程、数据要求、协同工作流程、建模要求、信息交换、专业检查及成果交付等作出规定

序号	标准体系编号	标准名称	适用范围和主要技术内容
	A06	金属结构	
40	A06-1	水电工程金属结构设备设计信息模型应用标准	适用范围：适用于水电工程金属结构设备设计信息模型的创建、使用和管理。 主要技术内容：对水电工程金属结构设备设计信息模型的建模实施组织流程、数据要求、协同工作流程、建模要求、信息交换、专业检查及成果交付等作出规定
	A07	施工组织设计	
41	A07-1	水电工程导截流工程设计信息模型应用标准	适用范围：适用于水电工程导截流工程设计信息模型的创建、使用和管理。 主要技术内容：对水电工程导截流工程设计信息模型的建模实施组织流程、数据要求、协同工作流程、建模要求、信息交换、专业检查及成果交付等作出规定
42	A07-2	水电工程施工组织设计信息模型应用标准	适用范围：适用于水电工程施工组织设计信息模型的创建、使用和管理。 主要技术内容：对水电工程施工组织设计（包括主体工程施工、施工交通运输、施工工厂设施、施工总布置、施工总进度等）设计信息模型的建模实施组织流程、数据要求、协同工作流程、建模要求、信息交换、专业检查及成果交付等作出规定
	B	建造及验收	
	B01	通用	
43	B01-1	水电工程信息模型施工应用标准	适用范围：适用于水电工程施工信息模型的创建、使用和管理。 主要技术内容：从施工应用策划和管理、深化设计、施工模拟、预制加工、进度管理、预算与成本管理、质量与安全管理、资源管理、竣工验收等方面提出水电工程施工信息模型的创建、使用和管理要求
44	B01-2	水电工程施工信息模型交付标准	适用范围：适用于水电工程施工阶段信息模型交付的相关工作。 主要技术内容：对水电工程施工信息模型交付过程、水电工程设计各阶段等主要成果节点的信息模型几何信息和非几何信息的精度要求，涉及施工阶段归档的相关条款也将列入标准中
45	B01-3	水电工程施工监理信息模型应用标准	适用范围：适用于水电工程施工监理信息模型的创建、使用和管理。 主要技术内容：从模型中导入数据（施工图设计模型、深化设计模型及施工过程模型）、施工监理控制（质量控制、进度控制、造价控制、安全生产管理、工程变更控制以及竣工验收等）和成果交付（施工监理合同管理记录、监理文件档案资料）等方面提出水电工程施工监理信息模型的创建、使用和管理要求
	B02	土建工程	
46	B02-1	水电工程土石方工程施工信息模型应用标准	适用范围：适用于水电工程土石方工程施工信息模型的创建、使用和管理。 主要技术内容：规定水电工程土石方工程前期设计阶段数据成果导入，施工阶段BIM模型建模的方法、工作流程、数据格式，以及竣工交付标准（竣工验收信息内容、信息的检验交付、信息管理与使用）等

序号	标准体系编号	标准名称	适用范围和主要技术内容
47	B02-2	水电工程基础处理施工信息模型应用标准	适用范围：适用于水电工程基础处理施工信息模型的创建、使用和管理。 主要技术内容：规定水电工程地基处理前期设计阶段数据成果导入，施工阶段 BIM 模型建模的方法、工作流程、数据格式，以及竣工交付标准（竣工验收信息内容、信息的检验交付、信息管理与使用）等
48	B02-3	水电工程混凝土工程施工信息模型应用标准	适用范围：适用于水电工程混凝土工程施工信息模型的创建、使用和管理。 主要技术内容：规定水电工程混凝土工程前期设计阶段数据成果导入，施工阶段 BIM 模型建模的方法、工作流程、数据格式，以及竣工交付标准（竣工验收信息内容、信息的检验交付、信息管理与使用）等
49	B02-4	水电工程水工建筑物防渗信息模型应用标准	适用范围：适用于水电工程水工建筑物防渗系统施工信息模型的创建、使用和管理。 主要技术内容：规定水工建筑物防渗系统前期设计阶段数据成果导入，施工阶段 BIM 模型建模的方法、工作流程、数据格式，以及竣工交付标准（竣工验收信息内容、信息的检验交付、信息管理与使用）等
	B03	机电	
50	B03-1	水电工程水力机械设备安装信息模型应用标准	适用范围：适用于水电工程水力机械设备安装信息模型的创建、使用和管理。 主要技术内容：规定水电工程水力机械设备设计阶段数据成果导入，安装阶段 BIM 模型建模的方法、工作流程、数据格式，以及竣工交付标准（竣工验收信息内容、信息的检验交付、信息管理与使用）等
51	B03-2	水电工程电气设备安装信息模型应用标准	适用范围：适用于水电工程电气设备安装信息模型的创建、使用和管理。 主要技术内容：规定水电工程电气设备设计阶段数据成果导入，安装阶段 BIM 模型建模的方法、工作流程、数据格式，以及竣工交付标准（竣工验收信息内容、信息的检验交付、信息管理与使用）等
	B04	金属结构	
52	B04-1	水电工程金属结构设备安装信息模型应用标准	适用范围：适用于水电工程金属结构设备信息模型的创建、使用和管理。 主要技术内容：规定水电工程金属结构设备设计阶段数据成果导入，安装阶段 BIM 模型建模的方法、工作流程、数据格式，以及竣工交付标准（竣工验收信息内容、信息的检验交付、信息管理与使用）等
	B05	施工设备设施	
53	B05-1	水电工程施工设备设施标准库	适用范围：适用于水电工程施工设备设施 BIM 模型的创建、使用和管理。 主要技术内容：规定 BIM 技术在水电工程施工设施设备管理中的应用，包括实施组织、建模要求、信息交换、专业检查及成果交付等

续表

序号	标准体系编号	标准名称	适用范围和主要技术内容
	C	运行维护	
	C01	通用	
54	C01-1	水电工程信息模型运行维护应用标准	适用范围：适用于水电工程运行维护阶段BIM技术应用。 主要技术内容：规定BIM技术在水电工程运行维护管理中的应用，包括空间管理、资产管理、维修维护管理、安全与应急管理及能耗管理等方面
	C02	项目类	
55	C02-1	水电枢纽工程运行维护信息模型应用标准	适用范围：适用于水电枢纽工程运行维护阶段BIM技术应用。 主要技术内容：规定BIM技术在水电枢纽工程运行维护管理中的应用，包括空间管理、资产管理、维修维护管理、安全与应急管理及能耗管理等方面
	G	管理标准	
56	G-01	水电工程审批核准信息模型应用标准	适用范围：适用于水电工程审批或核准相关的BIM技术应用。 主要技术内容：对BIM技术在水电工程审批或核准中的应用进行规定，包括审批或核准专业BIM模型的数据内容及数据格式、应满足的数据共享和协同工作要求，以及向行政主管部门交付的BIM模型和成果数据等
57	G-02	水电工程业主项目管理信息模型应用标准	适用范围：适用于业主管理模式下的水电工程全生命周期BIM技术应用。 主要技术内容：对业主管理模式下水电工程BIM管理流程、BIM项目管理主要内容、各参与方BIM应用能力要求和工作职责、项目管理规定，以及各参与方协同工作等作出规定
58	G-03	水电工程总承包项目管理信息模型应用标准	适用范围：适用于总承包管理模式下水电工程全生命周期BIM技术应用。 主要技术内容：对总承包管理模式下水电工程BIM管理流程、BIM项目管理主要内容、各参与方BIM应用能力要求和工作职责、项目管理规定，以及各参与方协同工作等作出规定
59	G-04	水电工程全过程咨询信息模型应用标准	适用范围：适用于水电工程全过程工程咨询中的BIM技术应用。 主要技术内容：对水电工程全过程工程咨询BIM技术应用的主要内容、工作流程、组织模式、各参与方能力要求和工作职责、保障措施等作出规定

2.5 人才培养

2.5.1 人才培养现状

任何技术的发展都需要有与之相对应的技术人员作为支撑，工程三维协同设计也不例外。工程三维协同设计是具有工程和计算机软件双重属性的综合性技术，而与之对应的技术人员培养，也应当是包含有工程专业和计算机专业内容的系统性工程。

美国等西方国家 BIM 技术起步较早，已经形成了一套系统的、依托高校进行 BIM 技术人才培养的成熟体系。麻省理工学院、普林斯顿大学等常青藤名校则更早将 BIM 技术引入高校专业课程中，展开了全面的教学改革和探索。据调查，仅 2012 年就已经有 70% 的美国高校开设了 BIM 相关课程。

而在我国，受制于师资、经费以及课程整体规划等原因，目前并没有成熟的依托高校进行工程三维协同人才培养的体系。工程三维协同技术发展所需要的技术人员一般由企业自主培养。由于缺少国家层面的学科认证，培训内容参差不齐，培训过程存在周期长、成本高、效果差、人员易流失等原因。未来一段时间工程三维协同人才的培养主要还是依靠企业和行业完成。

本书以华东院的工程三维协同人才培养体系为例，论述企业与行业层面的工程三维协同人才培养的一些思路和方法，以供借鉴。

2.5.2 人才培养目标和对象

建筑信息模型技术员是指利用计算机软件进行工程实践过程中的模拟建造，以改进其全过程中工程工序的技术人员。其主要工作内容包括以下方面：

（1）负责项目中建筑、结构、暖通、给排水、电气专业等 BIM 模型的搭建、复核、维护管理等工作。

（2）协同其他专业建模，并做碰撞检查。

（3）BIM 可视化设计：室内外渲染、虚拟漫游、建筑动画、虚拟施工周期等。

（4）施工管理及后期运维。

基于一种假定的、系统化的人才培养机制，以上工作内容对应了工程三维协同技术的几个关键点：信息模型创建及维护、信息模型综合应用、工程三维协同项目管理。根据三个关键点，将目前 BIM 从业人员的工作岗位划分为建模、模型应用和项目管理。

1. 人才培养目标

工程三维协同技术更强调专业人员做专业事情，从个人职业生涯的角度，允许技术人员在条件具备时在不同岗位间轮换，但在具体的某一段时间内，一般要求技术人员专岗专责。

目前在国内，除去极少数大型企业能够实现工程三维协同技术人员的专岗专责外，绝大多数中小型企业受制于人力资源和生产业务，工程三维协同技术人员一般都是一岗多责，要同时从事建模、模型应用和项目管理方面的工作，有些甚至还要从事专业生产，这是绝大多数企业跨入工程三维协同技术门槛都会经历的阵痛。

从短期来看，工程三维协同技术人员的一岗多责，能够降低企业人力成本，快速在企业内部形成工程三维协同"建模→应用→管理"的闭环，有利于工程三维协同技术在企业内的落地实施。

从长远来看，工程三维协同技术人员在同时兼顾建模、应用、项目管理工作的情况下，在技术深度上的成长会受到较大阻碍。工程三维协同技术的发展日新月异，一旦跟不上技术纵向发展的步伐，将造成企业的工程三维协同之路非常困难。

工程三维协同技术人员的岗位划分，是企业工程三维协同工作步入正轨的重要标志。对于绝大多数企业而言，通过工程三维协同人员一岗多责的方式实现技术快速落地之后，还应当适时的进行岗位职责的精确划分，让专业技术人员能够有精力进行纵向的技术研究，保证企业工程三维协同技术能够紧跟行业步伐。

2. 人才培养对象

企业和行业内的工程三维协同人才培养，主要是针对企业现有的从业人员进行培训，一般要求培养对象为工程相关专业技术人员。

在现有的工程三维协同技术体系下，企业工程三维协同技术的发展，离不开从公司领导层到基层技术人员的全员参与。基层技术力量更多的是从事建模和模型应用工作，侧重于信息模型创建及维护、信息模型综合应用方面能力的培养；中层技术骨干更多的是进行项目管理和标准制定，侧重于工程三维协同项目管理实施以及行业内成熟经验的学习；公司高层领导负责制定企业的信息化战略，更多的是了解国内外行业发展的现状和趋势。

2.5.3　人才培养组织实施

企业工程三维协同人才的培养一般有小组式学习和集中式导航培训两种方式。

小组式学习时间安排灵活，人员集中方便，对正常工作影响小，一般不需要脱产学习，学习成本较低；缺点是学习进度和质量完全依赖于组员主观能动性，由于小组学习绝大多数情况下都是企业员工自发或者半自发的行为，这使得小组难以快速地在企业范围形成工程三维协同的技术氛围，且如果没有有效的资料获取途径以及正确的指引，学习容易停滞不前或是走向极端。软件技术只是工程三维协同的基础，而在软件基础之上的协同建模、模型应用以及协同项目管理才是工程三维协同技术真正发挥优势的地方。小组式学习普遍仅限于对软件技术的学习，很少有条件进行协同建模、模型应用及协同项目管理等方面的学习。故小组式学习适用于小范围前瞻性的技术探索，对于企业整体的工程三维协同人才培养作用有限。

集中式导航培训一般聘请行业内先进企业的工程三维协同技术专家、有实力的 BIM 咨询单位或软件厂商的技术人员进行统一授课。为了保证培训质量，授课单位会要求学员企业组织技术力量，进行脱产技术学习。软件功能学习完成后一般会选择典型的项目进行三维协同建模实际操作，在软件学习的基础上进一步学习三维协同建模、模型应用以及三维协同项目管理方面的内容。相对于小组式学习，集中式导航培训的效率更高，时间更短，但是由于受训人员一般为企业的技术骨干，封闭式学习必然造成企业技术力量的短时间空缺，会对企业的正常生产经营活动产生一定程度的影响。所以集中式导航培训一般是在企业已经将工程三维协同技术的发展确定为企业战略方向的前提下，由企业领导层直接推动，能够短时间内在企业内部营造出一种工程三维协同的技术氛围，有利于企业工程三维协同技术的发展。所以，集中式导航培训是目前企业和行业层面进行三维协同技术人才培养的最主要方式。

集中式导航培训针对企业具体情况实施。培训团队应当充分了解受训企业的业务规模、主营方向、行业资质、技术人员概况、工程三维协同的实施经验及发展愿景等，制订完善的培训实施计划。

培训实施计划应当包含以下几个方面的内容。

1. 实施目标

实施目标是指通过集中式导航培训所要达到的阶段性目标。一般按照工程三维数字化协同设计要求，科学配置软件体系，构建一套符合受训企业业务特点的三维协同设计解决方案，通过科学的引导和培训，培养、建立三维数字化设计技术核心团队。

2. 实施内容

实施内容包括硬件的配置、专业软件体系搭建、课程的设置、具体项目的实践及企业三维数字化体系建立等。实施内容应当具有指向性，充分服务于项目的实施目标，不应当只是套用标准的实施方案，流于形式。

3. 实施安排

实施安排应当充分考虑受训单位的情况，尽可能减少集中式导航培训对于企业正常生产的影响。导航培训一般包括导航培训的时间、地点、课时安排、师资配置等。参训人员应当完全脱产，以保证培训质量。

4. 培训人员要求

在保证重点项目生产进度的前提下，抽调有一定工程经验的专业技术人员组建三维数字化设计核心团队。团队成员的专业应尽量与常规技术人员保持一致或相近，便于后续在企业内对应推广。团队成员需对各自专业有一定程度的认识（2～3 年专业工作经验），对三维协同设计及计算机技术感兴趣，如具备编程能力则更优。团队各专业配备 1～2 名技术人员，以点带面。通过定期在企业内开展全面的软件操作培训，扩大三维协同设计的使用范围和频率，为后期的三维数字化设计人才储备及全面推广应用打下基础。

5. 进度控制

根据实际的项目情况确定进度节点，制订相应的进度检查计划，保证培训的有序实施。集中式导航培训一般分为三个阶段，各个阶段工作内容及目标见表 2.5-1。

表 2.5-1　　　　　　　集中式导航培训各个阶段工作内容及目标

时间	工 作 内 容	目 标
第一阶段	确定三维数字化设计目标，确定整体进度计划，完成软硬件架构及人员配置，搭建好沟通交流平台等，重点做好前期准备工作	完成搭建三维数字化协同设计团队
第二阶段	分专业分阶段有深度有计划地进行软件培训，为保证学习效果可选用已完成的项目进行实际演练	掌握三维协同设计软件初级应用
	针对导航项目的具体情况，进行前期工作部署，主要针对统一工作样板，管理员与工程技术人员的权限及协作方式等	完成导航项目三维数字化设计环境定制
	导航项目实施，完成项目实施的模型目标及模型抽图、碰撞检查、三维动画等初步的模型应用	完成导航项目实施
	整合项目的各项应用及其深度要求，总结项目协作的经验，进一步明确项目各参与人员的职责权限	协助完成企业级三维数字化设计生产流程梳理
第三阶段	完成受训企业项目环境配置，导航项目成果全部回迁至受训企业指定服务器	完成企业三维协同设计环境定制和导航成果回迁

集中式导航培训的对象一般是企业各个专业的技术骨干，而企业三维协同技术的发展，是需要全员参与的。在培训过程中，培训教师除了在做好课程讲解、录屏、练习文件分享以及问题解答外，还应当督促受训学员做好笔记、问题记录以及成果收集，方便问题复盘以及持续性的学习，也便于将课程内容分享给未能参与培训的技术人员。

2.6 考核评价

2.6.1 考核目的

为更好更全面地普及与推广三维设计技术的研究与应用，支撑企业数字化战略的落地实施，以考核评价为手段建立评价体系，推动企业向信息化数字化的方向转型升级。

2.6.2 考核内容和方法

考核对象按照水电工程三维设计涉及的专业进行划分，主体为各专业对应的生产单位，根据公司组织架构的不同，可以是专业所、工程院、项目部或子公司。

2.6.2.1 考核内容

考核内容主要包括人员三维设计技能考核、项目三维设计实施质量考核、服务企业数字化战略推进考核等，具体考核内容根据公司整体推进情况与业务需求在每年年度工作计划中由考核部门予以调整。

1. 人员三维设计技能考核

考核内容包括：设计、校核人员三维软件设计建模技能；审查、核定人员三维软件审查技能；三维考试评级情况等。

2. 项目三维设计实施质量考核

考核内容包括：满足各项目三维设计推进计划的节点要求；专业模型满足项目总装要求，模型成果符合企业相关三维设计标准；三维产品/成果的策划、审查、核定的手续完备翔实；基于三维产品的三维出图率达标、二维出图率达标。

3. 服务企业数字化战略推进考核

考核内容包括：专业 BIM 标准/手册编制、专业元件库建设、BIM 类奖项获得、配合 BIM 软件开发以及数字化项目市场指标（新签、收款等）。

考核内容可参照表 2.6-1，××设计院/所年度三维应用推进目标及考核表。

2.6.2.2 考核方法

考核内容确定之后，需要确定合适的考核方法。针对 3 个方面考核内容，考核方法体现在三维设计技术应用推广的不同阶段，与之对应考核点的比重不同。三维设计技术推广应用过程中，应该要求各二级生产单位每年都有进步，考核内容的比重要根据各二级部门的实际应用情况调整，有利于不同阶段的技术推进，也体现了考核的牵引作用。与此同时，在相同时间段内不同的二级生产单位，他们的考核比重也会有所不同。

通常来说，在三维设计技术应用推广初期，一般主要考核人员三维设计技能，以奖励为主，鼓励专业技术人员参与新技术学习；在多个项目成功应用三维设计手段之后，主要

表 2.6-1　　　　　　××设计院/所年度三维应用推进目标及考核表

序号	分类	权重	内 容 描 述	考核得分	部门自评	考核部门
1	人员三维设计技能考核		新员工的三维技能培训			
			设计、校核人员三维软件设计建模技能			
			审查、核定人员三维软件审查技能			
			三维考试评级情况			
			……			
2	项目三维设计实施质量考核		满足各项目三维设计推进计划的节点要求			考核部门
			专业模型满足项目总装要求，模型成果符合企业相关三维设计标准			
			三维产品/成果的策划、审查、核定的手续完备翔实			
			基于三维产品的三维出图率达标，二维出图率达标			
			……			
3	服务企业数字化战略推进考核		专业标准/手册编制			
			专业元件库建设			
			BIM 类奖项获得			
			配合 BIM 软件开发			
			数字化项目市场指标			
			……			

考核项目三维设计实施情况，以惩罚为主，惩罚三维协同设计推进不力的项目；在数字化战略提升到院战略层面的阶段，主要考核服务企业数字化战略推进情况，如数字化能力建设、数字化项目市场指标等，以签订绩效合约的形式考核，推动企业向信息化数字化的方向转型升级。

2.6.3　考核评价流程

考核评价流程如图 2.6-1 所示。

每年年初考核部门组织编制考核方案，各生产单位按要求填报三维设计年度推进目标，经数字中心审查，考核部门批准后发布。

1. 考核实施

每年年中和年末分别根据目标及考核表进行年中检查和年度考核。

年中检查由考核部门组织相关部门按考核要求对各生产单位年中的三维设计应用进行检查，检查结果公司通报并作为年度考核的依据。

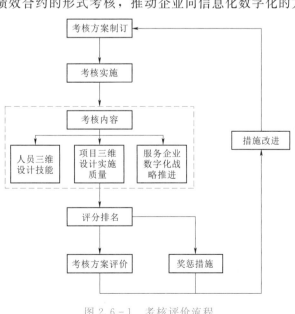

图 2.6-1　考核评价流程

年度考核首先由各生产单位根据本年度推进目标进行自评，然后由考核部门会同数字中心及相关项目部按要求对各生产单位本年度的三维设计应用进行初评，并于次年年初组织召开三维设计应用推进考核小组会议对年度初评结果进行终评，同时确定公司年度三维设计应用先进单位和不达标单位，并将终评结果进行全公司通报。

2. 评选先进单位

三维设计应用推进考核小组根据考核得分情况，按一定比例从考核得分高的生产单位中评选出三维设计应用先进单位，再从考核得分低的评选出三维设计应用不达标单位。

3. 考核奖惩措施

对年度三维应用考核先进单位给予奖励（具体金额根据该生产单位先进单位人员数量确定）。对年度三维应用考核不合格单位给予处罚，根据考核结果设定处罚的标准分数线，在合格分数线下的按照不同等级实行不同力度的处罚。三维设计应用推进不力且考核不达标单位可取消其年度文明单位和先进单位的评选资格。

第 3 章

三维协同设计应用
通用技术

3.1 基础建模技术

三维几何造型建模技术是水利水电行业广泛采用的基础建模技术，也是水电工程三维协同设计应用通用技术之一。三维几何造型的理论与技术是计算机科学、计算几何学与交互式图形显示技术的完美结合，它是利用计算机以及图形处理技术来构造物体的几何形状，并利用点、线、面、体等基本几何元素模拟物体静、动态处理过程的技术。该技术是计算机辅助系统的核心，建模的过程依赖于计算机的软硬件环境，是面向产品的创造性过程。建模系统应具备信息描述的完整性，建模技术应贯穿产品生命周期的整个过程，且为企业信息集成创造条件。

通过对三维几何造型的理论和技术的研究，三维模型不仅在线框造型、曲面造型、实体造型等方面取得了长足的发展，也在不断更新的基础应用平台中取得了成功的应用。水电工程作为我国的基础行业，2000 年以来得到迅猛发展，不断与新技术相结合。通过三维协同设计，三维模型将承载完备的工程信息，工程师可以通过人机交互方式对模型进行操作、分析和加工，主要包括二三维出图、算量分析、数值分析、碰撞检查、虚拟漫游等应用。

3.1.1 点建模方法

点建模方法是指利用一系列的点来表示点状物体几何特征，可以用一个点表征一类专业对象，如地质专业中常用的勘探点模型、取样点模型等，厂房机电专业中的接线点等。点建模方法也可以按照一定的规则用一系列的点表征三维物体模型的外表面，如测绘专业使用实景建模工具构建的点云模型。点的类别主要有零长度线表示的点、特定单元表示的点。实际应用中一般采用点建模方法构建特定专业对象，并用带颜色的符号表示不同类别点的属性。点模型专业对象示例见表 3.1-1。

表 3.1-1　　　　　　　　　　　点模型专业对象示例

专业	点　模　型
测绘	地质测绘点、点云模型
地质	勘探点、取样点、地层界面点、地质构造点、岩性分界点、风化带下限点等
物探	物探点
试验	试验点
监测	观测点、水位点等
机电	接线点

水电工程中常用的点建模方法主要有以下三种。

1. 坐标成点法

坐标成点法是指通过软件从数据库或数据文件中获取坐标数据，批量生成三维点的方法。此种方法生成的点的类别一般是零长度线表示的点。

2. 交互成点法

交互成点法是指通过人机交互、鼠标拾取坐标位置绘制点生成三维点的方法。交互成点法生成测绘点示例如图 3.1-1 所示。此种方法生成的点的类别一般是用特定的单元表示的点，交互生成的点一般为特定单元的中心。

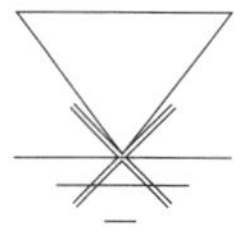

图 3.1-1　交互成点法
生成测绘点示例

3. 驱动成点法

驱动成点法是指软件通过数据库或数据文件修改，获取数据后自动或动态更新生成三维点的方法。此种方法可以生成两种类别的点：零长度线表示的点和特定单元表示的点。

3.1.2　线建模方法

线建模方法是利用基本线素来定义专业对象的棱线部分。线建模方法生成的线模型是由一系列的直线、圆弧、点及自由曲线组成的，描述的是产品的轮廓外形。水电工程中很多专业都用到线建模方法来构建线模型，如地质专业中构建地表出露迹线、剖面地质线等来承载水电工程的地质信息；测绘专业中构建地形等值线来承载地形信息；公路专业本身为线性工程，使用线建模方法构建多种线模型，如使用纵断竖直线、车行道边线、中间带边线等在三维协同设计中表征设计信息；桥梁专业使用线建模方法构建引道中心线、桥梁中心线等；电气专业使用线建模技术构建电气主接线。线模型专业对象示例见表 3.1-2。

表 3.1-2　　　　　　　　　　　　　线模型专业对象示例

专业	线　模　型	专业	线　模　型
测绘	地形等值线	铁道	左线、右线、轨道、轨枕等
地质	地表出露迹线、剖面地质线等	桥梁	引道中心线、桥梁中心线等
开挖	边坡开挖迹线	电气	电气主接线
公路	纵断竖曲线、车行道边线、中间带边线等		

水电工程中常用的线建模方法主要有以下几种。

1. 坐标成线法

坐标成线法是指通过软件从数据库或数据文件中读取系列点坐标数据快速生成三维几何线条的方法。此方法可以构建车行道边线、桥梁中心线、电气主接线等。

2. 连点成线法

连点成线法是指通过人工依序捕捉连接空间点，生成三维几何线条的方法。公路专业车行道边线的连点成线法示例如图 3.1-2 所示。

3. 投影成线法

投影成线法是指通过将线条投影到三维表面生成三维几何线条的方法。地质专业地表的投影成线法示例如图 3.1-3 所示。

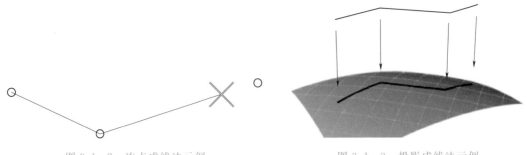

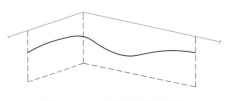

图 3.1-2　连点成线法示例　　　　　　　图 3.1-3　投影成线法示例

4. 剖面成线法

剖面成线法是指通过辅助的竖直或水平剖面，绘制三维几何线条的方法。地质、公路、隧道等专业的剖面成线法示例如图 3.1-4 所示。

5. 等值成线法

等值成线法是指按照等高、等深、等厚三种方式生成三维几何线条的方法。地形等值线的等值成线法示例如图 3.1-5 所示。

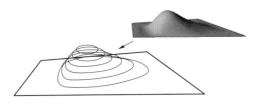

图 3.1-4　剖面成线法示例　　　　　　图 3.1-5　等值成线法示例

6. 求交成线法

求交成线法是指通过三维几何表面间求交生成三维几何线条的方法。地质专业的地表的求交成线法示例如图 3.1-6 所示。

7. 驱动成线法

驱动成线法是指通过软件定义建模的数据集、方法、参数，驱动三维几何线条的自动生成和动态更新的方法。

3.1.3　面建模方法

面建模方法是把高级曲线（包括样条曲线、贝塞尔曲线等）构成的封闭区域作为一

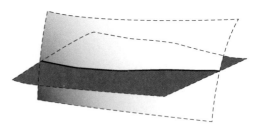

图 3.1-6　求交成线法示例

个整体，从而创建曲面模型的建模方法。常见的曲面模型有旋转曲面、贝塞尔曲面、样条曲面、网格曲面等，如图 3.1-7 所示。

在曲面造型系统中，曲面的生成方法有：利用轮廓直接生成，如各种扫描曲面等，称为基本曲面；在现有的曲面基础或实体上生成曲面，如复制等，称为派生曲面；利用空间曲线自由生成曲面，称为自由曲面。

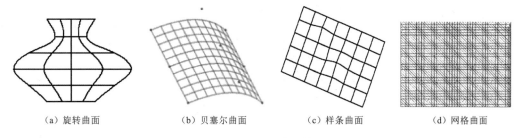

| （a）旋转曲面 | （b）贝塞尔曲面 | （c）样条曲面 | （d）网格曲面 |

图 3.1-7　常见曲面模型

面建模方法是三维建模技术中的重要内容之一，一般指采用 GRID、TIN、NURBS 等曲面格式表达物体几何特征的方法。面建模的方法可以用于自然界各种面状物体的模拟，比如建筑材料界面、地下水位面、地层界面、构造面、褶皱曲面等。面模型专业对象示例见表 3.1-3。

表 3.1-3　　　　　　　　　　　　面模型专业对象示例

专业	面　模　型
测绘专业	地形面
地质专业	地层界面、岩性界面、基岩面、构造面、卸荷界面、地下水位面、岩溶表面等
开挖专业	开挖面

水电工程三维协同设计中常用的面建模方法主要包括以下几种。

1. 趋势成面法

趋势成面法是指贴合一个或多个空间揭露点的空间位置和产状趋势生成表面的方法。

2. 投影成面法

投影成面法是指将规则网格的表面沿着指定方向投影覆盖到所有点上生成表面的方法，包括单向投影和球状投影两种生成方式。测绘专业的地形面单向投影成面法示例如图 3.1-8（a）所示，建筑专业的建筑表面球状投影成面法示例如图 3.1-8（b）所示。

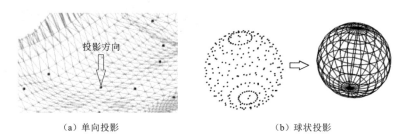

| （a）单向投影 | （b）球状投影 |

图 3.1-8　投影成面法示例

3. 离散光滑插值成面法

离散光滑插值成面法是指针对弯曲复杂的面（多值曲面）的特点，利用离散光滑插值算法，考虑固定点约束和模糊点约束，使面局部不断插值，平滑逼近或通过有限的离散点生成面的方法。地质专业的岩溶表面离散光滑插值成面法示例如图 3.1-9 所示。

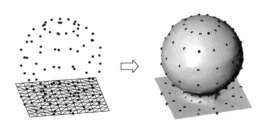

图 3.1-9　离散光滑插值成面法示例

4．断面成面法

断面成面法是指通过一条或多条断面线沿着轴线或绕轴线平滑拉伸成面的方法，包括沿轴线拉伸和绕轴线拉伸两种生成方式。开挖专业采用沿轴线拉伸形成开挖面的断面成面法示例如图 3.1-10（a）所示，厂房专业的建筑构件采用绕轴线拉伸生成面模型的断面成面法示例如图 3.1-10（b）所示。

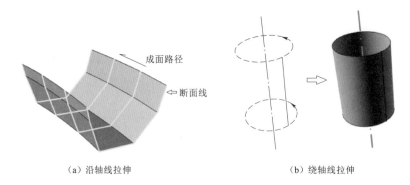

（a）沿轴线拉伸　　　　　　　　　　　　（b）绕轴线拉伸

图 3.1-10　断面成面法示例

5．裁切处理法

裁切处理法是指利用其他线、面或实体对面进行裁切的方法。地质专业的地层界面的裁切处理法示例如图 3.1-11 所示。

6．平滑处理法

平滑处理法是指通过面网格增加节点和调整插值节点位置，使面更加平滑的方法。地质专业的岩性界面的平滑处理法示例如图 3.1-12 所示。

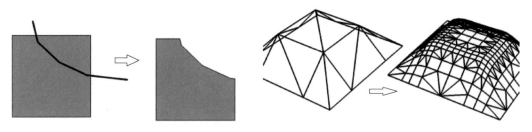

图 3.1-11　裁切处理法示例　　　　　　　图 3.1-12　平滑处理法示例

7．约束成面法

约束成面法是指通过软件定义建模所依赖的数据集、方法、参数，驱动地质表面模型自动生成和动态更新的方法。

8．等值成面法

等值成面法是指根据地质体空间分布的特征，以分区的临界值生成等值面的方法。地质专业的地层界面的等值成面法示例如图 3.1-13 所示。

9. 拼接处理法

拼接处理法是指将两个表面沿着公共边界无缝拼合成一个面的方法。测绘专业的地形面的拼接处理法示例如图 3.1-14 所示。

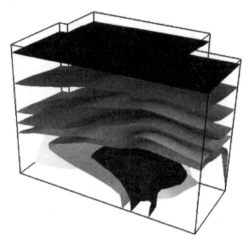

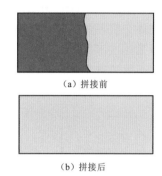

（a）拼接前

（b）拼接后

图 3.1-13　等值成面法示例　　　　　　　图 3.1-14　拼接处理法示例

3.1.4　体建模方法

体建模方法是把一封闭的体积构建为实体，并将其完整的几何和拓扑尺寸存储在计算机中。实体模型的数据结构不仅记录全部的几何信息，还记录了所有的点、线、面、体的拓扑信息。在实体模型的创建技术中，目前采用的方法有几何体素构造法、八叉树法、边界表示法、扫描法。

1. 几何体素构造法

几何体素构造法是利用计算机内部已有的基本体素或通过旋转、拉伸等实体构建方法得到的基本体素进行拼合造型的方法。几何体素构造法是目前水电工程三维协同设计中最常见、应用最广泛、最重要的实体模型表示方法。常用的基本体素有长方体、球体、圆环、圆柱、圆锥、四面体等。图 3.1-15 为体素的集合运算示例。

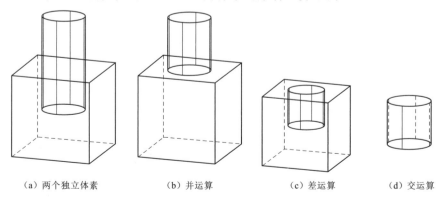

（a）两个独立体素　　　（b）并运算　　　（c）差运算　　　（d）交运算

图 3.1-15　体素的集合运算示例

2. 八叉树法

八叉树法是近似于六面体描述的方法，通过分配不同的空间，大大减少内存。对于八叉树的表示，是把三维实体沿 x、y、z 轴三个方向的边长的中点分解成八个相等的六面体，如图 3.1-16 所示。

3. 边界表示法（B-rep）

边界表示法（Boundary representation，B-rep）是一种重要的三维实体的表示方法，在许多实体造型技术中都应用这种表示方法。边界表示法采用描述三维物体的表面的方法表示三维物体。边界表示法通过表达三维实体的点、线、面的连接关系，以及实体在各个面的信息来描述三维实体。在边界表示的数据结构中，比较著名的有半边数据结构、辐射边数据结构、翼边数据结构。图 3.1-17 为 B-rep 构建的实体模型示例。

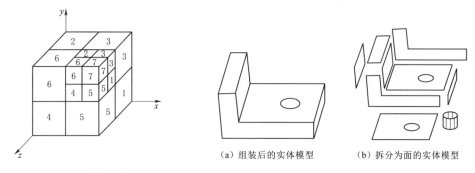

（a）组装后的实体模型　（b）拆分为面的实体模型

图 3.1-16　八叉树的实体表示示例　　图 3.1-17　B-rep 构建的实体模型示例

4. 扫描法

扫描法是沿空间某一轨迹使一封闭的面域拉伸或旋转得到三维实体的方法。通过拉伸得到三维实体的方法称为平移扫描（见图 3.1-18）；通过旋转得到三维实体的方法称为旋转扫描（见图 3.1-19）。

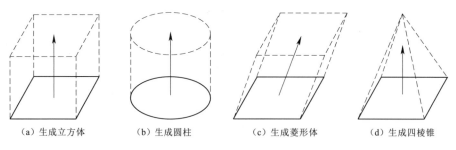

（a）生成立方体　　（b）生成圆柱　　（c）生成菱形体　　（d）生成四棱锥

图 3.1-18　平移扫描

基于常见的体模型构建方法，水电工程应用中常用的体建模方法有以下几种。

1. 软件参数法

软件参数法是指通过一些特定的逻辑和规则，加上一些变量数值，驱动模型的几何参数生成特定的三维模型的方法。厂房专业的主变压器场、开关站，水力机械专业的各种设备模型等都可以采用软件参数法构建三维模型。在地质专业中利用软件参数法生产的钻孔三维模型如图 3.1-20 所示。

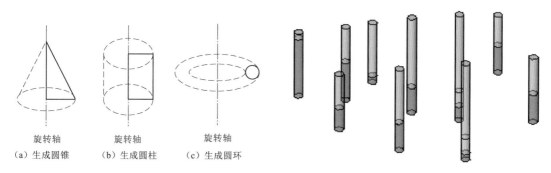

图 3.1-19　旋转扫描　　　　　图 3.1-20　软件参数法生成的钻孔三维模型示例

2. 离散光滑插值成体法

离散光滑插值成体法是指针对弯曲复杂的实体，利用离散光滑插值算法，考虑固定点约束和模糊点约束，在实体的封闭表面局部不断插值，通过有限的离散点平滑逼近实体模型的方法。地质专业的溶洞实体离散光滑插值成体法如图 3.1-21 所示。

3. 实体分割法

实体分割法是指用表面切割实体，生成以表面为边界的两个实体的方法。厂房专业的建筑结构三维设计可以采用实体分割法高效完成精确的三维模型构建。地质专业的透镜体实体分割法如图 3.1-22 所示。

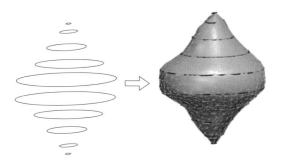

图 3.1-21　离散光滑插值成体法示例

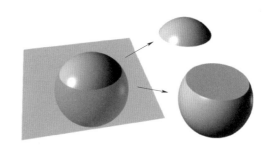

图 3.1-22　实体分割法示例

4. 表面缝合法

表面缝合法是指将无缝隙相连的多个表面缝合构成实体的方法。厂房专业实体采用表面缝合法构建的梁、板、柱等单位实体如图 3.1-23 所示。

5. 表面拉伸法

表面拉伸法是指将表面沿厚度方向拉伸构成实体的方法。厂房专业的大体积板表面拉伸法示例如图 3.1-24 所示。

6. 断面拉伸法

断面拉伸法是指将一系列断面沿着轴线或绕轴线拉伸生成实体的方法，包括沿轴线拉伸和绕轴线拉伸两种生成方式。引水专业的引水隧洞沿轴线拉伸示例如图 3.1-25（a）所示，地质专业的透镜体绕轴线拉伸示例如图 3.1-25（b）所示。

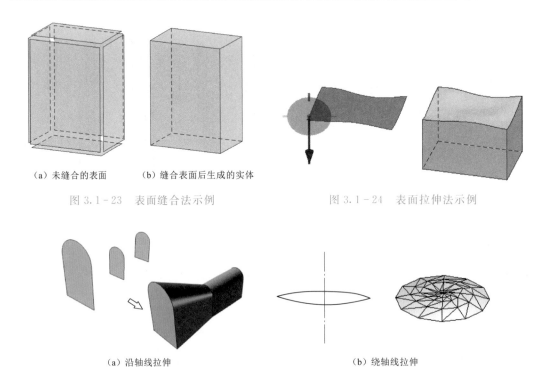

（a）未缝合的表面　　（b）缝合表面后生成的实体

图 3.1-23　表面缝合法示例　　　　　图 3.1-24　表面拉伸法示例

（a）沿轴线拉伸　　　　　　　　　　　　（b）绕轴线拉伸

图 3.1-25　断面拉伸法示例

7. 约束成体法

约束成体法是指通过三维体模型建模所依赖的数据集、方法、参数，驱动三维体模型自动生成和动态更新的方法。地质专业的地层实体约束成体法如图 3.1-26 所示。

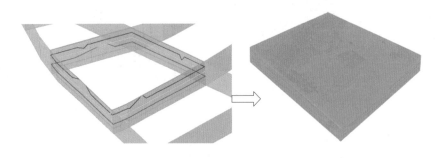

图 3.1-26　约束成体法示例

8. 布尔运算法

布尔运算法是指两个实体通过布尔运算生成新的实体的方法，包括实体并、差、交三种生成方式。水电工程中金属结构专业的闸门和启闭门，桥梁专业的箱梁、墩身、基础等三维设计都可以使用布尔运算进行三维建模。布尔运算法示例如图 3.1-27 所示。

随着 CAD 技术的发展，特别是集成和自动化程度的提高，促进了特征模型的开发和应用。特征模型是 CAD 实体建模的一种新方法，所构建的模型不仅包括几何信息，而且包括与结构有关的信息，形成符合数据交换的产品信息模型，能够实现 CAD/CAPP/

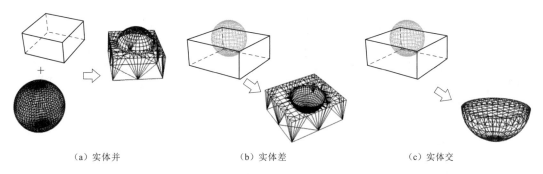

| （a）实体并 | （b）实体差 | （c）实体交 |

图 3.1－27　布尔运算法示例

CAM 的集成。特征造型是以实体模型为基础、用具有特定设计和加工功能的特征作为造型的基本元素来构建物体的几何模型。一般来讲，特征就是一个包含工程含义或意义的几何原型外形。特征在此已不是普通的体素，而是一种封装了各种属性和功能的对象。

水电工程中构建三维模型不仅需包含几何信息，更需要将属性包含在模型中，使构建的三维模型能作为一个全信息的工程模型被使用。比如地质三维模型不仅应包含几何信息，还应该包含工程区的地层、钻孔、平洞、施工信息等工程信息；建筑三维模型也要同时包含梁墙板柱的各种几何信息、工程信息；厂房专业的地下厂房和地面厂房各种构件的三维模型需要包含有工程和属性信息；水力机械专业的管道系统及各种参数化和非参数化设备也需要包含设备信息、精确尺寸、形状、位置、定位尺寸和材质等；道路、桥梁等其他专业构建的三维模型同样需要几何信息和工程属性信息。而当前的三维协同技术所采用的基础平台都能很好地构建所需的三维信息模型。

3.2　参数化技术

参数化技术的特点是能够通过尺寸驱动的方式，在设计或绘图时灵活地修改构件。与非参数化构件相比，参数化构件能够大大提高模型的生成和修改效率，在系列设计、相似设计等方面有着巨大的优势。

在水利水电行业，各大三维设计平台都引入了参数化设计的概念，在深入应用的基础上建立了各自的参数化构件库。OpenBuildings Designer 的元件库管理器界面和 Revit 族库界面如图 3.2－1 所示。

3.2.1　参数化构件的特点

参数化构件是指应用参数化技术创建的构件，具备以下特点：

（1）基于工程构件特征。它以具有代表性工程含义的几何形体为特征，并将其所有尺寸存为可调参数，通过调用特征参数来生成特征实体。

（2）结构约束。它是指对模型结构的定性描述，表示几何元素之间的固定联系，如对称、平等、垂直、相切等，进而可表征构成特征的几何元素之间的相对位置关系，包括相同、平行、垂直、相交、偏移等。

（a）元件库管理器界面

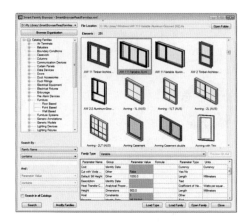

（b）Revit 族库界面

图 3.2-1　OpenBuildings Designer 的元件库管理器界面和 Revit 族库界面

（3）尺寸约束。它是特征与几何元素间相对关系的定量表示，如各种距离、夹角、半径长等。尺寸的约束可实现对几何形体的控制。

（4）尺寸驱动修改。它可以通过修改尺寸数值，驱动几何形体的形变。

（5）数据相关。它通过修改定义过的尺寸参数，可对与之相关的相应尺寸进行批量更新。

3.2.2　参数化构件分类

参数化构件可按照应用专业和形变特性进行分类。

3.2.2.1　按应用专业分类

在水电行业三维协同设计中，涉及的专业众多，其中使用参数化构件较多的专业包括建筑、结构、电气、水机、暖通、给排水。参数化构件对象示例见表 3.2-1。

表 3.2-1　参数化构件对象示例

专业	参数化构件	专业	参数化构件
建筑	墙体、门、窗、幕墙、楼梯、栏杆	水机	管线、空压机、进水阀、泵、罐
结构	梁、板、柱、基础构件、钢结构	暖通	风管、风机、集水器、分离器
电气	桥架、火警设备、发电机、变压器	给排水	水管、阀门、消防设备

3.2.2.2　按形变特性分类

1. 块状形变构件

此类参数化构件以墙、梁、板、柱为代表，是参数化构建中较为简单的种类。块状构件有以下特点：

（1）构件为块状，参数化特性大多使用了截面、长、宽、高等较为基础的尺寸约束，尺寸约束支持批量修改。

（2）在详图抽图过程中，剖面能够自动填充二维图符来体现构件材质。

（3）同种或不同种构件之间均能够进行布尔运算。

块状形变构件虽然种类较为单一，却构成了建筑三维模型的主体框架，是使用频次最高的参数化构件类型。现有三维软件原生工具基本都能满足使用需求。

2. 管状形变构件

管状形变构件以风管、水管、桥架为代表，同样是参数化构件中较为简单且常用的种类，此类构件有以下特点：

（1）构件通常为包含中心线的空心管状，参数特征使用了截面的长宽、截面半径、转弯半径等基础尺寸约束。尺寸约束支持批量修改。

（2）绘制管状构件时，弯头、法兰等构件附属模型能够自动生成。

（3）抽图过程中，管线能够以单线形式表现，也能以双线形式表现。

管状形变构件构成设备专业模型的主体，是高频次使用的参数化构件类型。现有主流三维软件原生工具也基本都能满足使用需求。

3. 框架形变构件

此类构件以门、窗、幕墙、百叶为代表，是常见的参数化构件类型之一。框架形变构件有以下特点：

（1）构件形式复杂多变，通常为填充有门窗扇或百叶等构造的框架组合，构件参数化不仅要约束其整体形状尺寸，还要约束大量细部特征，如门扇开合程度、附属小窗位置、百叶叶片角度、幕墙杆件大小等。

（2）能够支持构件约束和构件类型的批量修改。

（3）构件依附于板状构件放置，并包含有对板状构件穿透效果的开孔器。

（4）二维抽图时，能够以特定二维图符替换构件直接抽图形状。

框架形变构件种类多样、形式复杂，往往需要根据具体工程的需求进行设计定制，目前主流三维软件一般仅提供了最常见的构件样式，仍需要使用者熟练掌握此类参数化构件的定制创建方法。

4. 吸附形变构件

此类构件主要使用在设备、电气专业，包含三通、四通、阀门、风口及其他各类管件，是数量最多的参数化构件类型之一。吸附形变构件有以下特点：

（1）构件大都吸附连接于管状构件或其他类型构件。

（2）构件吸附部分能够随着所吸附的对象属性进行参数化形变，其余部分与变化部分保持固定相对结构关系。

（3）二维抽图时，构件抽图结果能被特定二维图符替换。

吸附形变构件对应的模型类型数量无法统计，具体设备可能随着项目类型、选型标准、设计习惯、生产厂家的不同而有所区别。一般使用的三维设计软件仅提供极少量的样式或参照模板，而创建此类构件则需复杂操作。推荐使用者将收集积累并创建自己的吸附形变类构件库作为独立的工作，在项目进行三维建模之前就开始，尽可能多地覆盖日常设计的使用需求。

5. 自由形变构件

自由形变构件通常用于创建有特定生成逻辑且需应用大量形变副本的土建模型，其中有代表性的有结构牛腿、道路截面和桥墩组件等。此类构件形式上千差万别，没有统一的建模工具，需用户从零开始创建，由于创建时设定非常多约束与参数变量，因此创建难度较大。

3.2.3 主流平台参数化构件应用

参数化构件应用以目前主流的 Autodesk 公司和 Bentley 公司为例加以说明。

3.2.3.1 Autodesk 公司平台

参数化构件是 Autodesk Revit 所有模型元素的基础，统一称之为"族"（family）。"族"的概念在 Revit 软件中十分重要，软件基于此来实现数据管理和模型修改。每个族图元能够在其内定义多种类型，根据族创建者的设计，每种类型可以具有不同的尺寸、形状、材质设置或其他参数变量。族类型可根据其功能再进行分类命名，例如门族、窗族、管道族等。

1. Revit 族的类型

Revit 族的类型主要包括系统族、标准构件族、内建族。

（1）系统族。系统族是在 Autodesk Revit 中预定义的族，包含了基本建筑构件，如墙、窗和门。用户可以复制和修改现有的系统族，但不能创建新的系统族。在族系统中可以有不同的族类型，用户可以通过制定新参数来定义新的族类型，以基本墙系统族为例，其下可以定义内墙、外墙、基础墙、常规墙和隔断墙等多种墙类型。

（2）标准构件族。通常情况下，用户从项目样板中载入的族和存储在构件库中的族都是标准构件族。标准构件族使用族编辑器进行创建和修改。用户可以复制和修改现有构件族，也可以根据各种族样板创建新的构件族。族样板分为基于主体的族样板与独立族样板两类，使用其样板能创建对应的两类族。其中，基于主体的族，其特点是本身需要依附于某一主体族绘制，如以墙族为主体的门族、窗族。独立族则可以是单独绘制无须主体的构件，如梁、板、柱、树和家具。族样板有助于创建和操作构件族。标准构件族可以位于项目环境外，且具有 .rfa 扩展名。可以将它们载入项目，从一个项目传递到另一个项目，而且必要时还可以从项目文件保存到用户的自定义库中。

（3）内建族。内建族可以是特定项目中的模型构件。只能在当前项目中创建内建族，因此它们仅可用于该项目特定的对象，例如自定义墙的处理。创建内建族时，可以选择类别，且所使用的类别将决定构件在项目中的外观和显示控制。

2. 参数化构件的创建

Revit 中参数化构件的创建编辑都在族编辑器内进行，其最大特点是使用全过程都基于图形界面。用户根据需要选择预定义样板执行参数化族的创建，并可以在族中加入距离、材质、可见性等各种参数。

3. 参数化构件的管理

Revit 中所有图元都是基于族，因而参数化构件的管理在 Revit 中对应的是族库的管理，可统一在主程序族管理工具下进行。族库的概念来自官方提供的"Autodesk Revit Content Libraries"，根据用户安装的主程序语言版本，Autodesk 会为客户适配一定数量的官方族文件和族模板文件，用户也可以通过第三方资源扩展自己的族库。

在族管理器下，用户可以对族和族类型进行以下管理操作：

（1）重命名族或类型。

（2）从现有类型添加类型。

（3）添加新类型。

（4）将类型复制并粘贴到其他项目中。

（5）重新载入族。

（6）在"族编辑器"中编辑族。

（7）删除族或类型。

3.2.3.2　Bentley 公司平台

为满足不同专业不同应用场景的使用需求，Bentley 公司平台应用了多种格式的参数化模型文件。优点是参数化构件功能针对性强，建模功能强大；缺点是多格式构件难以统一管理，软件不具备原生的构件统一管理方式。

1. Bentley 平台参数化构件的类型

Bentley 平台包含众多专业设计软件，这些软件内置了相关专业设计需要的常规逻辑和规范，效率比一切从零开始要高很多。其中应用的参数化构件类型可以总结归纳为非模型调用类、特化模型文件调用类、参数化单元。

（1）非模型调用类。非模型调用类参数化构件类型包含墙体、梁、板、柱、风管、水管等，其生成逻辑已预定义在软件中，构件不对应具体的参数化模型文件，因而仅通过在软件中调整参数就能实现构件的修改。

（2）特化模型文件调用类。本类参数化构件包含门窗、橱柜、装饰条、管道附件、设备机组等。"文件调用"体现在与非模型调用类参数化构件相比，此类构件每种样式都对应着一个特定格式的参数化模型文件，所有参数化的约束都基于原模型文件的创建特征之上。"特化模型"体现在根据专业与用途的不同调用的参数化模型文件包含多种格式，如门窗工具调用 bxf 与 paz 文件，装饰条工具调用 cell 文件，而管道附件工具则要调用使用 net 代码写出的模型文件。

（3）参数化单元。参数化单元是利用变量和方程来定义其参数的一类特殊的单元。用户能够通过将参数化模型设为参数化单元来实现成果的重复使用。参数化单元是 MicroStation 基础图形平台升级至 CONNECT 版本之后软件更新的重点功能，具有纯图形界面创建、创建过程直观、创建逻辑通用等诸多优点。

参数化单元也调用了模型文件，但其与特化模型调用的区别在于，参数化单元代表着软件朝着减少使用特化模型类型的演化发展趋势。

2. 参数化构件的创建

Bentley 平台应用了多种格式的参数化模型文件，每种格式文件都对应着一套参数化构件的创建工具和相应的创建方法。

paz 格式的参数化构件主要应用于建筑专业较复杂的门窗建模，此类文件由 Parametric Cell Studio 工具创建，工具界面如图 3.2-2 所示。

bxf 格式的参数化构件主要用来创建形式简单的门窗橱柜，该类型文件由参数化构件创建器创建，创建界面如图 3.2-3 所示。

由约束工具与单元工具创建的参数化单元能够进行更为自由的参数化形体建模，具体

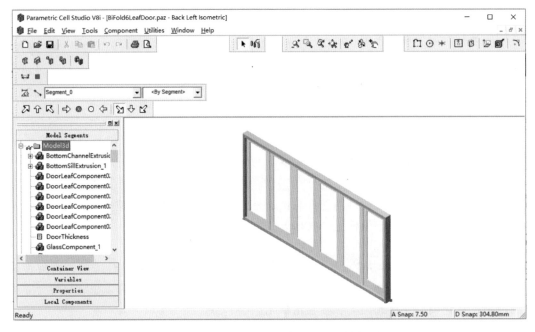

图 3.2-2　Parametric Cell Studio 工具界面

图 3.2-3　参数化构件创建器创建界面

创建界面如图 3.2-4 所示。

3. 参数化构件的管理

针对 Bentley 参数化构件存在多格式多用途难以统一管理的问题，Bentley 官方也在有意识地进行改进。以 OpenBuildings Designer 为例，其新增加的 "Component Part

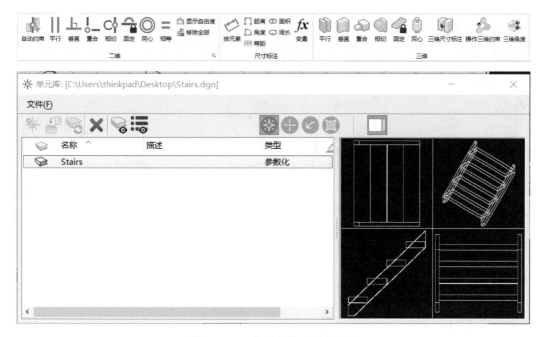

图 3.2 - 4　参数化单元创建界面

Mapping"组件样式映射工具对之前的部件映射功能进行了组合和增强，可以实现 paz、bxc 和参数化单元等多种格式的参数化构件的搜索，并将其中的任何无效组件样式映射到活动数据集中的 Part 和 Family，从而赋予参数化构件属性。图 3.2 - 5 为组件样式映射器界面。

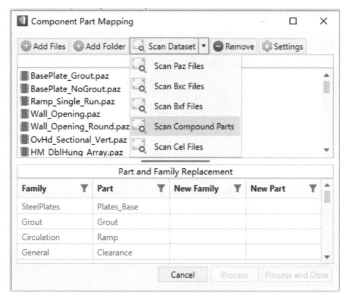

图 3.2 - 5　组件样式映射器界面

同时，多格式参数化构件可以借助第三方工具进行统一的管理。以 DeviceManager "元件库管理器"为例，它是基于 OpenBuildings Designer 平台开发的一套专业元件收集、整理、查找、放置工具。图 3.2-6 为元件的筛选与放置界面。

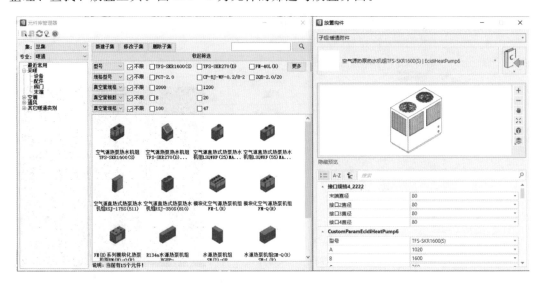

图 3.2-6　元件的筛选与放置界面

元件库管理器能够对不同位置不同格式的海量元件进行记录和管理。既能支持 cell、paz、dxf、dgn 等多种类型的自定义图形文件，也支持记录 OBD 自带的门窗类元件、BBMS 参数化设备等。针对海量的元件类型，该系统开发了包括批量预览、筛选查找、设置用户子集在内的一系列有效工具，使用户能快速准确地找到对应元件，解决了 OBD 平台上各个专业不同类型的元件使用分散、无法集中管理使用的问题。

3.3　三维抽图技术

传统的设计图纸往往随着设计工程师的空间意识而变，设计工程师在绘制二维图纸时，首先在大脑中构想工程项目的三维模型结构，再根据水电工程制图标准以及设计要求对设计对象进行各种平面、剖面、立面设计以及详图设计，或通过正投影、轴测投影和透视投影等制图方法，以及其他图例、符号等，确保工程各专业所关注的设计对象在平面和空间上表达清楚，并以相应的出图比例放在标准图框内，按顺序整合成一套完整的设计图纸。

进入工程三维数字化设计阶段，设计思路、设计表达方式以及设计理念均发生重大变化，设计工程师按照要求和资料将工程各专业的设计对象在脑海中进行构想，并使用合适的三维建模软件将构想的工程模型在三维空间上创建出来，以更立体直观的方式表达设计意图。三维抽图是三维模型创建并经过校核、审查，以及各专业之间的"漏、碰、撞"检查，确保专业内与专业间模型的完整性、合理性与准确性之后，基于三维模型抽取需要的平面图、剖面图、轴测图以及详图等。

3.3.1　三维抽图流程

三维模型版本固化发布之后，各专业基于固化的三维模型进行抽图工作。三维抽图流程如图 3.3-1 所示。

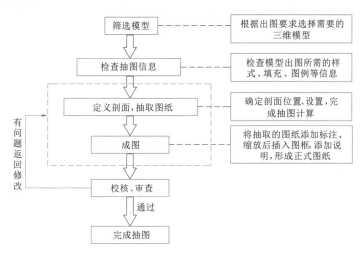

图 3.3-1　三维抽图流程

3.3.2　三维抽图关键步骤

三维抽图一般按照以下步骤进行。

1. 模型筛选

创建三维模型时，整个专业的所有模型可能在一个或多个文件中，而三维抽图可能只需要其中的部分模型，部分专业出图时还需要参考其他专业的模型，因此需要根据图纸的内容，选择合适的三维模型。图 3.3-2 和图 3.3-3 分别为岔管和进水塔结构模型示例。

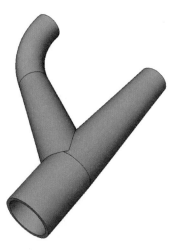

图 3.3-2　岔管结构模型示例

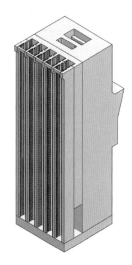

图 3.3-3　进水塔结构模型示例

2. 检查抽图信息

在抽图之前，需对筛选出的模型进行抽图信息检查。检查的内容主要包括三维模型的属性和二维图样式的设置，以确保抽出的图纸表达清楚、方式合理、满足规范要求。

模型的属性包括模型的材质、图层、颜色、线型、线宽等。颜色、线型、图层等属性可在图层管理器中统一设置，模型放入合适的图层，其对应的颜色、线型等按图层显示。模型材质的挂接有两种方式：一种是将材质挂接在图层上，不同的材质采用不同的图层控制；另一种则是单独挂接材质，并可将二维图样式与模型相关联。

二维图样式是指通过三维模型抽出的二维图纸的显示参数设置。比如对象的图层，不同材质的填充样式、填充图案，轮廓线的线型、线宽、颜色，隐藏线的线型、线宽、颜色，中心线的颜色、线型、图层等，以及一些结构设备的特定符号，比如门、窗的符号和朝向，孔洞的表示方法等。

3. 定义剖面、抽取图纸

三维抽图时需要选择合适的剖切位置，以用尽可能少的图纸清楚完整地表示对象的形状与属性。图纸包括轴测图、平面图、剖面图、立面图、大样图等。

抽出的图纸应与三维模型分开，避免在同一个模型空间内；各个图纸也在不同的空间内，以满足不同图纸对比例的要求。抽图时可选定一个剖切位置之后立刻进行抽图，也可在设定多个位置之后统一抽图；如果三维模型是根据轴网创建的，也可以按轴网线及轴网高程进行快速抽图。图3.3-4为进水塔结构平面、剖图示例。

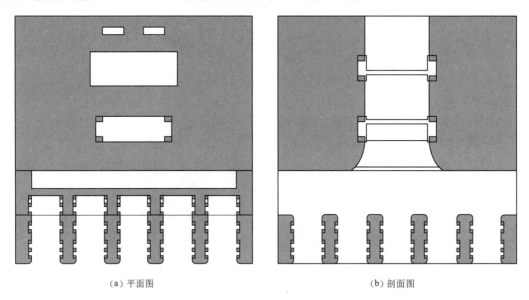

（a）平面图　　　　　　　　　　　　　　　（b）剖面图

图 3.3-4　进水塔结构平面、剖图示例

4. 成图

剖切出来的图纸需要进行尺寸标注及文字标注，标注完成的图纸可在新的图纸空间内进行缩放、组合、套入图框，形成完整的图纸。对不同剖切对象进行尺寸标注和文字标注时，应预先考虑图纸组合时缩放的比例，采用相应大小的标注，以确保在组合成套图时尺

寸和文字标注大小统一。

5. 校核、审查

套图完成后可进入校核、审查流程，校核、审查人员主要校审图纸的完整性、准确性、合理性等。如果校核或审查过程中发现问题，需要根据情况对抽出的图纸进行修改，或者补充抽图等，直至审查通过，完成抽图流程。

3.3.3　三维抽图方式

三维抽图是指基于三维模型通过动态剖切方式抽取二维图纸的方法。动态剖切是指在三维模型空间中选择一个方位对模型进行剖切，剖面处能够显示剖切的模型对应的二维填充图案、线型、线宽、颜色等属性。同时，基于该剖面的位置，能够设置前视的方向和前视深度，是否显示前视深度范围内被遮挡的线条和形状，以及遮挡线条对应的线型、线宽、颜色等。另外，该剖面可以沿垂直于该剖切面的方向自由移动，移动过程中，剖面对应的内容实时自动更新，始终显示该剖面所在位置处模型的实际情况。

动态剖切并不是真的将模型切分开，而是一种显示样式，在选择的位置和前视范围内模型是可见的，其余范围的模型全部隐藏。可见的模型可根据上述的要求进行各种属性设置，设置完成后将该剖面保存为一个视图，该视图保存了该剖面所有的属性，并可随时将模型的显示状态调整为视图保存时的样式。

通过新建一个模型空间，将保存的视图以参考、链接等方式显示在新的模型空间内，即生成一张剖切图纸。剖切图纸可以在新的模型空间内移动、复制、旋转等，但是不能对其显示的内容进行修改。剖切图纸与三维模型相关联，当更改三维模型，或在三维模型空间更改剖切图纸对应的位置、前视范围、填充图案等属性时，剖切图纸能够自动更新对应更改后的内容。

基于以上原理，可根据轴测图、平面图、剖面图、立面图、节点详图的要求与区别，设置相对应的模板文件与相应的功能按钮，以方便快速抽图。比如平面剖切，点击之后可以选择平面图相关的模板文件，模板文件包含了切图所需的大部分属性，只需要设置剖切位置、图纸比例、图纸名称等少数内容，即可快速抽出一张新的图纸，有效提高出图效率。设备透视图示例如图 3.3-5 所示，某高程布置图示例如图 3.3-6 所示。

3.3.4　三维抽图应用

3.3.4.1　水工建筑物布置图

水工建筑物布置图最直观的表达方式是轴测图和透视图。对已经完成的水工建筑物三维模型，在保证模型布置合理、合规、科学的基础上，可以对水工建筑物出三维轴测布置图，也可以对发电厂房内部布置以轴测或者透视的方式出二维图纸。水工建筑物相关布置图如图 3.3-7～图 3.3-10 所示。

3.3.4.2　水工建筑物结构图

水工建筑物二维出图内容基本以水工结构大体积、板、梁、柱、墙等为主。抽图要素可分为抽到的平面图、剖面图，向前看到的结构，向前看不到但需要显示的结构，向后（反向）看到的结构，向后（反向）看不到的结构，在结构抽图时上述抽图要素可能会单

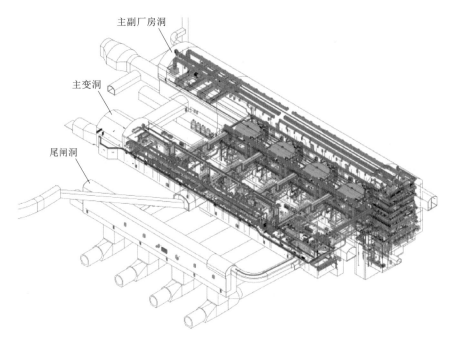

主副厂房洞

主变洞

尾闸洞

图 3.3-5　设备透视图示例

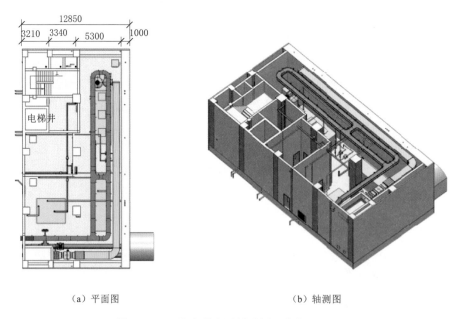

12850

3210　3340　5300　1000

电梯井

（a）平面图　　　　　　　　　　　　（b）轴测图

图 3.3-6　某高程布置图示例（单位：mm）

独进行抽图，也可能会将几组抽图要素进行组合一次性抽图，具体根据实际结构抽图需要决定。从三维模型中抽出来的平面图、剖面图必须附有结构属性，如混凝土结构在结构抽到的平剖面位置需有混凝土的填充符号，砖墙需附有砖墙填充符号，门窗需有门窗的符号

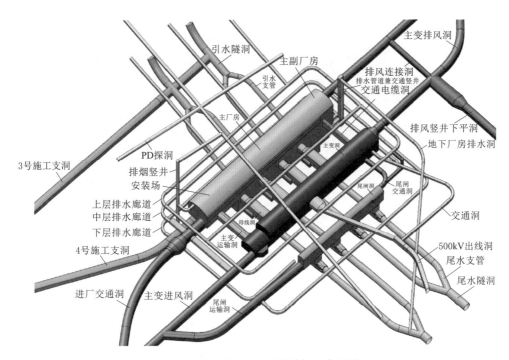

图 3.3 - 7　水电站地下洞群枢纽布置图

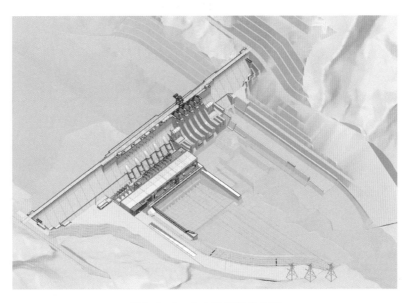

图 3.3 - 8　水电站枢纽布置图

和门窗开启方向等。水工建筑物结构复杂的部位，也可以直接通过三维轴测真彩图的方式进行立体抽图并采用立体标注来体现，使建筑物看起来更加直观。

图 3.3 - 11 为机组段横剖面图，图 3.3 - 12 为水轮机层单机平面图，图 3.3 - 13 为厂房坝段轴测图。

图 3.3-9 水电站厂房设备透视布置图示例

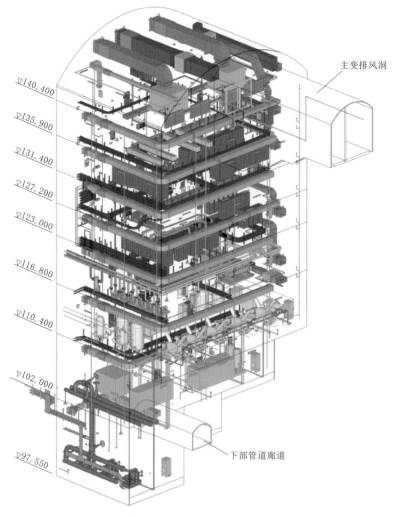

图 3.3-10 水电站厂房设备透视图示例（单位：m）

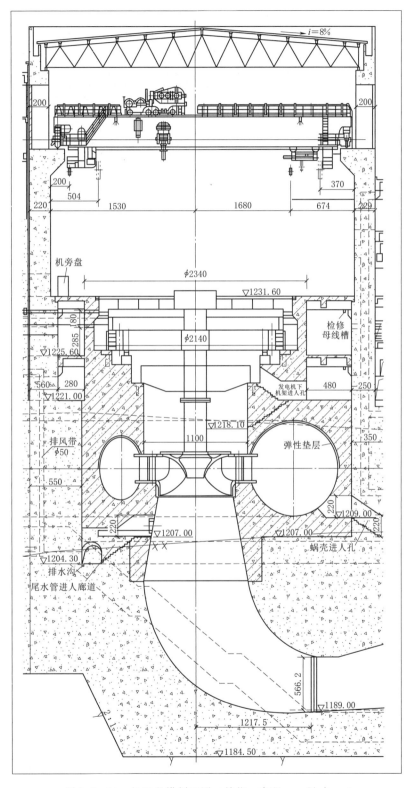

图 3.3-11　机组段横剖面图（单位：高程 m，尺寸 cm）

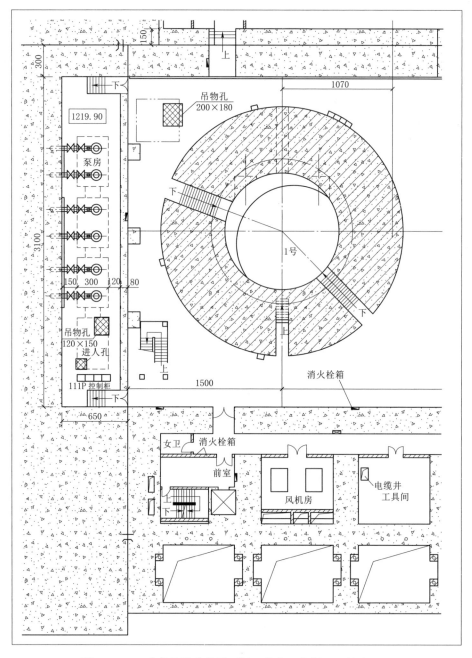

图 3.3-12 水轮机层单机平面图（单位：高程 m，尺寸 cm）

3.3.4.3 钢筋图

建筑物抽图可以按照工程制图规则进行真实剖视出图，也可以对一些梁、柱等特殊构件进行符号化抽图，但是却无法基于三维模型的钢筋抽取具有符号化、夸张表达的满足工程需要的钢筋图。基于三维钢筋模型进行钢筋抽图时，需要将钢筋模型单独抽图，同时按上述方法对结构模型进行抽图，抽图结束后将二者合并，即可得到二维钢筋图。

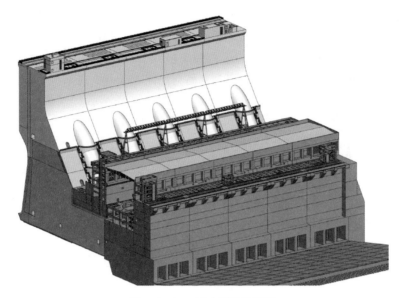

图 3.3 - 13　厂房坝段轴测图

1. 钢筋图的要求

钢筋图主要由二维钢筋和对应的钢筋标注、示意图形及符号组成。二维钢筋图是在三维模型某位置处定义一个剖面或剖视图，让附近的钢筋在剖面或剖视图上表现出二维的形式。钢筋的二维表现形式主要有点筋和线筋。点筋用来表示与剖面不平行且被切中的某钢筋，用一个填充圆来表示；线筋用来表示与表面平行的某根（组）钢筋，为准确表达出钢筋信息，一般需要通过在剖切位置新生成一根钢筋来表示。依据传统的二维钢筋图表达方法，钢筋图不能按照实际表达点筋、线筋，即点筋和线筋距离边界的距离需要夸张化表达。若局部区域同类点筋或线筋有很多，则可以在首尾各显示 2 根或 3 根。线筋若有搭接，可另外绘制搭接符号示意。钢筋的二维表现形式及信息模型如图 3.3 - 14 所示。

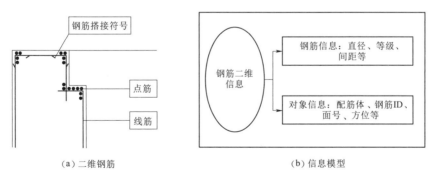

（a）二维钢筋　　　　　　　　　　　　　　　　（b）信息模型

图 3.3 - 14　钢筋的二维表现形式及信息模型

2. 钢筋图的标注样式

钢筋标注是对局部区域一批同类钢筋或者单根钢筋的信息标注，分为点筋标注和线筋标注。点筋标注一般包括示线、连接线、引线、基线、标注文字、编号等；线筋标注包括箭头、示线、基线、标注文字、编号。点筋和线筋各有多种样式，不同样式包含内容不尽相同。标注文字包括钢筋根数、钢筋强度等级、钢筋直径、钢筋间距，例如 39Φ20@200 表示 39 根、一级钢、钢筋直径为 20mm、钢筋间距为 200mm。若为单根钢筋则不需要标注钢筋根数、钢筋间距。钢筋标注示意及信息模型如图 3.3-15 所示。

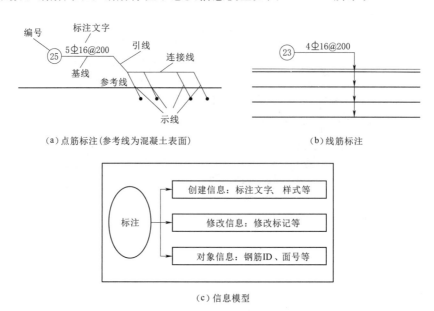

（a）点筋标注（参考线为混凝土表面）　　　　（b）线筋标注

（c）信息模型

图 3.3-15　钢筋标注示意及信息模型

3. 钢筋抽图技术

（1）钢筋二维图形表达技术。

将三维钢筋信息通过配筋软件自动转换生成二维钢筋信息，首先是通过首尾显示技术隐藏除首尾钢筋之外的中间钢筋，然后通过普通模型抽图方法找到需要转换的三维钢筋并转换为二维钢筋。按照抽图要求，将钢筋抽图分为面层抽图、剖切抽图两种。面层抽图是直接找到与剖面平行的面上所有显示的钢筋主筋段作为线筋。剖切抽图是查找剖切面上被剖切到的钢筋，在切点位置生成点筋；查找与剖切面平行且最近的钢筋，据此钢筋重新生成线筋；线筋锚固段若与其他线筋搭接，则在与点筋反向位置生成搭接符号。最终根据抽图定义，将这些钢筋二维图形都旋转到 XY 平面，以便与结构图对应。

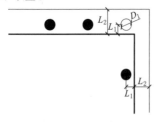

图 3.3-16　点筋、线筋夸张化表达示意图

在生成点筋、线筋时对其做夸张化表达，即根据设定的系数和内外层关系，重新统一放大设定点筋和线筋到混凝土表面的距离，如图 3.3-16 所示。

假设抽图比例为 1:50，表 3.3-1 为点筋、线筋夸张化表示的系数。若点筋位于线筋内侧，则线筋离表面距离为 $L_2 = 1.5 \times 50 = 75$(mm)，点筋离表面距离为 $L_2 + L_1 = (1.5 + 0.9) \times 50 = 120$(mm)，若点筋位于线筋外侧，则线筋离表面距离为

$L_2=2.3\times50=115(\text{mm})$，点筋离表面距离为 $L_2+L_1=(2.3-0.9)\times50=70(\text{mm})$。所有点筋处填充圆点直径为 $D_1=1.2\times50=60(\text{mm})$。

表 3.3-1 点筋、线筋夸张化表示的系数

点 筋 位 置	系 数		
	线筋离表面距离 L_2	点筋离线筋距离 L_1	点筋图示圆点直径 D_1
点筋位于线筋内侧	1.5	0.9	1.2
点筋位于线筋外侧	2.3	-0.9	1.2

（2）钢筋自动标注技术。

钢筋标注与点筋、线筋生成过程及其连续性布置方式、钢筋属性信息等密切相关，因此，钢筋抽图时应尽量连续生成点筋、线筋，并随之自动标注。钢筋自动标注的步骤为：①获取三维模型上被抽图定义剖面剖切到的相关面，剖切每个相关面得到参考线；②对每个相关面上的每个参考线，找到附近与剖面平行的钢筋生成线筋后，根据此钢筋得到其所在钢筋组的所有参数，然后据此参数对该线筋进行标注；③对每个相关面上的每个参考线，找到附近能够与剖切面相交的所有钢筋生成点筋后，对这些点筋按编号相同者一起进行标注，如果有多个点筋，则需要标注钢筋间距，如果有点筋是隐藏状态，则不绘制示线；④最终根据抽图定义，同样将标注旋转到 XY 平面，以便与结构图、点筋、线筋对应。

钢筋自动标注时根据参考线所处的位置、形状、角度等情况，系统将默认选择如图 3.3-17 所示的最佳标注方式，即尽量按照制图习惯（从左到右、从下到上）显示标注文字。

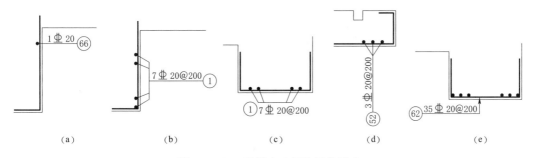

图 3.3-17 钢筋自动标注最佳样式

（3）钢筋表自动生成技术。

三维配筋软件能够基于三维钢筋模型自动生成钢筋表，钢筋图配以钢筋表便可交付施工使用。钢筋表可汇总每种编号的钢筋信息，并根据输出图纸大小自动分幅。生成钢筋缩略图是钢筋报表功能中的一个技术难点，如果按照统一的比例来缩放钢筋，对于短钢筋段会显的很小，而长钢筋则会占用更多的图纸空间。基于此问题三维配筋软件可以采取几何扫描和图形的夸张化表达技术，通过对钢筋进行合适的分段缩放和夸张化，清楚美观地表达出二维钢筋缩略图。钢筋缩略图示意如图 3.3-18 所示。

图 3.3-18　钢筋缩略图示意图（单位：mm）

（4）智能调整钢筋标注。

抽取钢筋图后，一般还需要调整钢筋标注，如移开重叠的钢筋标注、更改钢筋标注样式等。钢筋标注修改功能要求能够实现80%以上的钢筋标注修改，可供参考的步骤为：①扫描目标钢筋图，获取图纸中钢筋和标注的信息；②对标注进行筛选，排除位置较佳和已被手工修改的标注；③根据钢筋图纸类型，调用对应的标注调整算法，对调整标注的周边区域进行划分，在确保标注和钢筋互相不发生重叠的情况下按照优先级高低在各区域中搜索可用位置；④修改标注数据，对需要调整的标注进行重新绘制，完成图纸的标注位置调整。

（5）钢筋图标注智能更新。

钢筋更新、结构变化等需要重新抽图，三维配筋软件要求具备钢筋图标注智能更新的技术。智能更新的前提是修改钢筋标注后自动追加了修改记录，且能够根据钢筋标注含有的对象信息准确确定旧钢筋标注。其实现的步骤为：①抽图前，扫描旧钢筋图中有修改记录的旧钢筋标注；②抽图时每次绘制钢筋标注前自动查找此位置有无对应的旧钢筋标注（钢筋ID相同或者面号、方位相同），有则采用旧钢筋标注参数绘制，无则采用默认设定的参数绘制。某抽水蓄能电站机组段三维钢筋模型如图3.3-19所示，尾水管剖面钢筋图如图3.2-20所示。

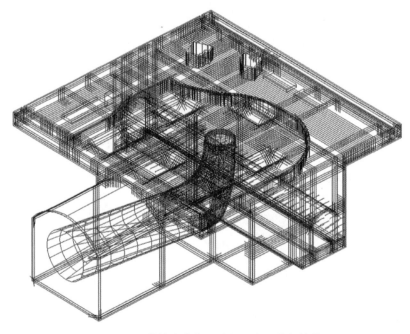

图 3.3-19　某抽水蓄能电站机组段三维钢筋模型

3.3.4.4　机电设备图

水电工程的机电专业多，涉及面广，主要有水力机械专业、电气专业、暖通专业、给

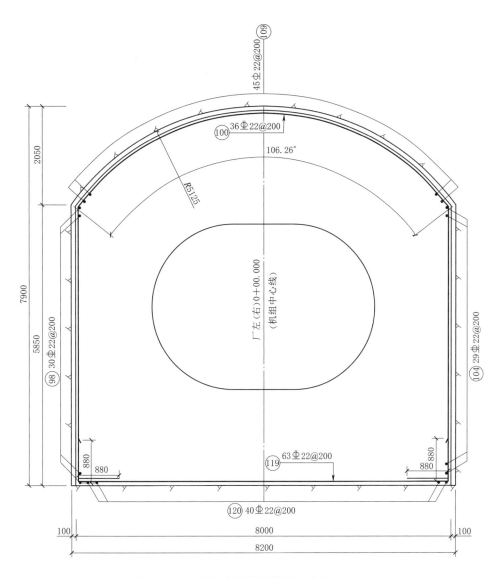

图 3.3 - 20　尾水管剖面钢筋图（单位：mm）

排水专业等，大多数情况下抽图原理和方法与结构专业基本相同，都采用剖切出图的方式。部分特殊构件，如电气照明、防雷，给排水管线等，需要三维软件定制相应出图功能与模块，使其能够通过三维模型直接生成所需要的二维图纸，并能够智能标注，同时要求附带图纸检查功能，用于检查三维模型的逻辑关系是否正确，构件是否全部出图，构件是否缺少关键属性信息等。

　　基于三维模型的轴测图和透视图，可使图纸更加完整，相较于传统的图纸，三维图纸使用起来更加直观，也更加容易被读图人员接受。图 3.3 - 21 为给排水专业——尾闸洞消火栓平面布置及系统图。

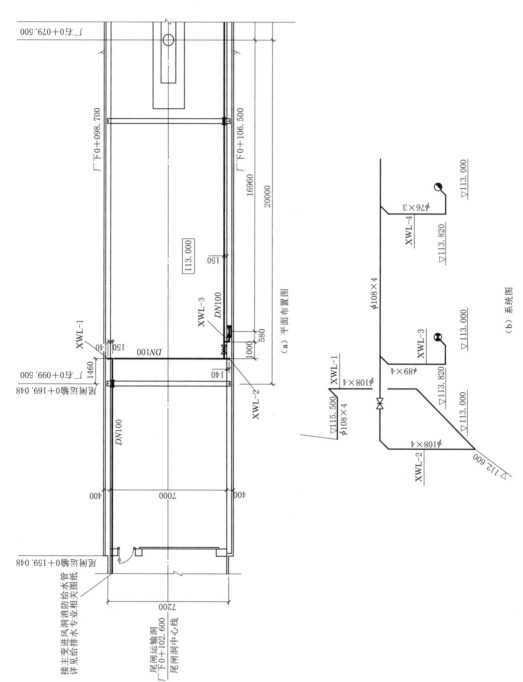

图 3.3-21　给排水专业——尾闸洞消火栓平面布置及系统图（单位：高程 m，尺寸 mm）

3.4　模型算量技术

3.4.1　模型算量概述

　　模型算量技术是一种利用经碰撞检查、管线综合等深化设计的 BIM 模型获取工程量的技术方式。它采用清单算量计价的模式，结合国标清单库及国标清单计算规则，统计的工程量较通过二维图纸手算的量要准确。

　　在水利水电工程项目中，普遍存在异形开挖、支护，大体积混凝土及异形洞室等设计，二维图纸很难表达断面的变化，工程量难以精确计算。而三维设计模型综合了构件位置关系、构件几何信息及构件工程属性信息，抽取构件工程量、单价、成本信息相对容易且准确。BIM 模型算量原理如图 3.4-1 所示。

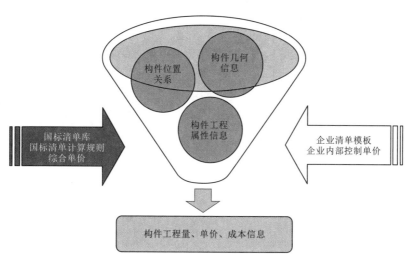

图 3.4-1　BIM 模型算量原理图

3.4.2　算量的分类

　　模型算量根据计价规则不同可分为定额算量和清单算量两种模式，对应的主要有定额计价和清单计价两种工程造价模式。定额计价模式主要依据国家、省级行政区、有关专业部门制定的预算定额、单位估价表确定人工、材料、机械费，再以当地造价部门发布的市场信息对材料价格补差，最后按统一发布的收费标准计算各种费用。而清单计价采用的是市场计价模式，由企业自主定价，实现市场调节的"量价分离"的计价模式。它是根据招标文件统一提供的工程量清单，将实体项目与非实体项目分开计价。此外，两种方式的单价形式不同，定额计价的单价包括人工费、材料费、机械台班费，而清单计价采用综合单价形式。综合单价包括人工费、材料费、机械使用费、管理费、利润，并考虑风险因素。清单计价的报价除包括定额计价的报价外，还包括预留金、材料购置费和零星工作项目费等。

模型算量依据清单规则算量，与清单计价的"量价分离"模式契合，根据创建的三维模型中的每个模型构建出工程量，最后根据清单计价得到合价。这种"量价分离"的清单计价模式已经在部分项目案例中获得成效，而水电工程中的应用较少，但考虑到可从三维模型中提取工程量，在编制好计算规则的前提下，水电工程中的模型算量是完全可行的。

3.4.3 算量的方法

不同行业模型算量的方法往往有较大差别，其中水电工程量计算一般分为永久建筑物算量、施工临建工程算量、金属结构工程算量与机电设备算量四个部分。

图 3.4-2 为模型算量工作流程示例。

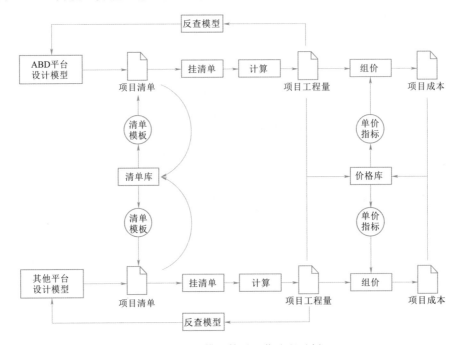

图 3.4-2 模型算量工作流程示例

由华东院研究开发的 QTM 算量系统，适用于市政、水利工程、轨道交通、房屋建筑等领域的工程量统计和价格汇总。其计算内容包括建筑结构、给排水管线、暖通设备等，可统计工程内容的体积、面积、长度、重量、个数等工程量。

水电工程永久建筑物工程量计算内容主要包括土石方开挖量、土石方填筑量、混凝土工程量、固结灌浆与帷幕灌浆工程量、喷锚支护工程量等。水电工程施工临建工程量计算内容主要包括围堰、明渠、隧洞、涵管、底孔、临时支护的锚杆、钢支撑及钢筋钢材等。永久建筑物与临建工程的工程量均可根据深化设计的三维 BIM 模型计算得到，其计算规则可按水电工程专业进行定制。

水电工程金属结构工程量计算主要为水工建筑物的各种钢闸门和拦污栅的重量。水电工程机电设备工程量计算内容主要包括水轮机、发电机、起重设备、主变压器、高压设备、主阀等。金属结构专业及机电设备工程量主要统计其数目，通常以个/台数计量。

土建算量主要统计桩、基础、梁、柱、板、墙、围护支护、零星构件等构件的工程量。对于梁、柱、墙、板、围护支护等混凝土构件，可以选定计算规则，直接统计体积量，对存在孔洞的墙、板，有交接的梁、板、柱、墙等构件，通过确定扣减规则进行计算。此外，在定制计算规则时，可指定映射清单以用于后续的计价组价。对于钢柱、钢桩、钢梁等钢结构构件，通常采用理论长度乘以密度的计算方法，统计得到质量。对于门、窗构件，通常以面积或个数计量。对于电梯井、风道、楼梯、孔洞、后浇带等零星构件，通常以实体体积或面积计量。土建算量模型示意图如图 3.4－3 所示。土建算量统计报表示例如图 3.4－4 所示。

图 3.4－3　土建算量模型示意图

序	项目编码	项目名称	项目特征	计算式	计量单	工程量	备注	构件ID
表A. 8 基础防渗和地基加固工程(编码500108)								
1	0010800400	钻孔灌注桩	1. 岩土类别 2. 灌注材料材质 3. 混凝土强度等级及配合比 4. 桩位、桩型、桩径、桩长 5. 检测方法	147个	m	1227.05		
		钻孔灌注桩		8.82[体积]	m	8.82		91133
		钻孔灌注桩		8.38[体积]	m	8.38		91143
		钻孔灌注桩		8.83[体积]	m	8.83		91167
		钻孔灌注桩		8.83[体积]	m	8.83		91191
		钻孔灌注桩		8.83[体积]	m	8.83		91215
		钻孔灌注桩		8.52[体积]	m	8.52		91239
		钻孔灌注桩		7.77[体积]	m	7.77		91263
		钻孔灌注桩		7[体积]	m	7.00		91287
		钻孔灌注桩		8.82[体积]	m	8.82		92651
		钻孔灌注桩		8.83[体积]	m	8.83		92677
		钻孔灌注桩		8.83[体积]	m	8.83		92701
		钻孔灌注桩		8.83[体积]	m	8.83		92725
		钻孔灌注桩		8.4[体积]	m	8.40		92749
		钻孔灌注桩		7.65[体积]	m	7.65		92773
		钻孔灌注桩		7.33[体积]	m	7.33		92789
		钻孔灌注桩		8.38[体积]	m	8.38		93405

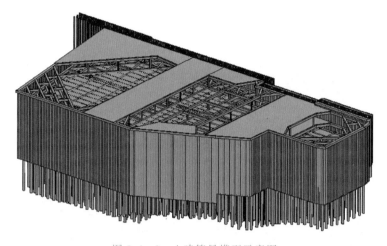

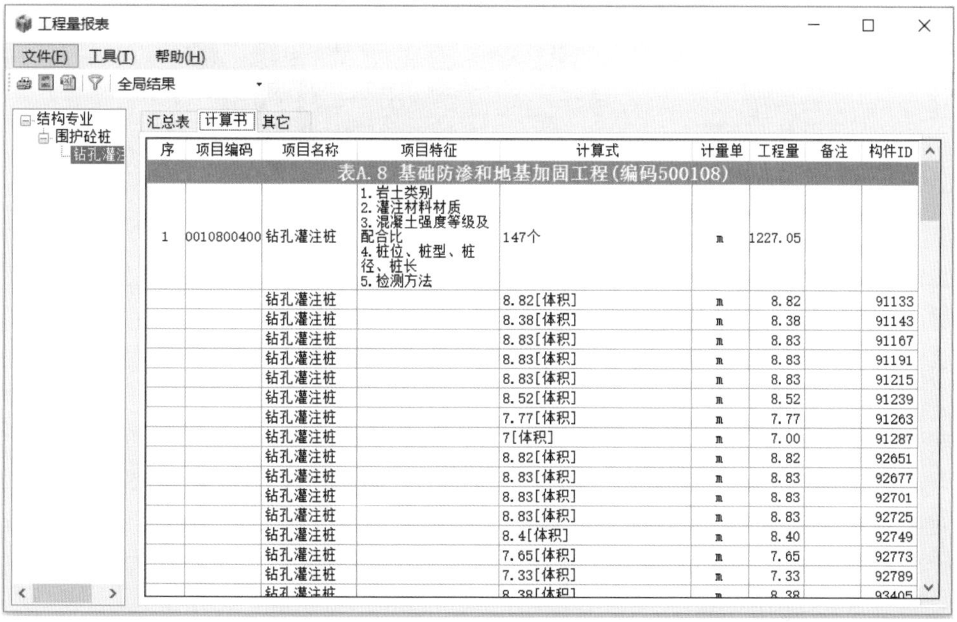

图 3.4－4　土建算量统计报表示例

钢筋工程量应区分不同钢筋类别、钢种和直径分别计算其质量，以往借助平法图集查找相关公式和参数，通过手工计算求出各类钢筋的长度，再乘以相应的根数和理论质量，从而得到钢筋质量，计算过程十分烦琐。而采用软件进行钢筋算量，实现了钢筋算量工作的程序化，可显著提高计算的速度和准确度。由华东院研发的参数化混凝土配筋三维设计系统 ReStation，可广泛应用于水电、地铁、工民建、市政等多行业。ReStation 除了强大的三维配筋功能，兼具钢筋自动编号、一键编挂清单、智能统计钢筋工程量、输出报表等功能，可帮助设计人员摆脱繁重的低层次劳动，极大提高了工作效率和设计产品质量。钢筋算量模型示意图如图 3.4-5 所示。钢筋算量统计报表示例如图 3.4-6 所示。

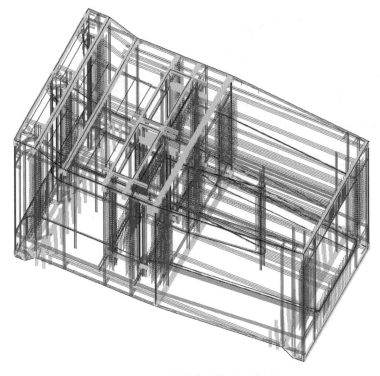

图 3.4-5　钢筋算量模型示意图

装饰装修算量主要统计建筑工程中地面、墙面、顶面等构件表面的装饰和装修面积。为了解决装饰、装修工程量计算问题，QTM 依据实际情况给出了装饰装修建模解决方案，并实现了装饰装修材料的面积统计功能。装饰装修算量统计报表示例如图 3.4-7 所示。

安装算量主要统计管道、仪器仪表、设备等构件的工程量。对于风管、水管等管道构件，通常统计其数量、宽度、长度等工程量，有问题的构件可直接修改模型进行调整。对于仪器仪表等工程量，通常以构件个数计量。安装算量统计报表示例如图 3.4-8 所示。

3.4.4　模型算量技术展望

基于"一个平台、一个模型、一个数据架构"的理念，模型算量工作上承设计，下接

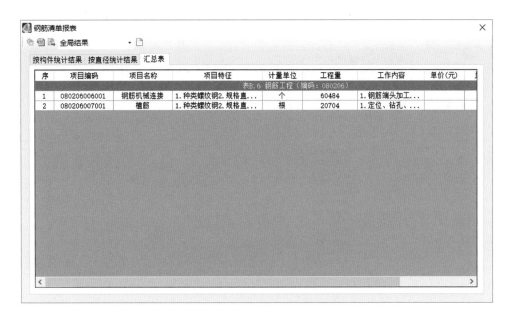

图 3.4 - 6 钢筋算量统计报表示例

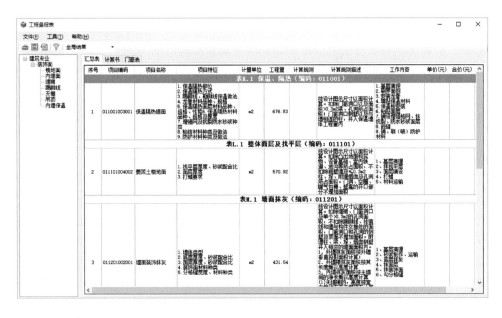

图 3.4 - 7 装饰装修算量统计报表示例

施工、运维,在项目各阶段完成 BIM 模型创建的同时,可直接由模型快速得到工程量,相比于传统的手算、二维图纸计算,计算效率显著提高。但与此同时,为了提高模型算量结果的准确性,应当建立更加成熟的标准体系,丰富更加完善的建模工具,使用更加先进的技术手段。

图 3.4-8　安装算量统计报表示例

3.5　视图分析技术

视图分析技术是基于真实的工程项目三维模型数据，加入时间、物料、人机、运动轨迹等要素，运用若干分析技术得出可视化的画面和直观的结果。

3.5.1　碰撞检查

碰撞是指空间中两个不可穿透的图形对象产生了交集。三维协同设计中的碰撞检查则是指在三维平台上进行多模型的整合后，通过工具计算并查看构件间的碰撞点。碰撞检查是三维协同设计初期最易实现、最易产生价值的功能之一。

在传统的设计流程中，各专业设计人员没有协同设计的概念，难免会遇到各专业设计图纸"错、漏、碰、缺"的现象，即便是在设计单位内部这种情况也时常发生，这也是导致设计变更与施工返工的一大原因。采用三维碰撞检测的方式将各专业的模型进行碰撞检查，将碰撞检查的报告反馈给设计单位，避免后期因图纸问题带来的停工以及返工，提高了项目管理效率，可在一定程度上节省成本和缩短工期。对于水电站类大型复杂的工程项目，碰撞检查技术的应用有着明显的优势及意义。

碰撞检查可以应用在项目设计阶段与施工阶段。设计阶段的碰撞检查，可以帮助优化工程设计，如优化净空、优化管线排布方案，减少在建筑施工阶段可能存在的错误和返工的可能性。施工阶段的碰撞检查，可以利用碰撞优化后的三维管线方案，进行施工交底、施工模拟，提高施工质量，能有效提高施工各参与方的沟通效率。

碰撞点类型可分为以下几类：

（1）硬碰撞。静止模型之间在空间上存在交集。这种碰撞类型在设计阶段很常见，特别是发生在结构梁、管道、桥架之间的碰撞。图 3.5-1 为硬碰撞示例。

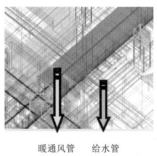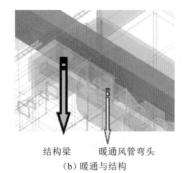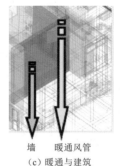

暖通风管　给水管　　　　　结构梁　暖通风管弯头　　　　　墙　暖通风管

（a）暖通与给排水　　　　　（b）暖通与结构　　　　　　（c）暖通与建筑

图 3.5-1　硬碰撞示例

（2）软碰撞。静止模型之间在空间上并不存在交集，但间隔距离小于给定阈值（如安全距离、操作空间）时即被认定为碰撞。该类型碰撞主要出于安全和操作考虑，例如水暖管道与电气专业的桥架、母排、变压器等有最小间距要求，管道设备是否遮挡墙上安装的插座、开关等。

（3）运动碰撞。非静止的模型在固定的通过路径上或范围内存在硬碰撞、软碰撞。如电站大型设备的运行、运输、安装、检修等需要给予足够的通过空间。

通过对设计模型进行碰撞检查，能够在出图之前检测出各个专业之间的模型是否有重叠、干涉，是否有足够的通过空间等问题。通过提前预判，及时修改完善设计方案，从而减少返工、节约成本、提高设计效率。

3.5.2　虚拟漫游

与沿用固定漫游路径等手段的其他漫游技术和系统相比，虚拟漫游具备可贵的特性——沉浸感、交互性和构想性。虚拟建筑场景漫游是虚拟建筑场景建立技术和虚拟漫游技术的结合。虚拟建筑场景模型数据来源有三个：①直接基于 BIM 几何模型导入；②根据实景图像合成全景图像；③BIM 几何模型与倾斜摄影实景模型的混合场景建模。用于水电工程漫游的平台有很多，如 Bentley 公司的 LumenRT、Act-3D 的 Lumion、Unreal Engine 的 Twinmotion 等。

工程项目的漫游应用主要有以下几个方向。

3.5.2.1　桌面虚拟现实

桌面虚拟现实又称窗口虚拟现实系统，它可以通过计算机实现，虚拟图像通过显示器显示，用户与系统的交互主要靠键盘和鼠标。此技术能够实现大场景漫游查看，空间内查看如厂房内部、细部的管道纵横检查等，适用于工程设计、施工管理、建筑设计、工程运维管理等。图 3.5-2 为桌面虚拟现实系统示例。

3.5.2.2　沉浸虚拟现实（VR）

VR 设备是采用大屏幕投影＋光阀或偏振 3D 眼镜，或者双目全方位显示器、智能眼镜、智能手套等设备构成的多用途体验器（见图 3.5-3）。2010 年以来，随着谷歌、三星、HTC 等推出了家用的 VR 解决方案，沉浸式 VR 体验不再高不可攀，目前 Unreal Engine、Unity3d、CryEngine、3D GIS 等主流的游戏和 GIS 开发平台都提供了相应 VR

（a）鸟瞰图示例

（b）漫游图示例

图 3.5-2　桌面虚拟现实系统示例

开发接口。

VR 将设计、规划方案在眼前全方位呈现出来，让人"身临其境"地漫游其中进行多角度体验性观察，能够非常容易地找出不理想之处并立即加以改进。BIM 技术的特点是以模型为依托，兼具可视化与信息属性的特点，而 VR 技术的最大特点是沉浸式体验方式。BIM 技术与 VR 技术结合，通过一定的技术手段将 BIM 模型及相关信息与 VR 虚拟设备相连接，利用 VR 的沉浸式特点对工程 BIM 模型进行较为真实的体验、互动与分析，让人在工程项目的环境里面漫游，BIM 模型则为虚拟现实提供了和实际项目一致的完整、精确的环境。VR 与 BIM 模型融合应用示例如图 3.5-3 所示，VR 设备示例如图 3.5-4所示。

（a）智能眼睛

（b）智能手套

图 3.5-3　VR 与 BIM 模型融合应用示例

3.5.2.3　增强现实（AR）

增强现实又称混合现实系统，它是把真实环境和虚拟环境结合起来的一种系统，可减少构成复杂真实环境的开销，用虚拟环境来模拟现实环境中尚未存在的对象或看不到的设备，虚、实环境的无缝结合，让用户操作虚拟环境好似在实际环境

图 3.5-4　VR 设备示例

中操作。用户可使用 AR 设备在物理环境中以 1∶1 比例查看 BIM 模型，典型应用案例如电站地下或墙内管线定位、电站安全巡检、对象标记等。

目前 AR 可以应用在以下几个工程阶段。

1. 设计阶段：AR 方案评审

在项目设计阶段，通过将设计 BIM 模型引入 AR，为设计师提供一种身临其境的方式，尤其是在与工作现场环境相一致的条件下，以 1∶1 比例全面查看模型来评估设计的可行性、功能性和美学价值。客户可以享受更丰富的方案评价体验，在早期阶段可以更容易地识别潜在的设计变更事项，并且可以快速评估各类设计选项和方案建议。

2. 施工阶段：AR 施工指导

在施工期间，通过 AR 方式查看 BIM 模型，可以向工作人员准确展示应铺设材料的位置，墙壁应该贴合的位置以及应放置门的位置等；可以帮助工程师进行线路设计，如 HVAC 管道、水管和电气管道的走向。AR 还可以帮助减少安装过程中的错误，加快任务执行速度；并且通过在现场材料上直接可视化覆盖设计方案，可以更轻松地识别潜在的设计缺陷。

3. 验收检查阶段：AR 标签定位

在 AR 中访问设计 BIM 模型，可以通过设计模型与竣工实体的视觉比较，来改进验收检查效果。特别是针对复杂机电管线及设备的安装检查，检查的安全清单可以在视野的上下文列表中呈现，并针对特定位置进行过滤。

4. 运营维护阶段：AR 沟通培训

在运营阶段，由于水电站模型以及电站内机器设备的手册和原理图等可直接提供给使用 AR 的用户，因此可以简化日常运营的操作，避免了大量搜索信息的过程。在维修阶段，AR 增强显示的工作指令和工作指导信息，可以提高工作的准确性、效率和合规性。

对运营和维护阶段，通过使用 AR 技术，工程的安全性也可以得到改善，AR 可穿戴眼镜可以实际模拟安全事件发生与解决操作，解放双手。用户可以直接查看信息，而无须携带一摞摞图纸或去翻运行维护手册。

3.5.3　动态剖切

通过外表轮廓和漫游局部空间查看三维模型，BIM 模型并不能够完整地表达工程属性信息，无法满足设计人员对于模型可视化的需求。但通过剖面工具设定模型的动态剖切面，使模型的动态剖切面沿某路径动态地剖切几何模型。如有需要还可设置阶梯剖面的形式，让不同高程或位置的模型在一个剖切面上进行呈现，可以灵活地验证设计方案的适用性、可靠性，同时也可为后续设计优化工程提供相关的数据支持。在实际工程应用中动态剖切的应用场景非常多，如沿洞室走向动态查看沿线的地质构造、电站内管线综合等。地下厂房阶梯剖面和纵剖面示例分别如图 3.5－5 和图 3.5－6 所示。

3.5.4　净高分析

为了满足建筑的功能和美观需求，实现空间的最大程度利用，需要在设计阶段进行基于三维模型的空间净高分析。净高分析的重点对象为建筑内狭窄区域、管线密集区域和其

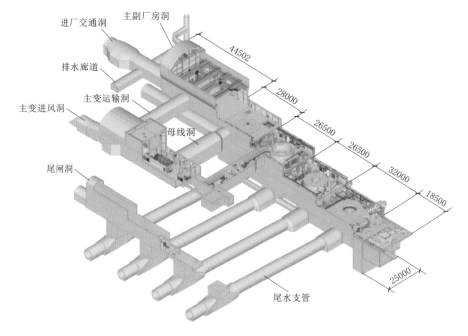

图 3.5-5　地下厂房阶梯剖图示例（单位：mm）

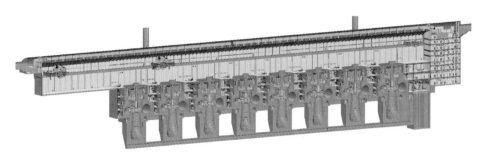

图 3.5-6　地下厂房纵剖图示例

他有特殊净高要求的区域。

净高分析的方法为分区计算对比，具体步骤如下：

（1）根据功能将分析范围划分为若干计算区域。

（2）设置各区域的需求净高。

（3）扫描各区域地面与正上方吊顶、管线、桥架、设备等的高度，计算该区域的设计净高。

（4）通过需求净高与设计净高的比对，确定净高不满足区域与净高不利点。

（5）输出分析成果。

净高分析的成果主要包括净高分析图和净高分析报告。净高分布图以不同颜色表示不同区域净高值，便于直观地展现不利点的分布；净高分析报告的内容是对各个净高不利点问题的具体描述。

图 3.5-7 是华东院开发的净高分析工具，通过指定区域、表达色块数目，设定判断

特定构件类型（如水管、风管），忽略特定高度的构件，可以一键自动计算所有区域的净高及最低构件，其中不同净高区域用不同的色块表达。净高分析图示例如图 3.5-8 所示。

图 3.5-7　净高分析工具

净高：2.8m
最低构件：G通风排风管
小系统1

图 3.5-8　净高分析图示例

3.6　数值分析技术

随着 CAD 技术的日趋成熟，设计人员迫切需要一种对所做设计进行精确评价和分析的工具，借助 CAE 软件来实现工程评价和分析是行之有效的方法。但 CAD、CAE 是相互独立发展起来的，模型兼容性和数据互通都存在一定的限制。目前 CAD/CAE 集成的主流方法是，首先利用参数化等建模技术在 CAD 中快速建立三维实体模型，然后通过数据接口导入到 CAE 系统中进行有限元分析，分析结果即时反馈给工程设计人员，指导、修改、优化设计方案。然而在实际操作中由 CAD 模型导入 CAE 系统中往往会出现信息丢失的情况，直接用标准中间格式转换模型会存在各种各样的问题。

在三维协同设计中，使用者最关心的是如何高效地以三维协同设计模型为基础，应用通用计算分析软件进行相关的工程分析计算，并快速准确地用计算分析结果进行仿真分析，反过来进一步指导三维协同设计，优化设计方案。因此，根据实际应用情况开发 CAD 系统与 CAE 系统的模型数据接口是实现 CAD/CAE 集成分析技术的关键所在。

在很多情况下，导入 CAE 程序的模型可能包含许多设计细节，比如细小的孔、狭窄的槽，甚至是建模过程形成的小曲面等。这些细节往往是在设计过程中基于模型的完整性和真实性建立的，并不是基于结构设计的考虑而建立的，在工程设计产品中，这些设计细节都是绝对必要的。但是到了 CAE 计算分析软件中，保留这些细节既没有必要，又会徒增大量计算单元，不但会使求解器分析计算的时间和难度呈现数量级地增加，甚至会主次颠倒，掩盖结构计算的主要关注点和主要矛盾，对计算分析结构造成混淆视听的负面影响。因此，就必须对分析模型进行简化，这就是通常所说的前处理。前处理有两种方法：一种是在 CAE 软件里重新建模后再进行剖分；另一种是将 CAD 平台上的模型通过第三方格式导入到 CAE 软件中。在这两种方法中，网格划分和模型简化等前处理工作都需要在 CAE 软件里进行，造成了分析模型和设计模型的割裂，即增加了设计人员工作量，也限制了 BIM 模型的进一步深化应用。造成这种情况的关键原因是 CAD 平台通常没有提供很好的计算分析网格剖分的功能，限制了 CAD/CAE 一体化应用。

若能直接利用三维协同设计软件进行一些相对简单且又满足计算要求的网格剖分，或者在 CAD 里建模就能使三维模型尽量符合 CAE 计算分析的网格类型，就有可能让更多的设计人员利用三维协同设计软件直接进行那些最常见的、一般的计算分析工作，计算结果的数值部分又可以自动成为三维模型属性的一部分，云图等计算结果可以直接在三维 CAD 软件里作为整体设计模型的一部分进行综合展现，三维协同设计的实际效率和作用会提高很多。

设计和计算分析采用的是同一套工程数据，不需要利用 CAE 分析计算软件人工重新划分网格和重新建立一套包含各种设计载荷在内的参数，前处理的全部或者部分工作尽量利用三维设计 CAD 软件进行，而只用大型的专业分析计算软件的解算器进行计算，不但对分析计算更有利，也可以提高三维设计的效率和计算分析结果的综合展示效果。同时，因为已经有了与 CAE 计算分析软件相同或者相近的网格结构，CAE 分析计算软件的结果就可以直接反馈至三维协同设计平台里，在一个参与专业更多、模型更完整、更详细的工程内容环境下进行协同设计和仿真分析。

下面以华东院自主开发的工程综合信息三维展示分析系统为例，介绍上述技术的实际应用。

3.6.1 分析模型数据接口

一个分析模型由几何模型数据（几何拓扑与几何参数）、材料截面数据、荷载数据与约束数据（边界条件）构成。几何数据与材料截面数据描述结构的构成及定位定形；荷载数据与约束数据描述环境对结构的作用。

1. 几何模型数据导入分析模型软件

大型通用有限元分析软件 ANSYS 提供了与大多数 CAD 软件进行数据共享和交换的图形接口，ANSYS 自带的图形接口能识别 IGES、ParaSolid、CATIA、Pro/E、UG 等标准的文件，通常使用的有 IGES 和 ParaSolid 文件。大多数 CAD 软件同样提供了很多通用标准的图形接口，使用这些接口很简单，只需要在建好模型之后，使用导出命令直接导出即可。

2. 材料定义

材料定义模板包含材料库定义和部件材料定义两部分。材料库提供了水利工程仿真中常用的材料定义的模板，支持线弹性材料、双线性材料、混凝土材料和岩土材料四种本构类型材料的定义，每种材料都具有相应的材料参数可供设置。

3. 分析结果导出

在完成几何模型导入、处理及材料定义等流程之后，即开始进行约束边界定义、载荷定义，并对模型进行网格划分操作。网格划分完成之后，执行求解分析计算并查看相关计算结果。以上所有流程均在 ANSYS 中完成。

分析结果数据主要包括以下两方面：

（1）文本格式的计算网格数据，用于支持在 CAD 平台中进行三维有限元网格展示。

（2）文本格式的网格节点分析结果数据，用于在 CAD 平台中进行专题彩色云图等展示。

图 3.6－1 为利用有限元软件分析模型受力示例。

3.6.2　有限元网格扩展

CAD 平台并没有特定的元素类型可以表达有限元对象。Mesh 元素类型只能够表达有限元网格面片或二维单元构成的有限元对象，但无法表达有限元网格的三维立

图 3.6－1　利用有限元软件分析模型受力示例

体单元（四面体、六面体等）。因此需要基于 CAD 中的自定义元素类型做定制开发。基于该类型创建的有限元特定类型能够解决有限元网格表达的问题。该类型以有限元网格的节点和网格文件为数据来源，并自定义显示方式绘制网格节点和网格单元。图 3.6－2 为有限元对象扩展方案。

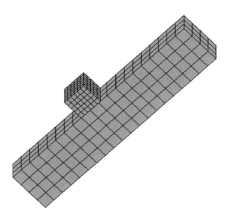

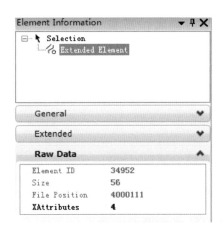

（a）扩展后的有限元网格模型　　　　　　　　（b）扩展后控制模型显示界面

图 3.6－2　有限元对象扩展方案

3.6.3　有限元分析数据存储技术

ANSYS WorkBench 中经过网格划分的模型数据求解计算结果能够以文本格式输出保存，但是文本格式在读写的效率和便利性方面都无法满足下一步分析展示的要求，因此还需要进行一次转存。

该数据存储技术是以 Sqlite 数据库为中介，提取 ANSYS 文本格式的模型和结果数据，在 Sqlite 或者 edb 文件中建立 7 张表，分别是节点数据表（NODES）、单元拓扑表（ELEMENTS）、单元类型表（ELETYPE）、网格面片表（FACETS）、表面面片表（EXTERIOR）、结果类型表（RSTTYPE）和分析结果表（RESULTS）。通过这些表，CAD 软件能够方便高效地导入有限元分析数据。图 3.6-3 为有限元分析数据存储方案示例。

ID	Code	Name	Type	Unit
		Click here to define a filter		
1	USUM	HDY_总位移	Total Deformation	m
2	UX	HDY_X方向位移	Directional Deformation(X Axis)	m
3	UY	HDY_Y方向位移	Directional Deformation(Y Axis)	m
4	UZ	HDY_Z方向位移	Directional Deformation(Z Axis)	m
5	EPTOX	HDY_X方向正应变	Normal Elastic Strain(X Axis)	m/m
6	EPTOY	HDY_Y方向正应变	Normal Elastic Strain(Y Axis)	m/m
7	EPTOZ	HDY_Z方向正应变	Normal Elastic Strain(Z Axis)	m/m
8	EPTOXY	HDY_XY平面剪应变	Shear Elastic Strain(XY Plane)	m/m
9	EPTOYZ	HDY_YZ平面剪应变	Shear Elastic Strain(YZ Plane)	m/m
10	EPTOXZ	HDY_XZ平面剪应变	Shear Elastic Strain(XZ Plane)	m/m
11	S1	HDY_最大主应力	Maximum Principal Stress	Pa
12	S2	HDY_中间主应力	Middle Principal Stress	Pa
13	S3	HDY_最小主应力	Minimum Principal Stress	Pa
14	SX	HDY_X方向正应力	Normal Stress(X Axis)	Pa
15	SY	HDY_Y方向正应力	Normal Stress(Y Axis)	Pa
16	SZ	HDY_Z方向正应力	Normal Stress(Z Axis)	Pa
17	SXY	HDY_XY平面剪应力	Shear Stress(XY Plane)	Pa
18	SYZ	HDY_YZ平面剪应力	Shear Stress(YZ Plane)	Pa
19	SXZ	HDY_XZ平面剪应力	Shear Stress(XZ Plane)	Pa

xianju
- ELEMENTS
- ELETYPE
- EXTERIOR
- FACETS
- NODES
- RESULTS
- RSTTYPE

ID	X	Y	Z
	Click here to define a filter		
1	-2.38215	-0.06	-2.89062
2	-2.52678	-0.06	-2.84517
3	-2.5923	-0.06	-2.77804
4	-2.50792	-0.06	-2.7959
5	-2.38215	1.19507E-7	-2.89062
6	-2.52678	1.19507E-7	-2.84517
7	-2.5923	1.19507E-7	-2.77804
8	-2.50792	1.19507E-7	-2.7959
9	-2.67061	-0.06	-2.79727
10	-2.7032	-0.06	-2.741
11	-2.67061	1.19507E-7	-2.79727
12	-2.7032	1.19507E-7	-2.741
13	-2.62863	-0.06	-2.73127

（a）存储数据类型　　　　　　　　　　　　　　　（b）存储数据内容

图 3.6-3　有限元分析数据存储方案示例

3.6.4　专题展示技术

有限元分析专题展示主要是以彩色云图、等值线/面图、文字描述、动画、动态剖切等手段展示模型的仿真分析结果。

CAD 平台中的专题展示功能（Thematic Display）能对模型的高程、坡度坡向、日照阴影等属性生成彩色云图，这些属性都与模型的几何特征有关。然而有限元分析的结果往往以特征值的方式存储在网格节点或面片上，与模型的几何特征无关。有限元分析专题展示技术是以 CAD 中的基本专题显示功能为基础，通过开发拓展专题显示的领域，使其支持基于有限元网格节点特征值的彩色云图展示。图 3.6-4 为专题图展示内容列表示例。

专题图的展示样式有光滑显示、精确条带显示、等值线显示、快速云图显示、等值线＋快速云图等，也可以选择是否要显示模型的网格线。

图例对象可以根据需要选择是否绘制，图例显示样式也分为光滑模式和条带模式两种（见图 3.6-5）。

图 3.6-6 展示的是多种模式下钢岔管结构的有限元分析结果。

对有限元对象进行动态剖切，还原剖面上的网格内部信息。有限元动态剖切面示例如图 3.6-7 所示。

与地质三维系统剖面分析工具集成，能够将有限元

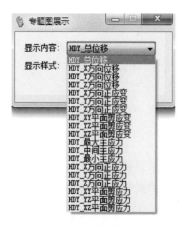

图 3.6-4　专题图展示内容列表示例

分析模型与地质三维模型进行集成剖面分析，包括三维剖切面分析、二维剖切图分析等多种方式，综合展示地质、施工、枢纽以及工程计算分析等多专业的剖面信息。图 3.6-8 为有限元结构分析模型与地质三维模型集成展示示例，由于这些软件产品都是基于同一个平台，能够很方便地利用各专业系统中的功能模块，并与地质、枢纽、施工、监测等同平台三维系统深度结合，全方位地分析和展示有限元网格模型和分析结果。

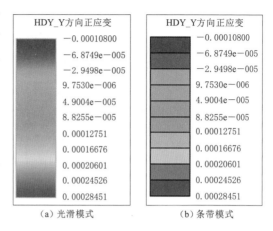

（a）光滑模式　　　　　　　　（b）条带模式

图 3.6-5　光滑模式和条带模式图例

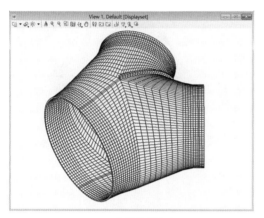

（a）网格线框显示

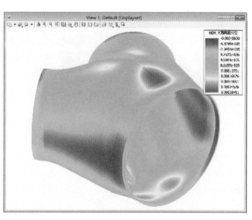

（b）Y方向正应变-光滑显示

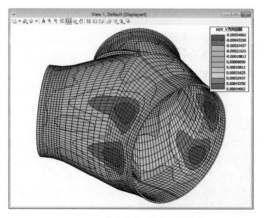

（c）Y方向位移-精确条带显示

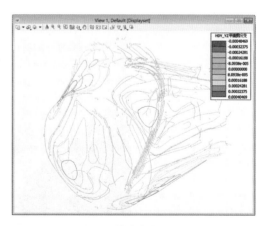

（d）YZ平面剪应变-等值线显示

图 3.6-6（一）　多种模式下钢岔管结构的有限元分析结果

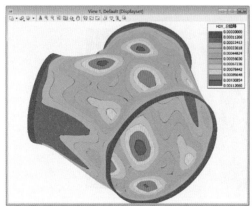

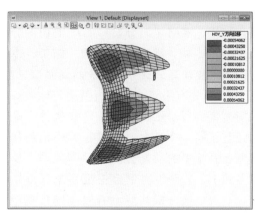

（e）总位移-等值线云图显示　　　　　　　　　　　　（f）Y方向位移-部分值域显示

图 3.6-6（二）　多种模式下钢岔管结构的有限元分析结果

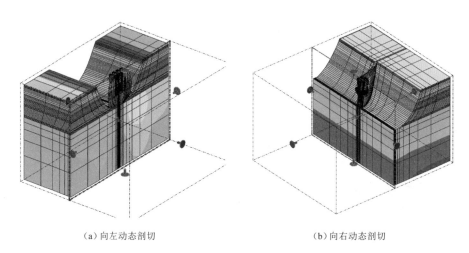

（a）向左动态剖切　　　　　　　　　　　　（b）向右动态剖切

图 3.6-7　有限元动态剖切面示例

图 3.6-8　有限元结构分析模型与地质三维模型集成展示示例

图 3.6－9 展示的是某水电站拱坝结构分析模型与地质三维模型集成剖面分析的结果。

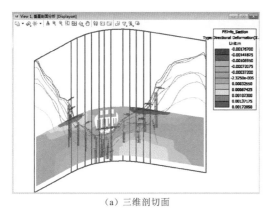
（a）三维剖切面

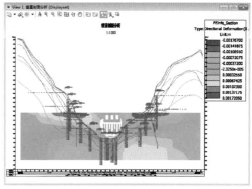
（b）二维剖切面

图 3.6－9　集成剖面分析示例

第 4 章

专业三维设计技术

4.1　概述

水利水电工程建设在我国具有悠久的历史，早在 4000 多年前大禹就在黄河流域开始治水，到公元前 256 年秦国李冰组织完成四川都江堰水利枢纽工程，再到隋唐时期的京杭大运河，都凝聚着我国劳动人民智慧的结晶，并给后世留下宝贵的财富。2000 年以来，我国相继完成总装机容量 2250 万 kW 年发电量约 900 亿 kW·h 的长江三峡水利枢纽工程、总装机容量 1386 万 kW 的溪洛渡水电站工程、总装机容量 775 万 kW 的向家坝水电站工程、总装机容量 630 万 kW 的龙滩水利枢纽工程、总装机容量 585 万 kW 的糯扎渡水电站工程、总装机容量 480 万 kW 的锦屏二级水电站工程、总装机容量 420 万 kW 的小湾水电站工程、总装机容量 1020 万 kW 的乌东德水电站工程，以及华东院设计、2022 年完工的 1600 万 kW 的白鹤滩水电站工程等，这些都是世界级的水利枢纽工程，它们承载着我们中华民族伟大复兴的历史使命，为建设社会主义伟大国家提供基础保障。

为改变地表和地下自然水在地区和时间上分布不均匀的状况，达到防治水旱灾害、合理开发和利用水利资源、改善民生社会经济环境的目的，水利水电专业工作人员会在选定的工程区域建设一系列布置复杂的水利水电工程建筑物（简称水工建筑物）。这些水工建筑物主要有闸、坝、堤防等各种拦截河流并承受一定水头的挡水建筑物，有溢洪道、泄洪孔、泄洪隧道等泄水建筑物，有进水闸、水泵房、水电站进出水口等取水建筑物，有输水渠道、引水尾水隧洞、埋管、渡槽等渠系建筑物，有导流堤、导流洞、丁坝、顺坝、护岸、护底等河道水流整治建筑物，有发电厂房（地下发电厂房）、主变压室（主变洞）、调压室（调压井）、船闸、鱼道、筏道、管理房、开关站等专有水工建筑物。为完成这些水工建筑物的建设，首先是要考虑地形和地质条件，地形和地质条件决定着这些水工建筑物的布置。基于发电需要和地形条件限制，发电厂房常有地面发电站和地下发电站之分。不管采用哪一种发电厂房，发电厂房均基本一致，由整体框架性混凝土基础结构、发电功能区、发电系统、供油系统、油压装置系统、技术供水系统、生产生活给水与排水系统、污水废水处理系统、通风供暖除湿系统、强电弱电布置系统，以及大量的各种设备设施等组成。为完成整个水利水电枢纽工程建设协同设计，应配备必要的地质、测绘、水工结构、建筑、水力机械、强电、弱电、暖通、给排水、金属结构、施工布置、公路桥梁等专业，同时兼顾厂商设备制造与供应的影响。所以，水利水电工程建设过程存在专业多、设备多、管路空间布置复杂等特点，且受设备采购及其布置影响大。为合理布置各类水工建筑物，保证发电厂房内的空间布置经济、合理、快速、高效，避免和减少各专业之间"错、漏、碰、撞"，采用三维协同设计尤为重要。

4.1.1　勘测协同设计

勘测协同设计涵盖专业包括测绘、地质、物探、试验、观测等，是进行全专业三维协同设计的基础。全面实施与应用勘测协同设计，能够有效地缩短勘察设计周期、提高勘察设计质量、实现项目全过程的信息化管理。

测绘专业是勘测工作的基础，现阶段采用的数据采集方法包括全站仪野外采集、无人机摄影以及激光点云测量等。野外测绘依据勘测布置平面图进行，通过控制点及测量点获取地形外业数据信息；无人机及激光点云测量等方法能够获取地形矢量数据、影像数据以及点云数据等信息。基于以上信息经过后处理在勘探建模阶段建立三维测绘点模型、实测剖面模型、三维地形面模型以及倾斜摄影模型等。

地质专业主要研究地形面以下的地层岩性分布特征、地质构造、地下水等内容。野外地质测绘根据测绘点及实测剖面，获取地形、地层岩性、地质界面、地质构造、取样及节理裂隙等信息；现场勘探根据勘察大纲布置进行作业，获取工程区的地层岩性、构造、节理、取样及水文等地质相关信息；施工地质阶段根据边坡上和地下洞室地质揭露情况，判断边坡稳定性、地下洞室围岩类别、岩溶地下水发育情况。

物探专业通过地球物理学方法来探测岩层介质在密度、磁性、导电性等物理性质方面的差异来获取地层岩性及地质构造特征等信息。在协同作业环境下，物探专业的施工机组通过地球物理勘探方法完成相对应的物探数据信息采集工作。物探方法分为重力勘探、电法勘探、磁法勘探和地震勘探四大类，包括常用的针对钻孔、平洞、探井、地下洞室的原位测试手段，如声波测井、地震波测井、自然伽马测井、电阻率测井、剪切波和电视观察。数据采集完成后第一时间将数据结果录入并上传到数据库中以便其他专业参考利用。

试验专业工作人员主要通过室内土工试验获取岩样、土样、水样的常规物理性质及力学性质；通过现场原位测试手段（静力触探、十字板剪切试验、地应力测试、标准贯入试验、动力触探试验等）获取岩土体的摩阻比、承载力、抗拉强度等数据。勘测阶段的协同设计旨在帮助试验人员即时获取最新的试验任务及要求，并在试验完成后及时将数据结果上传到数据库中以便其他专业参考利用。

为保证工程项目安全顺利实施，观测专业人员需长期对钻孔、平洞、地下洞室进行水位和流量的观测、渗透性观测、横向和轴向位移观测、有害气体监测等。通过协同设计项目成员能够实时获取观测信息，比如地下水位某一时间段的变化趋势图、水库的进出库流量对比、裂隙发育位置与长度等。分析对比观测数据结果可对地质灾害预警提供帮助，保证施工安全。

勘测专业协同设计流程如图 4.1-1 所示。

基于勘测协同设计，实现测绘、地质、物探、试验、观测专业的管理协同、流程协同、专业协同。

1. 勘测管理协同

勘测协同设计最重要的是可实现各专业的数据信息管理与实时共享。以上所介绍的测绘、地质、物探、试验、观测等专业数据均存储于统一的数据库中，参与项目的勘测设计人员只要具备写入权限，即可同时创建录入勘测数据，还能够实时查看平台数据库中的规范、任务书、图纸、表格、照片、视频、文字等信息，并根据自身权限对数据进行新增、修改、删除或其他操作并加以利用。

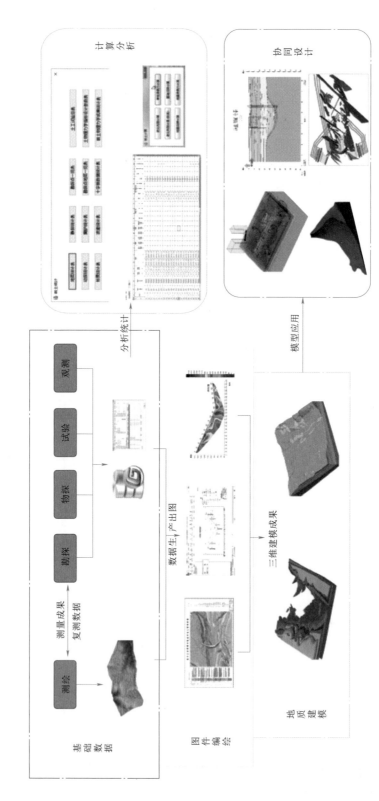

图 4.1-1 勘测专业协同设计流程

管理模块实现人员权限管理，通过身份验证分配相应的权限，能够保证数据的安全性与有效性。如试验人员只能查看但不能编辑修改勘探施工信息，施工人员无法录入试验数据等。项目成员对数据的编辑、修改、删除等操作，均有迹可循，通过系统管理员可进行不同版本的数据追溯。

2．勘测流程协同

为保证勘测数据的校审流程封闭，勘测各专业将在统一平台内按照设计、施工、验收、编录、录入、校核、审查、核定的流程来完成，并实现动态管理。以钻孔实施流程为例，在系统平台内应保证以下信息及流程的存在：布置阶段存在设计人、录入人、校核人；勘探施工阶段存在施工机组、验收人、编录人、录入人及校核人，完整的钻孔数据信息需按流程经多位项目成员参与方能完成。同时，各专业作业时间和顺序也得到有效控制，如钻孔开孔与终孔时间、试验数据、水文信息的依次录入。在统一的平台下，方便进行项目流程跟踪，帮助项目相关专业人员实时了解项目进展情况，进行进度把控。

3．勘测专业协同

基于项目的勘测协同设计，对于所有专业来说，数据流通是在同一个平台上的上传与下载，并且不同专业间不存在信息滞后，数据内容会实时更新，能够全面地实现专业间数据交叉利用，如测绘专业可以将数据库中已经完成的勘探阶段钻孔的实际孔口坐标作为控制点元素参与地形面的三维拟合建模。

在协同工作环境下，基于同一个数据库，地质三维建模阶段能够实现在同一个模型文件中创建多专业三维地质模型，摆脱传统各专业分散建模、分散出图表的方式。各专业建模人员基于统一的数据库，可以一次性完成三维地形面模型、三维地形实景模型，钻孔、平洞、探坑等孔洞模型，勘探线、测绘点、实测剖面等勘探模型，地下洞室等施工模型，测试点、取样点等试验模型，监测断面、监测曲线等监测模型，声波测井、钻孔剪切波、平洞地震波等物探三维模型，节理裂隙、断层等构造模型，地层单元、水位面、风化面、地下岩溶等地理模型。有了统一的数据库和模型作为基础，实现通过剖切或开挖功能获取勘测的全属性信息，如在剖面图上显示某钻孔的地层岩性、风化程度、地下水、钻遇构造、取样深度、标贯击数等全部信息。

此外，随着数字城市、智慧城市概念的提出与技术的发展，三维地质模型、三维地形模型、倾斜摄影模型可叠加作为城市三维基底模型进行展示，促进了城市三维快速建模与可视化分析。

基于统一的大勘测专业数据库，可实现勘测全专业之间的协同设计。勘测专业协同设计成果示例如图 4.1-2 所示。

勘测协同设计实现了跨专业的数据管理、流程跟踪及三维协同，有利于提高勘测工作效率、项目质量及管理水平，也是三维勘测行业的势趋。

4.1.2　枢纽协同设计

4.1.2.1　枢纽布置简介

水电枢纽是指以水力发电为主要任务，由壅（挡）水建筑物（坝、闸、河床式厂房

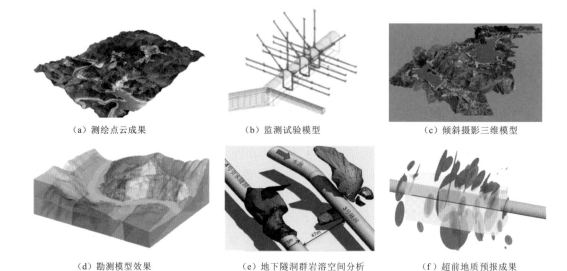

（a）测绘点云成果	（b）监测试验模型	（c）倾斜摄影三维模型
（d）勘测模型效果	（e）地下隧洞群岩溶空间分析	（f）超前地质预报成果

图 4.1-2　勘测专业协同设计成果示例

等）、泄水建筑物、引水系统及水电站厂房、变压器场、开关站等组成的综合体。水电枢纽可以集中水流的发电水头，具有发电、变电、泄洪、蓄水、放水、排沙及过船、过木、过鱼等功能。根据水资源综合利用要求，水电枢纽可兼顾防洪、灌溉、城镇和工业供水、航运和其他综合利用要求。

枢纽布置是确定工程位置以及各个永久性建筑相互位置关系的一个专业，需要综合考虑造价、安全、工程效能等因素。枢纽布置的合理性将会直接影响到工程的造价、工期、安全性、年运转费用及工程效能的发挥。

4.1.2.2　传统设计枢纽布置的痛点与难点

传统二维枢纽布置工作中的痛点、难点主要体现在以下几个方面。

1. 平面上

枢纽工程的选址和设计，需要依靠地质和测绘资料进行。在基于平面的设计流程中，地质资料和测绘资料都是扁平化的，一般以平面图或剖面图的方式参考到枢纽中来辅助设计。以地质资料为例，在一般的枢纽设计过程中，都是依靠地质专业提供的典型断面上的地质剖面作为设计资料来辅助设计。剖面区间内的地质构造发育信息无法通过地质剖面图获得，设计人员需要在典型地质剖面图的基础上，自行判断工程区域内地质构造的发育情况，在此基础上进行枢纽工程的设计。这种方式十分依赖于设计人员的工程经验，判断的准确与否会直接影响到工程的质量安全以及施工成本。

2. 空间上

传统的二维设计无法有效表现专业内各设计元素在高程维度上的信息，高程信息只能通过标注特征点（如廊道工程中廊道起点、终点）的高程来表示。工程实施过程中，很难通过图纸中标注的元素高程信息去校核设计对象之间的空间距离。在雅砻江两河口水电站工程中用于坝体填筑的某交通隧道与电站引水发电系统的某隧道在平面上位置较近，由于两条隧道均采用钻爆法施工，为保证施工安全，需要校核两条隧道空间距离是否满足爆破规范要求。由于当时现场并未引进三维协同技术，而只基于二维设计图纸，完全无法实现距离的校核，最终只能由业主委托设计单位创建整个坝区枢纽的三维模型，基于三维模型才最终实现校核。

3. 效率上

在传统的设计流程中，各专业在设计阶段只是根据设计条件进行独立地设计，在会审阶段各专业才能够整合在一起进行审查，专业间的"错、漏、碰、缺"已经累计到了一定程度，修改需要将相关的设计内容全部推倒重来，修改工作量大；且基于二维图纸做会审，本身无法详尽地发现各专业设计内容中存在的问题，相当一部分问题会遗留到施工过程中，对施工造成影响；而会审工作本身，需要各专业人员进行集中工作，当遇到专业人员出差或者有其他工作时，会审工作的进度便无法保证，传统枢纽设计存在效率低下的问题。

4.1.2.3 枢纽协同设计关键技术

枢纽布置通常涉及坝工、厂房、引水、路桥、金属结构等众多专业。枢纽布置本质是根据工程条件以及工程设计指标，确定永久建筑物空间位置，而非各个专业具体的设计。要进行枢纽布置的设计，设计人员需要能够清楚明晰地判断各建筑物之间的关系，且尽可能全面地了解工程区域内的地质构造和地形情况。枢纽协同设计基于可视化、协同设计、动态剖切等技术，为枢纽设计提供了一种更为高效、更为便捷的方式。

1. 可视化技术

枢纽协同设计是一种基于可视化技术的设计工作方式，通过三维软件，建立直观的、可视化的、完整的数据模型，解决了传统二维设计扁平化所带来的空间数据含糊不清问题。

可视化即"所见所得"，让设计人员将以往的线条式的构件形成一种三维的立体实物图形展示在人们的面前，是一种能够同构件之间形成互动性和反馈性的可视。在枢纽模型中，整个过程都是可视化的。可视化的结果不仅可以用来生成展示的效果图及报表，更重要的是，工程可研、招标、技施、建造过程中的沟通、讨论、决策都在可视化的状态下进行，可视化贯穿枢纽协同设计的整个流程。

2. 协同设计技术

协同设计技术主要的优势在于提升设计效率和确保模型中设计信息的完备性、关联性以及一致性。

可视化设计技术可以提高枢纽设计的质量，而协同设计技术则能够保证枢纽设计的效率。效率和质量的提高是一个相辅相成的关系，是一个良性的循环。首先，协同设计将枢纽设计所涉及的坝工、厂房、引水等专业间的配合从串行转变成为并行，各专业的协调和配合实时进行，配合效率提高后，各专业设计人员（包括技术总工、主管、主设）可以把大量原来花在专业间协调、会签等工作上的时间花在更高层次的设计优化及设计创新上，提高工程师的工作效率，而不是让工程师成为二维绘图时代的绘图员和材料统计员，这样实际上就提高了设计质量。基于三维模型的专业间设计配合，沟通效率大幅提高，模型就代表了专业设计成果，一目了然。

枢纽作为前置专业，它的模型成果以及设计信息需要在项目的可研、招标、技施、建造等过程中共享和传递，要实现信息的有效传递，必须要保证模型中信息的完备性、关联性以及一致性。完备性是指模型包含完整的工程几何信息和非几何信息，能够在计算机空间对工程对象进行准确的描述；关联性则要求模型能够如实反映不同信息之间的逻辑联系，改变模型中的一些信息，能够在与之相关的模型上产生正确的反馈；一致性确保了模型信息的继承关系，已固化的信息不需要在工程生命周期的不同阶段重复录入。使用协同技术进行枢纽设计，有以下优势：

（1）通过碰撞检测等手段，有效解决建筑物之间空间布置的问题。

（2）通过统一的建模环境配置和文档管理，提高了设计效率，缩短了专业间的配合时间，提高了设计产品质量。

（3）模型所包含的信息能够在工程的整个生命周期中流转，拓展了设计成果的应用场景。

3. 基于三维模型的剖切及出图技术

尽管枢纽协同设计技术已经较为成熟，完全以三维模型作为交付成果也不存在技术障碍，但是受行业惯性影响，二维图纸仍是枢纽协同设计的主要输出成果。

枢纽模型通过校核审查流程后，再经各专业之间查"错、漏、碰、缺"，模型的完整性和合理性确认无误后，就可以在三维模型的基础上抽取平面图、剖面图、轴测图、详图及其他基于三维模型的图纸。

三维模型创建图纸，一般通过视图保存、参考提取或者模型剖切的方式进行。通过以上几种方式创建的图纸，图纸本身与模型之间存在关联关系，模型的任何变更和修改都会按照图纸输出时的设置自动更新到图纸中，无须设计人员重新进行图纸输出工作。

通过视图保存、参考提取或者模型剖切等方式由三维模型直接创建图纸时，所有的图形要素均是从已经通过校审的模型中提取的，不需要人工干预，这避免了人工干预可能造成的一些图形性错误，提高了效率，保证了质量。正是基于这个原因，使用三维模型出图时，角度、剖切位置的选择十分的灵活，几乎可以从任何位置进行图纸输出。

模型剖切技术，除了应用于图纸输出外，还可以在枢纽设计过程中，基于模型动态查看枢纽布置区域内几乎所有位置的地质断面信息，为设计提供参考。传统设计流程中，上游地勘专业一般只提供典型位置的地质剖面，设计人员只能管中窥豹，难以掌握工程区域地质构造的全貌。基于协同技术进行枢纽设计时，利用上游专业提供的工程范围内的地质及测绘模型，借助动态剖切功能可以实时了解工程区域内各个位置的地质分层及地形情况，突破了传统二维测绘、地质资料在使用上的局限性，便捷高效地进行建筑物布置、地下洞室设计、边坡设计等工作。

4.1.2.4 枢纽协同技术的典型应用

华东院于 2006 年开始在仙居抽水蓄能电站可行性研究阶段进行三维设计，其后经历招标、技施阶段以及全生命周期科研专题设计，是华东院三维枢纽设计开展运用最全面、与工程实际施工结合最紧密、拓展延伸及开发创新最多的工程。

仙居抽水蓄能枢纽三维设计主要解决电站枢纽与地形、地质密切相关的设计技术问题，着重应用于水电站前期枢纽方案设计、技施阶段枢纽详细设计和优化设计。主要参与专业包括测绘、地质、坝工、厂房、引水、路桥、金属结构、观测等专业。

1. 可行性研究阶段

可行性研究阶段（简称可研阶段）枢纽三维设计主要应用于枢纽方案比选、关键技术问题分析、工程量计算、专业配合等，包括枢纽布置格局比选、枢纽建筑物单体优化设计、边坡处理设计、建基面开挖设计等。

枢纽布置格局比选：结合地形、地质条件，从整个枢纽格局的布置方案进行比较，工作效率大幅度提升，且比选成果直观，与工程的边界条件如植被、道路等切合程度高。

枢纽建筑物单体设计：主要完成了上水库主副坝、上库进/出水口、地下厂房洞室群、下库进/出水口、输水隧洞系统、下库泄放洞及大坝安全监测系统等的设计，并基于建筑物三维模型进行三维有限元计算分析，最终形成完善的可研阶段枢纽三维模型，对仙居抽水蓄能电站工程面貌进行了形象展示（见图 4.1-3）。

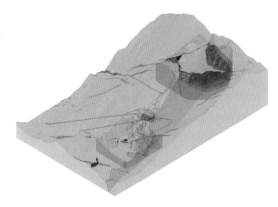

图 4.1-3　可研阶段枢纽三维轴视图

2. 招标、技施阶段

招标、技施阶段枢纽三维设计为各个设计环节提供相应先进的技术手段，减少重复工作量，提高设计成果正确性，从而使设计人员能够节约出更多的时间和精力从事更高层次的创新工作。招标、技施阶段主要工作内容为完善枢纽建筑物细节达到抽取招标附图和施工图设计抽图要求、设计优化工作等。表 4.1-1 为枢纽三维设计的内容、深度与阶段示例表。技施阶段典型图纸如图 4.1-4 和图 4.1-5 所示。

表 4.1-1　　　　　　　　　　枢纽三维设计的内容、深度与阶段示例表

内　容	深　度	阶段
枢纽布置格局比选	对地形、地质情况进行模拟，结合枢纽三维的总体布置和相应的工程量计算，辅助完成比选工作	可研
枢纽建筑物设计	上水库主副坝、上库进/出水口、地下厂房洞室群、下库进/出水口、输水隧洞系统、下库泄放洞及大坝安全监测系统等	可研
	在对可研成果进行修改完善的基础上完成枢纽建筑物的细化、优化工作。达到了可由三维模型直接抽取加标注生成结构布置图作为招标附图和技施图的要求，并且基本实现了三维校审	招标、技施
边坡处理设计	与地质三维配合，完成上水库库岸边坡、开关站边坡的开挖支护设计	招标、技施
建基面处理设计	与地质三维模型密切结合，完成了上水库副坝基础 F_1 断层的处理设计	招标、技施
优化设计	结合地质三维信息，完成了上水库面板坝趾板开挖及二次定线、副坝基础断层防渗处理、开关站开挖、输水系统结构设计等方面的优化工作	招标、技施

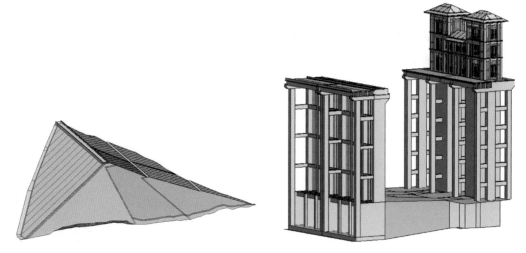

图 4.1-4　上水库主坝典型轴视图（技施阶段）　图 4.1-5　下库进/出水口结构布置图（技施阶段）

枢纽建筑物设计：通过坝工、厂房、引水、路桥、金属结构、建筑、观测等专业的三维建模及配合，在对可研成果进行修改完善的基础上，完成枢纽建筑物的细化、优化工作。固化后的三维模型达到了由三维模型直接抽取加标注生成结构图作为招标附图和技施图的要求，并且实现了三维校审。

地下厂房洞室群设计：该工程为地下厂房，地下洞室群布置复杂，其三维建模范围包括整个地下厂房系统（主厂房洞、主变洞、尾闸洞三大洞室及母线洞、主变运输洞等相连附属洞室）等。仙居抽水蓄能电站地下洞室群三维模型如图 4.1-6 所示。

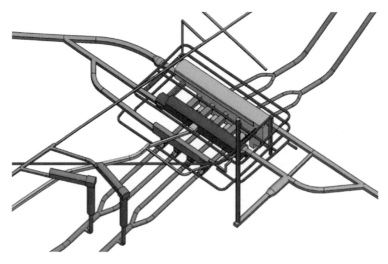

图 4.1-6　仙居抽水蓄能电站地下洞室群三维模型

边坡处理设计：与地质三维配合，完成了上水库库岸边坡、开关站边坡的开挖支护设计。

建基面处理设计：与地质三维模型结合，完成了上水库副坝基础 F_1 断层的处理设计。

4.1.3　水电站发电厂房协同设计

4.1.3.1　厂房布置三维设计简介

水电站厂房是将水能转换为电能的最终场所，是水电枢纽中主要建筑物之一。它必须能容纳水轮发电机组及其辅助设备和电气装置；必须有检修车间、安装场地和相应的对内对外交通；必须有供运行管理人员进行操作的工作场地。因此，水电站厂房设计人员不仅要考虑到水电站的运行方便，而且要投资较少和安全可靠。水电站厂房的形式往往随不同的地形、地质、水文等自然条件和水电站的开发方式、水能利用条件、水利枢纽的总体布置而定。

水电站厂房包括大体积、板、梁、柱、钢结构等水工结构，电气一次、电气二次专业的电缆桥架，暖通专业的通排风管道系统、冷热水管系统，给排水专业的给水排水管道系统、消防供水系统，水力机械专业的水、油、气系统，以及水轮发电机组以及相关配套设备。对于复杂的水电站厂房设计，要求各专业内部及各专业之间不得存在"漏、碰、撞"现象。随着三维数字化技术发展，工程建设周期日趋缩短，客观上在技术、经济、质量等方面对水电站厂房各专业的设计提出更高的要求，也更加要求设计过程中采取更加有效、更高质量的设计成果，当前对水电站厂房各专业的设计采取三维协同设计已经是主流方向。

4.1.3.2　厂房布置三维设计解决方案

水电站项目的建设周期与常规工程项目一样，需要经历项目的立项阶段、实施阶段和运维阶段，水电站厂房三维协同设计的关键技术主要体现在不同设计阶段各专业如何开展协同设计工作、各专业不同阶段的模型精细度等方面。

1. 工作流程

水电站厂房三维协同设计工作通常是由水工专业先完成整个水电站厂房的框架搭建，原则性的框架要求包括发电站的空间位置、机组间距、水电站各层的层高、房间的主要功能区划分、主要框架（梁、柱、板）等。水电站厂房框架搭建完成或者完成一部分，其他专业就可以在三维协同设计平台开展相应部位的专业模型建模，如建筑专业技术人员可以布置墙门窗等建筑构件，机电专业则在相应空间内完成管路和设备布置。各专业技术人员在创建本专业的模型时，应该参考相关专业的模型文件，尽可能在建模初期避免模型与模型之间的碰撞问题。

2. 水电站厂房在三维协同设计工作过程中要完成的工作

（1）在预可行性研究、可行性研究阶段，水电站厂房三维协同设计主要工作内容是基于预定的水力发电重要设计参数和基于此阶段完成的三维模型提交相关设计参数，配合枢纽设计相关专业进行枢纽布置及大坝建基面选择。

预可行性研究是在投资机会研究的基础上，对项目方案进行进一步技术经济论证，对项目是否可行进行初步判断。可行性研究是运用多种科学手段（包括技术科学、社会学及系统工程学等）对拟建工程项目的必要性、可行性、合理性进行的技术经济论证。在此阶段需要建立的主要模型是：测绘专业和地质专业需要建立工程区域可选择建设方案的三维地形模型和三维地质模型。水电站厂房相关设计专业根据地形、地质、预定发电装机容量等确认水电站厂房选址方案。预可行性研究、可行性研究阶段各专业模型的精细度应满足相关工程阶段规则。

（2）在招标阶段或者初步设计阶段，参与水电站发电厂房协同设计的各专业，在协同设计过程中应该完成以下建筑结构和相关机电设备的建模工作，确保模型在该阶段的完整性，缺少任何专业的模型内容，都是欠缺的协同设计。

厂房（含建筑）专业：应完成厂区内所有建筑物各层板、梁、柱、楼梯、混凝土墙、大体积混凝土、底板（包括电缆沟、排水沟）、衬砌、砖墙、圈梁、构造柱、门、窗、吊顶、装修地面、洁具、爬梯、盖板的模型建立和优化确认，重点部位结构体和墙体开孔，招标阶段模型主要用于抽取土建标招标附图、工程量计算和各专业之间碰撞检查，专业模型的完整性确保三维模型计算工程量准确、抽取的招标附图清晰明了。

水力机械专业：应完成水轮机及其附属设备、技术供排水系统、检修排水系统、渗漏排水系统、气系统、油系统、机电消防系统、起重设备的三维模型的建立和优化确认，同时抽取各系统图和设备布置图作为招标附图，利用三维模型统计招标工程量。

电气一次专业：应完成发电机及其附属设备、主变压器、封闭母线、GIS设备、出线场、盘柜、电缆桥架、照明设备、电缆埋管等的三维建模。通过三维模型对离相封闭母线、主变压器、GIS设备、盘柜、电缆桥架等设备的布置进行优化，优化后通过固化的三维模型对厂房墙体及楼板的开孔等进行数据提取。生成的三维模型在GIS设备和封闭母线这种布置较为复杂的设备招标过程中可以发挥重要作用，同时通过三维模型完成三维轴测图也可以加快发电厂房工程参建各方对电站主要电气设备布置方面的了解。

电气二次专业：应完成电站各部位的盘柜、端子箱、火警探测器、摄像头等模型布置，便于协同各专业三维模型进行碰撞检查以及布置的合理性检查。在固化的三维模型基础上，完成厂房内各区域的电气二次盘柜布置图和火警、通信、工业电视以及门禁系统图等。

暖通专业：应完成电站各部分的通风空调模型建立与碰撞检查、碰撞协调工作，并在模型固化的基础上，进一步利用已建模型抽取招标阶段各部位通风空调系统布置图图纸。

给排水专业：在厂房建筑专业完成的模型基础上，应完成全厂消防和水处理系统的设备及管路模型的建立和优化。

（3）在技施出图阶段，工厂三维协同设计的主要工作内容是基于协同设计平台的专业综合审查与设计优化：通过模型浏览、碰撞检查、三维校审会签等技术手段进行专业综合审查，基本消除子专业间的冲突，也使得最终的设计方案达到最优。尽管三维软件在建模、专业配合、设计思路阐释等方面有诸多优势，但是由于目前施工现场还是以二维纸质施工图为主，三维设计成果仍然需要转化为二维成果才能付诸实施。三维设计专业软件应保证抽切图功能及其与二维CAD制图软件的良好接口，将三维成果转换成二维施工图。表4.1-2为水电站厂房三维协同设计的主要内容一览表。

4.1.3.3　水电站厂房布置案例——龙开口水电站

龙开口水电站位于云南省大理白族自治州鹤庆县境内，是金沙江中游河段规划的第六

表 4.1-2　　　　　　　　　　水电站厂房三维协同设计的主要内容一览表

专业	工厂三维协同设计内容
厂房（含）建筑	所有建筑物各层板、梁、柱、楼梯、混凝土墙、大体积混凝土、底板（包括电缆沟、排水沟）、衬砌、砖墙、圈梁、构造柱、门、窗、吊顶、装修地面、洁具、爬梯、盖板等
水力机械	水轮机及其附属设备、技术供排水系统、检修排水系统、渗漏排水系统、气系统、油系统、机电消防系统、起重设备、所有阀门管路等
电气一次	发电机及其附属设备、主变压器、封闭母线、GIS 设备、出线场、盘柜、电缆桥架、照明设备、电缆埋管等
电气二次	盘柜、端子箱、火警探测器、工业电视、门禁等
暖通	空调机组、冷冻水泵、风管、水管、阀门、风口等
给排水	气体灭火系统、泡沫灭火系统、消火栓、污水处理系统、管路、阀门等

级电站。其发电厂房型式为河床坝后式，厂房内安装 5 台单机容量为 360MW 的混流式水轮发电机组，总装机容量 1800MW。电站于 2007 年 7 月筹建，2012 年 11 月水库蓄水，2014 年 1 月全部机组投产发电。

1. 软件体系

龙开口水电站是中国水电行业首座全过程全阶段采用三维数字化设计的大型水电站。水电站工厂三维设计使用华东院水电工程三维数字化解决方案 HydroStation。图 4.1-7 为华东院关于水电站厂房三维协同设计的解决方案示例。

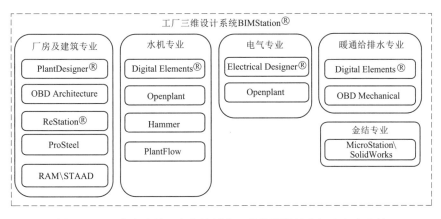

图 4.1-7　华东院关于水电站厂房三维协同设计的解决方案示例

HydroStation 解决方案以 ProjectWise 为协同设计管理平台软件，能够很好地兼容目前业界的各种图形、文字、图像格式，还能将各个专业的设计文件汇总统一管理。作为管理平台，ProjectWise 不仅能管理设计，还能管理建造过程中的人、设计用的软件以及正在编辑的文件。

HydroStation 解决方案包含针对不同专业的多款设计软件，但底层都是基于相同的 MicroStation 基础平台，软件之间有着先天优越的协同性，创建的模型文件格式相同，真正实现了数据间的无障碍交换。

2. 三维建模

龙开口水电站在项目设计初期，首先通过协同设计管理平台对参与该项目的不同专业、不同层级的用户和角色进行权限管理，对审查、校核、设计等不同层级的人员的权限进行设置，使得人员权限与文档状态相配合，合理控制文件的一致性，避免文件多版本管理混乱的问题。

其次，依据华东院《三维协同设计平台管理规定》在三维协同设计平台上搭建了标准的项目文件目录体系，并严格按照规定为各专业设计文件命名。图 4.1-8 为三维协同设计平台标准项目文件目录示例。

图 4.1-8　三维协同设计平台标准项目文件目录示例

同时，项目基于华东院《三维模型的技术标准》的要求定义了一套模型的属性标准，按照对象分类，分别定义了模型的图层、颜色、文字标注样式、工程属性、编码等的属性标准，并将标准管理文件托管至三维协同设计平台服务器，实现了建模标准的"云推送"，保证了建模标准的统一性。

（1）厂房专业。

厂房专业中大体积混凝土和其他非标准结构构件使用三维设计，相较传统二维设计有着明显的优势。厂房专业往往在工厂三维设计中最早介入，在传统模式下，厂房专业与其他专业之间缺乏有效的信息沟通渠道，信息传递不流畅。这不仅造成了生产效率低下，严重资源浪费，也带来了不断重复的工作，特别是项目初期，频繁调整必然带来与其他设计专业之间的图纸反复修改交互。

龙开口水电站项目全专业全过程应用 ProjectWise 协同平台进行协同设计。图 4.1-9 为龙开口水电站发电工厂阶梯剖面图。在进行结构设计工作的时候，厂房专业的工作成果可被其他专业实时参考，并在此基础上设计和创建各自模型。与此同时，其他专业的设计成果也可以被结构工程师实时调用和查看。双方在相互参考的过程中完成对模型的构建与修改。

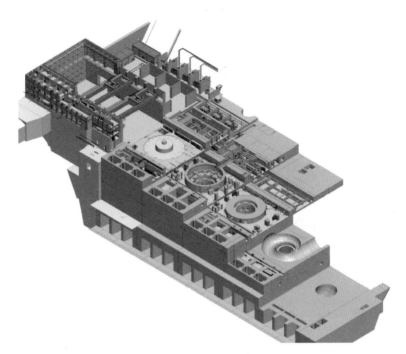

图 4.1 - 9　龙开口水电站发电工厂阶梯剖面图

　　同时三维设计平台可自动生成构件明细表，里面详细罗列了构件的几何参数，结构用途甚至造价信息。这样可及时发现并避免不必要的资源浪费，真正做到基于经济性的结构优化设计。

　　（2）建筑专业。

　　在工厂设计初期，建筑师只需要在厂房专业的基础上对建筑体量做初步的设计，在接下来的模型细化工作中，依照结构和设备安装专业的工作进度，再逐步对建筑进行细化设计。设计初期要将一些必要的信息确定下来，比如墙的厚度、窗户的尺寸、门窗的类型等。由于参考各专业模型至汇总文件，建筑师能清楚地看到建筑的结构以及管道的分布，进而决定哪里可以开窗、开门，在哪里可以将实墙换做玻璃幕墙等一系列操作。

　　由于可视化的设计优势，建筑师可提前体验建筑并提前发现设计问题。比如建筑师发现大厅的一根柱子影响到了建筑的室内空间感受，便可与结构工程师协商在结构模型中取消或改变柱子的位置，而这些调整在基于协同设计平台的规范流程下十分便捷。高效的设计调整有助于建筑设计方案达到最优解，不会在建筑落成的时候出现遗憾。

　　（3）机电安装。

　　机电安装包括暖通、给排水、水机、电气在内的多个专业。机电安装设计一直是项目工程的难点，水电站机电设计配合专业众多，设备和管路布置繁杂，传统的二维设计经常出现机电专业设备、管路之间"打架"或布置不合理的情况。

　　龙开口水电站三维数字化设计中，通过合理的管线配色与图层显示管理，机电设备管路在可视化的三维模型中集中显示，布置走向"一目了然"；通过工厂三维模型虚拟现实的漫游，减少了机电设备不合理的布置；通过自动碰撞检查，基本消除了设备间"打架"的情况；同时利用机电三维数字化模型，指导厂房内机电设备和管路二次工艺设计施工，大大提高了机电设备布置的美观程度。图 4.1-10 为龙开口水电站机电三维模型透视图。

图 4.1-10　龙开口水电站机电三维模型透视图

龙开口水电站工厂涉及海量的管线设备种类，而设计软件原生提供的元器件种类极其有限。在龙开口水电站等项目三维数字化设计的应用中，通过不断积累，华东院已建立了国内水电行业最为完整的参数化机电设备及元件库，标准设备总数超过 35000 个，元件库依据 60 多个国家标准和规范，参照了 200 多个厂家产品样本，实现了机电设备元件标准化，是国内唯一具有三维模型、出图符号、设备属性三合一特征的元件库。

（4）质量管理。

华东院从三维设计开始就非常注重对三维设计相关的设计流程、质量管理等体系的深入研究，率先建立了水电水利行业完备的具有可操作性的数字化产品质量管控体系。基于该体系，华东院已发布实施了《勘测设计产品技术质量责任和质量评定标准》《地质三维系统生产技术管理规定》等 20 多个企业制度。

华东院的质量管控体系对数字化产品提出了完整性、准确性、合规性、安全性的质量要求，并详细定义了三维产品中可能存在的原则性差错、技术性差错和一般性差错，严格控制产品质量等级。

同时，华东院制定了严格的三维产品质量审查流程，详细规定了完整性检查、合理性检查、碰撞检查、版本固化、三维出图等审查要求。

（5）三维出图。

在三维设计模型的基础上进行出图，出图效率高低和质量优劣，主要取决于抽图定义的自由度。自由度主要体现在：定制化的剖视样式、分专业的出图规则设置、自动化标注、自动符号化出图、自动图案填充等。

华东院做了一系列针对龙开口水电站出图的优化，大部分图纸可以实现"一键式"出图、自动标注等，后期图纸处理工作量很小。同时，该项目工程施工蓝图更多地采用直观形象的三维轴测图替代原有的平立剖出图方式，不仅出图效率更高，而且图纸的可读性更高、图纸信息量更大。龙开口水电站通过三维协同设计完成的厂房布置典型图如图 4.1 - 11～图 4.1 - 15 所示。

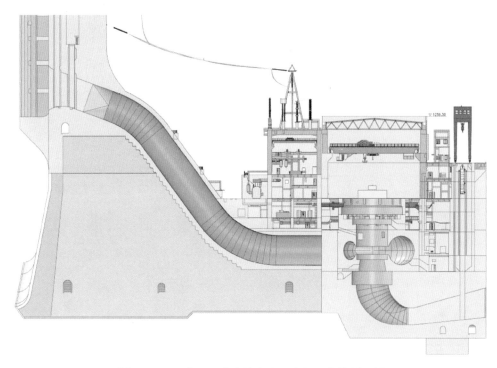

图 4.1 - 11　龙开口水电站发电厂房机组段横剖面图

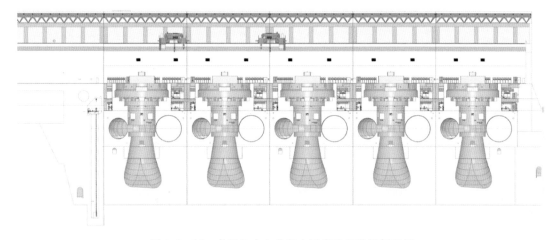

图 4.1 - 12　龙开口水电站发电厂房机组段纵剖面图

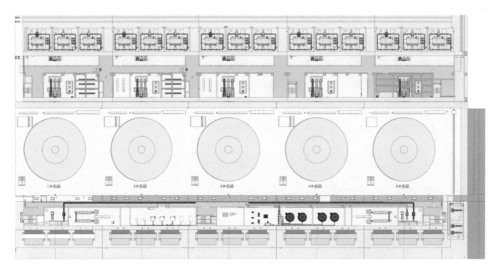

图 4.1-13 龙开口水电站主副厂房发电机层平面布置图

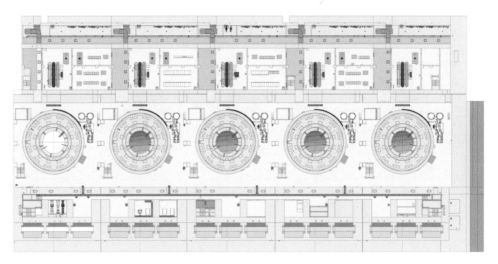

图 4.1-14 龙开口水电站主副厂房中间层平面布置图

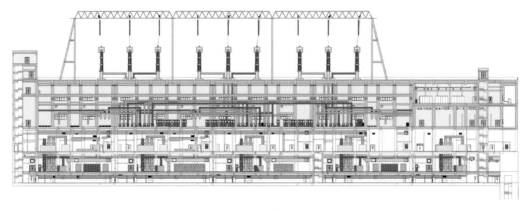

图 4.1-15 上游副厂房纵剖面图

4.2 测绘专业

测绘三维设计是指利用无人机、倾斜摄影、激光扫描、多波束探测等先进测绘技术，对指定区域开展三维数字化成果生产。其成果是工程三维协同设计的基础和依据，因此做好测绘三维设计尤为重要。

4.2.1 测绘三维设计工作流程

4.2.1.1 设计总则

测绘专业在进行三维设计时，应考虑下序专业对于成果的利用。若测区内存在多套坐标系成果，应以本项目确定的坐标系为准，将其他坐标系的测绘成果进行转换。

测绘三维成果应以米（m）为度量单位。下序专业如水工、机电、建筑等以毫米（mm）为度量单位的，在模型总装时都应转换以米（m）为度量单位。

成果精度根据水电工程项目推进，逐级提高。一般预可行性研究阶段的测绘三维成果精度不得低于1：10000，可行性研究阶段生成的测绘三维成果精度不得低于1：2000，招标技施阶段生成的测绘三维成果精度不得低于1：1000。设计内容与精度关系具体如下：

预可行性研究阶段需要对整个水库区进行三维设计，一般采用1：5000～1：10000测绘成果进行三维设计。

可行性研究阶段除了需要对整个水库区进行三维设计外，还需要对重点关注的区域如坝址河段、天然料场、施工场地进行精细三维设计，库区一般采用1：2000测绘成果进行三维设计，重点关注区域一般采用1：1000测绘成果进行三维设计。

招标技施阶段主要对坝址、闸址、渠首、溢洪道、防护工程区、滑坡区、涵洞和涵管进出口、调压井、厂房、堤防、输水线路、输电线路、道路、渠道、隧洞等带状地形、建设征地与移民工程等区域进行三维设计，一般采用1：500测绘成果。

4.2.1.2 工作方式

测绘三维设计成果是开展其他三维设计的基础，因此一般由测绘专业先开始三维设计，地质、坝工、引水、施工、厂房等专业再根据测绘三维设计成果开展相关设计工作。

测绘三维设计成果经测绘专业相关质检部门检查后，进行产品交付与归档，其他专业通过项目目录提取最终成果进行成果利用。

4.2.1.3 人员组织

测绘三维设计一般由测绘主设、设计人和产品质检人组成。主设负责确定项目三维设计的范围、与项目其他专业之间的沟通及配合工作、三维设计中具体技术问题的解决与落实、成果的校核与交付等。设计人负责测绘三维外业数据采集、内业生产、成果自检等。产品质检人负责测绘三维成果的审查。

一般设计人完成测绘三维设计后，进行测绘三维产品质量自查，自查合格后进行小组互查，互查后的成果转交产品质检人员进行校核，最后由测绘主设完成模型的审核。

4.2.1.4 测绘三维设计工作流程

测绘三维设计的关键工序包括外业采集、内业生产、成果输出和成果应用几个方面，具体工作流程如图 4.2-1 所示。

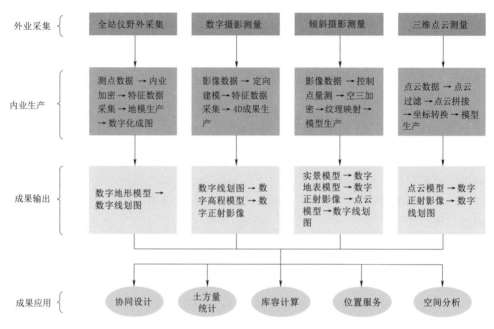

图 4.2-1　测绘三维设计工作流程图

4.2.2　测绘三维设计关键技术

随着测绘科技的不断进步和发展，获取三维空间数据的手段越来越多，新技术不断涌现，涉及的主要技术有 GPS-RTK 数字化采集、数字摄影测量、倾斜摄影测量和三维点云测量，本小节围绕上述技术手段，详细剖析 GPS-RTK 数字化采集、无人机低空摄影测量、无人机倾斜摄影测量、地面三维激光扫描测量、机载激光雷达测量、多波束水下地形探测、地下管线探测在水电工程三维设计中的应用。

4.2.2.1　GPS-RTK 数字化采集

RTK（Real Time Kinematic），又称为载波相位差分技术，主要由基准站和流动站组成，是建立在实时处理两个测站载波相位基础上的。基准站通过通信链接将实时采集到的载波相位观测量和测站坐标信息一起发送给流动站。流动站不仅接收基准站信息，同时还接收 GPS 卫星载波相位信号，并组成相位差分观测值进行实时处理。接收机通过输入相应的坐标转换参数和投影参数，可以实时地解算出流动站的三维坐标及测量精度。RTK 技术是 GPS 技术发展的一个新突破，具有误差不累积、定位速度快、作业效率高、成图简单等特点，现已广泛运用于工程测量、数字测图等领域，其作业模式如图 4.2-2 所示。

单基站 CORS 系统是基于单个运行基准站的定位技术，与 GPS-RTK 系统的定位原理是相同的，但是 CORS 系统利用网络移动通信方式，保证了差分信号的完整性和有效传输性，其在测量的有效距离相对于传统 RTK 测量得到了大幅度提升，目前已成为城市GPS 应用的发展热点之一。单基站 CORS 系统持续不间断运行，无须额外架设基站，仅需一个流动站设备即可进行测量，极大地降低了人力成本，提高生产效率。不过单基站

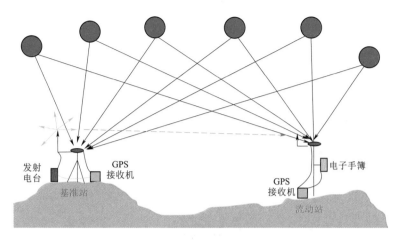

图 4.2 - 2　GPS - RTK 作业模式

CORS 系统计算差分改正信息仅靠单一基站，其测量的有效范围不宜过大（一般 30km 左右），能够满足中小区域测量工作的需要。

目前在进行数字化测图时，一般将 RTK 技术和全站仪进行联合作业，利用 RTK 技术可以在测量区域内减少控制点的选取，减小工作量，采用全站仪可以弥补 RTK 视线受阻，避免 RTK 进行测量时可能会造成的粗差。

GPS - RTK 和全站仪联合作业采集的数据可导入到南方 CASS、清华三维等成图软件中，这些软件平台一般支持各类仪器数据的直接导入，也可以从仪器中转换成通用的 dat或 txt 格式文件后再导入成图软件，传统的 GPS - RTK 和全站仪联合作业的主要成图是数字线划图，随着测绘三维设计成果在三维协同设计阶段的作用越来越重要，因此数字地形模型逐渐成为 GPS - RTK 和全站仪联合作业的主要成果，在生产流程上也逐渐往三维模型再到二维出图的流程转换。

4.2.2.2　无人机低空摄影测量

数字摄影测量的发展起源于摄影测量自动化的实践，即利用相关技术实现真正的自动化测图。无人机低空摄影测量技术是数字摄影测量的典型应用。无人机低空摄影测量系统是一种以无人机为平台，搭载小型影像传感器，借助卫星导航技术、通信技术实现低空航摄飞行，快速获取地面影像数据的系统。作为传统航空摄影测量手段的有力补充，无人机低空摄影测量系统的应用不仅能够大幅度提升测绘应急保障服务能力，而且在构建数字中国、监测地理国情、提升社会管理效能等方面也发挥了积极作用。无人机航摄系统如图4.2 - 3 所示。

1. 技术难点

无人机低空摄影测量数据处理关键技术包括影像智能匹配处理、空三处理、影像镶嵌等。

（1）影像智能匹配处理。影像智能匹配处理主要是对非常规摄影的影像数据实施空三连接点的匹配，是低空遥感数据处理的重要关键技术。在有导航或定位定向系统（Position and Orientation System，POS）数据的情况下，由导航或 POS 数据引导恢复飞行航

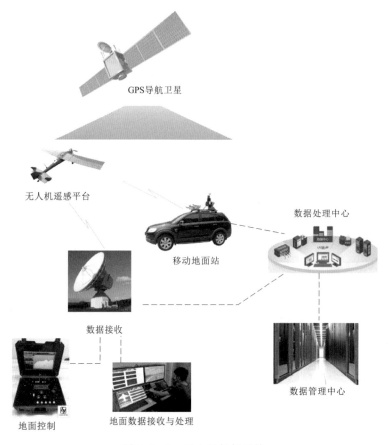

图 4.2-3 无人机航摄系统

线指导特征匹配；如果没有导航或 POS 数据，则利用特征匹配算法、RANSAC 以及几何约束条件进行匹配与像对鉴别处理。特征匹配完成后，构建测区的初始自由网，进行灰度相关与最小二乘匹配，为高精度区域网平差提供可靠的像点观测数据，构建稳定的区域自由网。

（2）空三处理。空三处理包括自由网平差和区域网平差。特征点提取完毕后，先进行无控制点的自由网平差，剔除误差比较大的连接点和错误的连接点。在自由网平差相对定向的基础上，利用光束法平差、智能匹配连接点及控制点数据，进行影像外方位元素的精确解求，完成绝对定向。

（3）影像镶嵌。影像镶嵌一般采用智能镶嵌算法。由于相邻影像是具有航向和旁向重叠的像对，对这些重叠区域进行灰度运算得到的差值图像会受到拍摄角度、建筑物和树木等的高度投影差影响，此时可利用智能镶嵌算法计算重叠区域，选择一条最优的镶嵌线，根据这条镶嵌线对影像进行镶嵌融合。

2. 生产平台

目前国内专业的无人机航摄数据处理软件主要有 Inpho、MAP-AT 和 DPGrid。另外，数字摄影测量系统 VirtuoZo 和 JX-4 也可以用于处理无人机航摄数据，但是效率相对较低。

3. 成果类型

无人机航空摄影测量成果可以提供满足用户需要的 4D 产品。

4.2.2.3　无人机倾斜摄影测量

无人机倾斜摄影测量技术是国际测绘领域 2010 年之后发展起来的一项高新技术，它颠覆了传统正射影像只能从垂直角度拍摄的局限，通过在同一飞行平台上搭载多台传感器，同时从一个垂直、四个倾斜等不同角度采集影像（见图 4.2-4），并通过 ContextCa-pture、PhotoMesh 等实景建模软件，得到全要素、可量测的三维模型成果。倾斜摄影测量技术克服了传统航空摄影技术只能从垂直角度进行拍摄的局限性，能更加真实地反映地面的实际情况，通过整合 POS、数字地表模型（Digital Surface Model，DSM）及矢量等数据，可进行基于影像的各种三维测量。三维模型成果格式可基于成熟的技术快速进行网络发布，实现共享应用。

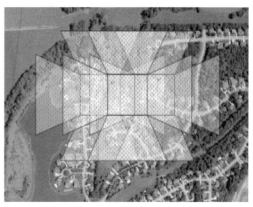

（a）采集不同角度的影像　　　　　　　　　　　（b）采集影像的范围

图 4.2-4　倾斜摄影测量技术采集原理

1. 技术难点

无人机倾斜摄影测量数据处理关键技术包括多视影像联合平差、多视影像密集匹配，以及数字表面模型生成和真正射影像纠正。

（1）多视影像联合平差。

多视影像不仅包含垂直摄影数据，还包括倾斜摄影数据，而部分传统空中三角测量系统无法较好地处理倾斜摄影数据，因此，多视影像联合平差需充分考虑影像间的几何变形和遮挡关系。结合 POS 系统提供的多视影像外方位元素，采取由粗到精的金字塔匹配策略，在每级影像上进行同名点自动匹配和自由网光束法平差，得到较好的同名点匹配结果，同时建立连接点和连接线、控制点坐标、GPU/IMU 辅助数据的多视影像自检校区域网平差的误差方程，通过联合解算，确保平差结果的精度。

（2）多视影像密集匹配。

影像匹配是摄影测量的基本问题之一。多视影像具有覆盖范围大、分辨率高等特点。因此，如何在匹配过程中充分考虑冗余信息，快速准确获取多视影像上的同名点坐标，进而获取地物的三维信息，是多视影像匹配的关键。由于单独使用一种匹配基元或匹配策略往往难以获取建模需要的同名点，基于计算机视觉发展起来的多基元、多视影像匹配技术成为了人们研究的焦点。

2020 年前后，在该领域的研究已取得很大进展，例如建筑物侧面的自动识别与提取。通过搜索多视影像上的特征，确定建筑物的二维矢量数据集，影像上不同视角的二维特征可以转化为三维特征。在确定墙面时，可以设置若干影响因子并给予一定的权值，将墙面分为不同的类，将建筑的各个墙面进行平面扫描和分割，获取建筑物的侧面结构，再通过对侧面进行重构，提取出建筑物屋顶的高度和轮廓。

（3）数字表面模型生成和真正射影像纠正。

多视影像密集匹配能得到高精度高分辨率的 DSM，充分表达地形地物起伏特征，已经成为新一代空间数据基础设施的重要内容。由于多角度倾斜影像之间的尺度差异较大，加上较严重的遮挡和阴影等问题，基于倾斜影像的 DSM 自动获取存在新的难点。可先根据自动空三解算出来的各影像外方位元素，分析与选择合适的影像匹配单元进行特征匹配和逐像素级的密集匹配，并引入并行算法，提高计算效率。在获取高密度 DSM 数据后，进行滤波处理，并将不同匹配单元进行融合，形成统一的 DSM。

多视影像真正射纠正涉及物方连续的数字高程模型（Digital Elevation Model，DEM）和大量离散分布粒度差异很大的地物对象，以及海量的像方多角度影像，具有典型的数据密集和计算密集特点。因此，多视影像的真正射纠正可分为物方和像方同时进行。在有 DSM 的基础上，根据物方连续地形和离散地物对象的几何特征，通过轮廓提取、面片拟合、屋顶重建等方法提取物方语义信息；同时在多视影像上，通过影像分割、边缘提取、纹理聚类等方法获取影像语义信息，再根据联合平差和密集匹配的结果建立物方和像方的同名点对应关系，继而建立全局优化采样策略和考虑了几何辐射特性的联合纠正，同时进行整体匀光处理，实现多视影像的真正射纠正。

2. 生产平台

目前国内外主流的倾斜数据处理数据软件包括 Bentley 公司的 ContextCapture 软件、Skyline 公司的 PhotoMesh、Astrium 公司的街景工厂、Agisoft 公司的 PhotoScan、Pix4D 的 Pix4Dmapper。由于模型生成的自动化，难免会存在模型匹配错误、瑕疵、漏洞等，引起建筑物或地物底部扭曲变形、水面空洞、道路表面起伏、纹理信息过度拉伸等异常情况。为保证最终模型的效果，一般需要对模型局部进行修正，将模型通过中间格式导入 Bentley Descartes、DP - Moderler、Geomagic、3ds Max 等第三方软件，进行包括几何和纹理的修改，修改完后重新导入实景建模软件，整合输出可以交付的实景三维项目成果。

3. 成果类型

倾斜摄影测量技术数据成果包括 3D 模型（3MX/OBJ/FBX/KML/Collada/STL/OS-GB）、3D 彩色点云（POD/LAS）、真正射与 2.5 维数字表面模型（TIFF/GeoTIFF）三种。

4.2.2.4 地面三维激光扫描测量

地面三维激光扫描仪采用非接触式高速激光测量方式，在复杂的现场和空间对被测物体进行快速扫描测量，直接获得激光点所接触的物体表面的水平方向、天顶距、斜距和反

射强度，自动存储并计算，获得点
云数据。点云数据经过计算机处理
后，结合 CAD 可快速重构出被测物
体的三维模型及线、面、体、空间
等各种制图数据。作为一种新的测
量手段，三维激光扫描测绘技术与
传统的测量方法相比具有扫描速度
快、非接触式工作、数据信息丰富、
主动性工作、高精度、高密度、可
量测等优点，因此，它的出现立刻
引起人们的极大兴趣，在诸多方面
的应用研究也随即展开，并取得一
系列成果。RIEGL LMS Z420i 地面
激光扫描仪及机载软件初始化界面
如图 4.2 - 5 所示。

图 4.2 - 5　RIEGL LMS Z420i 地面激光扫描仪及机载
软件初始化界面

1. 技术难点

地面三维激光扫描数据处理关键技术包括点云数据预处理、点云数据分割和点云数据
三维模型重建等。

（1）点云数据预处理。物体经过扫描后得到的大量原始点云数据一般密度很大，且其
中随机分布着噪声数据。利用这些数据进行后续的区域分割、三角网格化、模型重建和显
示时，必须进行有效的数据预处理，以保证采集数据的准确性。点云数据预处理包括点云
数据去噪及平滑、点云数据简化，它是点云数据处理中的关键环节，其结果将直接影响后
期模型重构的质量。

（2）点云数据分割。三维激光扫描仪采集的数据往往十分密集，数据量一般都在数兆
字节，甚至达数十兆字节，即使删除了噪声点，数据量仍然很大，这样的数据通常形象地
被称为点云数据。而实际的模型往往含有多个曲面几何特征，也即是由多张曲面组成的。
如果利用点云数据直接进行拟合，则会造成曲面模型的数学表示和拟合算法处理的难度加
大，甚至无法用较简单的数学表达式描述三维模型。目前，一般是将点云数据划分成具有
单一几何特征的拓扑结构区域进行曲面拟合，每个拓扑区域主要包含两方面信息：一方面
是区域内数据点的几何信息；另一方面是每个区域的拓扑信息。几何特征单一的拓扑区
域，在拟合曲面或曲面局部修改时能用简单的数学模型表示，而且能提高曲面拟合效率。
因此，点云数据的区域分割是曲面拟合中的关键环节之一。

（3）点云数据三维模型重建。三维模型重建是点云数据处理中的核心技术环节，目前
主要存在以三角网格面为基础的模型重建方案和样条曲面为基础的重建方案。三角网格面
为基础的模型重建方案模型构造灵活、边界适应性好，在真实感图形显示、某些数控算法
和激光快速成型等方面具有明显优势。典型的样条曲面包括 Bezier 曲面、B 样条曲面和
NURBS 曲面。Bezier 曲面理论较为成熟，但在曲面局部修改能力方面比较薄弱；而 B 样
条曲面继承了 Bezier 曲面的优点，并且曲面次数可以控制，局部修改能力较强。考虑到

实际逆向工程应用中数据点量大且密集的特点，B样条曲面已成为逆向工程应用中曲面重构的首选。

2. 生成平台

地面激光扫描仪最终得到的是点云数据。点云数据以某种内部格式存储，因此用户需要厂家专门的软件来读取和处理，如 OPTEC 的 ILRIS - 3D 软件、Cyrax 2500 的 Cyrclone 软件、LMS - Z420 的 3D - RiSCAN 软件和 Zoller&Fröhlich 的 LFM 软件等都是功能强大的点云数据处理软件，它们都具有三维影像点云数据编辑、扫描数据拼接与合并、影像数据点三维空间量测、点云影像可视化、空间数据三维建模、纹理分析处理和数据转换等功能。

3. 成果类型

地面三维激光扫描仪获取的原始数据为点云和影像，经过一系列的处理可以得到包括点云模型、数字高程模型、数字正射影像、数字线划图、等值线图、目标物断面等。

4.2.2.5　机载激光雷达测量

机载激光雷达测量技术，是一种通过位置、距离、角度等观测数据直接获取对象表面点的三维坐标，实现地表信息提取和三维场景重建的对地观测技术。机载激光雷达对地面的探测能力强大，具有空间与时间分辨率高、动态探测范围大、地面基站布设少、能够部分穿越树林遮挡、直接获取真实地表的高精度三维信息等特点，是快速获取高精度地形信

图 4.2 - 6　机载低空无人机激光雷达测绘系统

息的全新手段。机载激光雷达测量包括低空、中空和高空三种模式。高空激光雷达系统由于售价近千万元，同时对飞行器的要求很高，需要搭载在大型飞机上，应用领域较狭窄。目前国内较为流行的是机载低空无人机激光雷达测绘系统（见图 4.2 - 6），可在超低空安全作业，并直接获得地表及地物真三维信息。

1. 技术难点

机载激光雷达数据处理技术包括两个关键的数据处理自动化技术：数据滤波和数据分类。

（1）数据滤波。数据滤波是一个从激光雷达数据点中获取地形表面点的过程。目前，常见的激光雷达数据滤波算法均是基于检测激光雷达点的高度突变这一原理提出的，包括最小二乘迭代法、基于斜率的激光点平面拟合过滤算法、多级移动曲面拟合滤波算法、基于坡度的滤波算法、自适应不规则三角网等。总的来说，现有的激光雷达滤波算法多数只能适应较为单一的地形环境。而对地形和场景复杂的区域，单独采用已有的滤波算法不能得到理想的滤波结果，还有可能包含较大的错误。因此，在实际生产过程中，往往需要根据实际的应用需求和精度要求选取合适的滤波方法，并适当地进行人工编辑才能得到最终的产品。

（2）数据分类。数据分类是指对激光雷达点中的非地面点，根据其特征进行分类处

理，最终分类成建筑物点、地面点、植被点等地物的过程。激光雷达数据分类算法主要分为基于数学形态学的分类、基于三角网的分类、基于坡度的分类等。总之，目前常见的点云分类算法通常只将特定类别的点云识别出来，地物分类需要结合不同的分类算法提高分类的精度和效率，实际工程实践中通常采用自动分类和人工分类相结合的模式，因此研究高效、高精度自动分类非常必要。

2. 生成平台

主流的机载激光点云处理软件包括 TerraSolid、Bentley Pointools、ENVI LiDAR、Quick Terrain Moduler 等。其中 TerraSolid 是业界最熟悉的点云处理软件，它是芬兰 TerraSolid 公司基于 MicroStation 开发的，国内外航测部门基本上都采用它做工程化的点云和影像处理。

3. 成果类型

机载激光雷达的原始成果为点云和影像，经过一系列的处理可以得到高精度的数字高程模型、数字正射影像和数字线划图。

4.2.2.6　多波束水下地形探测

多波束测深系统，又称为多波束测深仪、条带测深仪或多波束测深声呐等，是一种多传感器的复杂组合系统，高度集成了现代信号处理技术、高性能计算机技术、高分辨显示技术、高精度导航定位技术、数字化传感器技术等相关高新技术。与单波束回声测深仪相比，多波束测深系统具有测量范围大、测量速度快、精度和效率高的优点，它把测深技术从点、线扩展到面，并进一步发展到立体测深和自动成图，特别适合进行大面积的海底地形探测。目前国际上知名的多波束测深声呐产品主要包括美国 L-3 ELAC Nautik 公司的 SeaBeam 系列、德国 ATIAS 公司的 FANSWEEP 系列、挪威 Kongsberg 公司的 EM 系列、丹麦 Reson 公司的 SeaBat 系列及美国 R2Sonic 公司的 Sonic 系列等，已实现了浅水、中水、深水多波束测深声呐的系列化。图 4.2-7 为多波束 SeaBat7125 探测系统示例。

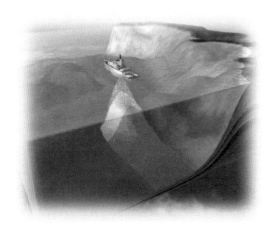

（a）探测系统所得模型　　　　　　　　　　（b）模型查看界面

图 4.2-7　多波束 SeaBat7125 探测系统示例

1. 技术难点

多波束测深系统数据处理关键技术包括声线跟踪计算技术、异常数据探测技术和条带数据拼接处理技术等。

（1）声线跟踪计算技术。声线跟踪计算是指根据波束入射角、声波往返时间和声速剖面数据，计算波束脚印在船体坐标系下平面位置和深度的过程。由于海水的作用，声波在海水中不是沿一条直线传播，而是在不同介质层的界面处发生折射，因此声波在海水中的传播路径为一折线。为了得到波束脚印的真实位置，必须沿声波的实际传播路径跟踪波束轨迹，该过程即为声线跟踪。通过声线跟踪得到波束脚印在船体坐标系下的空间位置的计算过程又称为声线弯曲改正。在声线弯曲改正中，声速剖面观测数据扮演着十分重要的角色，因此要求声速剖面必须准确地反映测量海域声速的传播特性。一般在每天测量前后都需要对声速剖面进行测定。遇到特殊变化海域，还需要加密声速剖面采样站点，并相应减小站内采样水层的厚度。

（2）异常数据探测技术。由于测量平台受海浪起伏、风、流等海洋环境效应的干扰，多波束测深数据采集过程难免出现假信号，形成虚假地形，从而使绘制的海底地形图与实际地形存在差异，这就是海洋测量信息获取过程中的粗差问题。此外还存在另一类性质的异常数据，即所谓真异常数据，它们是海底地形局部剧烈变化的真实记录，这些信息对保证航海安全、海洋工程设计等都具有十分特殊的意义。为了提高测量成果的可靠性，多波束测深数据处理过程特别增加了条带数据编辑技术环节。其主要工作内容是对异常数据进行探测和处理。由于多波束观测数据量非常庞大，异常数据检测和判别十分困难，因此，数据编辑在多波束测深数据处理过程中占有很重要的地位，其工作时间一般是海上作业时间的 2～3 倍。

（3）条带数据拼接处理技术。多波束测深系统是一种条带状测深设备，为了实现全覆盖海底地形测绘，在设计多波束测带间距时，一般要求相邻条带之间要有一定（如 10%）的重叠区域，以确保较为完善地显示海底地形地貌和有效发现水下障碍物，同时为精度评估提供必要的内部检核条件。但由于受各类剩余误差的影响，多波束测深数据难免出现系统性偏差，特别是在边缘波束部分，从而势必导致相邻条带重叠部分数据之间的不符。为了获得覆盖整个测区的连续光滑的测深成果，必须对重叠区的采样数据进行融合处理。即对条带数据作拼接处理，这是多波束测深数据处理工作的一个重要组成部分。对各类误差源的作用机制进行深入分析，建立相应的误差补偿模型，是实现条带数据合理拼接的基本前提。

2. 生成平台

国内主要采用的多波束数据后处理软件有 Universal System 公司的 CARIS HIPS/SIPS 系统、Konberg Simrad 公司的 Neptune 系统、L3 公司的 MB - System 系统等。SeaBat8125 采用了 CARIS HIPS/SIPS 系统，HIPS 为多波束数据后处理软件，SIPS 为侧扫图像数据处理系统。

3. 成果类型

多波束探测系统获取的原始成果为点云数据，经过一系列的处理可以得到高精度的数字高程模型和等高线数据。

4.2.2.7　地下管线探测

地下管线探测是指应用地球物理勘探的方法对地下管线进行定位、定走向、定埋深。地下管线的存在会改变天然的或人为产生的地球物理场的分布，即产生异常。研究这些异常的形态、分布、形状可获得地下管线位置的有关资料。常用的地下管线探测方法有电磁感应法 [见图 4.2-8 (a)]、地质雷达法 [见图 4.2-8 (b)]、地震波法、高密度电阻率法、井中磁梯度法等。

（a）电磁感应法探测　　　　　　　　　　　（b）地质雷达法探测

图 4.2-8　地下管线探测示例

国内的地下管网三维模型重建可以分为手动（如利用 3ds Max 等建模工具）、半自动（如程序＋建模工具的方式）和自动建模 3 种方式。由于手动建模和半自动建模效率低下，在城市级管网建模上往往采用自动建模的方式，以满足地下管网的三维浏览、查询、分析与应用需求。图 4.2-9 为深圳市宝排智慧排水系统模型。自动建模思路即利用二维管网普查数据，根据各类管网点和管网段的特点，采用不同方式，通过空间、属性和材质信息映射，实时驱动生成地下管网三维模型。其建模方法是针对形态规则且结构单一的管网段，通过二维管网段的定位、管径和材质信息映射，利用 OpenGL 实时绘制三维管网段；针对形态不规则但可复用的管网点，如阀门、消防栓、接线箱等，预先建立高精度的三维模型构件库，经过二维管网点的定位、定向和类型信息映射，实时生成三维管网点。针对形态规则但不可复用的管网点，如变径、弯头、三通等，经过二维管网点的定位、定向、管径和材质信息映射，分别建立主管和支管模型，通过 OpenGL 布尔运算，并集剖切连接形成完整的实体模型。

1. 技术难点

（1）高精度自动三维建模技术。地下管线三维建模的依据是管线普查数据，管线普查数据由管点和管线段组成，对象多，数据量大；同时，地下管线三维模型成果一般应用于工程级项目，对三维模型的细节和精度要求较高。采用手动或半自动建模虽然精度可以满足要求，但存在效率低、成本高和周期长等问题，高精度自动建模成为地下管线三维建模的首选技术方法。自动建模思路是利用二维管线普查数据，根据各类管线点和管线段的特点，采用不同方式，通过空间、属性和材质信息映射，实时驱动生成地下管线三维模型。

（2）三维模型局部更新技术。随着城市建设的快速发展，地下管线建设的速度和需求

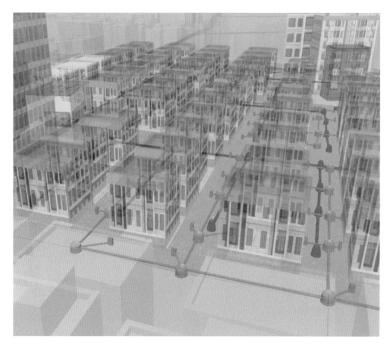

图 4.2-9　深圳市宝排智慧排水系统模型

也在不断增强，传统的手动三维更新或整体覆盖更新的方式已不适用于地下管线三维模型的管理和应用。通过对二维管线普查数据库的自动探测，提取二维管线数据库更新信息，并同步更新三维管线系统中的拓扑关系，实现三维管网模型的局部高效更新，保证三维模型与二维属性数据的严格一致，为基于三维的管线管理和分析提供了高时效性的数据基础。

（3）地上地下三维模型无缝集成技术。地下管线三维模型的展示和应用离不开对地上三维模型的集成，如三维地形、实景模型等，由于城市地上三维模型通常在源数据精度、建模方法和模型精度要求等方面与地下管线三维模型不一致，导致地上地下三维模型的集成经常出现平面和高程位置冲突的现象，亟须一套地上地下三维模型无缝集成技术，以减少地上或地下三维模型的修改或重建。

2. 生产平台

地下管线建模的生产平台可以分为以下三种：

（1）基于可视化平台的三维建模，以 3ds Max、Maya 为代表，主要为了满足三维可视化展示需求，模型建模精度要求低，一般不涉及数据属性信息。

（2）基于 GIS 平台的三维建模，以 Skyline、SuperMap、EV - Globe、CityMaker 等GIS 厂商为代表，通过参数化控制实现模型的批量创建，由于 GIS 平台能实现地下管线属性数据、拓扑关系的一体化管理和信息共享，在三维管线 GIS 应用上，还具有一系列实用的分析功能，包括三维设施网络分析、断面查看、开挖分析、净距分析、碰撞分析、连通性分析等，对分析解决实际问题具有重要作用，目前已发展成为地下管线主要建模和三维展示平台。

（3）基于 BIM 平台的三维建模，以 Bentley 的 SUE、Autodesk 公司的 Revit 等为代表。该方法从时间维度上，可以解决历史管网、现状管网和规划管网三大类管网建模问题；从建模需求上，可以实现管网三维可视化展示和三维可视化设计的双重目标；从应用需求上，可以实现管网批量建模和管网精细建模。因此，基于 BIM 平台的三维建模也越来越受到市场的追捧。

3．成果类型

地下管线探测技术得到的测绘成果包括二维 CAD 管线图、Excel 管线成果表、MDB 数据建库文件、三维管线模型成果等。

4.2.3　测绘三维成果应用

4.2.3.1　成果形式

随着测绘三维技术手段的革新，目前可提交的测绘三维设计成果包括三维数字地形、三维点云模型、三维数字场景模型和实景模型等。三维数字地形是测绘三维设计的主要成果形式，在每个设计阶段是不可或缺的，是下序专业开展三维设计的基础。目前三维数字场景越来越多地被应用于招标阶段，通过大场景进行水电站直观展示，可大大提高项目中标率。技施阶段则利用三维点云模型、实景模型定期记录水电施工过程面貌，进行开挖土方量的复核等。

1．三维数字地形模型

三维数字地形模型即 DEM，也可称为数字地面模型（Digital Terlain Model，DTM），是一种对空间起伏变化的连续表示方法。由于 DTM 隐含有地形景观的意思，故常用 DEM，以单纯表示高程。

（1）等高线 DEM。等高线 DEM 是将同一高程值的三维离散点用曲线连接起来而形成的地形面，如图 4.2 - 10 所示。等值线是地图上表示 DEM 最常用的方法，但并不适用于坡度计算等地形分析工作，也不适用于制作晕渲图、立体图等。等高线 DEM 的主要格式是带有高程值的等高线 dwg 或 dgn 文件。

（2）不规则三角网 TIN。不规则三角网 TIN 直接利用原始采样点进行地形表面的重建，由连续的相互连接的三角网组成，三角面的形状和大小取决于不规则的观测点的密度和位置，如图 4.2 - 11 所示。其优点是：能充分利用地貌的特征点、线，较好地表示复杂地形；可根据不同地形，选取合适的采样点数；进行地形分析和绘制立体图也很方便。其缺点是：由于数据结构复杂，因而不便于规范化管理，难以与矢量和栅格数据进行联合分析。不规则三角网 TIN 的主要数据格式

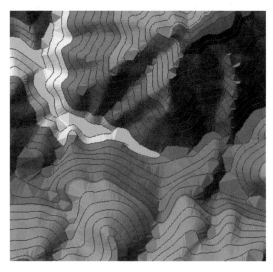

图 4.2 - 10　等高线 DEM 示例

有 tin、dem、stm 等。

（3）格网 DEM。格网 DEM 是 DEM 的最常用的形式，其数据的组织类似于图像栅格数据，只是每个像元的值是高程值，即格网 DEM 是一种高程矩阵。其高程数据可直接由解析立体测图仪获取，也可由规则或不规则的离散数据内插产生。格网 DEM 如图 4.2 - 12 所示。格网 DEM 的优点是：数据结构简单，便于管理；有利于地形分析，以及制作立体图。其缺点是：格网点高程的内插会损失精度；格网过大会损失地形的关键特征，如山峰、洼坑、山脊等；如不改变格网的大小，不能适用于起伏程度不同的地区；地形简单地区存在大量冗余数据。格网 DEM 常见的数据格式有 TIFF、GeoTIFF、Arc ASCII Grid、USGS DEM 等。

图 4.2 - 11　不规则三角网 TIN

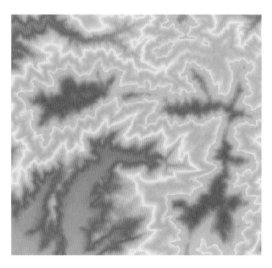

图 4.2 - 12　格网 DEM

2. 三维点云模型

三维点云模型是指带有三维特征信息的高密度点云集合，如图 4.2 - 13 所示。利用点云模型可以进行三维量测，也可以基于点云模型构建三维数字地形或生产等高线数据。点云模型格式主要有 las、xyz、pod 几种，一般点云机载软件和后处理软件都支持这几种类型的数据格式。

图 4.2 - 13　三维点云模型

3. 三维数字场景

将 DEM 和 DOM 数据进行叠加，可以生成具有逼真纹理的三维数字场景，如图 4.2 - 14 所示。创建三维数字场景有两种模式。一种是直接在软件里将 DEM 和 DOM 数据进行叠加，生成三维数字场景，这种方式生成的三维数字场景，其原理是将 DOM 按照平面位置投影到 DEM 上，两种数据只是做了一个叠加，并未进行真正的融合，这种模式的好处就是创建方便，缺点是场景展示效果与计算机的显卡性能有极大关系，一般适合小范围的场景创建或临时性展示。为提高展示效率，目前主流的二、三维一体化三维 GIS 软件一般先将 DEM 和 DOM 切片，生成缓存，再进行场景的创建，如 ArcGIS、SuperMap 等。另一种是将 DEM 和 DOM 进行地形发布，实现数据的真正融合，既可以发布成文件数据，也可以发布到数据库中，这种模式由于在地形发布过程中对数据进行了瓦片化处理，虽然地形发布的时间较长，但是创建的三维数字场景运行效率较高，适合大范围的三维数字场景，如 Skyline、CityMaker。

图 4.2-14　三维数字场景示例

4. 实景模型

实景模型是倾斜摄影测量的主要成果，通过带纹理信息的不规则三角网进行表达，如图 4.2-15 所示，基于该模型可以进行三维数字地形的提取。实景模型的数据格式主要有 3MX、OBJ、FBX、S3C、OSGB 等。

（a）光滑显示模式　　　　　　　　　　　　　　（b）不规则三角网显示模式

图 4.2-15　实景模型示例

测绘地理信息含有重要的时空信息，其空间位置和时间相关信息的准确对集成处理、可视与决策有很大作用，从而影响空间信息基础设施的建设、经济社会发展与智慧城市建设。当前，以数字孪生为基础构建智慧城市正在全国各地积极推进，以三维数字地形、三维点云模型、三维数字场景模型和实景模型为代表的测绘三维成果将更好地助力新型智慧城市建设，用以支持各类行业应用服务开发等环节。

4.2.3.2　典型应用场景

1. 某水电站库区测绘三维设计

该水电站处于高海拔、高山峡谷地区，河谷狭窄，两岸岸坡陡峻，滑坡、崩塌灾害极

易发生，该地区地形、地质条件复杂，交通极为不便，给测绘人员作业、测绘设备使用都带来极大的困难。为保质保量按时完成测绘三维设计，保障测绘人员安全，缩短人员、设备的高原适应期，决定采用无人机航摄系统进行此项测绘工作，利用航测生成的数字线划地图（DLG）进行三维地形模型生产，通过外业测量地物点对地形模型精度进行检测，其地物点对附近野外控制点的平面位置中误差为±0.83m，高程注记点高程中误差为±2.51m，可完全满足预可行性研究阶段

图 4.2－16　无人机航空摄影工作照

测绘三维成果 1∶5000 精度要求。图 4.2－16 为无人机航空摄影工作照。图 4.2－17 为预可行性研究阶段三维地形成果。

（a）测量地物点布置图　　　　　　　（b）建立的三维地形模型

图 4.2－17　预可行性研究阶段库区三维地形成果

2. 浙江衢江抽水蓄能电站库区测绘三维设计

浙江衢江抽水蓄能电站位于浙江省衢州市衢江区黄坛口乡境内，距衢州市约 25km，上、下水库（坝）均有乡村公路通达，交通便利，初拟装机容量 1200MW。上水库在沿王山沟筑坝成库，设计正常蓄水位 691.00m，下水库在坑口溪支流王家沟筑坝成库，设计正常蓄水位 271.00m。上下库范围内植被茂密（见图 4.2－18），通视差，通过砍伐树

木和常规测量手段无法提供精确的三维地形模型，该项目利用机载激光雷达测量技术，获取整个库区的三维点云，利用三维点云生成高精度的三维数字地形模型，通过地形图高程精度统计，其中误差为 0.33m，可完全满足该电站可行性研究阶段库区三维地形成果精度要求，成果如图 4.2-19 和图 4.2-20 所示。

图 4.2-18　浙江衢江抽水蓄能电站局部区域
地形面貌

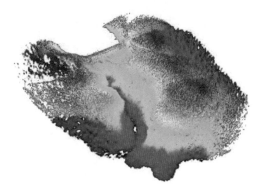

图 4.2-19　浙江衢江抽水蓄能电站库区
三维点云成果

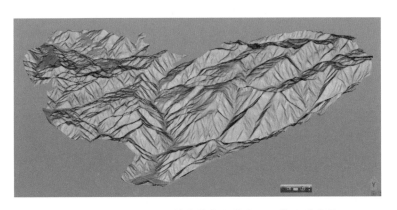

图 4.2-20　浙江衢江抽水蓄能电站库区三维地形成果

3. 杨房沟水电站重点区域测绘三维设计

杨房沟水电站位于四川省凉山彝族自治州木里藏族自治县境内的雅砻江中游河段上（部分工程区域位于甘孜藏族自治州九龙县境内），电站坝址距下游杨房沟沟口约 450m。杨房沟水电站是雅砻江中游河段一库七级开发的第六级，上距孟底沟水电站 37km，下距卡拉水电站 33km。电站坝址距西昌的公路距离约 235km，距木里藏族自治县县城约 156km。

杨房沟水电站大坝坝区两岸边坡高陡，左岸边坡开挖高度 385m，右岸边坡开挖高度 359m，基岩裸露，节理发育，卸荷作用明显，危岩体分布量多面广，稳定性差，地质灾害危险性评估级别为一级，安全风险十分高，施工难度极大。为了精确地获取危岩体的范围和计算危岩体的体量，引入倾斜摄影测量技术建立危岩体的精确三维模型，进行危岩体体积量算，以帮助地质人员更好地进行地质灾害评估，确保施工安全。杨房沟水电站坝肩三维设计成果如图 4.2-21 所示。

杨房沟水电站于 2021 年 6 月 30 日正式并网发电，在其施工图设计阶段，除坝肩位置外，其余均采用 GPS-RTK 联合全站仪测量方式获取比例尺为 1∶500 的地形图，并进行测绘三维设计，具体包括库区公路、业主营地等，主要成果如图 4.2-22 和图 4.2-23 所示。

图 4.2-21　杨房沟水电站坝肩三维设计成果　　图 4.2-22　杨房沟水电站库区公路三维设计成果

4. 卡拉水电站坝址区测绘三维设计

卡拉水电站位于四川省凉山彝族自治州木里藏族自治县境内，是雅砻江中游（两河口至卡拉河段）水电规划的最后一个梯级电站，电站所处河段主要为砂板岩构成的纵向河谷，两岸岩层软硬相间，冲沟发育，物理地质作用强烈。由于近坝址区山势陡峭、水流湍急、河道狭窄，滑坡体规模巨大，一旦失稳将造成水库淤积或河道堵塞，并危及大坝及其他电站枢纽建筑物的安全，滑坡体的稳定性及其影响成为坝址选址的控制性因素。该项目运用地面三维激光扫描仪获取坝址区三维点云（见图 4.2-24），叠加影像生成纹理模型，可进行直观三维量测，为电站前期勘探提供了丰富、宝贵资料。

图 4.2-23　杨房沟水电站麦地龙营地工程　　　图 4.2-24　卡拉水电站坝址区测绘三维设计成果
三维设计成果

5. 锦屏一级水电站引水隧道测绘三维设计

锦屏一级水电站位于四川省凉山彝族自治州木里藏族自治县和盐源县交界处的雅砻江大河湾干流河段上，在引水洞施工过程中，利用三维激光扫描技术，将实际开挖断面与实测断面、设计开挖断面、支护断面等数据进行比较，以检验施工单位上报开挖数据的准确性，为工程设计以及成本计算提供可靠依据。锦屏一级水电站引水隧洞测绘点云模型成果如图 4.2－25 所示。

（a）引水隧洞模型

掌子面

（b）掌子面模型

图 4.2－25　锦屏一级水电站引水隧洞测绘点云模型成果

6. 某电站改造工程岩塞进水口水下地形三维设计

某电站根据工程建设需要，须在水下 50m 深左右实施岩塞爆破。为了保证爆破作业的顺利实施并在爆破后探明爆破效果，进行爆破前、后水下地形测量。2005 年 6 月，采用多波束探测系统对岩塞进水口部位进行复测，80m×80m 范围内测点数共计 20 多万个，平均每平方米水深测点数超过 25 个。其水下三维地形成果如图 4.2－26 所示。

7. 珊溪水库库区水下三维地形测量及库容计算

珊溪水库位于浙江省文成县与泰顺县交界处，水库流域面积 1525km²，控制着温州地区将近 80% 的水资源，被温州人民誉为"大水缸"，是集防洪、供水、灌溉、发电于一体的大型水资源综合利用工程。该项目坝前及库区水深大于 5m 的范围采用多波束系统进行精确测量，库尾用单频测深仪加 GPS－RTK 测量，为库容计算及淤积提供科学数据。其水下地形三维成果如图 4.2－27 所示。

图 4.2－26　某电站水下三维地形成果

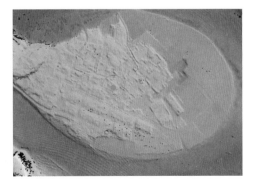

图 4.2－27　珊溪水库水下地形三维成果

8. 芜湖市政管线三维管理系统

芜湖市政管线三维管理系统以 Skyline 三维 GIS 平台为依托，利用管线普查成果，采用数据驱动建模技术构建高精度管线三维模型，结合影像、地形、实景模型，实现地上地下一体化展示。系统提供了多要素属性查询、地下开挖、重点标注、缺陷存储、展示及综合分析等工具，解决了管网排查成果的三维可视化（见图 4.2－28）以及结构化管理，便于工作人员及时掌握管网与缺陷情况（见图 4.2－29），为缺陷解决措施的制定提供数据基础。

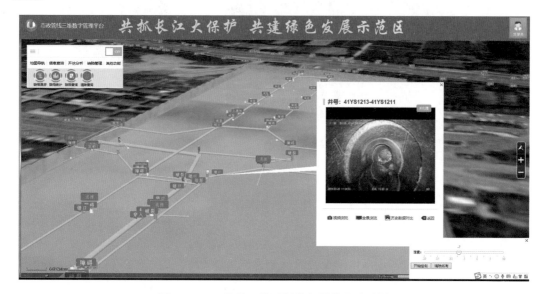

图 4.2－28　缺陷三维可视化与详情查看示例

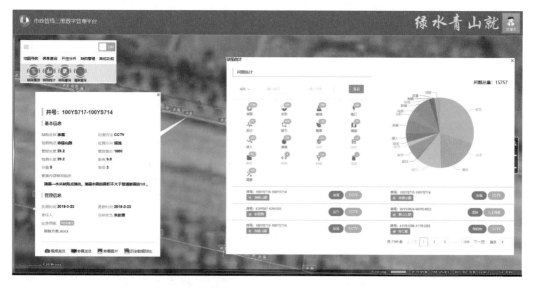

图 4.2－29　缺陷综合分析示例

4.3 地质专业

地质三维模型是指在原始勘察数据管理基础上，通过地质三维建模技术，利用建模工程区范围内的地质勘察资料，建立带有几何属性、地质属性和约束关系的三维可视化模型，是地质三维数字化产品之一。地质三维模型包括地层单元模型、地质构造模型、勘探孔洞模型、物探试验模型等地质对象，基于地质三维全信息模型能够有效地开展工程三维协同设计。

4.3.1 地质三维建模工作流程

地质三维建模工作流程图如图4.3-1所示。

针对项目所处的阶段不同，地质三维建模工作可采用以下几种主要的建模思路。

1. 已有地质成果的项目

（1）根据地质数据库建立地质模型。

（2）根据三维线框建立地质模型。

（3）根据三维实体模型建立地质模型。

2. 全新启动的项目

（1）利用成熟的地质三维系统进行数据管理。

（2）基于地质数据进行三维建模、生产出图。

3. 已有部分地质成果但还需补勘工作的项目

（1）根据上一阶段地质成果搭建数据库及相应的地质模型。

（2）利用成熟的地质三维系统进行数据库的更新和模型的补充更新。

三维建模基本流程见地质三维建模工作流程图，地质三维建模与应用标准化工作流程如下：

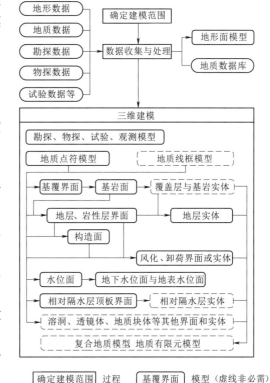

图4.3-1 地质三维建模工作流程图

（1）数据处理。收集并处理测绘、勘探、物探、试验、观测等专业成果数据。

（2）三维地质建模。利用完整的源数据，分别建立地形体模型及线框模型。线框模型包括地层界线、风化程度、卸荷程度、地下水位、构造、相对隔水层等地质对象，利用线框模型通过专业插值算法建立表面模型，结合地形体生成三维地质体模型。图4.3-2为

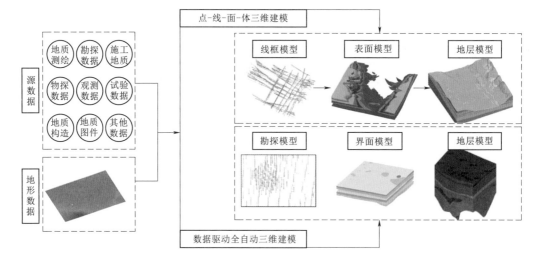

图 4.3-2　数据驱动三维地质建模流程图

数据驱动三维地质建模流程。

（3）模型分析与应用。在数据模型与模型成果的基础上，利用数据驱动图件动编绘技术可以实现剖面图、柱状图、平面图、平切图等工程地质图件的自动成图、自动标注、批量成图及分幅出图，有效提升图件编绘效率。利用三维成果模型，还可以开展地层开挖分析与计算、剖面分析、块体分析、储量计算、库容计算、协同设计方案比选、桩基安全性分析、地下水分析等模型应用。

4.3.2　地质三维设计关键技术

当前地质三维设计系统主要有以下两种解决方案：

（1）地质三维设计系统包含数据管理、查询统计分析、三维建模、生产出图、模型分析等主要模块，可在一个系统内同时解决日常生产所需，又可满足地质三维建模的需求，进而满足全专业三维协同设计。

（2）地质三维设计系统由多个软件平台集成，即数据管理、三维建模、生产应用分别采用不同的平台解决。

对比以上两种解决方案，方案（1）优势较明显：数据传递效率、完整性较好；平台统一，不存在模型格式转换时所导致的损失；应用于生产时不需要再投入大量的二次开发。在开展地质三维设计工作过程中，主要关键技术如下。

4.3.2.1　地质数据库管理

（1）勘查现场不仅作业条件艰苦而且还存在一定的危险性，在保证相同工作量的同时，应尽量减少野外作业时间。传统的野外采集数据多采用纸质记录、内业整理数据实现数据电子化的作业流程，有一定的重复工作量，因而通过移动端进行地质数据采集尤为重要，一方面可以提高工作效率；另一方面可与数据库内既有的数据成果进行对比，提高野外判断的准确性。野外数据采集系统（界面见图 4.3-3）所采集内容应包含常见的地质钻孔编录、野外地质测绘、平洞数据等，同时可提供钻孔数据对比、岩芯照片编录等快捷功能。

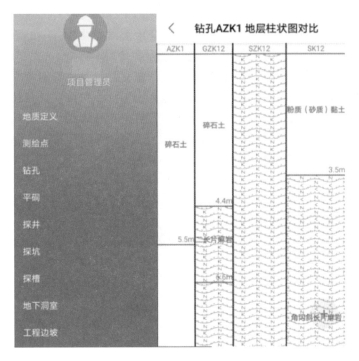

图 4.3-3　地质外业采集系统界面

（2）对于既有勘查成果的项目，或者无网络条件的勘查现场，往往需要批量导入成果数据或者导入常见数据库的快捷功能，以提高数据录入效率。

（3）数据录入需按照专业分工进行，即给物探、试验等各个专业的技术人员分配相应的登录账号，进行各个专业的数据录入工作，同时保证各专业数据的校审流程封闭。

（4）勘探布置。地质专业三维设计应从前期勘探布置开始，根据相应的规范技术要求，按照规范规定的勘探间距和勘探深度，布置勘探线、钻孔、平洞等勘探点。依据数据库中的勘探布置信息可以输出勘探任务书，确定勘探线位置，通过勘探剖面图绘制布置内容，进行孔洞地质预测，以做到有针对性地勘察。

（5）数据查询统计。基于完整的地质数据库，可以进行工作量、试验成果和地质数据的统计和查询，工作量统计包括已完成工作量的统计和计划工作量的统计。试验成果查询是指对勘探对象的试验数据进行查询统计的功能，包括对平洞和钻孔的测试数据统计。地质数据查询是指勘探对象影响区域内的地质对象按照工程位置、构造、地层、风化、卸荷等组合条件的分类查询功能。以上成果可作为编制地质报告的辅助性材料。

4.3.2.2　地质模型创建

地质模型包括常规的地形面模型、勘探及试验模型、点符模型、线框模型、地质表面模型、地质实体模型，以及复合地质模型。

1. 地形面模型

针对测绘专业提供的三维地形面，应根据建模范围进行裁剪，以减少数据量。地形面应单独创建文件或存放在子模型空间，参考到主模型使用。也可以使用专业的地形面生成工具创建地形面。在地形面创建完成后，还可计算得出它的坐标范围，并写入数据库。在很多地形测量时，其范围并不是正南北向，而是根据工程枢纽的安排确定的测量范围，因此地形面建模工具也应具备水平旋转某个角度创建地形面的功能。

2. 勘探及试验模型

勘探及试验模型包括勘探孔洞、测绘点的模型建立，以及实测剖面及原位测试的模型建立。勘探孔洞的数据类型包括钻孔、平洞、探井、探坑、探槽。每一种类型都有其相应的几何特征和属性特征，要区别对待。而每种地质对象在建模时，根据实际情况有多种分段方式，分别为：不分段、按地层（大层、小层、亚层）分段、按岩性分段、按风化程度分段、按卸荷程度分段、按围岩类别分段。

3. 点符模型

点符模型包括地质测绘点、勘探点、物探点、试验点、取样点、观测点、揭露点等，其中地质揭露点根据地质体类别分为地层界面点、岩性分界点、地质构造点、风化带下限点、卸荷带下限点、水位点、相对隔水层顶板界点等，宜以带颜色的符号表示。图 4.3 - 4 为地层岩性分界点示例。可采用以下建模方法：

（1）软件成点法，通过软件从数据库或数据文件中读取坐标数据绘制点符。

（2）交互成点法，通过人机交互获取坐标位置绘制点符。

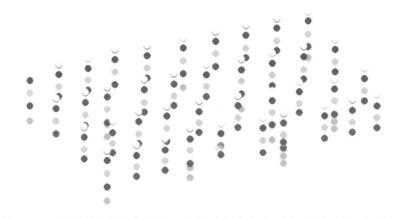

图 4.3 - 4　地层岩性分界点示例（不同颜色圆点代表不同地层分界体的揭露点）

4. 线框模型

线框模型是将平面图、剖面图、平切图中的地质线条放置于三维空间内所形成的三维模型，这些地质线条既可以进行三维地质建模，也可以对三维地质模型进行分析。在勘察的各个阶段一般都需要建立地质线框模型，用线条简化表达地质体的骨架形态和相互约束关系。线框模型通常作为地质三维建模的过程数据，应根据建模任务书要求提交。

重要的几种线框模型包括勘探线、地表出露迹线、勘探剖面线、辅助剖面线、辅助等深线。地表出露迹线是根据勘探点揭露的地质信息（如岩层产状、覆盖层范围等）实际绘制或推测出来与地表面的交线，内容主要包括岩层和断层（实测和推测）面、覆盖层和危岩体等地质体在地表出露范围的轨迹线，用于建立三维地质模型和分析模型。勘探剖面线是整个三维地质模型的控制性剖面，主要用于建立三维地质模型。辅助剖面线的用途与勘探剖面线一样，唯一不同之处在于勘探剖面线用已经存在的勘探线做剖切线，辅助剖面则使用用户绘制的线条作为剖切线绘制辅助剖面线。辅助等深线，是指在俯视图中，将同一地质界线根据已设置好的深度按照一定的缩放比例、间距进行放置，用以辅助建立三维地质模型。

线框模型作为地质表面模型的骨架，地质表面模型则根据线条上的点进行插值形成网格模型。结合生成的地质表面模型对线框模型的地质线条进行优化，以提高地质表面模型的质量。线条的优化操作主要对线条进行加密和抽稀，根据地质表面形态对线条分布的点进行适当优化，线条点距与网格的间距一般保持 $0.5\sim1.5$ 倍的关系，有利于生成形态合理的面。图 4.3-5 为地质线框模型示例。

5. 地质表面模型

地质表面模型主要包括基覆界面、基岩面、岩层界面、构造面、风化带和卸荷带界面、地表水位和地下水位面、相对隔水层顶板界面、不良物理地质现象界面以及岩体质量界面的模型。图 4.3-6 为地质表面模型示例。

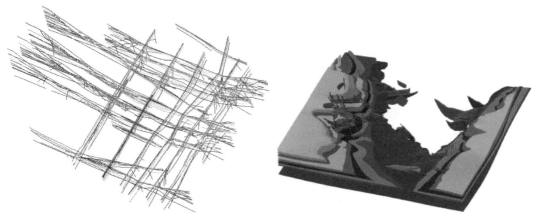

图 4.3-5　地质线框模型示例　　　　图 4.3-6　地质表面模型示例

（1）基覆界面：是构建基岩面的基础，因此对基覆界面的建模质量要求较高。基覆界面使用投影成面法及断面成面法构建，对于相对复杂的基覆界面宜根据基覆界面分布特征分区处理。

（2）基岩面：是建立地层界面、构造面和其他地质曲面必不可少的控制面或参照面。基岩面建模首先要生成覆盖层底面，即基覆界面，然后与地形面共同生成基岩面，并赋予它地质属性，保存到相应的图层中。

（3）风化带和卸荷带界面：应在基岩面、地层界面和地质构造面建模完成后进行，可采用投影成面法拟合工具生成，从靠近基岩体表面的全风化界面和强卸荷界面开始，参考基岩面和上一个分带界面，逐级完成基岩体深部的其他风化带界面和卸荷带界面建模。

（4）地表水位和地下水位面：地表水位面和地下水位面模型紧密相连，可采用投影成面法拟合生成同时建立，再采用裁切处理法利用地形面模型分割为地表和地下两个部分。也可先建立地表水位面，利用地表水位面与地形面求出交线，交线参与地下水位面建模。

（5）相对隔水层顶板界面：应在基岩面、地层界面和地质构造面建模完成后进行。

（6）不良物理地质现象界面：参照覆盖层建模方法进行。当不良物理地质现象地质体破坏面沿着基覆界面发育时，应将基覆界面作为其建模约束。

（7）岩体质量界面：应以勘探模型、物探模型、试验模型以及其他地质模型为基础建模。

6. 地质实体模型

基于前期建立的地质数据库、地质解译出的地质线框模型及生成的地质界面模型可进行地质实体模型的建立（见图4.3-7）。

图 4.3-7　地质体建模

地质实体建模的内容主要包括地层单元和岩性单元的实体建模、地质块体建模、地下溶洞建模、透镜体建模，以及建立围岩分类模型和天然建筑材料模型。

（1）地层单元和岩性单元的实体建模：①利用面的拉伸工具拉伸工程区地形面形成工程区的实体模型；②生成的地层（岩性）界面使用布尔相交、相减工具对工程区实体进行分割而获得工程区内的地层（岩性）单元实体模型。

（2）地质块体建模主要应用于不良地质体方量的计算，例如危岩体、滑坡体，其建模方法均类似。举例危岩体的建模，具体步骤如下：

1）测量取得危岩体具体位置和结构面产状，例如对某一危岩体量取了3组结构面，分别为卸荷裂隙 L_2（SN，E$\angle 75°$）、L_3（N80°W，SW$\angle 85°$）与顺坡卸荷裂隙 L_1（EW，S$\angle 20°$）。

2）截取大于危岩体范围的地形面，然后用拉伸体工具向下拉伸，将地形面拉伸成一个实体，再用3组卸荷裂隙面对其切割即可得到危岩体地质体（切割完成后对危岩体进行属性定义）。

3）通过查询工具，即可得知危岩体相应体积。

（3）地下溶洞建模。收集和分析岩溶相关资料（如地质素描图、钻孔、物探、测量等），确定溶洞轴线和不同轴线位置断面轮廓；然后通过参考方式进入三维模型中，视情况做辅助断面轮廓；最后根据不同岩溶类型选择合适的建模方式。建模应遵循的原则有：①从大到小、从主干到分支、从实测到推测；②为了减少拼接次数，提高建模效率，同一个溶洞尽可能一次完成建模，当岩溶管道分支较多或形态非常复杂时采用分段建模后拼接。

与一般地质界面不同，溶洞是一种封闭或局部敞口的极不规则封闭体或管道，可以通过地质表面或地质实体两种形式表现，每种形式都有不同的建模方法，常见的建模方法有断面拉伸成体、表面拉伸成体、断面成面法、投影成面法等，以及拼接处理法和布尔运算法两种修改方法。

溶洞表面和实体建模宜采用地质表面模型的投影成面法或地质实体模型的断面拉伸法，由实测点云沿着球状方向投影生成表面或实体，或者利用实测的断面沿着溶洞中轴线方向拉伸成表面或实体。复杂的溶洞表面和实体模型可分段建模，最后采用地质表面模型的拼接处理法或地质实体模型的表面缝合法，将具有公共边界的多个溶洞表面模型缝合成整体。

（4）透镜体建模。透镜体建模是在单个剖面或者相邻的多个剖面间建立透镜形状的地质体模型。单个剖面上围成透镜体的线条需要封闭成一个环状，多个剖面情况下需要剖面相邻，并且选择的线条数目为 2 的整数倍。透镜体的形状由线条确定的范围决定。

（5）围岩分类模型。围岩分类模型的建模主要应用于地下洞室群的地质剖面图和展示图。

（6）天然建筑材料模型。天然建筑材料建模主要是建立天然建筑材料的有用层和无用层。假设为了计算某一石料场的天然储量，需先对石料场建模，且建模之前，需先确定需要建模的元素。对于石料场而言，只需要地形面、设计开挖面、强风化面（有用层和无用层的分界面）三个元素即可。具体步骤为：①将设计开挖面向上、地形面向下分别拉伸成体，用求交集工具求得两个地质体的交集体即为料场的总体积；②利用强风化面对交集地质体进行剪切分割即可，强风化面以下的地质体体积即为有用料的储量，以上为无用料的储量，再通过查询实体的体积从而确定料场各层的开挖储量。图 4.3 - 8 为石料场土方开挖模型示例。

图 4.3 - 8　石料场土方开挖模型示例

7. 复合地质模型

复合地质模型包括勘探地质模型、基坑开挖地质模型、边坡开挖地质模型、洞室开挖地质模型、料场开挖地质模型等，可分别根据以下地质信息分段、分区建立：

（1）勘探地质模型按地层、岩性、完整程度、风化程度、卸荷程度、相对隔水层透水率等分段建立。

（2）基坑开挖地质模型、边坡开挖地质模型按地层、岩性、风化程度、岩体质量等分区建立。

（3）洞室开挖地质模型按地层、岩性、完整程度、风化程度、围岩类别等分段建立。

（4）料场开挖地质模型按有用料层和无用料层分区建立。

此外，复合地质模型可采用分段相连的表面模型或实体模型来表示，根据表达的内容和形式不同，按以下方法建立：

（1）勘探地质模型、洞室开挖地质模型宜采用地质实体模型的参数构建法建模，由软件根据几何形态参数自动分段建模。

（2）基坑开挖面地质模型、边坡开挖面地质模型和料场开挖面地质模型宜采用地质表面模型的裁切处理法建模，选取地质表面或地质实体裁切开挖面。

（3）基坑开挖体地质模型、边坡开挖体地质模型和料场开挖体地质模型宜采用实体分割法和拓扑运算法建模，两种方法分别取地质表面和地质实体裁切开挖体。

图 4.3-9 为基于地质模型的开挖示例。

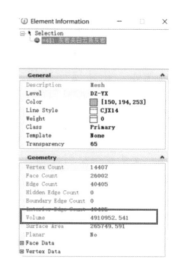

图 4.3-9　基于地质模型的开挖示例

4.3.2.3　模型文件组织

地质三维模型的数据结构样式由模型文件、模型空间、图层组、图层 4 个层次表示，根据建模工程区、模型图元类型、不同类别地质三维模型按表 4.3-1 选用。地质三维模型数据结构样式如图 4.3-10 所示。

表 4.3-1　　　　　　　　　　地质三维模型数据结构适用情况表

结构层次	适　用　情　况	适　用　规　则
模型文件	CAD 电子文件，作为完整、独立交付的数字化产品，具有模型编号和产品标示	以平面图范围划分存放文件，例如：枢纽区地质三维模型、上水库地质三维模型
模型空间	（1）数字化模型主体存储在主模型空间，被引用参考的模型存储在其他模型空间； （2）数字化模型的主要部分存储在主模型空间，附属部分存储在其他模型空间； （3）数字化模型成果存储在主模型空间，建模辅助的数据存储在其他模型空间	（1）地质三维模型＋地形面、开挖面模型； （2）地质模型＋勘探模型、试验模型等； （3）地质表面和实体模型＋地质线框模型
图层组	按模型类别、亚类将图层编成一级或多级图层组进行管理	构造图层组包括断层 F、断层 f、裂隙 L 等图层
图层	不同类别地质三维模型分图层存放	钻孔、地层、地下水位

4.3.2.4　模型固化发布

地质三维建模完成后，应首先组织验收。验收通过后应根据生产流程对地质三维模型进行固化，并经过有效的途径发布。

地质三维建模成果验收工作应符合的要求：①在地质三维模型完成且经校、审、核后进行；②应满足勘察任务书或工程地质勘察大纲、地质三维建模工作计划要求；③应编制并提交地质三维模型说明书，包括建模软件及版本、建模范围及内容、责任人、模型精

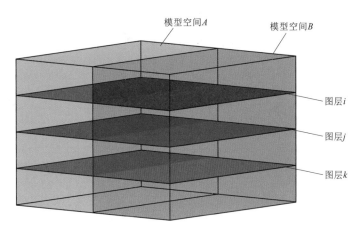

图 4.3 - 10 地质三维模型数据结构样式

度、使用注意事项等。

地质三维建模成果验收应包括的主要内容：①地质三维建模所采用的数字高程模型的精度；②地质三维建模所采用的数据全面性、完整性、准确性；③地质三维建模精度和推测合理性分析。

地质三维模型固化发布的内容应包括地质三维模型、数据文件、地质三维建模成果说明书和应用地质三维模型所需的其他相关文件。

地质三维模型固化发布应符合的要求：①地质三维模型固化的电子文件版本应采用唯一编码进行标识；②地质三维模型固化发布宜遵循三维协同设计统一的发布规则；③地质三维模型宜在三维协同设计中进行在线发布；④地质三维模型固化发布应符合国家或部门保密法规和标准的有关规定。以华东院为例，根据华东院《地质三维系统生产技术管理规定》，地质三维系统生产流程图如图 4.3 - 11 所示。

地质三维建模会审通过后，由勘测供方初步填写地质三维模型固化确认单（见图 4.3 - 12），会审各方产品负责人签字确认，生产技术管理部归口管理，数字工程中心根据生效的地质三维模型固化确认单进行地质三维数字化产品的版本固化。其他各专业需要利用地质三维模型出正式成果时，应以各阶段固化发布的模型为准。

4.3.3　地质三维应用成果

地质三维成果的后续应用主要有三个方面：满足地质专业内部需求、供各专业之间协同使用、满足地质相关应用系统要求。

4.3.3.1　地质专业内部需求

地质专业内部需求主要包括利用地质三维设计系统进行数据管理、查询统计、图件编绘、计算分析等。

1. 地质数据库

完整的地质数据库包含了勘探、物探、试验、观测等专业内容，并且可实时查询以往数据，为开展工作提供了便利条件，提高了效率。

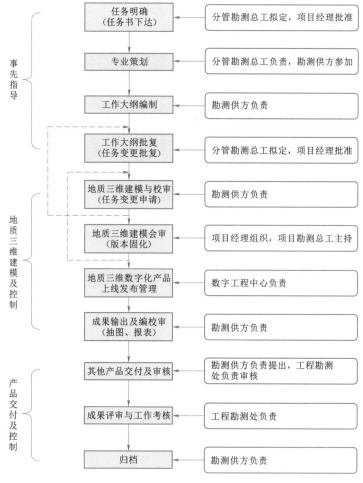

图 4.3-11 地质三维系统生产流程图

2. 查询统计

（1）地质数据查询。地质数据查询是指勘探对象影响区域内的地质对象按照工程位置、构造、地层、风化、卸荷等组合条件的分类查询功能。其内容主要包括地质构造、地层单元、地层岩性、地层界面、风化、卸荷、地下水、相对隔水层等地质对象的查询功能，往往需要对多个勘探对象（如钻孔、平洞、测绘点、实测剖面、探井、探坑、探槽、边坡、洞室）的相关信息进行联合查询。

（2）测试数据查询。测试数据查询是指对勘探对象的试验数据进行查询统计的功能，包括对平洞和钻孔的测试数据统计。钻孔测试数据包括岩芯采取率、岩石质量指标（Rock Quality Designation，RQD）、钻孔压水试验、声波测井、地震波测井、自然伽马测井、电阻率测井、钻孔变形试验、地应力测试、十字板剪切、标准贯入、动力触探 N_{10}、动力触探 $N_{63.5}$、动力触探 N_{120}、旁压试验、静力触探；平洞测试数据包括裂隙条数、裂隙率、平洞 RQD、声波测试、地震波测试、收敛变形测试、剪切试验、点荷载试验、岩体变形试验、回弹值。

地质三维模型固化确认单

编号：　　　　　监控主管：　　　　备案日期：　　　　年　　　　月　　　　日

工程名称				
设计阶段	预可□　　　可研□　　　招标□　　　技施□			
项目经理		地质勘总		
固化时间		固化版本号		
固化版本说明	（简述任务计划、实施过程、描述地质三维建模的总体范围、建模分区、建模内容、建模深度，以及数据库完成情况）			
签字确认	部门/专业	设计（建模）	校核	审查	核定
	工程勘测处				
	三维数字化				
	勘测供方				
地质勘总签名/日期			项目经理签名/日期		

填表说明：本确认单由生产技术管理部归口管理，勘测供方负责归档。

图 4.3-12　地质三维模型固化确认单

（3）工作量统计。工作量统计包括已完成工作量统计和计划工作量统计。其中，已完成工作量统计所有勘察阶段在所有工程区中实际完成工作量；计划工作量统计当前选择勘察阶段之前已完成的工作量以及当前勘察阶段计划完成（布置）的工作量，将已完成和计划的工作量在同一个查询表中显示出来。

（4）岩土计算。基于完整的地质数据库可进行常规岩土计算，如液化判别、单桩承载力计算、基础沉降计算、地基承载力计算、地基回弹计算等。单桩承载力计算界面如图4.3-13所示。

（5）工程结算。基于数据库中实时录入的地质勘探工作量（钻孔、平洞、槽/坑探、试验等），定义好场地等级，结合相应的收费标准，可进行工程结算，如钻孔费用、试验费用等。图 4.3-14 为工程结算示例。

3. 图件编绘

地质专业所需图件可进行解译及自动编绘，图件类型主要为综合地层柱状图、钻孔柱状图、平洞展示图、节理统计分析图、平面图、平切图、竖直剖面图、等值线图等。图件绘制完成之后，可在软件系统内完成后续的图件修饰、图件输出及打印。

所有自动生成的图件均需保持一致的制作流程：数据入库→数据校审→图件输出→图件校审。

4.3.3.2　地质三维模型的应用

基于地质三维模型除了可进行常规的开挖设计、土石方量查询、构筑物围岩类别分析、有限元计算分析之外，还可以实现以下方面的应用：

图 4.3 - 13　单桩承载力计算界面

	钻孔编号*	钻孔类型	钻孔位置	水深(m)	钻孔深度(m)	勘察等级	技术费率(%)	优惠率(%)	钻孔附加系数	试验附加系数
1	zk1	标准贯探孔	陆域钻孔	0	20.00	甲级	120.00	80.00	1.20	1.10
2	zk10	普通孔	陆域钻孔	0	20.00	甲级	120.00	80.00	1.20	1.10
3	zk12	普通孔	陆域钻孔	0	13.60	甲级	120.00	80.00	1.20	1.10
4	zk13	普通孔	陆域钻孔	0	20.00	甲级	120.00	80.00	1.20	1.10
5	zk14	普通孔	陆域钻孔						1.20	1.10
6	zk16	普通孔	陆域钻孔						1.20	1.10
7	zk17	标准贯探孔	陆域钻孔						1.80	1.30
8	zk19	普通孔	陆域钻孔						1.20	1.10
9	zk2	普通孔	陆域钻孔						1.20	1.10
10	zk20	普通孔	陆域钻孔						1.20	1.10
11	zk21	普通孔	陆域钻孔						1.20	1.10
12	zk2-1	普通孔	陆域钻孔						1.20	1.10
13	zk22	标准贯探孔	陆域钻孔						1.20	1.10
14	zk24	普通孔	陆域钻孔						1.20	1.10
15	zk25	普通孔	陆域钻孔						1.20	1.10
16	zk26	标准贯探孔	陆域钻孔						1.20	1.10
17	zk27	普通孔	陆域钻孔						1.20	1.10
18	zk28	普通孔	陆域钻孔						1.20	1.10
19	zk29	标准贯探孔	陆域钻孔						1.20	1.10
20	zk3	普通孔	陆域钻孔						1.20	1.10
21	zk30	普通孔	陆域钻孔	0	13.50	甲级	120.00	80.00	1.20	1.10
22	zk31	普通孔	陆域钻孔	0	20.00	甲级	120.00	80.00	1.20	1.10
23	zk32	普通孔	陆域钻孔	0	15.00	甲级	120.00	80.00	1.20	1.10
24	zk33	普通孔	陆域钻孔	0	15.00	甲级	120.00	80.00	1.20	1.10
25	zk34	普通孔	陆域钻孔	0	20.00	甲级	120.00	80.00	1.20	1.10
26	zk36	普通孔	陆域钻孔	0	12.90	甲级	120.00	80.00	1.20	1.10
27	zk37	普通孔	陆域钻孔	0	20.00	甲级	120.00	80.00	1.20	1.10
28	zk38	普通孔	陆域钻孔	0	15.00	甲级	120.00	80.00	1.20	1.10
29	zk40	普通孔	陆域钻孔	0	20.00	甲级	120.00	80.00	1.20	1.10
30	zk42-1	普通孔	陆域钻孔	0	15.00	甲级	120.00	80.00	1.20	1.10

钻孔收费附加调整系数表

作业环境	作业环境描述		附加调整系数
作业环境1	跟管钻进、泥浆护壁、基岩无水干钻钻探、基岩破碎带钻进取芯		1.5
作业环境2	岩溶、洞穴、泥石流、滑坡、沙漠、山前洪积裙等复杂场地		1.3
作业环境3	坑道内作业		1.3
作业环境4	水平孔、斜孔钻探		2.0
作业环境5	线路上作业		1.3
作业环境6	夜间作业		1.2
作业环境7	滨海作业		3.0
作业环境8	湖、江、河作业	D≤10	2.0
		10<D<20	2.5
		D>20	3.0
作业环境9	塘、沼泽地作业		1.5
作业环境10	积水区、水稻田		1.2

图 4.3 - 14　工程结算示例

（1）针对水电工程中岩体结构的不确定性，尽可能精确地表达，建立更完善的三维可视化模型，为水电工程的设计、施工、勘探布置以及数值模拟分析等提供模型资料，为地质人员的分析判断提供综合信息，为设计人员提供可视化参考。

（2）基于不同特征值（钻孔分层特征变为其他特征）的静态结构模型二次利用，如应用于层序地层、矿体品位、油藏含量等特征的空间分布等。

（3）矢量构模计算模型扩展与应用，对特征层（如地层表面）实现算法建模，以及对层间地质体三维构建的 TIN 表面构模技术进行扩展优化，使之更准确快捷地处理断层、地层倾覆异常情况。

（4）实现地质三维模型数据共享，进场前各参建单位即可得到初步地质信息，如地层分布、地层参数、水文信息、各土层物理力学参数。

（5）对于地质条件复杂的区域，地质三维模型可为水电工程中的不良物理地质体提供数据参考，如滑坡、崩塌体、不稳定斜坡、变形体等。

（6）施工阶段，可以解决实际施工过程中打桩深度的问题，有效节约投资。

图 4.3-15 为地质三维模型应用示例。

（a）白鹤滩水电站拱轴线工程地质三维剖视图

（b）某水电站三维模型轴测图

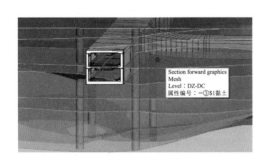

（c）围岩分层图

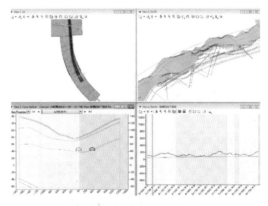

（d）开挖土石方量界面

图 4.3-15　地质三维模型应用示例

地质三维设计已经应用于国内外诸多大、中型工程项目，涉及水利水电、市政、交通、新能源等工程地质领域。应用案例如图 4.3-16 所示。

（a）白鹤滩水电站　　　　　（b）吉林中部城市供水工程　　　　　（c）澜沧江苗尾水电站

（d）福建永泰抽水蓄能电站　　　（e）雅砻江卡拉水电站　　　　（f）雅砻江杨房沟水电站

（g）杭州武林门地铁站　　　　　　　（h）龙开口水电站

图 4.3-16　地质三维设计应用案例

通过开发数据接口实现 CAD/CAE 一体化（见图 4.3-17），在地质三维设计系统内对地质三维模型和数值分析结果进行集成展示分析。在 CAD 中建模，导入 CAE 软件中进行剖分计算，分析结果返回 CAD 平台中进行动态剖面展示。

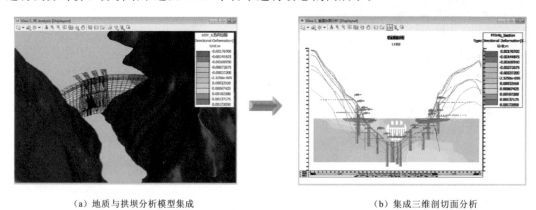

（a）地质与拱坝分析模型集成　　　　　　　（b）集成三维剖切面分析

图 4.3-17　CAD/CAE 一体化

4.4　坝工专业

坝工专业主要负责水工建筑物的设计工作，主要包括泄洪消能设计、重力坝设计、拱坝设计、混凝土面板堆石坝设计、土石坝设计、水库库盆防渗设计、水电工程通航建筑物设计、工程边坡及地质灾害治理设计等。坝工专业三维模型是指通过三维建模技术在三维设计平台中利用已有的勘察设计资料，按对象类别分不同图层建立的带有几何属性、工程属性、材质信息的水工挡水建筑物的三维可视化信息模型，主要内容包括拱坝、重力坝、土石坝、溢洪道、边坡开挖等，设计方法根据不同建筑物类型不尽相同。实际工程可根据设计阶段的不同深度和要求，确定相应阶段具体的模型内容及深度。

4.4.1　坝工三维建模流程

坝工三维建模流程图见图 4.4-1。

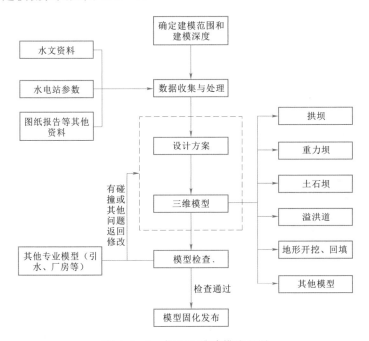

图 4.4-1　坝工三维建模流程图

4.4.2　坝工三维设计关键技术

4.4.2.1　拱坝三维设计关键技术

拱坝三维模型设计根据大体积混凝土结构建模方式，采用点线面体的建模方法开展模型设计，详细流程分为建立拱坝基本体型、建立坝身孔口体型两个主要步骤，详细的设计流程图见图 4.4-2。

1. 建立拱坝基本体型

（1）拱圈计算。拱坝拱圈是通过拱坝分析软件分析计算输出拱坝体型方程，根据设

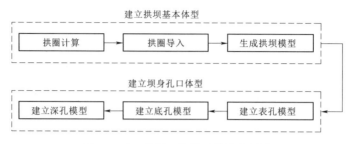

图 4.4-2　拱坝三维模型设计流程图

阶段对精度的要求进行定制化加密设计，形成加密拱坝拱圈。加密拱坝拱圈是在拱坝分析软件优化后的拱坝体型方程基础上，对其特征高程拱圈各参数进行三次 B 样条插值，并考虑横缝、半径向开挖等结构得到拱坝整体的高精度三维坐标，输出任意指定高程拱圈三维坐标数据文件。

（2）拱圈导入。将拱坝分析软件或拱圈加密计算程序输出的拱坝拱圈三维坐标数据文件导入三维设计平台以开展三维设计。针对大体量拱坝，为提高拱圈数据量较大时的导入效率，可基于三维设计平台二次开发批量导入拱圈的工具。导入三维设计平台的拱圈图形示例见图 4.4-3。

（3）生成拱坝模型。导入的拱圈信息是一组多段线或样条曲线数据，需通过三维设计平台的设计工具或二次开发的专用工具，生成拱坝基本体型的实体三维模型。生成的拱坝实体三维模型示例见图 4.4-4。

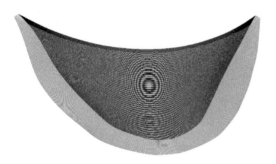

图 4.4-3　拱圈图形示例

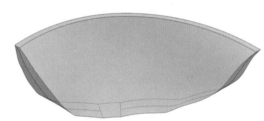

图 4.4-4　生成的拱坝实体三维模型示例

2. 建立坝身孔口体型

拱坝坝身孔口一般包括表孔、深孔和底孔等，根据拱坝工程的孔口设置方案按需设计。

（1）表孔。表孔闸墩位置根据表孔的控制点坐标确定，表孔闸墩草图一般以坝顶高程为基准面，依据泄洪建筑物中心线和表孔堰控线圆心进行定位。表孔平面草图示例见图 4.4-5。闸墩一般通过拉伸体、体布尔运算及体曲面切除等几个步骤来完成。

表孔建模思路是首先切出表孔位置，再增加坝体范围外挑出部分。表孔草图以各表孔中心线所在竖直平面为基准面，通过与坝顶的距离确定堰顶控制点。若遇到幂函数曲线，可采用方程式驱动生成曲线，通过指定方程式参数的方式确定幂函数曲线终点。表孔三维模型示例见图 4.4-6。

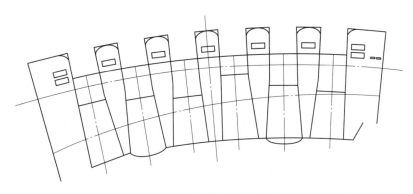

图 4.4-5　表孔平面草图示例

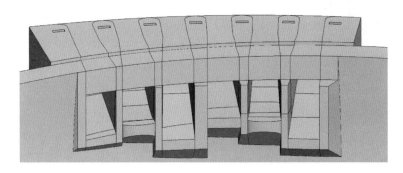

图 4.4-6　表孔三维模型示例

（2）深孔和底孔。深孔和底孔建模的基本思路与表孔相似。由于深孔是拱坝上最复杂的结构之一，建模步骤较多，当深孔结构沿水流方向既有偏转又有扩散和收缩时，建模过程更为复杂，故此处以深孔建模为例。

深孔建模可分成三个部分：上游深孔进口、中部洞身和下游出口。图 4.4-7 为深孔结构建模三部分示意图。上游深孔进口结构可按如图 4.4-8 所示的三个步骤建模。由于拱坝下游面是复杂的曲面，洞身开挖时难以准确区分坝体内外部分，故应首先进行出口牛腿的大体积混凝土建模，随后同步进行洞身开挖与出口牛腿进一步构建。图 4.4-9 为构建大体积混凝土结构的出口牛腿示意图。深孔建模过程中，应同时注重效率和质量，遵循简单高效原则，优化草图设计，当难以用一个草图一次建模成型时，可分段进行，并辅以局部超挖与回填的建模方法。

3. 拱坝三维模型

拱坝三维模型成果由拱坝坝体、坝身孔口、其他细部结构等三维设计组成，示意图见图 4.4-10。

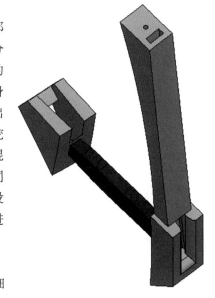

图 4.4-7　深孔结构建模三部分示意图

147

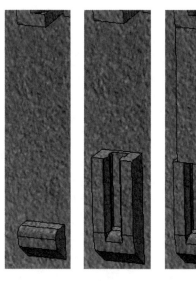
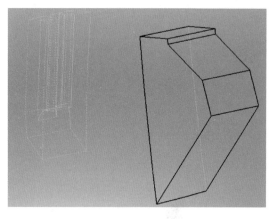

图 4.4－8　上游深孔进口结构建模三个　　　图 4.4－9　构建大体积混凝土结构的出口牛腿示意图
主要步骤示意图

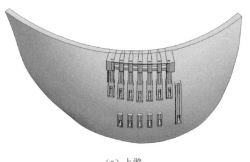
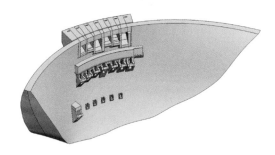

（a）上游　　　　　　　　　　　　　　　　（b）下游

图 4.4－10　拱坝三维模型成果示意图

4.4.2.2　重力坝三维设计关键技术

重力坝一般由泄洪坝段和挡水坝段组成，同时可能还设置一些其他特殊作用的坝段。根据大体积混凝土结构建模方式，重力坝三维模型采用点线面体的建模方法开展模型设计，详细设计流程主要有坝体建模、基建面建模、泄洪孔洞建模、材料分区建模、廊道及井道建模、其他细部结构建模等。重力坝三维建模主要操作步骤流程图见图 4.4－11。

图 4.4－11　重力坝三维建模主要操作步骤流程图

1. 坝体建模

坝体建模时，可暂时不考虑坝体内部孔洞及不规则建基面等问题，按照"点—线—面—体"的流程建立坝体三维模型。根据需要按不同坝段断面分段建模。图 4.4-12 为重力坝不同坝段断面分段建模示意图。

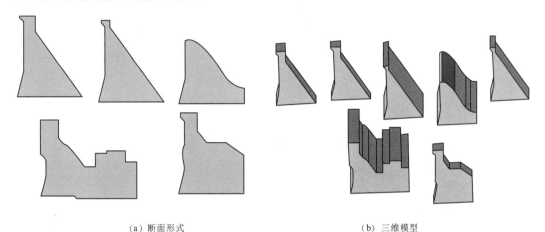

（a）断面形式　　　　　　　　　　　（b）三维模型

图 4.4-12　重力坝不同坝段断面分段建模示意图

根据各坝段实际位置，将各段模型组合形成"重力坝三维模型"，如图 4.4-13 所示。

2. 建基面建模

建基面根据地质条件和结构等的需要确定，其建模的目的是利用建基面对重力坝坝体进行切割，使得坝体底部与建基面吻合。

实际工程中的建基面不仅在横河向上存在台阶，在上下游方向也会存在台阶。根据已有的建基面开挖线，利用曲线切割或体布尔运算对"重力坝三维模型"进行切割，示意图如图 4.4-14 所示，最终形成与建基面贴合的重力坝坝体三维模型，示意图如图 4.4-15 所示。

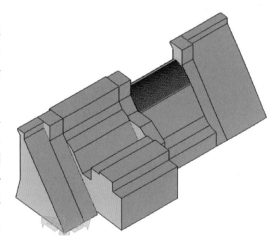

图 4.4-13　重力坝三维模型示意图

3. 泄洪孔洞建模

泄洪坝段主要包括溢流表孔坝段和泄洪（冲沙、放空）中（底）孔坝段，其中的中（底）孔坝段中孔洞的进、出口结构体型较为复杂，包含不同类型的曲线面及扭曲面等。此处以某重力坝中孔坝段进口体型（见图 4.4-16）为实例进行介绍。

（1）创建"孔洞体"。创建"孔洞体"是建立一包含单个中孔孔洞的立方体，见图 4.4-17 的实体区域。

（2）竖向切割"孔洞体"。根据断面图中进口曲线线段，创建"进口曲线"（见图 4.4-18），并切割实体，得到图 4.4-19 所示"孔洞体"。

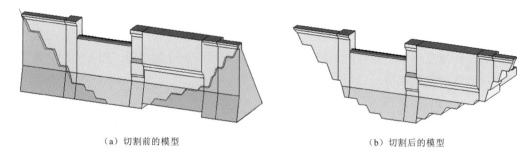

（a）切割前的模型　　　　　　　　　　　（b）切割后的模型

图 4.4-14　切割完成的重力坝

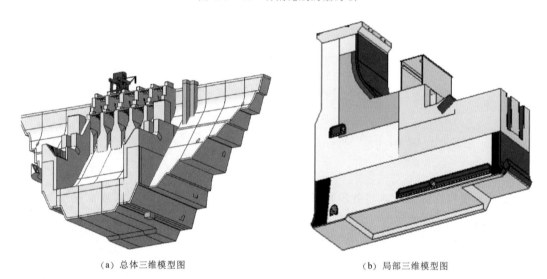

（a）总体三维模型图　　　　　　　　　　（b）局部三维模型图

图 4.4-15　重力坝三维模型

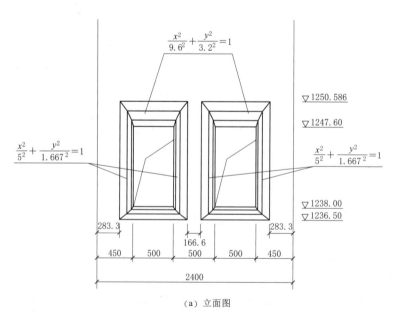

（a）立面图

图 4.4-16（一）　中孔坝段进口体型示意图（单位：高程 m，其他 cm）

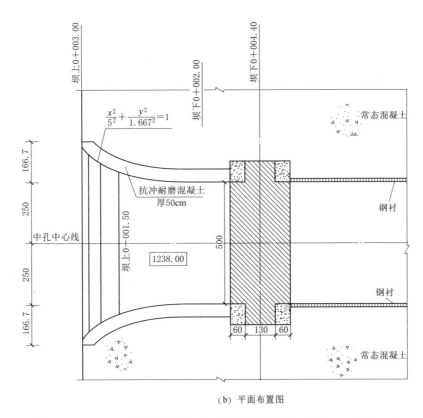

$$\frac{x^2}{5^2}+\frac{y^2}{1.667^2}=1$$

抗冲耐磨混凝土
厚50cm

1238.00

常态混凝土

钢衬

钢衬

常态混凝土

（b）平面布置图

图 4.4-16（二） 中孔坝段进口体型示意图（单位：高程 m，其他 cm）

图 4.4-17 创建"孔洞体"

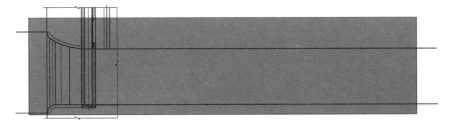

图 4.4-18 创建"进口曲线"

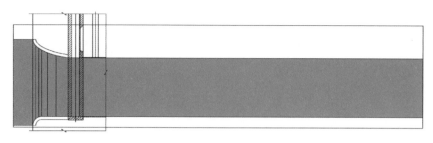

图 4.4-19　竖向切割"孔洞体"

（3）水平切割"孔洞体"。将泄洪洞水平剖面曲线（见图 4.4-20）旋转至上述"孔洞体"的顶部，确保侧面曲线上游端点位置与进口顶面曲线上游端点相同，利用该曲线对该体进行切割，得到如图 4.4-21 所示的"孔洞体"。

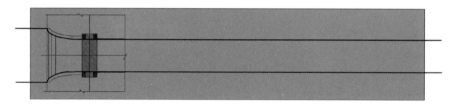

图 4.4-20　布置"水平剖面曲线"示意图

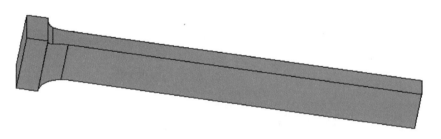

图 4.4-21　水平切割"孔洞体"示意图

（4）完成"中孔进口模型"。将切割好的"孔洞体"定位至设计位置，利用体布尔运算减去坝体模型中的"孔洞体"（见图 4.4-22），形成最终的中孔进口模型（见图 4.4-23）。

类似比较规则的进口曲面均可采取上述步骤生成。对于包含扭曲面的体型，应先由线生成扭面，然后将扭面构成一个体元素，通过体布尔运算完成扭曲面的建模。

4. 材料分区建模

对于混凝土重力坝需根据坝体混凝土不同等级进行材料分区，在三维坝体模型中进行材料分区，实质上就是对坝体进行"切割"。对于结构体型复杂的坝体，一般需要联合采用曲线切割、布尔运算等多种工具进行坝体材料分区。

以某重力坝挡水坝段为实例进行介绍，挡水坝段的材料分区要求及三维模型见图 4.4-24。

（1）材料分区分析。先结合挡水坝段三维模型分析材料分区操作步骤。该坝体有 4 种

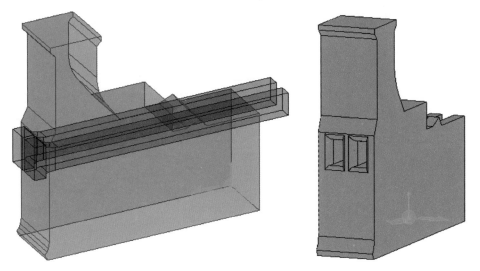

图 4.4 - 22　定位完成切割的"孔洞体"　　　图 4.4 - 23　完成的"中孔进口模型"

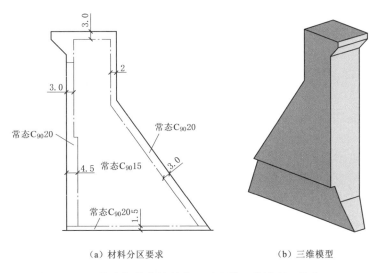

（a）材料分区要求　　　　　　　（b）三维模型

图 4.4 - 24　挡水坝段的材料分区要求及三维模型（单位：m）

材料分区，鉴于模型建基面垫层混凝土与其他材料分区分割简单，故先分割基础垫层混凝土，然后分割坝体上游面，最后分割下游面及坝顶材料分区，剩下的自然就是坝体内部混凝土。

（2）曲线切割实体完成材料分区。鉴于建基面顺水流方向无台阶，可考虑采用曲线切割实体。分别切割得到大坝上、下游面材料分区，及坝体内部材料分区。如遇到材料分区较复杂的区域，可以同时联合多种操作进行相关材料分区。

5. 廊道及井道建模

重力坝坝体内一般均设有较复杂的廊道系统及竖向交通井道，用于基础灌浆、排水、交通及观测等设计要求。廊道结构断面本身较简单，如何将典型廊道断面按照设计要求的空间走向要求生成三维交错的空间模型是其建模关键。本节以廊道为例进行介绍。

廊道及井道建模流程为：创建路径线→放置廊道断面→沿路径线生成廊道体及井道，如图 4.4 - 25 所示。

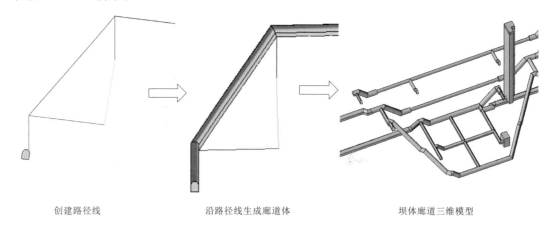

创建路径线　　　　　　沿路径线生成廊道体　　　　　　坝体廊道三维模型

图 4.4 - 25　沿路径线生成廊道体

6. 其他细部结构建模

其他细部结构包括以下内容：

（1）闸墩、锚固块、宽尾墩等细部结构。图 4.4 - 26 为闸墩模型示意图。

（2）止、排水。

（3）巡视便道。

（4）坝顶交通桥。

（5）灌浆廊道及防渗帷幕。

坝体其他细部结构建模在坝体体积中相对较小，却融合了上述各部位建模采用的各种工具，本节不再做详细介绍。具有细部结构的坝段三维模型如图 4.4 - 27 所示。

4.4.2.3　土石坝三维设计关键技术

土石坝除了防渗体基础相对规整，其他堆石区基础均随地形面或地质面起伏，因此对地质三维模型的依赖性更强。土石坝中常见的有面板堆石坝和心墙堆石坝，建模思路大体相同，但在细部结构上有各自特点，下面以心墙堆石坝为例介绍坝体和坝基开挖建模过程。

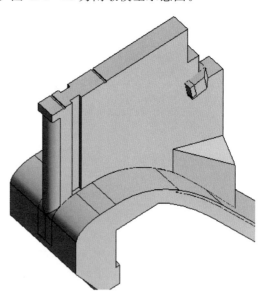

图 4.4 - 26　闸墩模型示意图

1. 参考地质三维模型

利用地质三维设计软件打开设计文件，参考地质三维模型（见图 4.4 - 28），并调用枢纽工程区的地质信息。

2. 确定心墙基础开挖高程

显示地质三维模型中需要被切出的图层，如地形、基覆界面等，用勘探线绘制工具绘

制出坝轴线（SJX-BGZ1），再用竖直勘
探剖面工具生成坝轴线剖面图。

3. 确定大坝典型剖面

在三维模型顶视图中作垂直于坝轴线
的剖面线，图 4.4-29 为大坝典型剖面线
绘制与剖切界面；用切坝轴线剖面图相同
的方法切出河床纵剖面图（SJX-BGH1），
图 4.4-30 为生成的河床地质纵剖面图。

在 SJX-BGH1 竖直地质剖面图中，
用地质编录工具绘制大坝典型剖面（见图
4.4-31），将绘制的剖面导入三维模型中
（见图 4.4-32）。

4. 大坝基本实体建模

将去除下游堆石区的大坝典型断面拉伸
成实体，如图 4.4-33 所示。然后通过心墙
顶高程和底高程的平切图（见图 4.4-34）
构建出心墙扩大部分实体，再用心墙基础
开挖线切割掉下部实体形成三维模型，如
图 4.4-35 所示。提取心墙和反滤层底面

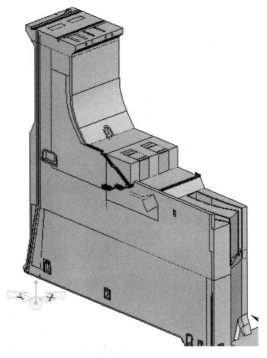

图 4.4-27　具有细部结构的坝段三维模型

进行缝合增厚，分别形成坝基混凝土垫板和接触黏土层，如图 4.4-36 所示；另外，提取
的底面即为心墙基础开挖起坡线。

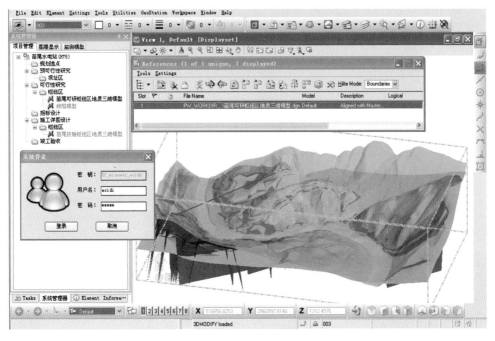

图 4.4-28　参考地质三维模型示意图

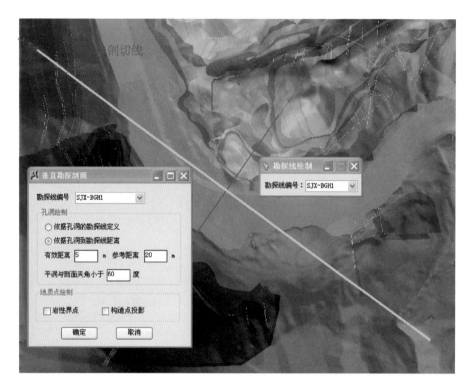

图 4.4 - 29　大坝典型剖面线绘制与剖切界面

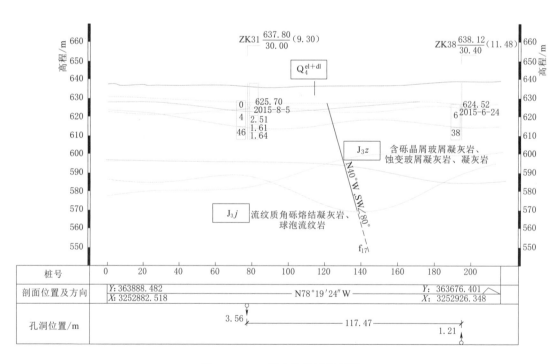

图 4.4 - 30　河床地质纵剖面图

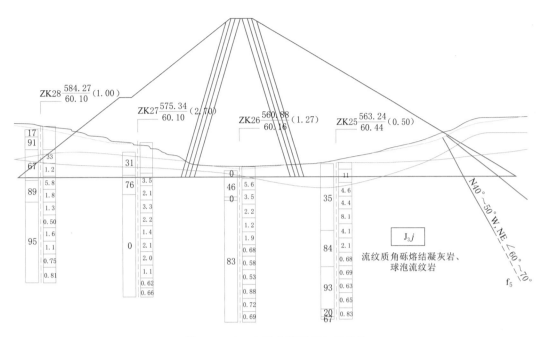

图 4.4-31 大坝典型剖面初步设计

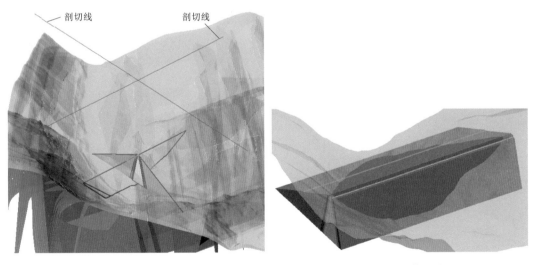

图 4.4-32 大坝典型剖面导入三维模型示例　　图 4.4-33 大坝实体拉伸初步成果

　　下游坝坡若采用"之"字形路，下游堆石区的建模就不能采用典型断面拉伸的方法，建模步骤如下：通过"点—线—面—体"的建模方式建成带有之字路的坝后坡实体，利用体布尔运算切除堆石区和过渡层界面以下部分实体，最后进行局部结构调整，过程见图 4.4-37~图 4.4-39。

　　5. 大坝基础开挖边坡设计

　　心墙堆石坝基础开挖面大致可分为四个部分：①心墙基础开挖岩石边坡；②心墙基础开挖覆盖层边坡；③堆石区基础；④大坝坡脚开挖边坡。堆石区基础一般按清除覆盖层或

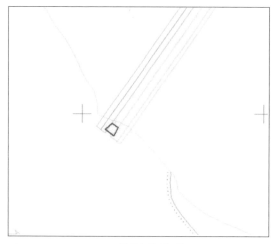

（a）心墙顶高程平切图　　　　　　　　　　（b）心墙底高程平切图

图 4.4-34　心墙顶高程和心墙底高程平切图

图 4.4-35　去除下部实体的三维模型

图 4.4-36　生成混凝土垫板和接触黏土层
的三维模型

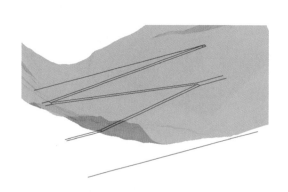

图 4.4-37　下游坝坡"之"字形路线框图设计示意图

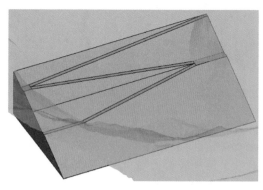

图 4.4-38　下游堆石区及干砌石护坡建模结果

破碎基岩一定厚度设计，是概念性的设计，与混凝土坝基础有明确的高程和边坡坡比不同。土石坝坝体三维建模与基础开挖三维建模是不可分割的。下面以堆石区基础清除覆盖层 5m 或基岩 2m 为例进行叙述。

（1）堆石区基础面建模。通过地质三维模型中地面和基岩面的平移得到坝基范围内覆盖层深 5m 或基岩深 2m 的复合面，并通过相互裁剪得到两个面中较高部分形成完整的复合面，见图 4.4－40。

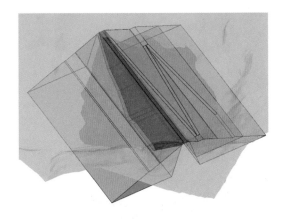

图 4.4－39 大坝基本实体建模结果

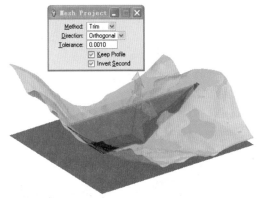

图 4.4－40 平移地形面和基岩面并裁剪
得到完整复合面

求取大坝堆石区实体模型与此复合面的交面，得到坝基范围内的复合面。图 4.4－41 为堆石区基础开挖面提取示例。

（2）心墙基础开挖边坡设计。边坡设计时，应注意设计坡比表示类型。如心墙基础上下游开挖边坡坡比为视坡，则可采用面拉伸命令形成上下游开挖面，图 4.4－42（a）为心墙基础岩石开挖边坡设计示例；若开挖坡比为真实坡，则应采用偏移的方式形成开挖面。以基岩面轮廓线为边界裁剪得到心墙基础开挖基岩坡，图 4.4－42（b）为心墙基础岩石开挖面裁剪示例。提取心墙基础开挖基岩边坡的边界，并在坝体填筑边界处打断，按设计坡比拉伸并转换成网格面（视倾

图 4.4－41 堆石区基础开挖面提取示例

角），图 4.4－42（c）为提取并打断心墙基础岩石开挖界面后拉伸示例，再与堆石区基础复合面相互裁剪保留下面部分，即形成心墙基础开挖覆盖层边坡和最终的堆石区基础，图 4.4－42（d）为心墙基础覆盖层开挖面与堆石区基础复合面相互裁剪示例。

（3）坝基开挖设计。利用开挖软件进行坝基开挖设计。由于堆石区基础面精度要求较低，可考虑用等高线代替三角形网格，如图 4.4－43 所示，这种方法能有效减少计算机运算时间。最后利用坝基开挖面将大坝主堆石实体模型在基础面以下的部分切除。

6. 大坝细部结构设计

对土石坝来说，在防渗体下游主堆石以下的覆盖层基础面部分还会铺设一定厚度的反滤料和过渡料，心墙坝在心墙两侧一定宽度的坝基上也会铺设反滤料和过渡料。由于软件功能的限制，该部分实体精确建模有较大难度，且效率很低，因此建议建模时可适当降低

（a）心墙基础岩石开挖边坡设计

（b）心墙基础岩石开挖面裁剪

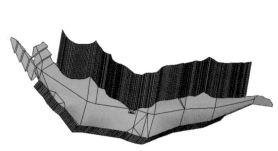

（c）提取并打断心墙基础岩石开挖面边界后拉伸

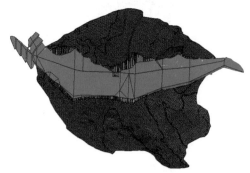

（d）心墙基础覆盖层开挖面与堆石区基础复合面相互裁剪

图 4.4-42　心墙基础开挖面建模示例

精确度，能估出工程量即可。图 4.4-44、图 4.4-45 和图 4.4-46 依次展示了某工程坝基反滤料和过渡料铺设范围、建模结果和三维模型。

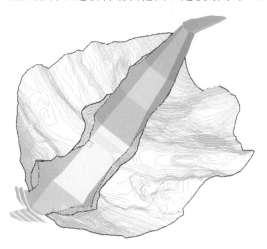

图 4.4-43　提取堆石区基础面等高线

图 4.4-44　坝基反滤料和过渡料铺设范围

4.4.2.4　溢洪道三维设计关键技术

泄洪建筑物类型主要有坝身表孔、坝身中孔（或深孔）、泄洪闸、溢洪道、泄洪洞等，坝身表、中孔一般布置在混凝土重力坝或拱坝上，可参见相应坝型的三维建模方法，泄洪闸建模方法与重力坝类似。

溢洪道是布置在拦河坝肩或拦河坝上游水库库岸的泄洪通道，水库的多余来洪经此泄

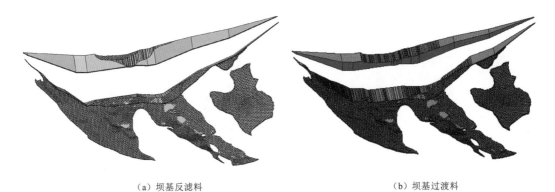

（a）坝基反滤料　　　　　　　　　　　　　　（b）坝基过渡料

图 4.4－45　坝基反滤料和过渡料建模结果

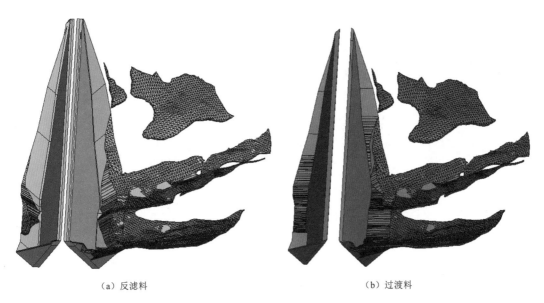

（a）反滤料　　　　　　　　　　　　　　（b）过渡料

图 4.4－46　反滤料和过渡料三维模型

往下游河床。岸边溢洪道的类型按照流态区分，包含正槽溢洪道、侧槽溢洪道、井式溢洪道等。其中正槽溢洪道在常规土石坝工程、抽水蓄能工程中广泛应用，其过堰水流方向与堰下泄槽纵轴线方向一致。

本节以岸边溢洪道为例，对溢洪道的主要结构三维设计方法进行介绍，挡墙、廊道、止排水、基础和边坡开挖等有共性的部分可参见本节相关部分。

1. 控制段设计

（1）溢流堰设计。

控制段溢流堰过流堰面曲线复杂，工程中用到的曲线形式较多。以上游面铅直，原点上游用三圆弧曲线，后接幂函数曲线的曲线组合形式的堰面曲线为例。图 4.4－47 为溢流堰剖面图示例。

溢流堰三维设计时需借助相关专业模块功能来完成"三圆弧"曲线和幂函数曲线的绘制：利用参数曲线绘制功能进行"三圆弧"曲线绘制，堰顶上游曲线参数设置界面如图

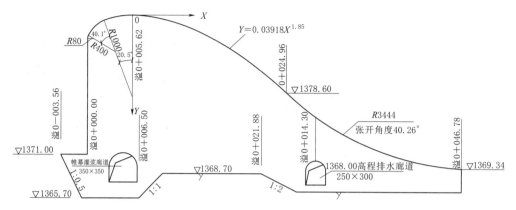

图 4.4－47　溢流堰剖面图示例（单位：高程 m，尺寸 mm）

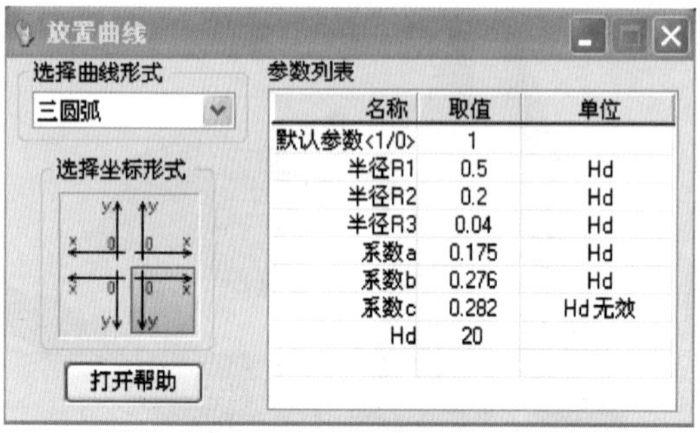

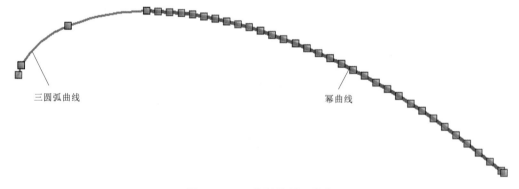

图 4.4－48　堰顶上游曲线参数设置界面

4.4－48 所示；根据三圆弧水平段长度推算出水头为 20m，相应各设计参数按照设计值输入；参数输入完成后生成对应的三圆弧线条。

同理，绘制与三圆弧曲线相接的幂函数曲线，将三圆弧曲线与幂函数曲线连接，即得到设计的堰面曲线，如图 4.4－49 所示。

得到堰面曲线后，将整个过流堰体结构画出，将图形拉伸形成实体模型，见图 4.4－50。

三圆弧曲线

幂曲线

图 4.4－49　绘制的堰面曲线

（2）闸墩设计。

闸墩的结构图示例见图 4.4－51，要完成闸墩三维建模，主要用到的功能包括闸墩典型剖面绘制、拉伸成体、面与体切割等。

设计闸墩模型时，根据典型剖面选择的不同，可以有不同的建模途径。图 4.4－52 为闸墩及尾墩建模示例。主要有两种建模方式：第一种按剖面图拉伸或加厚一定厚度形成闸

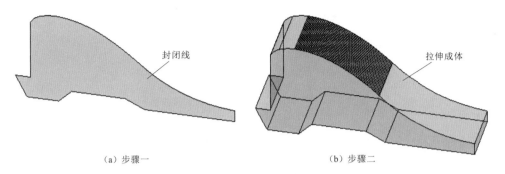

（a）步骤一　　　　　　　　　　　（b）步骤二

图 4.4-50　溢流堰体建模步骤

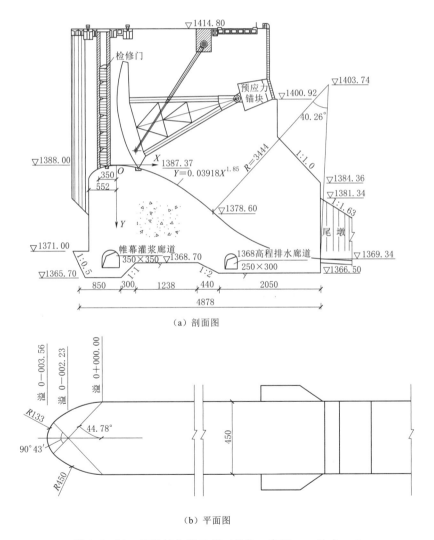

（a）剖面图

（b）平面图

图 4.4-51　闸墩结构图示例（单位：高程 m，尺寸 cm）

墩基本体型，然后从顶面上将闸墩上游面及尾墩下游面切除成弧面，共两个主要步骤，如图 4.4-52（a）所示；第二种按平面图拉伸，然后从侧面将闸墩切除成设计体型，也是两个主要步骤，如图 4.4-52（b）所示。当然也可以先将闸墩分块，分别采用平面图和剖面图拉伸后再组合。

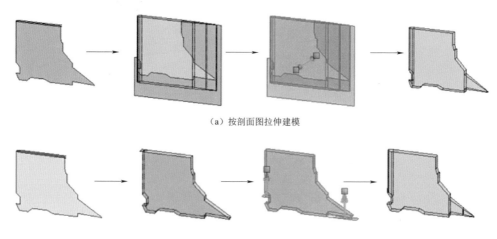

（a）按剖面图拉伸建模

（b）按平面图拉伸建模

图 4.4-52　闸墩及尾墩建模示例

2. 泄槽段设计

（1）泄槽底板设计。泄槽底板为依建基面而建的混凝土薄板结构，三维设计和前面方法基本一样，通过底板纵向断面横向拉伸即可得到泄槽底板，示例如图 4.4-53 所示。

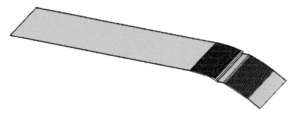

图 4.4-53　泄槽底板模型示例

（2）挑流鼻坎设计。挑流鼻坎的设计为溢洪道三维设计的难点，特别是扭鼻坎的扭面比较难设计。差动式鼻坎（见图 4.4-54）曲面很多，结构也很不规则，需要有比较好的空间想象力才能理解结构型式。

对三维模型的理解就是对模型的简化、分解，理解得越透彻，建模就越简便、效率越高。从图 4.4-55 来看，由于结构的对称性，这个复杂的结构可以分解成两个基本单元，如图 4.4-56 所示，高鼻坎经对称镜像后与低鼻坎组合形成一个结构段的差动式鼻坎，最后再并排复制 3 个形成完整的挑流鼻坎。

根据图 4.4-55 的剖面连成封闭线框后分别拉伸，如图 4.4-56（a）所示；根据三点确定两个单元的共面，如图 4.4-56（b）所示；将共面拉伸足够大，用这个面切除多余部分，如图 4.4-56（c）所示；最后将高鼻坎单元镜像并合并，如图 4.4-56（d）所示；复制后完整的挑流鼻坎如图 4.4-56（e）所示。

4.4.2.5　地形开挖、回填三维设计关键技术

地形开挖、回填建模在开挖软件中进行。地形开挖、回填建模一般可分为两个阶段，

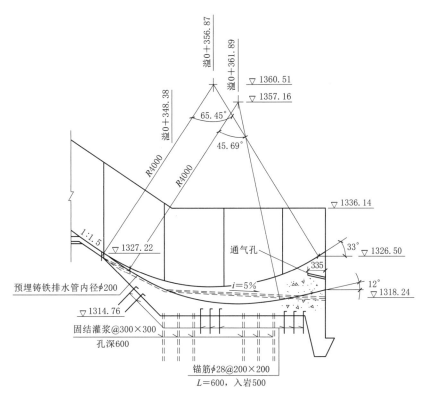

（a）平面图（单位：高程 m，尺寸 cm）

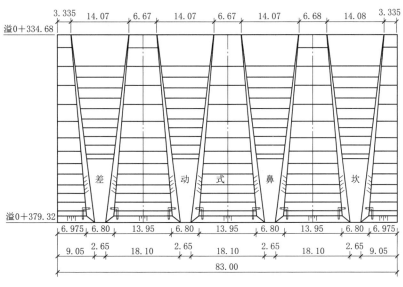

（b）剖面图（单位：m）

图 4.4-54　差动式鼻坎平剖面图示例

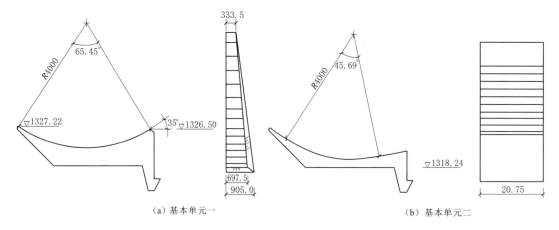

（a）基本单元一   （b）基本单元二

图 4.4-55 挑流鼻坎基本单元分解（单位：高程 m，尺寸 cm）

即线框图设计阶段和开挖运算阶段。

线框图设计是指马道和边坡的骨架设计。不同建筑物边坡马道的设计有不同的特点，而软件开挖运算过程是基本相同的。某工程尾水出口线框图设计图与开挖模型图如图 4.4-57 所示。

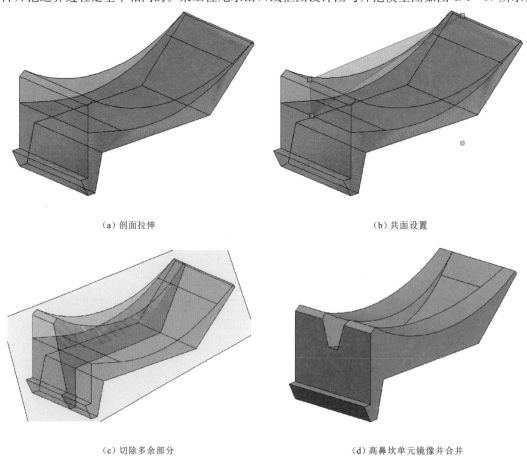

（a）剖面拉伸   （b）共面设置

（c）切除多余部分   （d）高鼻坎单元镜像并合并

图 4.4-56（一） 差动式挑流鼻坎建模

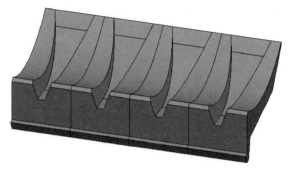
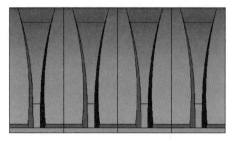

（e）挑流鼻坎完整形体

图 4.4-56（二） 差动式挑流鼻坎建模

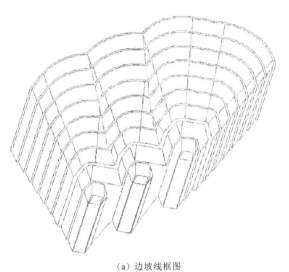
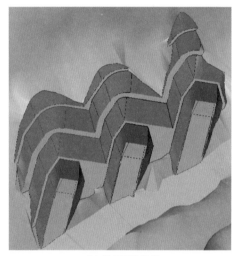

（a）边坡线框图　　　　　　　　　　　　（b）边坡开挖结果

图 4.4-57 某工程尾水出口线框图设计图与开挖模型图

4.4.2.6 混凝土配筋三维设计关键技术

混凝土配筋三维设计基于参数化混凝土配筋三维设计软件，可广泛应用于水电行业的三维结构配筋设计。对于不同体型、结构的配筋体，除配筋原则不同外，操作过程类似，如图 4.4-58 所示。下面以混凝土面板坝面板配筋为例简述混凝土配筋三维设计过程。

图 4.4-58 配筋三维设计流程图

1. 创建配筋体

面板属于大体积混凝土，故需创建大体积配筋体，进行混凝土相关参数、配筋参数以及定义止水线等设置，完成配筋体预处理。图 4.4-59 为配筋体创建示例。

（a）创建大体积配筋体

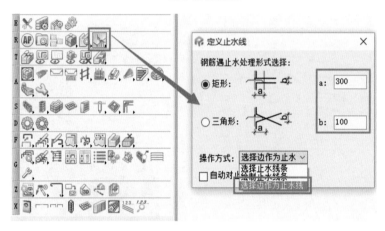

（b）设置止水参数

图 4.4-59　配筋体创建示例

2. 配筋

依据设计原则设置配筋体或某一配筋面的配筋参数，如图 4.4-60 所示。参数设置完成后，即可生成钢筋布置图。

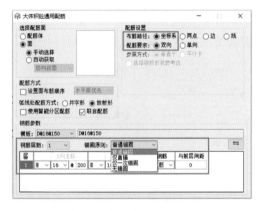

图 4.4-60　配筋参数设置

3. 钢筋检查

如钢筋较多不方便查看，可通过选面隔离的方式将钢筋隔离查看。

4. 钢筋编号

可通过钢筋自动编号功能对钢筋进行编号，既可对某个配筋体单独编号，也可对模型中所有的钢筋进行编号。图 4.4-61 为钢筋自动编号界面。

5. 钢筋报表

通过钢筋报表功能输出钢筋表，可输出全部钢筋也可输出某一配筋体钢筋。图 4.4-62 为钢筋报表输出界面。

图 4.4 - 61 钢筋自动编号界面

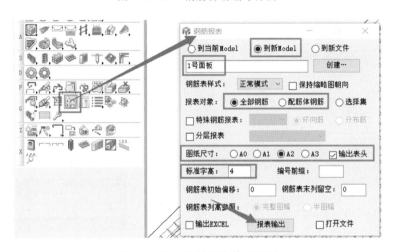

图 4.4 - 62 钢筋报表输出界面

6. 出图

首先定义钢筋显示样式，保存钢筋的显示状态，用于出图时钢筋的显示数量，通过"抽图管理器"设置出图的各项参数，即可完成出图。图 4.4 - 63 为剖面抽图与面层抽图设置界面。

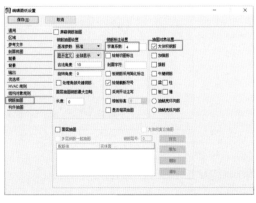

（a）剖面抽图

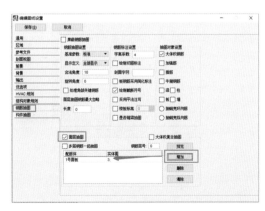

（b）面层抽图

图 4.4 - 63 剖面抽图与面层抽图设置界面

7. 出图修改

出图完成后，可对钢筋图进行结构线修改或者钢筋标注修改。图 4.4－64～图 4.4－66 展示的是通过配筋三维设计软件输出的钢筋图及钢筋表与传统画图方式输出的钢筋图及钢筋表对比结果。

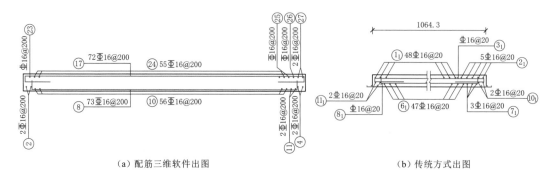

（a）配筋三维软件出图　　　　　　　　（b）传统方式出图

图 4.4－64　面板横剖面图对比

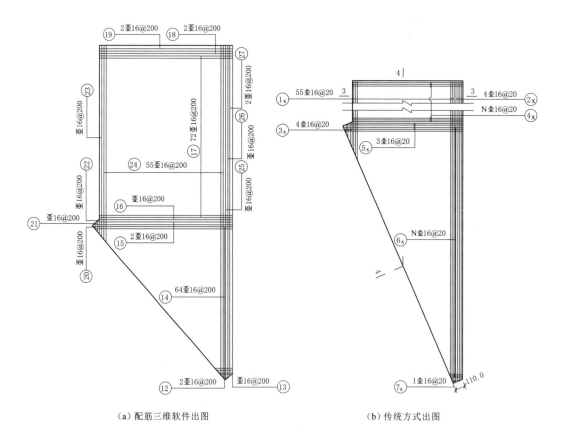

（a）配筋三维软件出图　　　　　　　　（b）传统方式出图

图 4.4－65　面板顶层钢筋对比图

4.4.2.7　三维模型在有限元计算中的应用关键技术

有限元的前处理包括建立网格和赋予边界条件，该过程很可能出现错误，且往往需要

钢筋表　　　　　　　　　　　　　钢筋表续表1

编号	直径	钢筋形式(mm)	单根长度(mm)	根数	总长(m)	重量(kg)	备注
①	Φ16	11925	11925	2	23.9	37.7	
②	Φ16	16140,16365	16140,16365	2	32.5	51.3	
③	Φ16	17975	17975	2	36.0	56.8	
④	Φ16	28285,28480	28285,28480	2	56.8	89.6	
⑤	Φ16	1490	1490	1	1.5	2.4	
⑥	Φ16	1720~12700	1720~12700	63	454.1	716.9	
⑦	Φ16	12385~12835	12385~12835	3	37.8	59.7	
⑧	Φ16	12285~12335	12285~12335	73	898.6	1418.5	
⑨	Φ16	1375,1775	1375,1775	2	3.1	5.0	
⑩	Φ16	16635~28855	16635~28855	56	1273.6	2010.7	465指向上端
⑪	Φ16	28700,28880	28700,28880	2	57.6	90.9	465指向上端
⑫	Φ16	2155,2290	2155,2290	2	4.4	7.0	
⑬	Φ16	3990	3990	1	4.0	6.3	
⑭	Φ16	4170~15310	4170~15310	64	823.6	984.5	
⑮	Φ16	15025,15250	15025,15250	2	30.3	47.8	
⑯	Φ16	14800	14800	1	14.8	23.4	
⑰	Φ16	14585~14735	14585~14735	72	1059.0	1671.9	
⑱	Φ16	14685	14685	2	29.4	46.4	
⑲	Φ16	13970,14530	13970,14530	2	28.5	45.0	
⑳	Φ16	3240	3240	1	3.2	5.1	
㉑	Φ16	3625	3625	1	3.6	5.7	
㉒	Φ16	3985	3985	1	4.0	6.3	
㉓	Φ16	19340	19340	1	19.3	30.5	
㉔	Φ16	19560~31685	19560~31685	55	1409.3	2224.8	
㉕	Φ16	31865	31865	1	31.9	50.3	
㉖	Φ16	31690	31690	1	31.7	50.0	
㉗	Φ16	31335,31510	31335,31510	2	62.8	99.2	
总计							9.84(t)

（a）三维配筋软件输出钢筋表

部位	编号	直径(mm)	型式	单根长(cm)	根数(根)	总长(m)	备注	小计
③号面板	①₃	Φ16	7825~10248 32,100 100,23 α=58.4,b=123.7,Δ=44.8	8080~10501	55	5109.78	每一长度各1根	③号面板钢筋重量合计：Φ16:36846.4kg
	②₃	Φ16	10255~10245 36,100 100,23 α=56.4,b=123.7,Δ=-3.3	10514~10504	4	420.36	每一长度各1根	
	③₃	Φ16	71~236 L1 L1 钢筋弯钩l=40，其余L=100，Δ=54.7	213~497	4	14.20	每一长度各1根	
	④₃	Φ16	1184 100 100 18.0~31.6,Δ=0	1420~1447	375	5375.63	每一长度各1根	
	⑤₃	Φ16	1211~1278 100 100 31.6,Δ=33.5	1474.2~1541.2	3	45.23	每一长度各1根	
	⑥₃	Φ16	1269~116 100 100 31.6~35.6,Δ=-8.4	1523.2~383.2	138	1315.42	每一长度各1根	
	⑦₃	Φ16	74.1 30 30 35.6	207.3	1	2.07		
	⑧₃	Φ16	7808~10292 27,23,Δ=46.0	7858~10252	53	4799.15	每一长度各1根	
	⑨₃	Φ16	10229~10220 27,23,Δ=-4.5	10279~10270	3	308.24	每一长度各1根	
	⑩₃	Φ16	113~222 27,23,Δ=54.5	163~272	3	6.53	每一长度各1根	
	⑪₃	Φ16	1148 27,27	1192	373	4446.16		
	⑫₃	Φ16	1150~1221 24,24,Δ=35.5	1198~1269	3	37.01	每一长度各1根	
	⑬₃	Φ16	1222~69 27,27,Δ=-8.4	1276~123	138	965.31	每一长度各1根	
	⑭₃	Φ16	10250	10250	2	205.0	面板右侧边缘	
	⑮₃	Φ16	7840	7840	2	156.80	面板左侧边缘	
	⑯₃	Φ16	1182	1182	2	23.64	面板顶部边缘	
	⑰₃	Φ16	3000	3000	3	90.00	面板底部边缘	

注：本表钢筋尺寸未计入钢筋搭接和损耗，工程量仅供参考。

（b）传统钢筋表

图 4.4-66　钢筋表对比

计算后才能发现，而有限元计算过程需要几天的时间，且错误往往不能一次试算就能发现，基于三维设计平台的有限元网格纠错和边界条件检查是实现有限元前处理结果纠错的较为有效的解决方案。基于三维设计平台的有限元前处理结果纠错主要包括以下两个方面：

（1）网格纠错。将有限元网格写成 dxf 格式导入三维设计平台，并利用三维设计平台检查错误。

（2）边界条件检查。将有限元网格上各个边界显示为各种颜色写成 dxf 格式，并导入三维设计平台检查。

下面以两个实例说明基于三维设计平台的网格纠错和边界检查成效。

实例一：某碾压混凝土坝温度场和应力计算所用的网格

复杂模型不同部位的网格往往是相互遮蔽的，需要逐步地检查。先检查简单部分，确定正确后将其删除，并逐步完成整个模型检验。图 4.4-67 为该坝网格检查步骤。对于该网格，可以采用逐步检查的方式；先检查地基是否正确，即地基是否出现内部的面；然后再逐渐往上检查，检查各个廊道、检修门槽的应力情况，即可对坝段的网格进行全方位的检查。

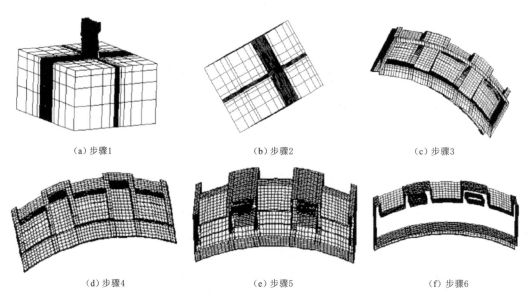

（a）步骤1　　　　　　　　（b）步骤2　　　　　　　　（c）步骤3

（d）步骤4　　　　　　　　（e）步骤5　　　　　　　　（f）步骤6

图 4.4-67　网格检查步骤

实例二：某碾压混凝土坝库水温分布正确性检查

某碾压混凝土坝坝体为拱坝、曲面结构，采用有限元计算时需要将上表面含水部分的面所在的区域全部用数学函数式表达出来。

运行期水库水温因季节的不同而不同。如没有一套好的误差检查系统，则出错的可能性很大，通过三维设计平台则可以较为轻松地检查误差。图 4.4-68 为水温分布正确性检查结果。

4.4.2.8　其他坝工专业三维设计

坝工专业三维设计还包括水闸、过坝建筑物，如鱼道、过木道等。在进行三维设计

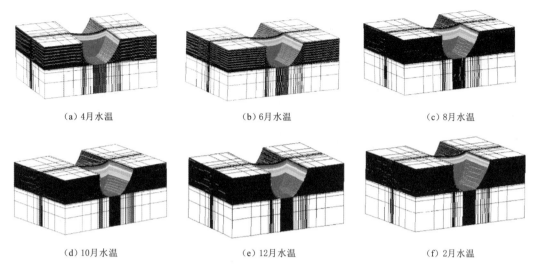

（a）4月水温　　　　　　　　　（b）6月水温　　　　　　　　　（c）8月水温

（d）10月水温　　　　　　　　　（e）12月水温　　　　　　　　　（f）2月水温

图 4.4-68　水温分布正确性检查结果

时，仍以"点—线—面—体"的大体积混凝土建模方式为基本思路，根据建筑物的具体特点，利用布尔运算及三维设计平台提供的其他功能进行建模。坝工建筑物三维设计的方法是灵活多变的，关键在于能熟练运用三维设计软件上的相关功能，准确把握建筑物结构，建立清晰的建模思路，最后根据建筑物的结构特点和建模要求，选用最高效的建模方法。

4.4.2.9　模型属性标准

为满足水电工程三维模型的规范化管理要求，便于模型的批量编辑修改和多专业协同设计工作，实现模型的颜色、线型、线宽等图元信息标准化，采取图层方式对三维模型进行管理。图层设置原则为专业编码_类别编码_对象编码，以拼音大写首字母的方式定义各级编码，坝工专业编码为 BG。

坝工专业三维模型常用图层见表 4.4-1。

表 4.4-1　　　　　　　　　　坝工专业三维模型常用图层参考表

序号	图层编号	描述	说　明
1	BG＿TSB＿＊＊	土石坝	＊＊表示土料、主堆石、次堆石、心墙、过渡料、排水料、反滤料、垫层料、小区料、石渣料、防渗铺盖、干砌石、浆砌石、植草、构件钢筋混凝土、大体积素混凝土、路面混凝土、沥青混凝土
2	BG＿ZLB＿＊＊	重力坝	＊＊表示坝体表面混凝土、坝体基础混凝土、坝体内部混凝土、抗冲耐磨混凝土、构件钢筋混凝土、二期混凝土、路面混凝土
3	BG＿GB＿＊＊	拱坝	＊＊表示坝体高应力区混凝土、坝体中应力区混凝土、坝体低应力区混凝土、抗冲耐磨混凝土、混凝土基础/垫座、构件钢筋混凝土、二期混凝土、路面混凝土
4	BG＿ZB＿＊＊	闸坝	＊＊表示闸墩混凝土、堰体/底板混凝土、抗冲耐磨混凝土、基础混凝土、挡墙/边墙混凝土、构件钢筋混凝土、二期混凝土、路面混凝土
5	BG＿DB＿＊＊	大坝	＊＊表示止水、排水、廊道/通道、楼梯/爬梯

序号	图层编号	描述	说　明
6	BG_YHD_＊＊	溢洪道	＊＊表示闸墩混凝土、堰体混凝土、抗冲耐磨混凝土、基础混凝土、挡墙/边墙混凝土、泄槽底板混凝土、挑流鼻坎混凝土、构件钢筋混凝土、二期混凝土、路面混凝土、止水、排水、廊道/通道、楼梯/爬梯
7	BG_XHD_＊＊	泄洪洞/放空洞	＊＊表示进水口大体积混凝土、洞身衬砌混凝土、抗冲耐磨混凝土、挑流鼻坎混凝土、构件钢筋混凝土、二期混凝土、路面混凝土、止水、排水、廊道/通道、楼梯/爬梯
8	BG_SDT_＊＊	水垫塘	＊＊表示底板混凝土、二道坝混凝土、止水、排水、廊道/通道
9	BG_XLC_＊＊	消力池	＊＊表示底板混凝土、边墙混凝土、尾槛混凝土、止水、排水、廊道/通道
10	BG_FC_＊＊	下游防冲	＊＊表示下游导墙/边墙混凝土、下游护坦混凝土、下游护坡混凝土、下游海漫大块石、下游护坡钢筋石笼
11	BG_YD_＊＊	鱼道	＊＊表示鱼池混凝土、隔板/导板混凝土、止水
12	BG_QT_＊＊	其他结构	＊＊表示码头混凝土、拦污漂固定墩混凝土、挡墙/导墙、辅助地下洞室
13	BG_KW_＊＊	基础开挖	＊＊表示坝基开挖、溢洪道开挖、泄洪洞/放空洞明挖、水垫塘开挖、消力池开挖、鱼道开挖、库盆开挖
14	BG_JCCL_＊＊	基础处理	＊＊表示防渗帷幕、防渗墙、置换回填、桩基
15	BG_BPZL_＊＊	边坡治理	＊＊表示边坡开挖、坡脚压重、边坡排水、抗滑桩、抗剪洞、锚固洞、挡墙、锚索、坡面防护
16	BG_FZ_＊＊	辅助及说明	＊＊表示轴线、马道线、尺寸标注、文字、空间对象、其他

4.4.3　坝工三维应用成果

坝工专业在水电站勘测设计各专业中处于核心位置，三维设计技术可在坝工设计的各个阶段发挥作用，以龙开口水电站与白鹤滩水电站的坝工专业三维设计为例，介绍坝工三维设计应用成果。

4.4.3.1　龙开口水电站

龙开口水电站历经预可行性研究、可行性研究、招标、技施四个设计阶段，三维数字化设计涵盖了工程全部设计内容，实现三维设计建模、三维校审、三维出图、现场服务、CAD/CAE一体化分析、移动互联技术应用、全生命周期管理应用，坝工三维设计应用成果如下。

1. 三维设计出图

对已完成的坝工三维结构模型进行抽图，把抽出来的平面图、剖面图、立面图、大样图等整合成一套图纸，并对图纸进行标注、说明等，形成最终设计成果，出图效率提高60％，大大简化出图工作，出图成果还增加三维轴测图，使图纸表现更直观，可读性更高，信息量更大。图4.4-69和图4.4-70为利用已建三维模型抽取的二维图纸。

2. 方案比选

龙开口水电站运用枢纽三维设计手段进行了数十次坝址、坝线、坝型方案比选，各方案枢纽布置图如图4.4-71所示，最终设计方案枢纽鸟瞰图如图4.4-72所示。

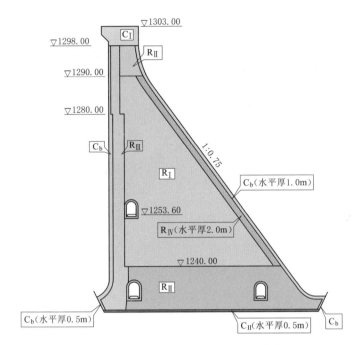

图 4.4 - 69　左岸挡水坝段结构布置图（单位：m）

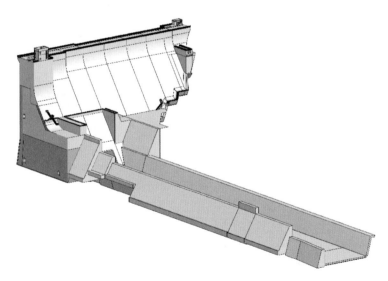

图 4.4 - 70　左岸挡水坝段结构布置图（轴测图）

3. 优化设计

运用三维设计手段对枢纽建筑物格局进行优化布置，并进行细部结构优化设计，如建基面优化、缺陷地质处理、深槽处理设计、坝顶结构设计等，如图 4.4 - 73～图 4.4 - 76 所示。

4.4.3.2　白鹤滩水电站

白鹤滩水电站为金沙江下游四个水电梯级中的第二个梯级，坝址位于四川省宁南县和云南省巧家县境内，工程控制流域面积 43.03 万 km²，占金沙江以上流域面积的 91%。

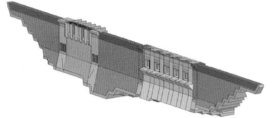

（a）中坝址上坝线左侧明渠导流方案

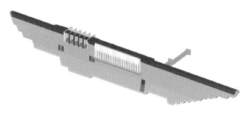

（b）中坝址下坝线左岸明渠方案

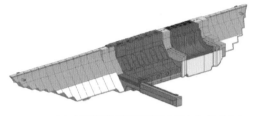

（c）中坝址下坝线碾压混凝土坝方案（推荐方案）

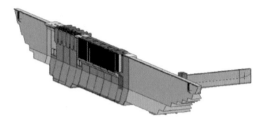

（d）中坝址上坝线二线导流洞方案

图 4.4-71　龙开口水电站各方案枢纽布置图

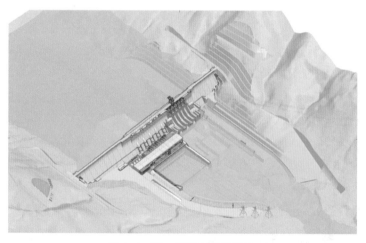

图 4.4-72　枢纽布置鸟瞰图

（a）基建面模型

（b）基建面实景图

图 4.4-73　建基面优化示例

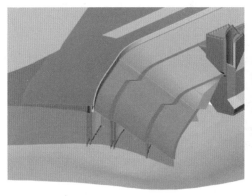

（a）地质模型　　　　　　　　　　　　　　　（b）地质缺陷实景

图 4.4-74　地质缺陷示例

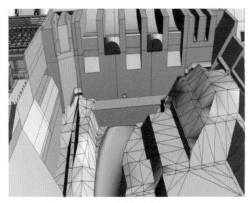

（a）深槽模型　　　　　　　　　　　　　　　（b）深槽实景

图 4.4-75　深槽处理设计

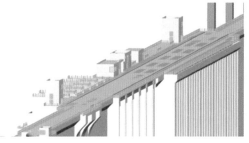

（a）优化前坝顶布置　　　　　　　　　　　　（b）优化后坝顶布置

图 4.4-76　坝顶布置优化效果

白鹤滩水电站拥有复杂程度为全球之最的 300m 级拱坝和超过 200km 的地下洞室群，设计施工难度在世界水电史上罕见。

白鹤滩从 2006 年启动了枢纽工程数字化设计，历经预可行性研究、可行性研究、招标、技施四个阶段，应用专业涵盖地质、坝工、厂房、引水、施工、交通、机电、暖通、

给排水、金属结构等。白鹤滩枢纽工程三维设计成果和坝工专业总装图分别如图 4.4-77
和图 4.4-78 所示。

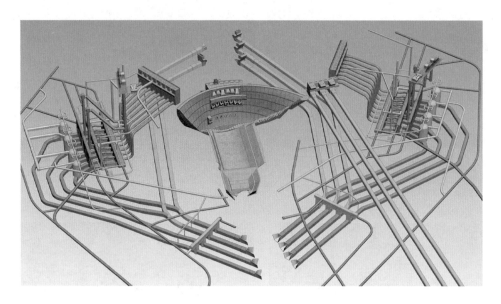

图 4.4-77　白鹤滩枢纽工程三维设计成果

图 4.4-78　白鹤滩枢纽工程坝工专业总装图

1. 坝线比选设计

白鹤滩坝址区地形不对称，左岸边坡发育强卸荷岩体及规模较大的拉裂缝。通过三维
数字化成果，对边坡深部拉裂缝、水流（泥石流）等与拱坝进行三维空间分析，针对不同
拱坝坝线位置进行技术、经济比选，高效地确定经济合理、技术可行的坝线，显著缩短了
设计周期。

2. 三维抽图＋平面标注

坝工专业在技施阶段随设计持续更新三维模型，拱坝结构等技施蓝图采用三维抽图＋
平面标注的方式进行设计，图 4.4-79 为所形成的技施蓝图。坝顶垫座、扩大基础、下游贴
角、大坝帷幕等部位直接用三维平台进行三维立体化设计，再进行平面出图，图 4.4-80 为
利用已建三维模型生成的图纸。

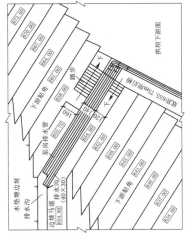

（b）高程655.75m坝后桥衔接

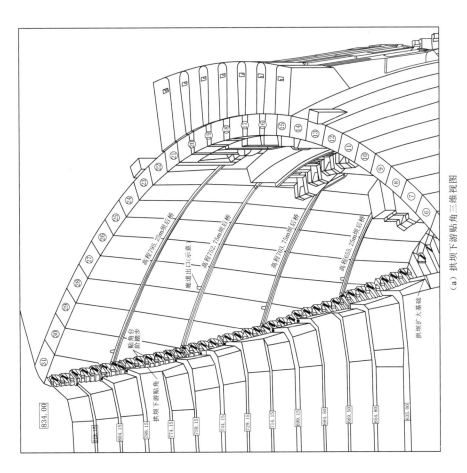

（a）拱坝下游贴角三维视图

[图 4.4 - 79　三维抽图+平面标注形成技施蓝图（单位：m）]

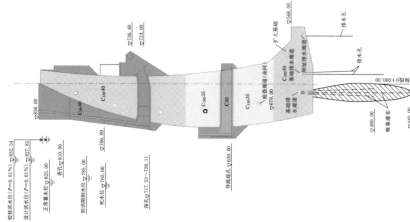

（b）泄洪中心线剖面

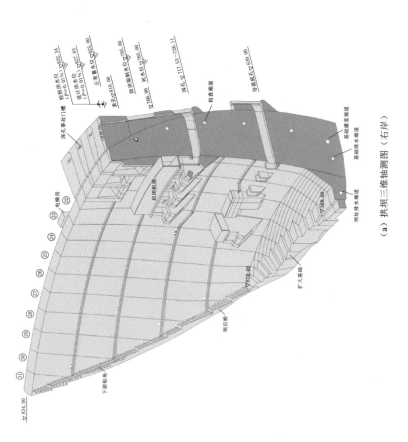

（a）拱坝三维轴测图（右岸）

图4.4-80 利用三维模型生成图纸示例（单位：m）

3. 复杂地质条件下地下洞室群布置优化

由于白鹤滩水电站工程地下洞室群错综复杂、专业交叉多，在设计过程中运用三维软件系统进行洞室关系复核，让地下洞室群的布置、输水洞线的长短、洞室与地质构造的相对关系等变得非常清晰直观，各专业根据需要充分利用现有洞室。三维工具设计节约了工程投资及建设工期，同时建立了边坡锚索的三维模型，利用三维软件复核洞室与边坡锚索的关系，避免两者相互交叉。三维设计明显提高了复杂结构设计的效率，同时避免了各种交叉问题。

大坝及水垫塘廊道系统如图 4.4－81 所示。

4. 高精度复杂三维计算模型建立

对于现有的分析软件，模型的建立工作相当复杂，且可复制性不强，借助于三维设计一体化平台，可将结构三维模型直接导入 CAE 软件进行受力分析。图 4.4－82 为建立的三维模型导入 CAE 软件进行受力计算的示意图，为计算人员节省大量建模时间，提高计算效率。

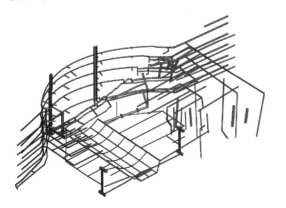

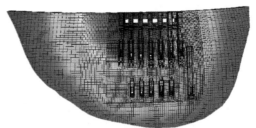

图 4.4－81　大坝及水垫塘廊道系统　　　　图 4.4－82　将三维模型导入 CAE 软件中进行
受力计算的示意图

4.5　引水专业

引水专业设计内容主要包括综合性水利水电工程输水系统土建设计、长大隧道及地下工程设计、压力钢管及附属结构设计咨询工作。引水专业三维设计主要进行水道系统的三维设计，包括明渠、进水口、引水洞、岔管、尾水洞、调压室、尾水出口、边坡等建筑物。

4.5.1　引水专业三维设计工作流程

引水专业三维设计流程包括确定建模范围和建模深度，数据收集与处理，设计方案，三维模型，模型检查，模型固化发布、出图、数值计算。引水专业三维设计流程图如图 4.5－1 所示。

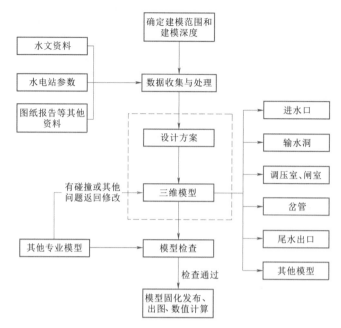

图 4.5-1　引水专业三维设计流程图

4.5.2　引水专业三维设计关键技术

4.5.2.1　三维设计环境的配置

在进行三维设计前，需要对设计环境进行规划和配置，主要包括字体、线型、图层等的选择和设置。各专业三维设计的字体、线型一般需要统一，协调规划。

引水专业三维设计文件一般分部位进行设计，每个独立的建筑物为一个设计文件进行分块，如按照进水口、进水口边坡、引水隧洞、调压室、闸门室、高压管道、尾水隧洞、尾水出口边坡、导流泄洪洞、交通洞、通风洞、施工支洞等来分块。建筑物相对简单且逻辑关系相对明确的部位可以合并。

为便于识别和进行专业之间模型总装，每个部位的图层原则上要求统一。引水专业代码为 YS，图层设置原则为"YS-构件名称"，构件名称由 2～3 个字母组成，采用中文名称拼音的首字母（如楼板为 LB，蜗壳为 WK，尾水管为 WSG，桥架为 QJ）。

引水专业图层命名规则示例见表 4.5-1。

表 4.5-1　引水专业图层命名规则示例

序号	图层号	描　　述	序号	图层号	描　　述
1	YS-BL	板、梁结构	6	YS-SDK	上游进出水口混凝土结构
2	YS-SZ	隧洞支护（喷混凝土）	7	YS-XDK	下游进出水口混凝土结构
3	YS-SC	隧洞衬砌	8	YS-TY	调压井混凝土
4	YS-GC	钢板衬砌	9	YS-TC	其他特种材料
5	YS-GJ	隧洞灌浆	10	YS-ZS	止水

4.5.2.2　进水口参数化建模技术

对于引水专业部分建筑物，如体型设计较为常规且通用，仅仅是各部位结构尺寸有所差异。为提高建模效率，便于方案更改时实现三维模型的快速修改，可采用参数化建模技术，所生成的参数化模型可以极为方便地修改，如修改进水口的拦污栅墩尺寸；修改压力管道衬砌厚度、管径尺寸、管轴线（从竖井转换成斜井等），不用重新建模，只需要修改相关参数即可。对于生成的参数化实体模型，可进行三维抽图生成施工图纸。实体模型可直接输出进行结构计算，也可经过布尔运算处理后，输出作为流体计算的模型。

水电站岸塔式进水口是电站设计中使用较多的一种体型，将该体型进行参数化，通过修改参数完成体型的修改，从而实现参数化设计。岸塔式进水口参数化设计的思路为：将模型分解为底板、拦污栅墩、大体积部分；大体积部分分解为三个不同尺寸的矩形；通过布尔加运算将各部分组成岸塔式进水口整体轮廓；通过不同形状对大体积模型进行不同深度的切割形成各个槽（工作槽、储门槽、检修槽等）和通气孔。主要建模步骤如下：①生成拦污栅墩墩体，即通过"拉伸"拦污栅断面生成体；②绘制拦污栅墩导角；③绘制清污耙斗槽；④绘制拦污栅槽；⑤绘制备用拦污栅槽；⑥绘制清污耙斗槽（右侧）；⑦绘制拦污栅槽（右侧）；⑧绘制备用拦污栅槽（右侧）；⑨绘制中墩上部的牛腿；⑩绘制中墩上部牛腿导角；⑪绘制左侧顶部切槽；⑫绘制右侧顶部切槽。参数化建模完成后，因方案调整而需对局部进行修改时，只需将该部位的参数进行修改即可。进水口参数化建模成果见图4.5-2。

4.5.2.3　隧洞、明渠结构建模技术

对于隧洞、明渠等线性的建筑物，一般需先确定建筑物的剖面，然后将剖面沿着建筑物中心线拉伸即可生成三维实体模型，如有多种断面型式，则需要分段建模；对于分段之间的渐变段，则需要进行单独建模，或直接使用渐变段建模工具。隧洞、明渠也可采用参数化建模方法，将断面形式和轴线作为参数，如需调整体型，直接调整断面和轴线即可快速完成体型的修改。隧洞三维模型见图4.5-3，隧洞进口渐变段的模型见图4.5-4。

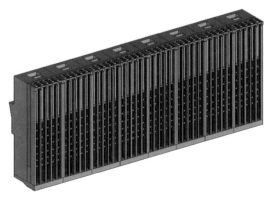

图 4.5-2　进水口参数化建模成果

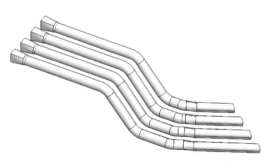

图 4.5-3　隧洞三维模型

4.5.2.4　岔管参数化建模技术

岔管是引水系统常见的建筑物，分为混凝土岔管和钢岔管。如采用常规的建模方法，

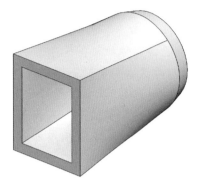

图 4.5-4　隧洞进口渐变段的模型

需要对主管段、锥管段、岔管段分别建模然后进行布尔运算，过程烦琐而且容易造成体型精度不高。

为提高设计效率，可采用参数化建模方法进行混凝土岔管和钢岔管的快速建模，将岔管体型进行参数化，通过修改参数来修改体型实现参数化设计。参数化设计生成的岔管实体模型可用于三维抽图出施工图，也可以直接输出用于结构计算，模型经过布尔运算后可输出作为流体计算的模型。

1. 混凝土岔管

混凝土岔管建模需先明确的参数见表 4.5-2。

图 4.5-4　隧洞进口渐变段的模型

表 4.5-2　混凝土岔管设计参数

序号	名　称	符号	序号	名　称	符号
1	主管半径	R_1	6	下支管与主管夹角	α_2
2	支管1半径	R_2	7	上支管段衔接段倒角半径	R_4
3	支管2半径	R_{32}	8	下支管段衔接段倒角半径	R_5
4	相邻两机组间距	L_1	9	支管间分岔部位倒角	R_6
5	上支管与主管夹角	α_1	10	管壁厚度	t

岔管各参数说明见表 4.5-2，上述参数确定后，选择线段作为岔管轴线，通过参数化的建模方法，即可生成混凝土岔管的三维模型，并可计算出岔管的锥顶角，绘制出混凝土岔管结构图（包括平剖面图）和钢筋图。如需进行体型调整，只需修改参数或轴线即可，图 4.5-5～图 4.5-9 为利用参数建立岔管的一般流程及结果。

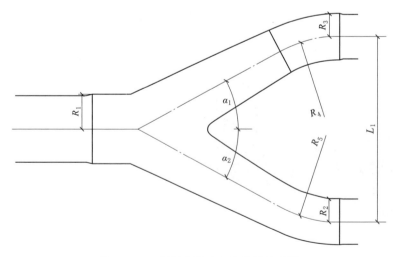

图 4.5-5　利用参数建立的岔管示意图

2. 钢岔管

钢岔管参数化设计与混凝土岔管类似，采用参数化设计需明确的参数见图 4.5-10。

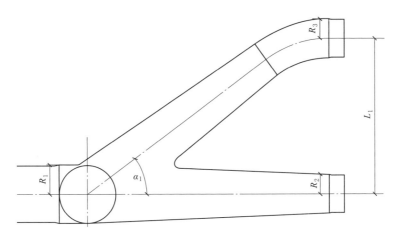

图 4.5 - 6　卜形岔管参数（平面图）

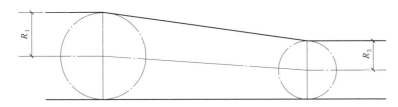

图 4.5 - 7　岔管参数（剖面图）

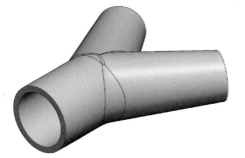

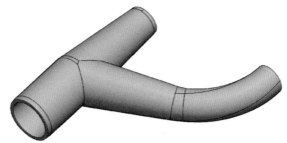

图 4.5 - 8　混凝土（对称岔）三维模型　　　　图 4.5 - 9　混凝土（卜形岔）三维模型

图 4.5 - 10 对话框中各参数意义如图 4.5 - 11 和图 4.5 - 12 所示。

上述参数确定后，选择线段作为岔管轴线，通过参数化的建模方法即可生成钢岔管的三维模型，岔管的生成方式可选择面模式、面加厚或体模式。参数化建模完成后，可绘制出岔管结构图（见图 4.5 - 13 和图 4.5 - 14），包括平剖面图、展开图，其中提取展开图时，可根据需要展开某节锥管。如需调整岔管体型，只需修改参数或轴线即可。通过钢岔管实体模型可抽出施工图纸，实体模型可直接输出进行结构计算，经过布尔运算后可输出作为流体计算的模型。

4.5.2.5　调压室建模技术

调压室的结构型式可分为简单式调压室、阻抗式调压室、差动式调压室、溢流式调压

图 4.5-10　参数化设计需明确的参数

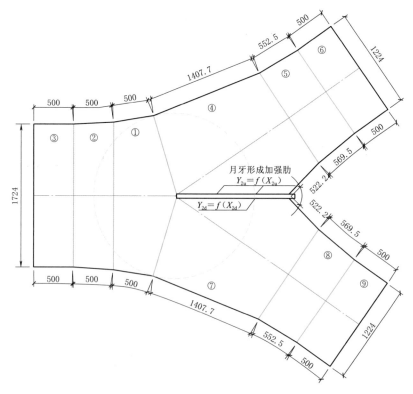

图 4.5-11　钢岔管参数示例 1（单位：mm）

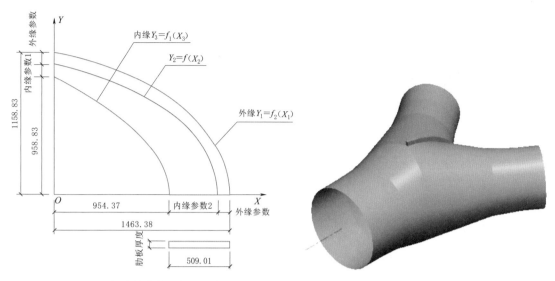

图 4.5-12 钢岔管参数示例 2（单位：cm）　　图 4.5-13 （对称岔）钢岔管三维模型

室等，其中简单式调压室和阻抗式调压室是两种结构简单而且常用的结构型式。从体型上而言，圆筒形（见图 4.5-15）和长廊形（见图 4.5-16）是工程中常见的调压室体型。

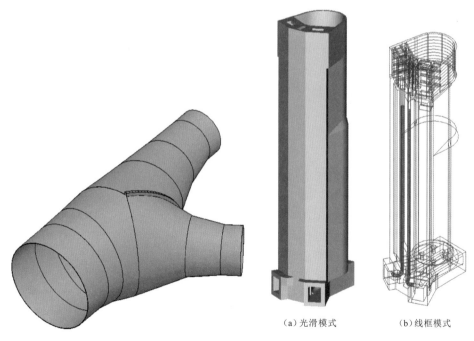

（a）光滑模式　　　　（b）线框模式

图 4.5-14 （卜形岔）钢岔管三维模型　　图 4.5-15 圆筒形阻抗式调压室

圆筒形阻抗式调压室一般分为上中下三部分建模。上部为检修排架层，一般按照常规的梁柱或大体积建模顺序。中部为调压室井身段，体型断面一致，可通过断面沿路径拉伸建模。下部为阻抗孔及流道，需要先按照大体积建模方式顺序建模，对于阻抗孔、闸门孔

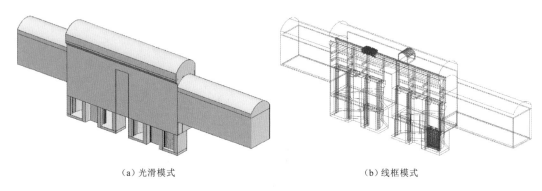

（a）光滑模式　　　　　　　　　　　　　（b）线框模式

图 4.5-16　长廊形调压室

口需通过布尔运算进行建模。

长廊形调压室可分为两侧上室和调压室大井两部分，其中两侧上室一般体型规则，多采用城门洞形，可按一般洞室建模方法建模，即先绘制断面形状，然后将断面沿路径拉伸。调压室大井从上至下包括顶拱、启闭机排架、闸门槽及阻抗板，建模顺序同圆筒形调压室。

4.5.2.6　边坡开挖及回填建模技术

引水专业的边坡一般包括进水口边坡、尾水出口边坡和专业相关洞室进口边坡。在进行边坡开挖及回填建模时，一般先按实际高程和坡比对包括马道在内的边坡开挖体型进行线框模型设计，再将边坡的线框模型进行网格化生成边坡三维模型。通过地形等高线或测量散点得到地形面的网格文件，即可对边坡和地形的网格文件进行开挖、回填计算，从而获得以下设计模型和数据：

（1）含地形在内的开挖、回填之后的边坡三维模型。

（2）边坡的三维或二维开口线。

（3）开挖和回填总方量，可按高程输出开挖和回填方量。

（4）分部位计算的边坡斜面面积和投影面积。

图 4.5-17 为开挖计算前尾水出口开挖坡的线框模型，包括了 4 个尾水出口的边坡和马道。图 4.5-18 为开挖计算后尾水出口开挖边坡的线框模型，图中已经使用红色的边坡开口线将多余的边坡线框模型进行了修剪。图 4.5-19 为开挖计算后尾水出口开挖边坡的三维实体模型，成果均为网格文件。图 4.5-20 为进水口区域边坡开挖成果，开挖计算时需同进水口附近的其他建筑物边坡统筹考虑。

4.5.2.7　三维配筋技术

引水专业的大体积混凝土结构如进水口渐变段、闸门井，结构较复杂，设校审人员采用传统的二维平面图绘制钢筋图时

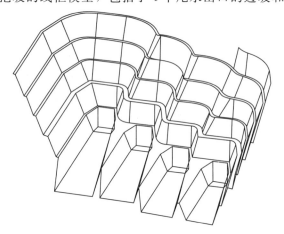

图 4.5-17　开挖计算前尾水出口开挖坡的线框模型

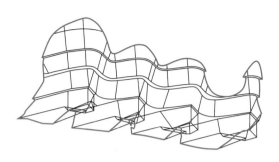

图 4.5-18　开挖计算后尾水出口
开挖边坡的线框模型

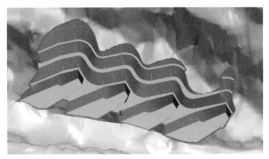

图 4.5-19　开挖计算后尾水出口
开挖边坡的三维实体模型

往往效率不高，如果结构型式有修改，或配筋参数有调整，则钢筋图需要返工。为提高引水专业混凝土结构钢筋图出图效率和准确性，可采用参数化配筋技术。参数化配筋技术根据各行业规范进行开发，钢筋直径、强度等级、锚固长度等参数均内置在软件中，在配筋过程中根据设计需要选用。

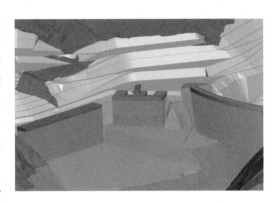

图 4.5-20　进水口区域边坡开挖成果

在三维配筋过程前，需要先完成建筑物的三维实体建模。在配筋过程中，选择需要配筋的表面，设置钢筋的锚固形式，输入钢筋的等级、直径和间距（或输入钢筋的等级、直径和根数），即可自动生成三维钢筋。钢筋建模完成后，可对上述钢筋参数进行修改，也能对钢筋进行移动、复制、裁剪及合并和拆分，还可根据工程需要调整钢筋的保护层厚度。

混凝土结构三维配筋出图流程见 4.4.2.6 小节。引水专业的隧洞渐变段、进水口事故闸门井、进水口扩散段的钢筋模型见图 4.5-21。

4.5.2.8　充排水快速计算技术

水电站水道系统的充水和排水，是电站运行管理不可缺少的一项操作。水道系统的初期充水、排水试验是一套加载、卸载、检查、监测、发现问题和解决问题的过程，是对水道系统安全运行的第一次检验，涉及土建、机电、监测等专业及相关单位协调一致的工作。

输水系统部分结构由于其自身的复杂性，在水位上升过程中，充水量难以计算，难以准确把握充水时间，特别是在稳压过程中水位上升较慢时，因此可借助三维软件进行设置即可模拟计算输水系统充排水的水量和水位等要素，将大大提高设计人员的效率。

充排水快速计算是参数化洞室建模的深化应用，在计算机内形成水体模型，再进行切割，读取水面线以下的水体体积。在进行充排水计算时，首先选取模型计算范围，获取已建成的参数化洞室（见图 4.5-22）的起点和终点桩号，再输入充排水流量和充排水时间

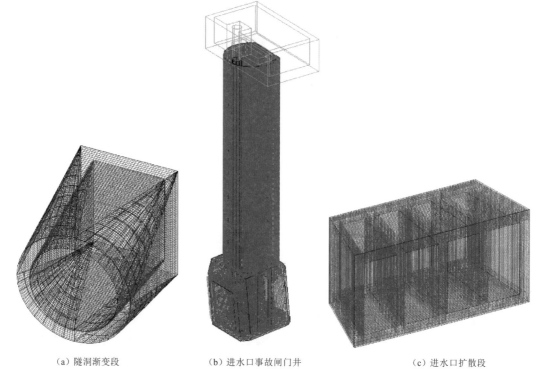

| （a）隧洞渐变段 | （b）进水口事故闸门井 | （c）进水口扩散段 |

图 4.5-21 大体积结构钢筋模型

或水面高程，计算得出水面线与底板相交桩号以及顶拱桩号、充排水时间以及已经充水的体积。水量查询工具操作界面见图 4.5-23。

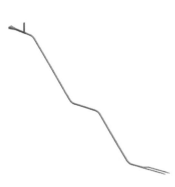

图 4.5-22 参数化洞室示例　　　　图 4.5-23 水量查询工具操作界面

4.5.3　引水专业三维应用成果

以卡拉水电站的引水专业三维设计为例，介绍三维设计在引水专业三维设计中的应用成果。

卡拉水电站是雅砻江中游两河口—卡拉河段水电开发规划一库七级的第七级水电站，其上游梯级为杨房沟水电站，下游为锦屏一级水电站。卡拉水电站的开发任务为发电，电站装机容量为 980MW，为Ⅱ等大（2）型工程。

电站枢纽由碾压混凝土重力坝、坝身泄洪建筑物、坝下消力池及右岸引水发电等建筑物组成。碾压混凝土重力坝坝顶高程 1995.00m，最大坝高 126m，坝轴线长 258m，共 12 个坝段，泄洪建筑物由坝身 5 表孔、2 中孔组成，坝下消力池顺泄洪中心线平直布置，池长 120m。

引水发电系统主要由进水口、压力管道、地下厂房及其辅助洞室、尾水调压室、尾水隧洞及尾水出口等组成。主副厂房洞、主变洞、尾水调压室三大洞室平行布置，主副厂房洞开挖尺寸为 241.2m×29.7m×77.88m（长×宽×高）。压力管道采用单机单洞斜井式布置，不设引水调压室，尾水隧洞采用一洞两机布置。

4.5.3.1　复杂地质条件下大规模地下洞室群设计

卡拉水电站右岸厂区地下洞室布置密集，引水发电建筑物、交通洞、导流洞、施工支洞等主洞室及辅助洞室达 33 项之多。三维协同技术、洞室群参数化建模工具、三维校审技术在解决场地局促条件下多专业、众多建筑物的合理布置、及时纠错检查方面优势明显，实现了各专业之间同步、无缝配合，减少返工，提高了工作效率，最终实现了以三大洞室为主体，纵横交错、上下分层的地下厂房洞室群的合理布置。通过厂房、引水、施工、地质四专业协同配合明确了主变洞布置于主副厂房洞和尾水调压室之间的三大洞室平行布置格局，拟订了主副厂房洞和主变洞间岩柱厚度为 50m（岩梁以下）、尾水调压室和主变洞之间岩柱厚度为 45m 的间距方案。三维设计有效地避免了辅助洞室、施工支洞之间的相互冲突，同时保证立体交叉洞室之间岩柱的有效厚度。优化后的地下厂房洞室群布置见图 4.5 - 24。

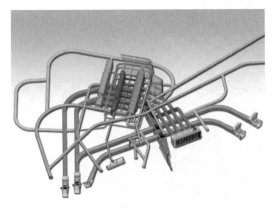 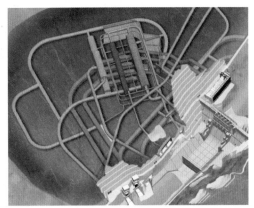

（a）地下洞室群三维模型　　　　　　　（b）与周边场景融合的地下洞室群三维模型

图 4.5 - 24　优化后的地下厂房洞室群布置图

4.5.3.2　进水口参数化设计、出图及计算

进水口采用岸塔式布置，拦污栅和闸门井集中布置在洞外，共用一套门机启闭。4 个进水塔一字排开，进水口前缘总宽度为 117m，顺水流方向长 28m。进水口底板高程 1956.00m，塔基高程 1953.50m，塔顶高程 1995.00m，塔体高 41.5m，各进水口均为独立结构，之间设结构缝。

1. 进水口参数化建模

参数化建模的步骤为：将进水口三维模型分解为底板、拦污栅墩和大体积部分，然后对各部位进行参数化建模生成三维模型，模型生成后可通过各参数节点对进水口体型进行控制和修改。参数化进水口建模成果见图 4.5-25。为了展示进水口内部结构，可对三维模型进行分级剖切，如图 4.5-26 所示。图 4.5-26 中采用两个剖面，可以同时表现进水口的正面和纵撑部分的结构。

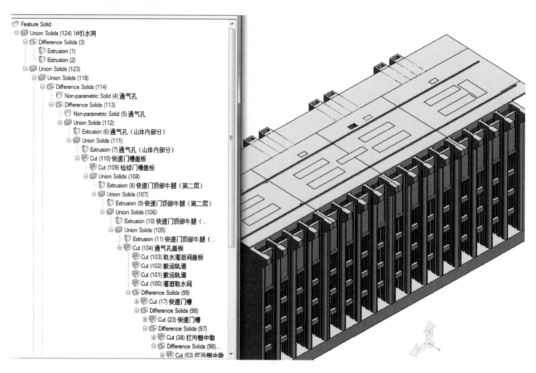

图 4.5-25　参数化进水口建模成果

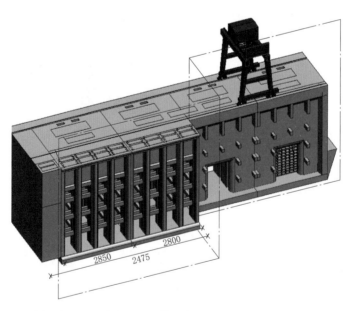

图 4.5-26　进水口三维模型分级剖切示例（单位：cm）

2. 进水口三维抽图

使用参数化建立的进水口三维模型可进行三维抽图，抽图成果根据工程需要进行相应的标注，三维抽图具有直观易懂的特性。

3. 进水口流体力学和结构力学计算

在传统的流态力学和结构力学计算几何建模时，一般是在前处理软件中通过点→线→面→体的步骤建模，然而专业的计算软件不具备完善和强大的几何建模功能，导致建模过程效率较低，特别是在进行方案优化和比选时，几何模型的前处理将耗费大量的时间。

为提高计算分析效率，可利用前述三维设计过程中已完成的进水口三维建模，将模型导出为指定格式的几何文件（如 sat、iges 等），然后导入流体力学数值分析软件，分析进水口区域水流流态、流速分布及流速不均匀系数等，提出结构优化建议。进水口水力学计算三维模型见图 4.5-27，网格模型见图 4.5-28。以死水位工况为例，隧洞中心断面平面及纵剖面流线图见图 4.5-29。

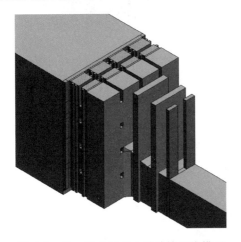
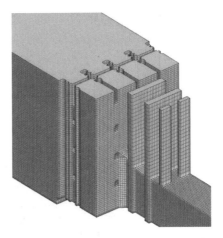

图 4.5-27　进水口水力学计算三维模型　　图 4.5-28　进水口水力学计算网格模型

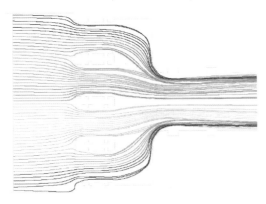
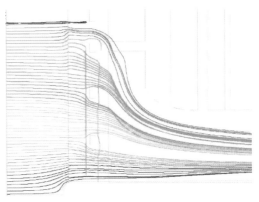

（a）平面图　　　　　　　　　　　　　　（b）隧洞纵剖面流线图

图 4.5-29　隧洞中心断面平面及纵剖面流线图

同理，也可以将中间格式的几何文件导入 ANSYS 软件进行进水口的抗震计算分析，进水口全三维以及塔主体有限元模型见图 4.5 - 30，进水口总位移矢量图见图 4.5 - 31。

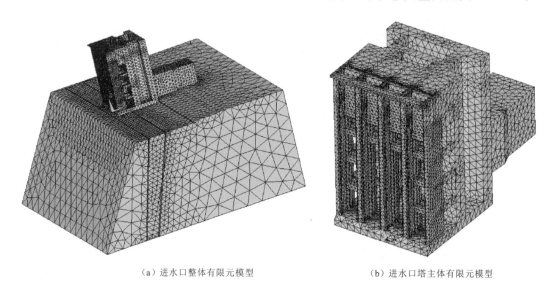

（a）进水口整体有限元模型　　　　　　　　（b）进水口塔主体有限元模型

图 4.5 - 30　进水口全三维以及塔主体有限元模型示例

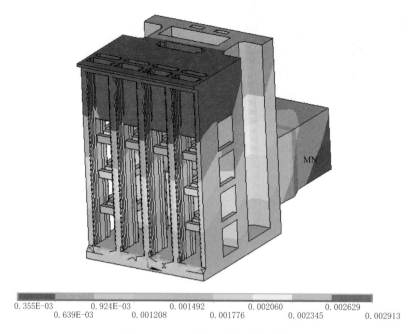

| 0.355E-03 | 0.924E-03 | 0.001492 | 0.002060 | 0.002629 |

0.639E-03　　　0.001208　　　0.001776　　　0.002345　　　0.002913

图 4.5 - 31　进水口总位移矢量图

4.6　厂房专业

水电站厂房是将水能转为电能的生产场所。通过一系列工程措施，将水流平顺地引入水轮机，将水的势能和动能转换成电能，并将各种必需的机电设备安置在恰当的位置，创造良好的安装、检修及运行条件，为运行管理人员提供良好的工作环境。水电站厂房是水工建筑物、机械及电气设备的综合体，在厂房的设计、施工、安装和运行中需要各专业人员通力协作。其厂房专业主要负责厂房的土建与结构设计工作。水电站厂房需要满足设备布置和运行空间要求，厂房专业主要涉及以下内容的设计：

（1）主厂房。水能转化为机械能是由水轮机实现的，机械能转化为电能是由发电机来完成的，二者之间由传递功率装置连接，组成水轮发电机组。水轮发电机组和各种辅助设备安装在主厂房内，是水电站厂房的主要组成部分。

（2）副厂房。副厂房是安置各种运行控制和检修管理设备的房间，也是运行管理人员工作和生活的场地。

（3）主变压器场。主变压器场是装设主变压器的地方。水电站发出的电能经主变压器升压后，再经输电线路送给用户。

（4）开关站（户外配电装置）。为了按需要分配功率及保证正常工作和检修，发电机和变压器之间以及变压器与输电线路之间有不同电压的配电装置。发电机侧的配电装置，通常设在厂房内，而其高压侧的配电装置一般布置在户外，称高压开关站，用以装设高压开关、高压母线和保护设施，高压输电线由此将电能输送给电力用户。

厂房三维模型是指通过既有的勘察资料、水电设计相关规范、设计经验等信息，在满足水力发电功能、科学合理布置、经济美观等需求下完成三维模型平面与空间定位，按对象类别分不同图层建立的带有几何属性、工程属性、材质信息的三维可视化图形模型，是厂房三维数字化产品之一。

4.6.1　厂房三维设计工作流程

厂房专业的三维设计需要先确定建模范围，之后有针对性地收集相应的水文资料、发电机组数据、水轮机组数据等，根据数据处理结果确定设计方案及创建三维模型，并和其他专业（如机电、金属结构等）进行结构碰撞检查，如有碰撞则各专业返回修改，直至无碰撞发生，进行模型固化发布。

厂房三维设计工作流程图见图 4.6-1。

4.6.2　厂房三维设计关键技术

4.6.2.1　厂房模型创建技术

厂房专业主要的三维建模对象包括蜗壳、蜗壳外包混凝土、尾水管等大体积结构，其中墙、梁、板、柱等常见厂房标准结构和简单的大体积结构的建模方法见 3.1 节"基础建模技术"。

1. 蜗壳建模

在不同的设计阶段，蜗壳三维建模的精度有所不同。比如初设阶段，没有厂家的图纸，需要根据流量数据及水轮机的型号进行解析建模，即计算蜗壳的座环外径、座环内径、轴中心到蜗壳外缘的半径等确定蜗壳中心线；根据设计要求和建模精度要求，将蜗壳分为 n 段，通过计算确定每段蜗壳断面的半径，图 4.6-2 为蜗壳各断面图示例；对每段

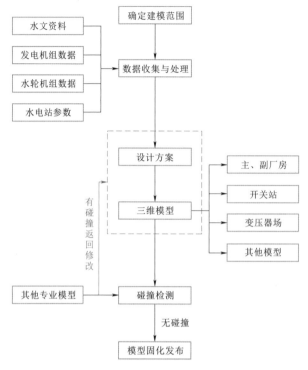

图 4.6-1 厂房三维设计工作流程图

蜗壳的起始断面和终止断面进行放样生成实体模型，或者先生成放样曲面，再转换为实体模型；对每段蜗壳的实体模型进行布尔运算，形成蜗壳整体模型。图 4.6-3 为蜗壳模型示例。

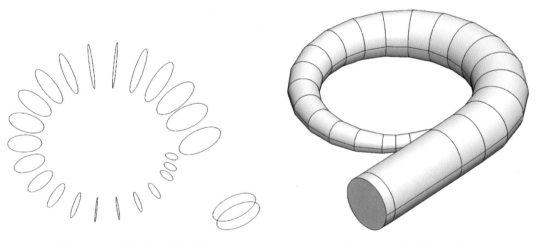

图 4.6-2 蜗壳各断面图示例   图 4.6-3 蜗壳模型示例

手动计算建模比较麻烦，速度较慢，而且容易产生误差。为方便建模操作，简化建模流程，提高建模效率和精度，应采用参数化建模的方式。将蜗壳中心线参数、中心点坐标、断面参数、导叶及部分机坑里衬模型参数等数据按特定格式输入 Excel 表中，将完成的 Excel 表导入到蜗壳参数化建模工具，该工具读取 Excel 表中的参数并进行检查，确保参数完整、符合要求。为方便修改参数，避免反复导入 Excel 表，蜗壳参数化建模工具设置界面应该能够显示读取到的蜗壳建模所需的各种参数，比如直管段数目，环向管节数目，每段的角度、半径、进水方向、旋转角度等，并支持修改操作，可选是否创建固定导叶或部分机坑里衬等，且可将修改后的参数反向导入到 Excel 表中。

确定建模操作后，软件首先根据中心点坐标确定蜗壳在模型空间中的位置，根据进水方向和旋转角度确定蜗壳的方位；然后根据相对坐标值和断面参数生成直管段断面；根据断面参数、断面中心点到蜗壳中心点的距离、每段环向管节的弧度生成环向管节段断面；在此过程中，生成蜗壳中心线，并确保中心线是光滑曲线；根据各断面和中心线扫掠生成各段实体，对每段实体进行布尔并运算生成蜗壳模型。如果勾选了创建固定导叶或部分机坑里衬，那么在蜗壳创建过程中同样会根据固定导叶或机坑里衬的半径、蜗壳中心点坐标确定位置，根据高度等参数确定截面，围绕中心点扫掠生成固定导叶或机坑里衬模型，最后与蜗壳模型进行布尔运算生成最终模型，完成建模工作。图4.6-4 为建成的蜗壳模型。

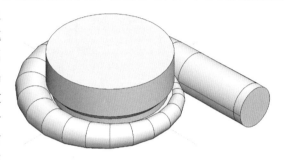

图 4.6-4　蜗壳模型（包含部分机坑里衬）示例

2. 蜗壳外包混凝土建模

蜗壳外包混凝土结构的建模和蜗壳建模相互关联，一般在完成蜗壳建模之后再进行外包混凝土结构建模。蜗壳外包混凝土结构的外部样式可通过大体积建模方法快速拉伸完成，然后将完成的模型和蜗壳模型移动至同一空间定位点，再做布尔运算，即可完成主要的建模工作。其余的孔洞和凹槽按照常规的剪切操作和打孔操作进行创建。图4.6-5 为建成的蜗壳外包混凝土模型。

3. 尾水管建模

水电站工程中的尾水管多为弯肘型尾水管，由上段直锥管、肘管段及出口扩散段组成。尾水管结构三维建模的难点在于肘管的绘制，它是一个近90°转弯的变截面弯管，中间经椭圆矩形截面渐变，首尾截面轮廓线相差较大。尾水管的三维模型创建，一般是根据断面参数绘制出每个过渡截面，然后通过分段造型方式生成尾水管模型。分段造型是指把相邻断面之间图元数相同的线段单独桥接建模，然后将桥接好的模型组合成整体。

对于有完整参数的尾水管结构，建模相对简单，按参数逐一绘制拼接即可。如果获取的参数不够充分，可通过构建关键控制线进行不完全建模，控制线基本能够控制尾水管的形状。控制线的选择遵循两个原则：①控制线需要存在于尾水管的关键构型中；②容易从已知的参数中获取。对于尾水管结构，A_1、A_2 两条中心线相对容易获取，而且可以进一步拟合出尾水管的中心线；两侧的 B_1、B_2 中心线相对较困难，考虑到尾水管结构的特殊性，如果将肘管段的近60°转角范围内的过渡截面用两端为半圆、中间为矩形的类椭圆矩形表示，简化模型，则可比较方便的拟合出 B_1、B_2 中心线。通过四根控制线和各个截面，可放样生成各段实体模型，或先放样生成曲面，然后转换为实体模型，再对各段模型

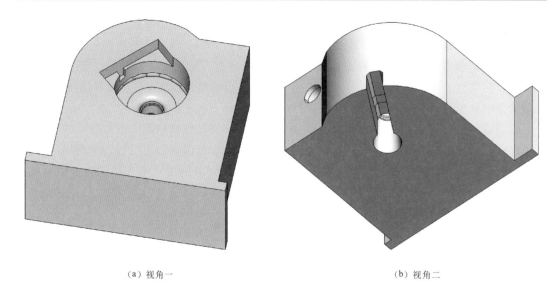

（a）视角一　　　　　　　　　　　　　　（b）视角二

图 4.6-5　蜗壳外包混凝土模型示例

进行布尔运算即可创建出尾水管模型。图 4.6-6 为尾水管肘管控制线、过渡截面及模型。

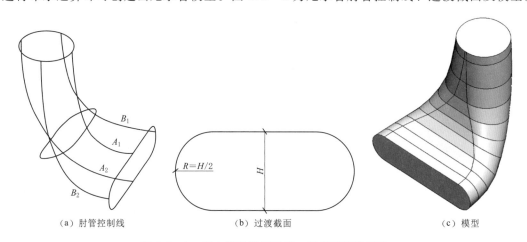

（a）肘管控制线　　　　　　　　（b）过渡截面　　　　　　　　（c）模型

图 4.6-6　尾水管肘管控制线、过渡截面及模型

尾水管同样可以通过参数化工具建模，方式类似于蜗壳，将尾水管结构的直锥管段的长度、首尾截面半径、起始截面中心点坐标、肘管段各截面参数、出口扩散段长度、首尾截面参数、出水方向等数据输入特定格式的 Excel 表中，将完成的 Excel 表导入尾水管参数化建模工具进行建模。方法和要求同蜗壳建模，此处不再赘述。

对于实际的结构模型，尾水管处应为孔洞，所以需要尾水管外侧结构模型和尾水管模型在同一空间坐标点完成定位，然后进行布尔减运算，以尾水管外侧结构模型减去尾水管模型，生成完整的结构模型。

4. 钢筋模型建模技术

厂房专业的大体积模型较多，且造型奇特、结构复杂，特别是蜗壳、蜗壳外包混凝土、尾水管等结构，设计人员和校审人员在绘制二维钢筋图纸时面临诸多困难，比如增加

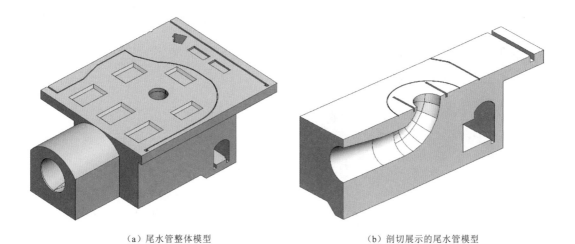

（a）尾水管整体模型　　　　　　　　　　　　（b）剖切展示的尾水管模型

图 4.6 - 7　尾水管结构模型示例

或删除钢筋导致的钢筋编号的修改、钢筋编号的核对、各个部位的钢筋形状是否准确、所有的钢筋是否均有表达等，均是效率较低的工作，非常耗费精力与时间。采用三维混凝土结构参数化配筋技术，可有效解决以上问题。

钢筋的直径、等级等均有明确的规范规定，行业规范也对不同混凝土等级、不同钢筋等级对应的钢筋锚固有明确规定，因此需要软件内置所有的钢筋种类和信息，以便配筋时直接选用；需要包含各行业的规范要求，以便设置好前置条件后自动调用，提高钢筋建模效率。

常规大体积混凝土结构三维配筋出图流程见 4.4.2.6 小节"混凝土配筋三维设计关键技术"。厂房专业常规大体积混凝土结构配筋模型如图 4.6 - 8 所示。

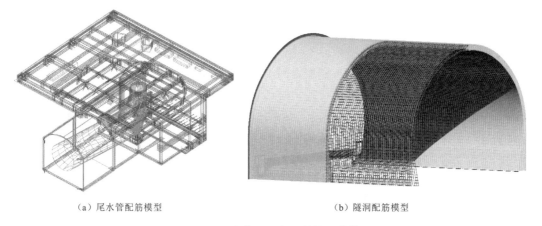

（a）尾水管配筋模型　　　　　　　　　　　　（b）隧洞配筋模型

图 4.6 - 8　大体积混凝土结构配筋模型

对于蜗壳、尾水管等特殊的复杂结构，可针对性地开发配筋工具，简化配筋操作与流程。比如尾水管，可要求在尾水管建模时保留走向线，在配筋时选择走向线。软件能够根据走向线和现有模型自动识别尾水管参数，设定保护层厚度、各段配筋参数、钢筋分布方式后，即可生成钢筋模型。再如蜗壳，参数化建模时保留中心点（方便后续捕捉），配筋时选择参数化蜗壳和中心点，软件能直接读取其中的各项数据，设置好各段钢筋参数、角度、对齐方式、保护层厚度等，即可快速生成钢筋模型。图 4.6-9 为尾水管及蜗壳钢筋模型。

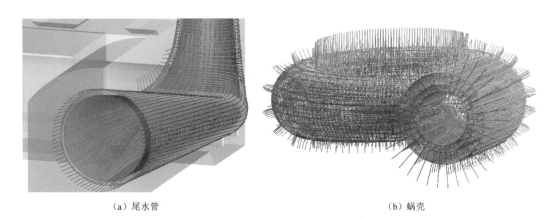

（a）尾水管　　　　　　　　　　　　　　　　　　　　（b）蜗壳

图 4.6-9　尾水管及蜗壳钢筋模型

4.6.2.2　模型环境配置技术

大体积结构、板、梁、柱、墙等各种结构的模型需要具有相应的属性以进行区分和整合。区分的目的是能够对结构对象类别进行识别，方便对同类元素构件进行选择、修改、统计与进一步地应用等。大体积模型，可通过不同的命名方式、图层、颜色、材质进行区分。板、梁、柱、墙等结构模型，需要与大体积模型区分开，要求通过属性信息进行进一步区分；采用大体积建模方法创建的板、梁、柱、墙等形状的模型，需要能够赋予其对应的且能够识别的属性，在统计材料时不会和其余的大体积结构混在一起，也不会和软件内置的板、梁、柱、墙建模功能创建的模型为同一类型。对于同一种类的模型，比如柱，如果具有不同的横截面、类型、横截面尺寸、长度等，也需要根据相互之间不同的属性进行区分。为精确统计工程量，模型与模型之间不能相互重叠，模型之间整合主要是材质上的整合，如混凝土梁、板、柱在按材料统计时都属于混凝土结构，在输出的二维平、剖面结构图纸中具有整体性，梁与板、梁与柱、板与柱之间不存在有多余的线条，材料填充图案无缝连接，在视觉上就是一个整体结构。

厂房专业应当结合或者参照其他相关专业，根据不同的模型对象选择标准化的模型色号和建立标准化的模型图层名称，让其他专业、工程建设参与者根据模型颜色就能初步判断模型对象，通过图层名称即可查出模型的初步工程属性。

厂房专业常用色彩见表 4.6-1，常用图层名称见表 4.6-2。

不同设计阶段的模型有对应的建模深度要求，水电站厂房专业初次建模时根据枢纽布置格局和三维设计策划成果，遵循"由粗到细、分部建模"的原则，首先确定建筑物结构框架和主要布置格局，板、梁、楼梯等细部结构可先粗略建模，后续逐步细化。

厂房专业各阶段建模深度说明见表 4.6-3。

表 4.6－1 厂房专业常用色彩表

结　构　名　称	颜色	色号	样例	备注
梁	深灰色	176		
楼板、墙、大体积混凝土、喷层、楼梯板等	灰色	128		
柱	浅灰色	64		
电缆沟、排水沟盖板	浅蓝色	7		
吊物孔盖板	黄色	4		
其他钢结构	橙黄色	6		爬梯等
网架	白色	0		

表 4.6－2 厂房专业常用图层名称表

图层名称	图层描述	图层名称	图层描述
CF＿YQ＿L	一期混凝土　梁	CF＿GGS	钢格栅
CF＿YQ＿Z	一期混凝土　柱	CF＿YQ＿NT	一期牛腿
CF＿YQ＿LB	一期混凝土　板	CF＿EQ＿NT	二期牛腿
CF＿YQ＿DTJ	一期混凝土　大体积	CF＿GZZ	构造柱
CF＿YQ＿TW	一期混凝土　墙	CF＿QL	圈梁
CF＿EQ＿L	二期混凝土　梁	CF＿PGXW	喷钢纤维混凝土
CF＿EQ＿LB	二期混凝土　板	CF＿FSSHNT	非收缩性混凝土
CF＿EQ＿DTJ	二期混凝土　大体积	CF＿TGB	各类混凝土盖板
CF＿EQ＿TW	二期混凝土　墙	CF＿XJZS	橡胶止水
CF＿EQ＿MJ	二期（埋件）混凝土	CF＿ZQ	砖砌
CF＿GGB	各类钢盖板	CF＿JC	设备基础
CF＿DGB	吊物孔盖板	CF＿MS	锚索
CF＿LT	楼梯	CF＿JD	机墩
CF＿CQ	衬砌	CF＿FZ	风罩
CF＿PT	喷混凝土	CF＿ZD	闸墩
CF＿DCL	吊车梁	CF＿XQ	胸墙
CF＿ZW	轴网	CF＿JTQ	尾水平台交通桥
CF＿GPT	钢爬梯	CF＿DM	地锚
CF＿MJ	埋件	CF＿ZJ	止浆片
CF＿TPZS	止水铜片	CF＿TF	填缝材料
CF＿MG	埋管	CF＿PSK	排水孔
CF＿DG	吊钩	CF－YQTcut	一期混凝土剖切线
CF＿WJ	网架	CF－YQTforward	一期混凝土前视线
CF＿XJ	出线架	CF－EQTcut	二期混凝土剖切线
CF＿DQ	挡墙	CF－EQTforward	二期混凝土前视线
CF＿EQ＿Z	二期混凝土　柱	CF－cut	厂房剖切线
CF＿HT＿HNT	回填混凝土	CF－forward	厂房前视线
CF＿HT＿KS	回填块石		

表 4.6－3 厂房专业各阶段建模深度说明表

	模型类型	大体积混凝土	板梁柱	连系梁	楼板开孔	混凝土墙开孔	楼梯	埋件及二期混凝土	盖板
可研阶段	深度要求	布置图级别	布置图级别	无	大型开孔	大型开孔	布置图级别	无	无
	模型类型	埋管	吊钩	轨道槽	爬梯	止水	屋面网架	混凝土浇筑分层分块	锚索
	深度要求	无	无	无	无	无	有	无	无
招标阶段	模型类型	大体积混凝土	板梁柱	连系梁	楼板开孔	混凝土墙开孔	楼梯	埋件及二期混凝土	盖板
	深度要求	布置图级别	布置图级别	无	大型开孔	大型开孔	结构图级别	无	有
	模型类型	埋管	吊钩	轨道槽	爬梯	止水	屋面网架	混凝土浇筑分层分块	锚索
	深度要求	无	无	有	有	无	有	无	有
技施阶段	模型类型	大体积混凝土	板梁柱	连系梁	楼板开孔	混凝土墙开孔	楼梯	埋件及二期混凝土	盖板
	深度要求	结构图级别	结构图级别	结构图级别	完整	完整	结构图级别	有	加工图级别
	模型类型	埋管	吊钩	轨道槽	爬梯	止水	屋面网架	混凝土浇筑分层分块	锚索
	深度要求	有	有	有	加工图级别	有	有	有	有
竣工阶段	模型类型	大体积混凝土	板梁柱	连系梁	楼板开孔	混凝土墙开孔	楼梯	埋件及二期混凝土	盖板
	深度要求	结构图级别	结构图级别	结构图级别	完整	完整	结构图级别	有	加工图级别
	模型类型	埋管	吊钩	轨道槽	爬梯	止水	屋面网架	混凝土浇筑分层分块	锚索
	深度要求	有	有	有	加工图级别	有	有	有	有

4.6.2.3 模型碰撞检查

在创建完成水电站厂房三维模型之后，首先需要进行专业内的碰撞检查工作，确保厂房专业的模型本身无碰撞（各类模型之间无重叠以及同类模型不出现重复建模），之后开展各专业之间的模型碰撞检查。如有碰撞，说明创建的模型有问题或者工程设计有问题，待修改之后再次进行碰撞检查，直至无碰撞。

4.6.2.4 模型固化发布

水电站厂房三维模型创建完成之后，经过与其他专业模型碰撞检查并修改完善，确认模型的正确性、完整性之后，可组织验收，验收通过后应根据生产流程对厂房三维模型进行固化，并采用有效的途径发布。

三维模型固化发布流程及要求可参考 4.3.2.4 小节"模型固化发布"。

4.6.3　厂房三维成果应用

4.6.3.1　三维结构图设计

对已经完成的厂房三维结构模型进行抽图，再把抽出来的平面图、剖面图、立面图及大样图整合成一套图纸，并对图纸进行文字标注、尺寸标注等的过程称为三维结构图设计。三维设计图纸增加了轴测图，使设计成果更加直观。图 4.6-10 为某水电站副厂房剖面布置图。

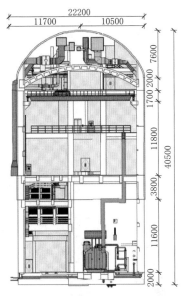

（a）主变段横剖面图

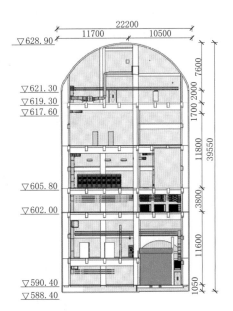

（b）南侧副厂房段横剖面图

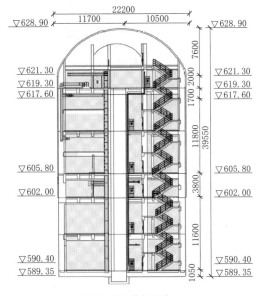

（c）北侧副厂房段横剖面图

图 4.6-10　某水电站副厂房剖面布置图（单位：高程 m，尺寸 mm）

4.6.3.2 方案比选

在工程方案选型阶段，即工程前期阶段，对不同的厂房结构设计方案创建三维模型，通过三维模型对厂房的空间几何形态进行直观表达，展现厂房的设计样式与效果。另外，将厂房模型与地质、地形模型以及其他专业模型整合在一起，可对比设计方案的优缺点、建设难度、建成之后的外观效果等，选择最优的设计方案。

4.6.3.3 CAD/CAE 应用

在有限元计算分析软件中创建三维模型比较复杂、耗时长，且只能创建比较简单的模型。使用三维建模软件创建模型较为简单快捷，且很多结构构件都具有参数化快速建模工具。图 4.6-11 为建立的厂房结构网格模型，将创建的三维模型导入到有限元分析软件中进行计算分析，能够很好地解决有限元计算分析软件建模能力不足的问题。通过二次开发，也可以将有限元分析软件的计算结果导入到三维软件平台中，以云图方式直观地展示有限元计算成果。图 4.6-12 为有限元计算分析成果展示。

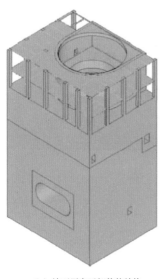 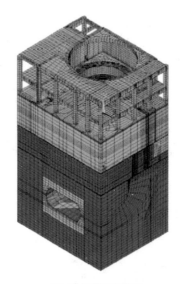 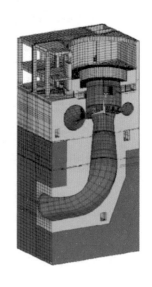

（a）地下厂房下部整体结构　　　　（b）地下厂房下部整体　　　　（c）地下厂房下部整体
　　　三维模型　　　　　　　　　结构三维网格模型　　　　　结构三维网格模型纵剖面图

图 4.6-11　厂房结构网格模型

4.6.3.4 案例分享

1. 安徽绩溪抽水蓄能电站

安徽绩溪抽水蓄能电站位于安徽省绩溪县伏岭镇境内，地震基本烈度小于Ⅵ度。设计年发电量 30.15 亿 kW·h，年平均抽水耗电量 40.20 亿 kW·h，综合效率 75%。电站建成后主要服务于华东电网（江苏、上海和安徽），在电网中承担调峰、填谷、调频、调相和事故备用等任务。工程总投资为 98.88 亿元，静态投资为 74.03 亿元。

该工程完成了主副厂房模型、安装场模型、母线洞模型，尾闸洞模型及主变洞模型等，并配置了钢筋模型，图 4.6-13 为利用已建模型生成的电站洞群轴测图，图 4.6-14 为利用已建模型生成的结构钢筋图。基于三维模型抽出图纸约 480 张，出图效率较传统二

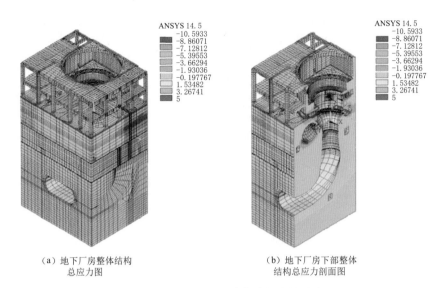

（a）地下厂房整体结构
总应力图

（b）地下厂房下部整体
结构总应力剖面图

图 4.6－12　有限元计算分析成果展示

维出图方式提高 30％左右，修改次数减少约 40％，生产效率大幅提高。采用三维出图方式，图纸较传统二维图纸更容易理解，受到业主及参建各方的一致好评。

2．龙开口水电站

三维数字化设计的全面应用得到了水电站建设各方的广泛好评，利用三维模型在现场进行设计交底。在电站建成之前即以一种所见即所得的方式向参建各方演示了电站的组成、结构、布置及各系统的运

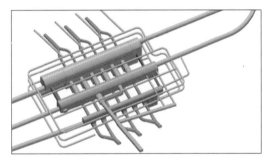

图 4.6－13　电站洞群轴测图

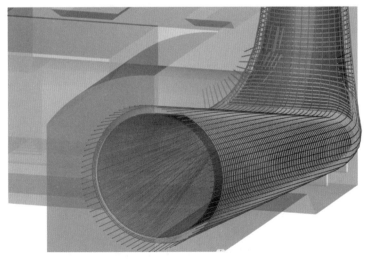

图 4.6－14　发电厂房尾水管内侧钢筋图

行方式，极大地方便了设计、施工方案的讨论和改进，取得了很好的应用效果。

图 4.6-15～图 4.6-17 为利用已建模型生成的各类二维图纸。

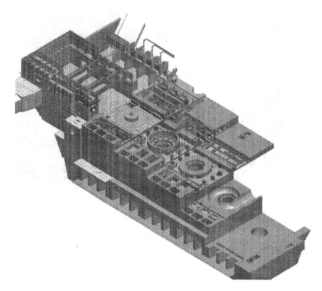

图 4.6-15　厂房阶梯展示图

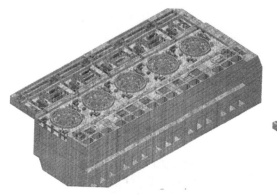

图 4.6-16　主副厂房中间层轴测图

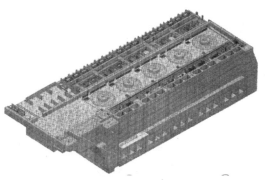

图 4.6-17　主副厂房发电机层轴测图

4.7　水机专业

水电站水机专业的主要设计工作包括水轮机/水泵水轮机选型设计、主进水阀选型设计、调速器系统选型计算、起重设备选型设计及水力机械辅助系统设计。其中水力机械辅助系统设计中包括技术供排水系统、检修及渗漏排水系统、透平油和绝缘油系统、中低压压缩空气系统、水力监视测量系统、机电设备消防等各系统中的设备、阀门、管路及自动化元件的选型设计及布置等内容。

水机专业作为水电站设计的重要专业之一，前期需根据地质、水文、规划、水能等上游专业提供的基础资料，进行电站水机主设备的选型研究，规划电站主机参数及主厂房尺寸，并反馈给下游包括土建、引水、电气等相关专业，在互相配合中确定整个电站的枢纽布置以及厂房布置等，同时还要全盘考虑与电气、暖通、给排水、建筑、金属结构等专业的协同设计。在水电站招标、技施阶段，由于电站工程建筑物空间结构的复杂性，厂房内各专业交叉界面繁多，设备布置紧凑，管道线路布置复杂，水机专业设计人员需要有很强的立体概念和空间想象能力。因此，随着技术的发展和要求的提高，水机专业需要三维协同设计技术提升设计手段。图 4.7-1～图 4.7-3 为利用三维软件生成的与水机专业相关的二维图纸。

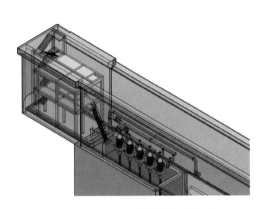

图 4.7-1　尾闸洞渗漏排水系统示例

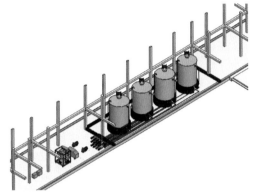

图 4.7-2　透平油罐室油罐及油处理设备管路布置图示例

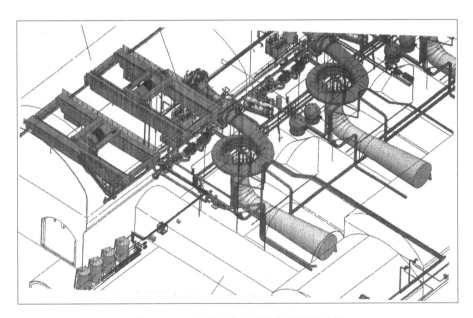

图 4.7-3　地下厂房水机设备透视图示例

4.7.1　水机专业三维设计工作流程

水机专业三维设计工作流程图如图 4.7-4 所示。

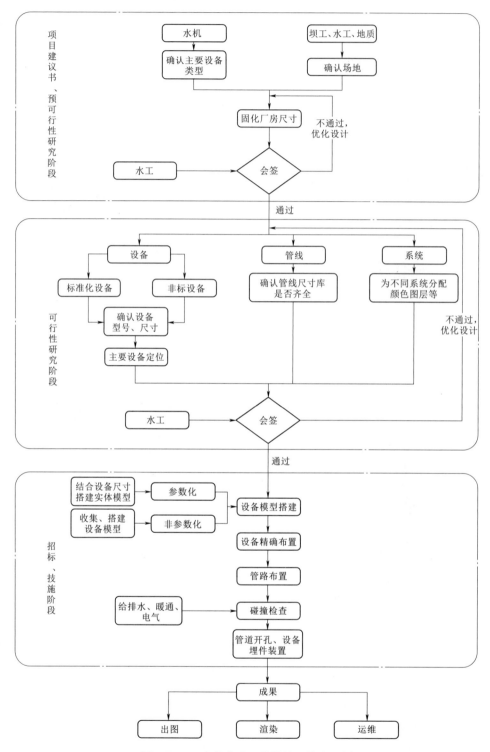

图 4.7-4　水机专业三维设计工作流程图

4.7.2　水机三维设计关键技术

4.7.2.1　优化设计

1. 设备元件库

水电站水机附属设备主要包括水泵、滤水器、空气压缩机、储气罐、滤油机、阀门及自动化元件等（见图 4.7-5）。以往设计中，对于机电设备的外形尺寸、接口和参数，都需要根据样本，由设计人员独立建模，由于这些设备的外形不规则，因此建模需要花费设计人员大量时间，浪费了大量的人力物力。而通过三维设备元件库的建立，部分专用设备（比如水泵、滤水器、空气压缩机、滤油机等）采用专业建模，部分通用设备（比如阀门、储气罐、油罐等）采用参数化建模，在设计时，只需输入相关设备参数，就可以从设备库中直接调用设备，一次工作就能为全部的项目设计节约大量的时间，大大节约了人力成本。

  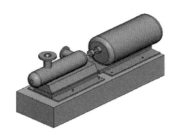

（a）桥机　　　　　　　　　（b）电动葫芦　　　　　　　　　（c）水泵

图 4.7-5　水机设备元件库示例

在设备入库过程中可以把参数赋在各设备模型上，从而把各种信息（设备外形、布置、参数等）集中起来，避免了以往各信息分散在各图纸、表格、文件中，有利于以后的查询与管理，也为数字化电站的建立打下了基础。

2. 碰撞检查

三维设计相较于二维设计最大的特点是能够通过三维模型检查各专业之间设计成果是否发生碰撞，对于水电站工程来说，由于厂房内布置牵涉专业较多，设备管路布置紧凑，容易造成各类碰撞冲突。通过传统的二维图纸，无法直观地检查到现场可能会出现的碰撞点，施工期易造成返工，导致施工进度滞后。而通过三维设计，可以直接使用三维软件中的碰撞检查功能开展软碰撞检查及硬碰撞检查，提前发现专业内部及各专业间的设备、管路布置缺陷及问题，从而规避风险，保证施工进度。

4.7.2.2　水力分析

1. 复杂管路受力分析

将已建的三维模型导入到三维应力计算软件，可以方便地模拟出复杂管路的变形与受力，为管路支吊架及混凝土支墩设计提供基础。水电行业高温高压管路较少，按传统的设计习惯，管路壁厚设计、管架设计也基本上沿用规范公式或经验进行设计，因此对于一些工况复杂，管路应力变化较大的管路，会带来一些隐患；而通过把已建的三维模型导入到三维应力计算软件，可以对一些复杂管路进行应力分析及对周围环境作用力分析，使得管架、伸缩节、支墩等连接固定件的设计选型、布置更加合理，确保了管路受力的安全性。图 4.7-6～图 4.7-8 为不同系统管路的应力分析计算示例。

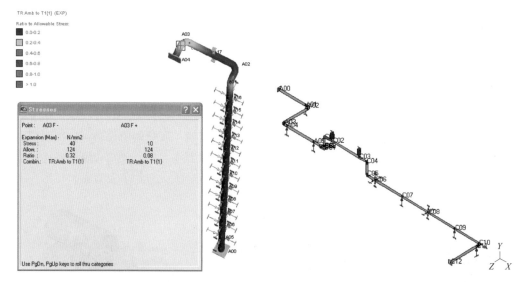

图 4.7-6　渗漏排水管路应力分析计算示例　　　图 4.7-7　排水系统管路水锤受力计算模型示例

2. 水损计算

在三维模型建完后，可以直接利用三维模型进行各管路系统的水力计算分析。图 4.7-9 为某电站排水系统部分管路。计算管路系统的水损，主要用来计算管路沿程和局部水头损失，并对各并联管路、网格状管路进行流量自动分配，以确保管线中任何一点的压力唯一，计算结果用于复核水泵扬程选择和管路中某点压力确定等。与传统人工绘制三维管路计算简图和 Excel 计算相比，不但节约了时间，而且提高了计算的精度和复杂管路计算的准确率。图 4.7-10 为管路水损报表（分段）示例。

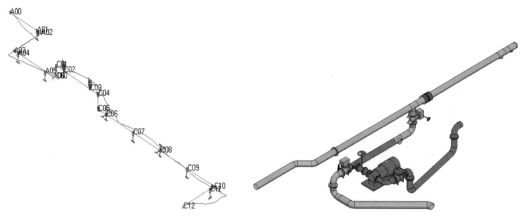

图 4.7-8　排水系统管路水锤受力计算结果示例　　　图 4.7-9　某电站排水系统部分管路

3. 复杂管路水锤计算

基于三维数字化设计成果中的三维模型数据，可以使用专门的水锤计算软件建立管路

设备名称	数量	通径	流量	流速	损失系数	损失
	m/只	m	m³/h	m/s		m
流体输送用不锈钢焊接钢管,φ426.0×8.00,GB/T12771-08	3.49	0.4	1100	2.43	0.218	0.0658
对焊无缝异径三通,φ426.0×8.00-φ377.0×8.00,GB/T12459-05	1	0.4	1100	2.43	1.12	0.3371
流体输送用不锈钢焊接钢管,φ377.0×8.00,GB/T12771-08	0.13	0.35	1100	3.18	0.009	0.0048
明杆闸阀,Z41H-25 DN350,PN2.5MPa16	1	0.35	1100	3.18	0.07	0.036
流体输送用不锈钢焊接钢管,φ377.0×8.00,GB/T12771-08	0.6	0.35	1100	3.18	0.043	0.0221
流体输送用不锈钢焊接钢管,φ325.0×7.00,GB/T12771-08	0.66	0.3	1100	4.32	0.055	0.0524
90°对焊无缝短半径弯头 300 MM 04PAB10 BR GB/T12459-05	1	0.3	1100	4.32	0.52	0.4958
对焊无缝同心异径接头,φ426.0×8.00-φ325.0×8.00,GB/T12459-05	1	0.4	1100	2.43	0.13	0.0392
旋启式止回阀,H44H-10 DN400,PN1.0MPa42	1	0.4	1100	2.43	2.5	0.7541
流体输送用不锈钢焊接钢管,φ426.0×8.00,GB/T12771-08	0.18	0.4	1100	2.43	0.011	0.0034
弯头 400 MM 04PAB10 BR GB/T14976-02	1	0.4	1100	2.43	0.6	0.181
流体输送用不锈钢焊接钢管,φ426.0×8.00,GB/T12771-08	0.24	0.4	1100	2.43	0.015	0.0045
流体输送用不锈钢焊接钢管,φ426.0×8.00,GB/T12771-08	0.74	0.4	1100	2.43	0.046	0.014
弯头 400 MM 04PAB10 BR GB/T14976-02	1	0.4	1100	2.43	0.6	0.181
流体输送用不锈钢焊接钢管,φ426.0×8.00,GB/T12771-08	4.83	0.4	1100	2.43	0.302	0.0911
弯头 400 MM 04PAB10 BR GB/T14976-02	1	0.4	1100	2.43	0.6	0.181
流体输送用不锈钢焊接钢管,φ426.0×8.00,GB/T12771-08	0.74	0.4	1100	2.43	0.046	0.014
流体输送用不锈钢焊接钢管,φ426.0×8.00,GB/T12771-08	0.28	0.4	1100	2.43	0.018	0.0053
弯头 400 MM 04PAB10 BR GB/T14976-02	1	0.4	1100	2.43	0.6	0.181
流体输送用不锈钢焊接钢管,φ426.0×9.00,GB/T12771-08	0.25	0.4	1100	2.43	0.016	0.0047
总计						2.6683

图 4.7-10　管路水损报表（分段）示例

分析模型，为复杂管路系统的设计压力选择提供依据。与传统手工估算或重新建立模型计算相比，直接使用设计成果的三维模型节约大量的时间。通过三维模型和水锤软件的结合，计算管路的水锤压力，确认相关控制类阀门的开启关闭时间，保证了设计压力取值的可靠性。

4. 复杂区域的 CFD 计算分析

对于水电站中一些特殊的区域，例如水泵水轮机调相压水排气管出口位置，可以使用已有的三维设计模型，经过处理，导入到网格划分软件中，最终导入商用流体分析软件（例如 Fluent、CFX 等）中进行气态、液态分析，从而解决了一些传统设计、计算手段所不能解决的问题，如调相压水排气对渗漏排水泵扬水管的影响，进一步提高了设计的深度。图 4.7-11 为转轮室三维模型示例。图 4.7-12～图 4.7-14 为渗透集水井的网格划分图与相关力学性能计算图。

图 4.7-11　转轮室三维模型示例

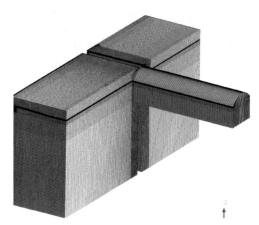

图 4.7-12　渗漏集水井三维网格划分示例

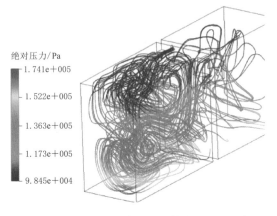

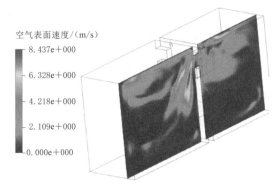

图 4.7-13　渗漏集水井的流体计算结果示例　　图 4.7-14　渗漏集水井的流体计算压力分布

结果示例

5. 消防水喷雾范围模拟

通过建立水雾喷头喷射范围的三维模型，可以模拟出主变消防水喷雾的包络情况，使得设计更为直观、准确；代替了传统的人工绘制平面和各剖面包络图，取得了比传统二维水喷雾包络设计更好的效果。三维模型输出的主变消防水喷雾三维包络设计和传统主变消防水喷雾包络设计示例见图 4.7-15 和图 4.7-16。

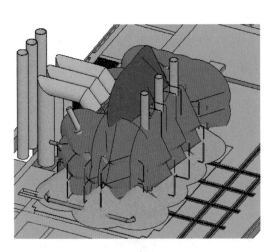

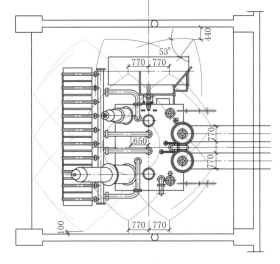

图 4.7-15　三维模型输出的主变消防　　　　图 4.7-16　传统主变消防水喷雾包络设计

水喷雾三维包络设计示例　　　　　　　示例（单位：mm）

4.7.2.3　智能出图

1. PID 图

在进行抽水蓄能电站辅助系统设计时，应首先绘制水、油、气系统图。传统的系统图一般采用 CAD 进行绘制，仅表示管路和设备元件的连接关系和设计思想，无法对设备、管路和元件的属性参数（管径、压力等级等）进行定义，不能便捷地指导辅助系统的三维建模。利用 PID 绘图软件进行辅助系统设计，需要对设备、管路和元件进行参数定义，基本满足抽水蓄能电站辅助系统的建模需求，可以提高后期三维设计的效率。图 4.7-17 为尾水取水技术供水系统 PID 模型示例。

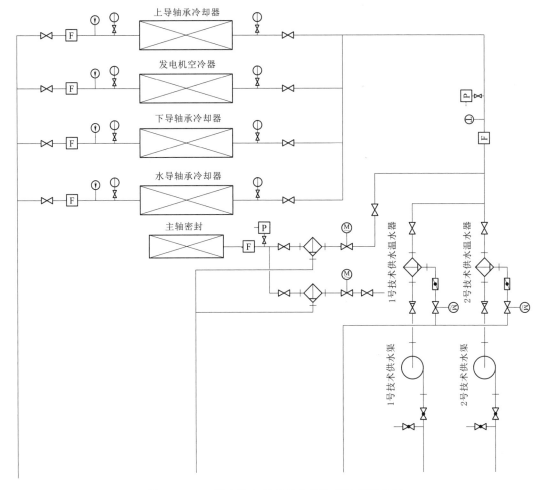

图 4.7-17　尾水取水技术供水系统 PID 模型示例

使用 PID 绘图软件完成的系统图，所有设备、管路都不仅仅是一个图例符号，而是带参数信息的元素。除了方便设计者在图纸中快速查询相关信息外，还可与三维建模软件数据互通，这样在三维建模时可以直接读取对应系统的系统图，查找系统图内的设备管路，方便设计者通过系统图绘制设备管路模型。

2. ISO 图

ISO 图用于指导施工、精准下料，可以节省大量的施工现场的人力成本，提高设计和施工执行的精度和效率。特别是管道管件可以在工厂下料、预装配，有效避免了依靠大量人工在现场对各类管道、管件进行再加工，大大降低现场施工管理的压力和安全隐患。

在三维软件中，将已有模型导入 ISO 图出图软件中，全自动生成 ISO 图，图面不仅包括管路长度、接口信息及材料表等主要信息，还包括各管路接口及拐点处的坐标、接口信息、管道规格、管路编码、零件明细表等，为设计人员减少了大量的出图时间，提高了生产效率。

3. 轴测图

三维轴测图可以更好地表现出设备管路整体布置，更方便有效地帮助甲方及现场施工人员理解设计人员的设计思路。图 4.7-18 为 SFC 水喷雾管路三维轴测图。

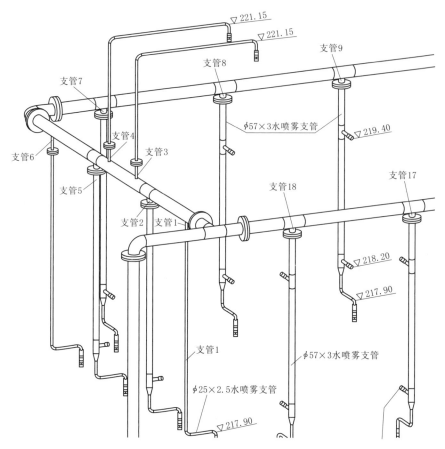

图 4.7-18　SFC 水喷雾管路三维轴测图（单位：高程 m，尺寸 mm）

4.7.3　水力机械三维应用成果

4.7.3.1　材料统计

大型水电站项目中管路错综复杂，如果采用传统方式进行材料统计，会耗费大量时间，并且容易出错。在三维模型的基础上，使用三维软件报表功能。快速准确地统计各种管径的管线长度、管件及阀门的数量，并定制输出表格的格式，输出材料表（见图 4.7-19）。

4.7.3.2　出图

传统的出图成果主要是水电站的平立剖图和局部复杂部位的大样图，但是对于一些结构比较复杂的区域，通过平面图并不能充分地表达设计意图。而利用三维模型可以从不同角度切图，以准确表达复杂区域的实际情况，帮助施工人员更好地理解工程、提高施工效率。图 4.7-20 为水机三维轴测图示例。

序号	名　　　称	规　　　格	材　料	数量	单位
1	电动球阀	Q941F-16 DN80	不锈钢	2	只
2	电动球阀	Q941F-16 DN30	碳钢	22	只
3	气动球阀	Q647F-16 DN800	不锈钢	4	只
4	橡胶接头	KXT-F DN300 PN1.6MPa	NBR	3	只
5	橡胶接头	KXT-F DN200 PN1.6MPa	NBR	5	只
6	钢制管法兰盖	HG20592 BL80-1.6 RF	碳钢	1	只
7	钢制管法兰盖	HG20592 BL32-1.6 RF	碳钢	59	只
8	钢制管法兰盖	HG20592 BL150-1.6 RF	06Cr19Ni10	2	只
9	电动金属硬密封蝶阀	Dt943H-16 DN300	铸钢	3	只
10	金属硬密封蝶阀	D343H-16 DN200	铸钢	8	只
11	金属硬密封蝶阀	D343H-16 DN250	铸钢	2	只
12	电动金属硬密封蝶阀	Dt943H-16 DN250	铸钢	2	只
13	电动金属硬密封蝶阀	Dt943H-16 DN200	铸钢	5	只
14	对焊无缝同心异径接头	ϕ108.0×4.00-ϕ57.00×4.00	碳钢	2	只
15	对焊无缝等径三通	ϕ325.0×7.50	碳钢	1	只
16	对焊无缝等径三通	ϕ89.00×4.00	碳钢	3	只
17	内螺纹等径三通	DN32 PN1.6MPa II	碳钢	1	只
18	对焊无缝等径三通	ϕ89.00×3.00	06Cr19Ni10	1	只
19	电动闸阀	Z941H-16 DN150	铸钢	1	只
20	暗杆型弹性座封闸阀（HS）	DN800	铸钢	2	只
21	明杆闸阀	Z41H-16 DN150	铸钢	2	只
22	90°对焊无缝长半径弯头	ϕ273.0×6.50	碳钢	2	只
23	90°对焊无缝长半径弯头	ϕ89.00×4.00	碳钢	12	只
24	流体输送用不锈钢无缝钢管	ϕ89.00×3.00	06Cr19Ni10	3.74	m
25	流体输送用不锈钢焊接钢管	ϕ219.0×5.00	06Cr19Ni10	5.18	m
26	低压流体输送焊接钢管	ϕ219.0×6.00	碳钢	55.93	m
27	低压流体输送焊接钢管	ϕ426.0×7.00	碳钢	19.12	m
28	低压流体输送焊接钢管	ϕ325.0×6.00	碳钢	23.88	m

图 4.7-19　材料统计表（样表）

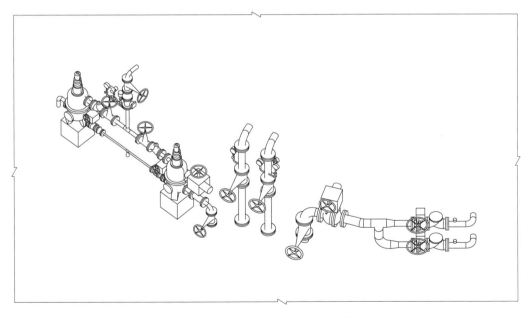

图 4.7-20　水机三维轴测图示例

4.8 电气专业

水电工程电气专业三维设计主要是围绕水电站或泵站主副厂房或建筑物、枢纽建筑物以及配套开关站、升压站工程等内容开展电气设备的建模和布置，建立具有几何属性、电气属性和约束关系的三维可视化图形模型及其连接、装配模型等，完成碰撞检测，抽取二维图纸并生成材料报表。此外，可以利用三维设计软件辅助进行电气一次、二次系统的计算和原理图设计。三维模型、二维图纸和材料表是该专业三维数字化产品的主要内容，具体包括以下方面。

（1）电气一次专业主要负责电力电能生产、输送的工作，并且为其他相关专业设备如电气二次、水力机械、暖通、给排水、金属结构等专业设备提供电源。其主要设计范围如下：

1）电气主接线设计、厂用电设计，产品主要为电气接线图，关系到电气设备选型及布置。

2）短路电流计算，属计算稿一类。

3）主要电气设备选型，明确设备型式、参数，为三维建模提供依据。

4）土建招标设计机电部分、电气设备采购招标及机电安装标设计。

5）配合枢纽及厂房布置图设计，涉及三维模型布置及二维抽图，出设备清册。

6）照明设计、防雷接地设计，涉及计算和三维建模，出二维布置图以及计算书、材料表。

7）电缆系统设计，包括埋管设计、电缆桥架设计以及电缆敷设设计，涉及三维建模，出二维布置图、材料表及设备清册。

8）电气设备布置安装图设计，包括设备布置及安装基础设计，涉及三维建模，出二维布置图、材料表及设备清册。

9）其他相关设计，如施工用电设计、接入系统配合等。

（2）电气二次专业主要实现对电站机电设备监视、控制、测量、调节和保护的低压电气设备和系统的设计，包括控制系统、继电保护及自动装置、直流系统、二次接线、工业电视和门禁系统、通信系统和火灾自动报警系统等。其涉及范围如下：

1）控制系统、继电保护及自动装置、二次接线等的设计，涉及原理图和端子图，并生成电缆清册。

2）直流系统设计涉及的计算、设备选型和三维布置，出计算书、二维系统配置图和设备清单。

3）工业电视和门禁系统、通信系统和火灾自动报警系统，涉及三维设备布置以及埋管布置，出设备及埋管布置图，出二维系统配置图、系统图、设备清单和电缆清册。

4）各系统二次盘柜、控制箱和端子箱等的三维布置，出二维布置安装图、设备清单和电缆清册。

4.8.1　电气三维设计工作流程

电气专业三维设计工作流程图如图 4.8-1 所示。

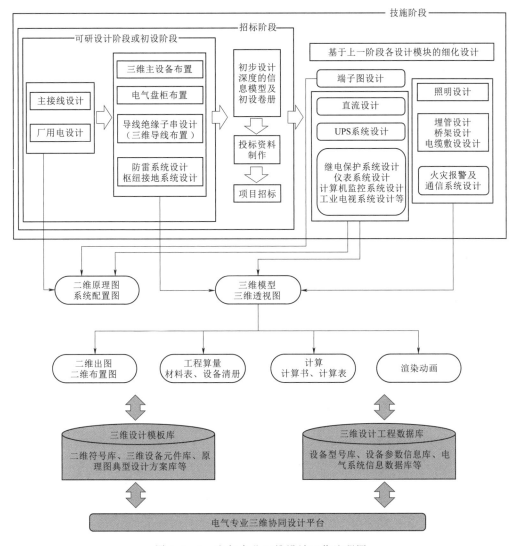

图 4.8-1　电气专业三维设计工作流程图

三维设计模板库是三维数字化协同设计的基础。基于满足国内电气设计要求的二维元件图符和三维模型库，充分参考其他专业对电气专业提供的资料与电站枢纽、厂房等建筑结构布置。以工程数据库为中心，用数据驱动二维原理图的设计和三维模型的创建。

二维原理图设计包括电气一次的主接线和厂用电设计，以及电气二次的端子接线和各类仪表控制系统设计；三维建模对象包括发电机或发电电动机、主变压器、GIS 等主要发电、变电、配电、厂用电系统电气大设备及配套管母线、金具、导线等，各类电气柜、屏、箱、盘（板），电缆敷设通道（穿管、电缆桥架、支吊架等）以及照明、防雷接地、火灾报警、通信系统和工业电视系统的电气设备模型。短路电流等参数计算、工程量统计及二维出图可利用三维设计模型完成。电气三维设计软件系统整个工作流程以数据库为核心，数据有序流动传递，二、三维设计手段并行。

电气专业设备的建模一般在建筑、结构等其他专业的设计模型基础上开展，通过参考（连接）电站枢纽、厂房等建筑和结构的基础设计模型进行电气设备的布置和管路的敷设。在每个设计阶段，电气专业按照所处阶段三维设计深度要求和项目策划有关成果，基于上一阶段的三维模型终版进行修改和完善。与此同时，固化电气三维模型后应及时对厂房墙体及楼板开孔等进行资料信息的收集。

4.8.2　电气三维设计关键技术

4.8.2.1　设备建模与管理

1. 电气标准图形及数据库

电气三维设计涉及各种类型的图形及数据库，主要包括以下内容：

（1）二维符号库：主要用于存储根据规范和标准定制的二维符号，以及模板图、典型回路、典型图等，是二维成图的基础。

（2）三维模型库：主要用于存储根据标准信息模型建立的三维设备模型，是进行三维设计的基础。

（3）设备型号库：主要用于存储各种类型电气设备的厂家资料型号数据、电缆型号数据等，是智能选型的基础库。

（4）系统数据库：主要用于存储电气各级配电系统，以及相关子系统的关联信息数据，是系统进行各种智能化关联设计的依据。

2. 电气三维模型及属性

电气三维模型包含图元属性和工程属性两个方面的内容。图元属性是三维模型内部和外部空间结构的几何表示，主要包括坐标、尺寸、面积、体积、图层、颜色、线型、线宽、材质、填充花纹及二维符号等信息。工程属性是三维模型除图元信息之外的其他信息的集合，主要包括编码、设备型号规格、材料属性、性能参数及其他专有属性等。

图元属性通过三维设计软件的几何绘图功能进行创建（具体参照3.1"基础建模技术"），与电气专业相关的工程属性则需要定义和添加电气属性信息。除编码、设备型号规格、材料属性、电气性能参数等基本信息外，该属性信息还包括设备、壳体、连接器、端点、连接器连接点、连接控制点、线束连接点等信息。

3. 参数化建模

参数化建模是通过总结物体的外形规律，确定一定参数及生成算法，通过输入关键参数，利用数据驱动生成三维模型，从而实现自动化快速建模。

电气专业设备类型众多，大部分电气设备模型复用率极高，参数化建模为提高三维设计效率提供了一种新的思路。利用三维设计软件的参数化建模工具，设计人员不仅可以通过调整结构参数，生成满足设计尺寸的电气三维模型，还能实现通过调整电压等级、容量等电气参数自动修改元器件模型，快速形成相应等级的三维模型。

电气设备中发电机组、发电机出口设备、GIS设备、变压器、柴油发电机等元器件的结构复杂，与电压等级、容量等参数之间没有可遵循的固定变化规律，较难实现参数化建模，一般创建非参数化模型；电气柜、屏、箱、盘（板）设备由于结构简单、形状规则，参数化建模需求不大，可根据设计需要选择建模方式；室外开关站、升压站配电设备，如电流互感器、电压互感器、断路器、隔离开关、接地开关、避雷器、支柱绝缘子等，外观形状较复杂，且随参数等级有较固定的变化规律，参数化建模利用价值高。图 4.8 - 2 为参数化创建支柱绝缘子三维模型示例。此外，参数化建模还广泛应用于电气设计中长距离线性布置或敷设物体的三维实体化，如照明、防雷接地、埋管、电缆、桥架等系统的管路、导线、导体建模。

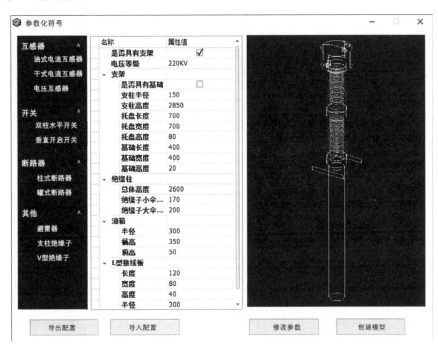

图 4.8 - 2 参数化创建支柱绝缘子三维模型示例

4. 不同设计阶段内容和深度

根据不同类型设备和不同阶段的三维设计要求，电气专业三维模型建模的深度即准确度和精细程度会有所差异，一般参照下述标准开展建模工作：

（1）可研阶段：图元属性中的尺寸、面积、体积、坐标、图层、颜色等应准确表达，能体现主要设计意图，细节内容可忽略；工程属性不做要求。

（2）招标阶段：图元属性中的尺寸、面积、体积、坐标、图层、颜色等应准确表达，能完整体现重点细节部位的设计意图；模型能反映关键性的设计需求或施工要求。

（3）技施阶段：图元信息中的尺寸、面积、体积、坐标、图层、颜色等应准确表达，能完整体现所有设计意图；工程属性信息应包含重点设计参数，能反映设计需求或施工要求。

（4）竣工阶段：图元信息中的尺寸、面积、体积、坐标、图层、颜色等应准确表达，能体现工程完建状态，图元信息的完备程度与四级详细程度相同；工程属性应反映工程完建时期的技术状态。

5. 三维模型库管理

三维模型库又称三维元器件库，是非参数化的专业设备三维模型的合集。针对水电工程复杂、庞大的电气设备群，需按照逐级细分、分类管理、方便查找的原则进行电气设备三维模型库的创建和管理。

三维模型库按专业划分为电气一次专业模型库和电气二次专业模型库两大类。其中，电气一次专业模型库按类型分为主机、机墩/风洞外机组辅助设备、主机电压设备、高压设备、出线设备和厂用电设备；电气二次专业模型库按类型分为二次盘柜、控制箱、端子箱、中控台、蓄电池组设备、火警通信设备、工业电视设备、门禁设备等。具体划分可参见图 4.8-3。

以三维模型库的形式存储和管理电气设备模型，要求模型库能够提供智能选型及参数匹配等功能，方便设计人员快速、准确地从库中匹配所需设备模型，显著提高设计效率。在实际生产设计过程中逐步丰富模型库中电气设备模型的类别和数量，才能真正有效解决三维设计模型欠缺和重复创建等常见问题。

4.8.2.2 电气主设备布置

电气主设备布置是水电工程电气专业三维建模的重要内容，涉及厂房、配套开关站、升压站、出线场的电气一二次主要设备。通过模型库中的选型及参数匹配功能，从型号库和模型库中直接匹配并调用模型布置到设计文件三维空间中准确位置。其他电气系统如照明、埋管、防雷接地、电缆桥架、火警通信、工业电视和门禁等设备的模型，则需配合相关设计要求进行针对性布置。

1. 不同设计阶段的内容和深度

（1）可研阶段：供电系统外形尺寸和轮廓仅示意，管线等不做要求；主要机电设备、管路、金属结构设备的布置应满足工程总体布置的要求；电气专业的主机电压设备，主要高压、出线及主要厂用电设备应在模型图纸中体现，布置时应充分考虑到不同厂家设备尺寸、布置形式的差异，为后期调整保留裕度。

（2）招标阶段：供电系统满足方案布置要求，管线等不做要求；优化主要机电设备、管路、金属结构的模型及布置满足抽图及工程量计算的要求；电气专业模型在可研阶段详细程度的基础上进行优化，新增高压电缆、高压 GIL 及主要桥架、低压终端配电柜模型。

（3）技施阶段：结合厂家最新资料，进一步优化主要机电设备、管路、金属结构的模型及布置，满足出图要求；该阶段各专业模型应增加工程属性信息。

（4）竣工阶段：机电设备模型能体现工程完建状态，工程属性应反映工程完建时期的技术状态；为满足整个电站/电厂机电设备（系统）的标示要求，采用工艺相关码对厂内机电设备实施统一编码。

2. 电气设备模型布置流程

电气设备模型布置工作流程图如图 4.8-4 所示。

3. 设备布置方式

电气设备布置方式分单个布置（自由布置）和批量布置两种。对于数量少、位置分布不规则的设备模型，一般采用单个布置，逐一放置到位；对于数量多且分布规律的设备模

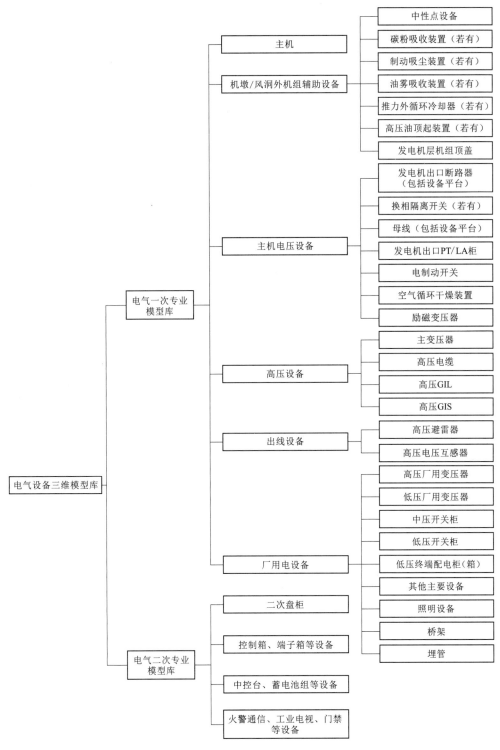

图 4.8-3 水电工程电气设备三维模型库示例

图 4.8-4　电气设备模型布置工作流程图

型则可采用批量布置的高效方式。

单个布置通过两步完成设备模型的调用和布置：第一步确定设备的位置，第二步确定设备的方向。

批量布置有多种方式实现：

（1）矩阵布置：①按照指定行数、列数和行列间距布置；②根据选择的起止位置和固定间距均匀布置最大行数列数。

（2）矩阵均布：综合矩阵布置的两种方案，根据选择的起止位置和指定的行数、列数均匀排布。

（3）起止布置分为固定数量和固定间距两种：①固定数量指根据插入的起止点距离按数量均匀分布；②固定间距指数量由插入的起止距离与输入的间距决定。

（4）两点均布：两点均布为一种自动起止布置方式。选择两点作为起止，根据布置的数量自动均匀排布。

（5）沿线布置：对于非直线排布的批量设备布置，可以沿着特定轨迹线按指定数量和间距进行阵列布置。

4. 设备空间位置控制

在三维空间中布置设备模型，位置控制相对二维模式下更复杂，需要保持在建筑物一定高程上布置的同时避免参考（链接）的其他专业模型的干扰。针对这个难题，可结合精确捕捉，采用以下方法进行：

（1）运用三维设计软件遮盖、剪切、组显示以及图层开关等功能，简化视图显示内容或去除干扰物。

（2）通过锁定高程控制设备模型放置的平面。在调用电气设备模型库中的模型进行放置时，首先通过输入高程数值将布置平面锁定到该高度，从而避免在高度上发生偏移，极大减轻空间定位的工作量。

（3）与建筑和结构专业配合，通过添加相关结构的标识信息使三维设计软件在设备布置时能够做到自动识别梁、柱、板、墙，为控制设备的位置提供极大便利。

（4）高程信息注册。利用三维软件的楼层管理器等工具，记录一个建筑楼层（房间）的多个设备安装场景的高程数据，如房顶、地板、天花板等，实现模型在特定场景锁定高程上的准确布置。该功能在电气设备布置、防雷接地设计、照明设计及埋管设计等涉及设备空间布置的环节中都可以极大地方便设备模型在空间精准定位。

5. 二、三维联动批量布置

基于主接线图联动进行三维设备模型单个（自由）或批量布置，可以保证二、三维设计一致性，这是利用三维设计软件进行主接线图设计的一大优势。从主接线图主节点获取间隔内设备信息，与三维模型库及型号库设备信息形成关联，快速在模型库中匹配特定型号的设备，并按照预定的设备位置、间距、方向，将设备模型批量布置到图纸中。此方法下，电气设备的二维图符和三维模型不仅可以相互导航、追溯、方便定位查看和共享属性数据，还能在修改时关联更新，大大提升设计和管理效率。

6. 电气屏柜布置

除低压终端配电柜（箱）、电气箱在可研阶段无建模需求外，水电工程中厂房、开关站、中控楼等建筑物的电气柜、屏、箱、盘（板）在可研、招标、技施及竣工各个设计阶段均有布置和出图的需求，建模的详细程度参照不同阶段的建模深度要求。对于无精细建模要求的设计阶段，电气屏柜可以使用长、宽、高尺寸准确的长方体表示即可。

利用自由或批量布置的方式对电气屏柜模型进行快速布置，最后采用剖切的方式出二维布置图。此外，可以通过三维软件预置电气屏柜的二维符号，以实现在三维模型布置完毕后自动提取设备模型相应的二维符号，快速生成带有编码的电气屏柜二维布置图，同时输出材料报表。

4.8.2.3 导线绝缘子串设计

导线绝缘子串设计主要运用于室外开关站、升压站及出线场配电装置，其主要内容是进行出线设备三维导线、连接金具及绝缘子的建模。

1. 不同设计阶段的内容和深度

可研阶段无建模需求，初设阶段开始进行出线设备导线绝缘子串的初步设计和建模，在招标阶段进一步优化设计，在技施阶段结合厂家最新资料进行修改。

2. 三维设计流程

导线绝缘子串建模时，连接金具及绝缘子会随着导线的布置自动生成配套模型。导线的布置主要分为软导线布置和硬导线布置两类，其中：软导线包含跨线、引线以及设备线三种类型布置方式；硬导线包含跨路管母及支撑式管母两种类型布置方式。软、硬导线绝缘子串布置流程分别如图4.8-5和图4.8-6所示。

图 4.8-5　软导线绝缘子串布置流程

图 4.8-6　硬导线绝缘子串布置流程

3. 导线绝缘子串三维建模

基于导线库、金具库、绝缘子库，通过参数化快速完成三维导线绝缘子串的建模。布置三维导线时，基于导线型号及接线方式，软件经计算实现金具自动选型、自动布置安装、根据导线弧垂的实际位置自动调整角度。同时，利用参数设置分裂导线，实现三相设备导线批量布置。导线绝缘子串整体布置效果如图4.8-7所示。

导线设计完成后，可以自动统计导线、绝缘子和金具的数量，生成材料表；也可进行导线及架构受力分析，生成导线安装报表，指导施工。

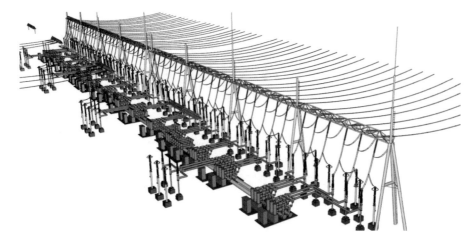

图 4.8-7　导线绝缘子串整体布置效果图示例

4.8.2.4　防雷接地设计

水电工程中防雷过电压保护及接地系统涉及水电站或泵站主副厂房或建筑物、枢纽建筑物和室外配电装置、母线桥及架空进出线、变压器场、开关站、升压站等的雷电安全防护，是电气设计工作的重要内容。水电站防雷措施常采用的是装设避雷针或避雷线（带）预防直击雷破坏，安装避雷器预防感应雷电侵入。接地措施是在充分利用自然接地体的基础上安装人工接地装置，以敷设人工接地网为主，必要时可采用水下接地网、深埋接地体等方法。

电气三维软件在防雷接地系统设计中的应用点集中在室外避雷针设计、避雷线（带）敷设设计及坝区和厂区的接地网敷设设计。三维软件支持参数化生成多种型号、规格和材质的防雷接地系统的构件模型，适应实体化建模需求，同时基于三维模型输出避雷针保护范围图及枢纽、厂区接地平面布置图。此外，三维手段辅助进行避雷针保护范围计算、土壤电阻率计算及接地计算等，获得计算书和报表。避雷器设备的安装设计归于电气主设备布置的内容（详见 4.8.2.2）。

1. 不同设计阶段的内容和深度

（1）可研阶段：初步选定绝缘配合原则和中性点接地方式，提出过电压保护方案；初步选定坝区和厂区接地设计方案，提出接地电阻初步计算成果。此阶段无建模需求。

（2）初设阶段：基本选定绝缘配合原则和中性点接地方式，提出过电压保护方案；基本选定坝区和厂区接地设计方案，提出接地电阻初步计算成果。此阶段开展三维设计，建模、辅助计算和出图。

（3）招标阶段：核定电站防雷过电压保护及绝缘配合设计方案、坝区和厂区接地设计方案和接地计算结果。此阶段进一步优化上一阶段的防雷与接地系统三维模型。

（4）技施阶段：结合厂家最新资料修改上一阶段的防雷与接地系统三维模型，并基于固化模型生成施工图和材料表。

2. 三维设计流程

防雷接地三维设计流程如图 4.8-8 所示。

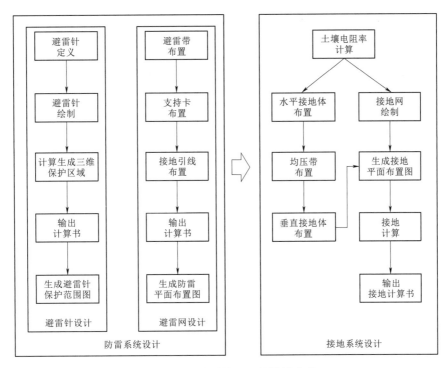

图 4.8-8　防雷接地三维设计流程

3. 避雷针设计

常用避雷针防雷保护范围的计算方法有折线法和滚球法。单一避雷针的保护范围分别为以避雷针为中心轴的折线圆锥体和以避雷针为中心轴的曲线锥体。两种计算方法均可利用三维软件进行辅助应用，对于多个等高和不等高避雷针的联合保护和避雷针位置的设计，除了免去繁杂的计算外，更可实现保护范围的三维可视化。

布置多个避雷针时，软件会根据折线法或滚球法的相关算法自动计算联合保护范围，同步校核被保护物任意高度的保护情况。同时，利用可视化技术在三维空间中生成联合保护范围区域，方便、直观地检查所有被保护物是否在安全保护范围之内。水电站主副厂房、户外厂用变压器、户外主变压器、屋外架空导线等均应在避雷针设计的保护范围内。对于保护不充分的情况，则需重新设置和调整避雷针的数量、位置和高度，三维保护范围也会随之更新。由此可以辅助验证防雷设计方案的有效性，可进一步优化设计。图 4.8-9 为利用滚球法计算生成的联合保护范围三维样图、避雷针保护范围二维样图和水电站避雷针保护范围三维模型样图。

4. 避雷网设计

除采用避雷针外，水电站直击雷过电压保护还可以采用避雷线。在建筑物顶部布置避雷带、网状接闪器，构建避雷网。建筑物的梁、柱、楼板和四周墙体内的主钢筋作引下线，利用地下钢筋混凝土基础作为接地体。

三维软件可以更加方便地开展避雷网设计，在建筑顶部进行参数化避雷带布置，同时智能批量布置支持卡，利用参数化设计生成接地引下线，与地下接地网相连构成完整的防

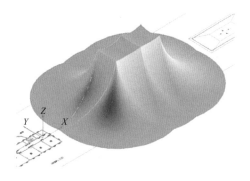

（a）联合保护范围三维样图　　　　　　　　（b）避雷针保护范围二维样图（单位：mm）

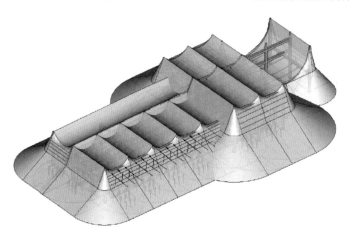

（c）水电站避雷针保护范围三维模型样图

图 4.8-9　避雷针三维设计成果

雷接地系统。图 4.8-10 为多层空间接地网三维模型示例。对于外形轮廓不规则的建筑顶部布置避雷带，采用沿线生成体的建模方式，快速生成曲线、折线类复杂形状的避雷带实体化三维模型。

5. 接地系统设计

在设计电站坝区和厂区接地网的过程中，必须对枢纽和厂房工程所在区域的土壤特性等环境特征进行充分考虑，调查和分析实际的电阻率，结合建筑实际需求合理设计接地网。根据接地网的埋深、尺寸、导体数目与截面等相关设计参数，利用三维设计软件进行计算分析，将得到的计算结果在所构建的接地网模型中进行直接反映，形成可视化的接地系统设计方案。

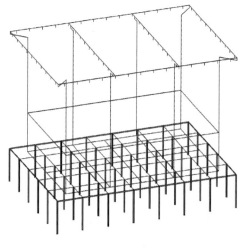

图 4.8-10　多层空间接地网三维模型示例

依次绘制水平接地极、均压带、垂直接地极、接地引线等参数化构件，形成规则或不规则形状的接地网网格三维模型，构件交叉点自动生成焊点。此外，还可以利用高程、行数和列数以及行列间距等参数，快速生成一定埋深的接地网三维模型。

另外，接地网三维建模的功能及其配置也适用于绘制人工接地极、接地干线以及电气设备接地线，从而完成电气设备的保护接地和线路的工作接地三维设计。

由三维设计可完成以下内容：

（1）避雷针保护范围图，快速 bx 值（bx 值是指两避雷针之间高度为 hx 水平面上保护范围的一侧最小宽度）标注、防护半径标注和针编号标注。

（2）生成防雷平面布置图，生成材料报表、标注快速延伸线、标注下引线及标注设备。

（3）枢纽、厂区接地平面布置图，材料报表生成、快速接地外引线标注、接地引上/下线标注及文字标注。

（4）防雷保护计算书/表。

（5）接地计算书/表。

4.8.2.5　照明设计

水电工程照明设计区域主要包括水电站或泵站主副厂房或建筑物、枢纽建筑物等室内作业房间或场所，以及渠道进水口、电站进水口、室外开关站、升压站、工程区永久交通道路等室外作业场所。各区域的照明设计应满足电站在运行、维护、检修及安装等功能需要的正常照明要求，同时，在应急情况下满足设备及人身安全的照明要求。三维设计在电气照明设计中应用，可以满足从照明设备布置到接线原理图全过程设计，提供数字化的接线回路设计及标注、统计和校验等功能，简化出图步骤，更加准确地完成材料统计。

1. 不同设计阶段内容和深度

可研阶段和招标阶段均不进行三维设计；技施阶段照明系统建模工作应在总体模型 A 版固化完成后再开展，其主要内容如下：

（1）照明灯具选型，照度计算，确定灯具布置数量。

（2）布置完成照明灯具、配电箱等三维模型。

（3）设计时参考设计区域其他专业或本专业其他系统模型文件，以便在设计时合理放置照明灯具，避免与其中的设备发生碰撞，避免布置在设备正上方。

（4）进行设计区域碰撞检查。

（5）基于固化的三维模型输出施工图和材料表。

2. 三维设计流程

照明三维设计流程图如图 4.8-11 所示。

3. 照度计算

照度计算方法有多种，应用利用系数法计算平均照度，能够满足水电工程一般工作场所对照度的要求，这也是三维软件普遍采用的照度计算方法。通过利用系数法计算出照度值和功率密度值，计算结果与规范要求不符可以通过不断反算纠正，最终按符合建筑照明规范的计算结果生成计算书和计算表。基于计算的灯具数量和照明参数进而进行照明回路的电气设备布置。

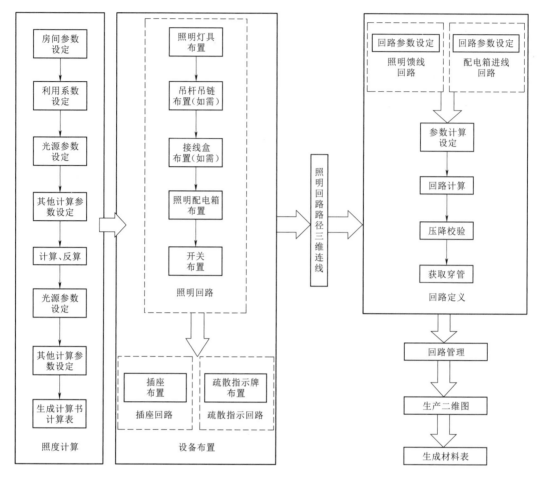

图 4.8-11 照明三维设计流程图

照度计算也可以选用 Delux 等专业软件,计算结果结合三维设计软件的照度计算功能进行校核或作为三维软件照明设计的输入值。

4. 照明设备布置

在满足设计要求的前提下,照明设备布置要考虑回路布局合理、协调美观等问题。布置方法可根据需求灵活选用,包括自由布置、矩阵布置、矩阵均布、起止布置、两点均布或沿线布置。建议对于数量少且分布不规律的照明设备,如配电箱、开关、插座等,选取自由布置较方便直观;而对于数量较多且分布有规律的照明设备建议采用批量布置的方法,如厂房中灯具、接线盒、吊杆吊链等。设备布置时注意锁定高程,在平面视图上完成各楼层照明设备的布置操作,排除其他干扰因素。

5. 照明回路路径三维连线

定义回路并赋予回路属性,利用照明回路路径连线创建实体化的三维导线,同步建立照明设备间电气逻辑关系,使导线和设备的材料统计结果更加精准。

常见的照明设计中包括四种回路形式,分别为正常照明回路、应急照明回路、疏散指示回路以及插座回路。在进行三维连线时,需遵循各自的连线规则。走线的方式可以沿天花板敷设、沿地板敷设或者沿墙壁敷设，敷设又分明敷、暗敷。选择明敷时回路中不生成保护套管；选择暗敷则埋入墙壁、天花板或者地板中的线段自动生成保护套管，并可三维显示。

照明回路路径连线时，按顺序选择回路全部设备模型，以正常照明回路为例，依次选择（点选）照明配电箱、开关、灯具，最终实现照明电缆一键生成，图 4.8－12 为照明设计三维连线透视图示例。三维连线路径关系到导线的材料统计，所以应在保证设计合理性的基础上优化最短路线。

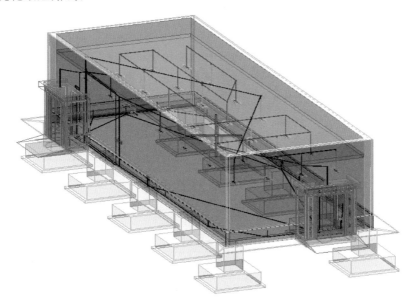

图 4.8－12　照明设计三维连线透视图示例

6. 回路定义与管理

回路定义是指通过计算校检和管理为照明供电系统分配的负荷。照明配电设计时要考虑三相负荷平衡，为每个照明配电箱进行三相配平；回路管理对定义和连线的三维回路进行查询、修改和删除操作，方便控制照明回路的电气逻辑关系。

7. 照明设计成果

三维设计可完成以下内容：

（1）照度计算书、计算表。

（2）二维布置图，自动生成二维导线连接。

（3）材料统计报表。

（4）照明配电箱接线图，自动接线图表格、标注和说明。

4.8.2.6　火灾自动报警、通信、工业电视和门禁设计

火灾自动报警、通信、工业电视和门禁设计是水电工程电气二次专业设计的重要内容。电站厂房需要布置的火警、通信、工业电视和门禁系统设备众多，通过三维设计手段，实现电气设备的智能化布置、穿管及出图和材料表统计，提高设计和建模效率。

1．不同设计阶段内容和深度

可研阶段和招标阶段均不进行三维建模；技施阶段布置建模工作应在总体模型 A 版固化完成后再开展。其主要内容如下：

（1）布置完成火灾自动报警、通信、工业电视和门禁设备的三维模型。

（2）设计时参考设计区域其他专业或本专业其他系统模型文件，以便在设计时避免与其中的设备发生碰撞。

（3）进行设计区域碰撞检查。

（4）基于固化的三维模型出施工图和设备清单。

2．三维设计流程

火警、通信、工业电视和门禁的三维设计主要用于设备建模和模型布置，其中火灾探测器布置还涉及保护范围计算。火灾自动报警、通信、工业电视和门禁系统设计的三维设计流程图如图 4.8-13 所示。

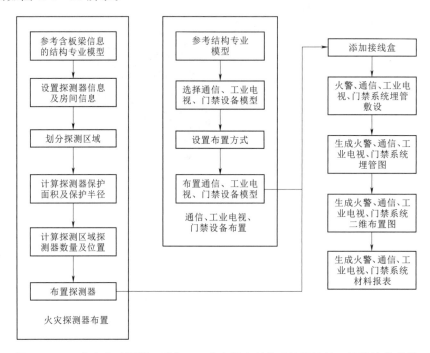

图 4.8-13 火灾自动报警、通信、工业电视和门禁系统设计的三维设计流程图

3．火灾探测器布置

在火灾自动报警三维设计中，布置的电气设备模型包括火灾报警控制器、模块端子箱以及探测器等。在水电项目中，探测器多数情况下是在有梁的顶棚上布置。三维软件根据规范要求，通过梁和顶棚的高度差确定梁对探测器探测范围的影响，最终确定一定范围内符合设计要求的探测器的数量和位置。

三维软件依据房间内板梁的分布状态进行探测区域的划分，同时根据房间信息计算选定类型探测器的保护半径及面积。以此计算出房间内各个探测区域需要布置的探测器数量和空间位置，并基于计算结果实现探测器的自动批量布置。火灾探测器感应范围及平面布置效果示例如图 4.8－14 所示，火灾报警设备三维设计成果示例如图 4.8－15 所示。

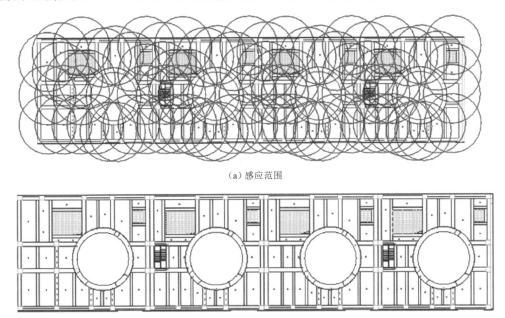

（a）感应范围

（b）平面布置图

图 4.8－14　火灾探测器感应范围及平面布置效果示例

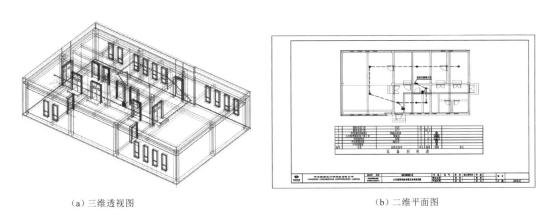

（a）三维透视图

（b）二维平面图

图 4.8－15　火灾报警设备三维设计成果示例

4. 三维设计成果

（1）火警设备二维布置图。

（2）通信、工业电视和门禁设备二维布置图。

（3）设备材料表。

4.8.2.7　三维埋管设计

作为电气导线、电缆的重要敷设通道之一，水电工程的枢纽、厂房中需预埋大量电气管道。传统二维设计只是在用电设备和控制设备间绘制示意性虚线，无法判断管线是否与其他孔道和专业埋管有冲突、碰撞，从而无法保证设计的合理性和准确性。各专业在协同环境中进行三维设计，埋管图上所需要体现的设备、立柱、墙和轴网都能够直接投影到平面图上，避免了二维设计模式由于资料沟通引起的设计信息更新不及时问题。电气埋管设计利用三维手段高效完成埋管模型的参数化布置，自动输出埋管平面图并统计材料报表。二维图纸和材料表中能够反映三维模型信息，保证了埋管图与设计的一致性，对电气专业设计效率和设计质量的提升会有明显效果。

1. 不同设计阶段内容和深度

可研阶段和招标阶段埋管均不进行三维设计；技施阶段埋管布置建模工作应在各专业用电设备及装置的电源接入点（电缆引入点）建模已完成、三维模型已固化后按设计流程进行具体设计，主要内容如下：

（1）设计时参考设计区域其他专业或本专业需要埋管的设备，确定埋管的点、埋管路径、埋管数量。

（2）完成三维埋管建模工作。

（3）基于固化的三维模型出施工图和材料报表。

2. 三维设计流程

基于参考的建筑、结构基础模型，电气管道预埋的三维设计流程图如图 4.8-16 所示。

图 4.8-16　电气管道预埋的三维设计流程图

3. 三维埋管敷设方式

三维埋管可采用下列几种敷设方式建模，根据实际设计场合灵活选用。

（1）竖直埋管：适用于竖直方向穿楼板的埋管场合，通过上下露头长度（高度）确定敷设位置。

（2）水平埋管：适用于在同一水平面上两设备之间的埋管，由楼板埋深、两端位置、两端转弯半径及两端露头高度确定铺设位置。

（3）水平沿线埋管：在楼板水平面上设定埋深位置后沿着空间某一线条铺设埋管，埋管敷设的轨迹是该线条在水平面的投影。

（4）空间沿线埋管：沿着空间某一线条直接生成以该线条为中轴轨迹线的埋管，该方法适用于任意情形下的埋管敷设，特别是走向复杂的情况。

（5）单面沿墙壁埋管：适用于一端设备在水平面，一端设备在墙上的埋管敷设，由楼板水平埋深、墙壁埋深、两端位置、两端转弯半径及两端露头高度确定铺设位置。

（6）双面沿墙壁埋管：适用于两面墙壁上设备之间的连接埋管敷设，由两面墙壁埋深、两端位置、两端转弯半径及两端露头高度确定铺设位置。

4. 埋管敷设设计

埋管敷设需先选择合适的管材（水煤气钢管、不锈钢管、可挠金属电缆保护套管、塑料管等），设置管径以及数量，按排管敷设的要求指定层数和排布方式。如果明敷，埋深设置为 0，暗敷则需设置大于 0 的数据作为实际敷设深度。

按规范要求设置埋管露头高度、埋深和转弯半径参数，当这些数据设计不合理时会造成绘图逻辑错误，软件系统无法生成埋管三维模型。这种情况也会造成电气管道或电缆在转弯处的实际施工困难，所以需要修正相关参数，完善设计方案。

此外，三维校审时对电气埋管模型不做碰撞检查的要求，埋管敷设的过程中应特别注意避开厂房内楼板、隔板的孔洞及其他各类设备模型。对于长距离、不规则管线埋管的敷设，采用空间沿线生成的方式建模可以提高效率。对于排管敷设类型，敷设完成后可根据设计标高信息布置接头井、施工井和转弯井等模型。水电站电缆埋管敷设三维效果示例如图 4.8-17 所示。

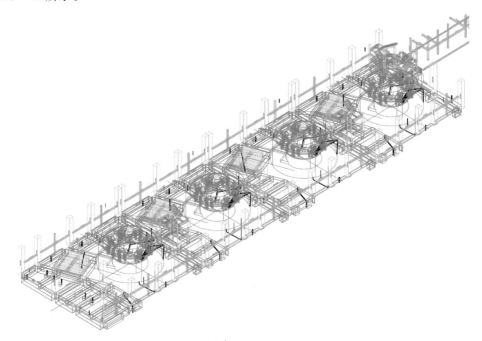

图 4.8-17　水电站电缆埋管敷设效果示例

5. 埋管设计成果

由埋管三维设计可完成以下内容：

（1）埋管布置图，快速进行专用的埋管管路标注和文字标注。

（2）埋管路径表。

（3）埋管材料表。

（4）出图说明等。

4.8.2.8　电缆桥架设计

电缆桥架也是水电工程电气施工中最常见的电缆敷设通道之一。传统二维图纸无法直观地展示桥架在三维空间中的走向和层级关系等，给实际施工带来一定的难度。利用三维手段进行桥架设计和布置，通过参数化建模，设置桥架的类型、宽度、高度等参数，软件可以沿走向自动生成桥架模型，建模效率显著提升。同时还能将参数带入工程量清单，并可根据配置实现自动或半自动编码功能。

1. 不同设计阶段内容和深度

可研阶段，不进行桥架的三维建模。

招标阶段，进行主要通道的桥架模型建模，不建立柱及托臂等。

技施阶段，对上一阶段桥架三维模型进行进一步修改、完善的过程，主要内容如下：

（1）修改和完善桥架模型。

（2）调整和补充托臂、立柱模型。

（3）设计时参考设计区域其他专业或本专业其他系统模型文件，以便在设计时避免与其中的设备发生碰撞。

（4）进行设计区域碰撞检查。

2. 三维设计流程

电缆桥架的三维设计不考虑桥架的荷载计算以及接地设计，桥架的容量、荷载等关键设计参数是在电缆敷设三维设计中结合相关算法进行统一规划。电缆桥架设计的三维流程如图 4.8-18 所示。

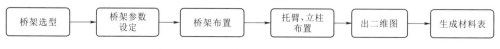

图 4.8-18　电缆桥架设计的三维流程

3. 桥架分类和分层

桥架按结构型式分为梯形桥架、槽式桥架、托盘式桥架以及线槽。三维桥架设计软件应具备这四种类型的桥架模型，以满足基本的设计需要。

桥架建模布置时需设置宽度、深度以及层数、层间距等信息。通过给每个层次的桥架设定类型的方式分配相应的图层，可以方便桥架的类型与图层关联管理，并能提高后续电缆敷设路径计算的准确性。桥架类型充分考虑不同的分类标准，包括并不限于电气一次桥架、电气二次桥架、高压动力电缆桥架、中压动力电缆桥架、低压动力电缆桥架、控制通信电缆桥架、光缆桥架等类别，以适应多种设计场景的需求。同时，应按设计规范安排电缆桥架层次排列顺序，由上往下一般为弱点控制电缆、一般控制电缆、低压动力电缆、高压动力电缆，以利于实际电缆屏蔽干扰、通风和散热。

4. 桥架安装布置

为满足电缆桥架安装方式、安装场景的多样性，三维软件参数化桥架布置一般要求达到较高的自动化程度，例如：可以实现多类型、多形式及多层数桥架的快速建模，可根据绘制走向实时生成直线段桥架并自动分段，自动生成端接弯通、交叉处的相交弯通、三通、四通、T接，以及垂直方向上多角度的变向弯通等连接件，同时支持添加变径连接件、盖板和分隔板等。

桥架布置时，可根据需要锁定高程来辅助定位，同时灵活切换绘图平面和走向，以实现在三维空间中的无缝衔接。在此过程中，桥架转向时弯角弧度需满足电缆弯曲半径要求，同时注意避让厂房内楼板、隔板的孔洞。桥架与管路同向布置时，距管路边缘距离至少应大于 150mm，以避开法兰和管路托架。

此外，根据规范要求，电缆桥架需要按照一定的单位长度分段添加国标 KKS 编码，可以通过设置软件实现在建模的同时自动编码。对于未编码和已编码的桥架应在显示颜色上有所区分，有助于对编码工作进行查漏补缺。

5. 托臂、立柱布置

根据不同的电缆安装场所确定桥架的固定方式，选择悬吊式、直立式、侧壁式或混合式。托臂、立柱布置同样可实现参数化建模，并基于桥架中心线进行沿线手动布置或自动批量布置。托臂、立柱模型在电缆通道各处需保证处于垂直方向上，且距通道顶部或底部满足一定的固定距离。

6. 三维设计成果

三维电缆桥架设计，可以完成以下成果：

（1）电缆桥架二维布置图，自动标注层高变化位置，快速添加桥架编码和文字等其他标注。

（2）剖切桥架三维模型，生成断面图。

（3）材料报表。

（4）添加出图说明等。

图 4.8-19 为电缆桥架布置设计二、三维图示例。

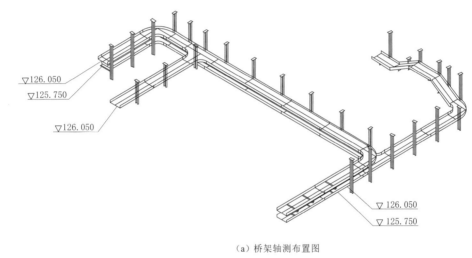

（a）桥架轴测布置图

（b）桥架剖面图

图 4.8-19　电缆桥架布置设计二、三维图示例（单位：高程 m，尺寸 mm）

4.8.2.9　电缆敷设设计

水电工程电缆敷设工作区域包括主副厂房、主变洞室、出线平洞及出线竖井、开关站、升压站以及坝区控制室等场所，电缆敷设及配线包括不同电压灯及系统的电力电缆、动力电缆、照明电缆以及全厂控制、保护和通信电缆（线）、光缆等。电气电缆数量多、分布广、走向复杂，对电缆设计和施工敷设工作提出了很高的要求。

传统的二维设计模式下，专业配合与沟通以及设计变更做出修改都需要大量的人力和时间，对设计人员水平的依赖度高，人为误差大。特别是在处理空间上综合管线（风管、水管、埋管、电缆桥架等）之间突出的交叉问题上难以实现最优布置，电缆敷设无法获得最短路径和电缆桥架容积率的合理匹配。在三维设计平台中，各专业协同配合，实现图纸的实时共享，电气设备属性的唯一性保证了生成的电缆清册、材料汇总表、桥架截面等信息能够与三维设计中的设计信息一致。此外，通过定义敷设规则，软件集成的敷设算法在兼顾桥架容量和负载的前提下能够有效进行最短路径分配并模拟电缆敷设，因而电缆敷设的效率和准确性远优于二维设计，同时又能保证电缆敷设整体效果的整齐美观。

1. 不同设计阶段内容和深度

可研阶段，不进行电缆敷设设计。

招标阶段，基于已部署的高压电缆通道进行高压动力电缆的敷设建模，不建立支吊架等。

技施阶段，进行全厂电缆敷设设计，以规划敷设路径为主要目标，具体内容如下：

（1）修改和完善高压动力电缆敷设模型。

（2）进行中低压动力电缆和控制电缆的敷设设计。

（3）调整和补充电缆支吊架模型和防火封堵模型。

（4）设计时参考设计区域其他专业或本专业其他系统模型文件，以便在设计时避免与其中的设备发生碰撞。

（5）进行设计区域高压动力电缆的碰撞检查。

（6）基于固化模型出施工电缆敷设图、统计电缆长度出电缆清册、材料表。

2. 三维设计流程

电缆敷设三维设计流程如图 4.8-20 所示。

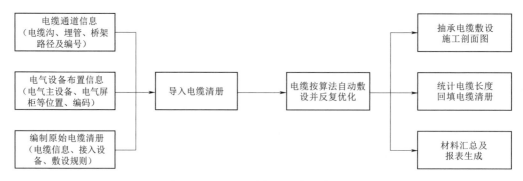

图 4.8-20　电缆敷设三维设计流程

3. 电缆敷设通道

电缆敷设有电缆桥架、电缆沟、电缆隧道和埋管等多种通道，一般来说水电站中常用敷设通道有桥架、电缆沟、明管、暗管和竖井。在进行电缆敷设之前，需先建立电缆沟、电缆隧道、管群、桥架的模型，为电缆敷设提供通道信息。其中，电缆沟、电缆隧道模型一般由结构专业利用专业软件建模并赋予材质等属性（电气专业也可自行建模）；埋管群和桥架模型则是电气专业埋管设计（详见 4.8.2.7 "三维埋管设计"）和电缆桥架设计（详见 4.8.2.8 "电缆桥架设计"）的建模成果。

电缆通道为电缆的敷设提供路径，需要保证编码的准确性和唯一性。电缆桥架前期还需根据负荷分布提前规划好桥架的层数和类型，对多层桥架不同的层级进行分类标识和管理，避免电缆通道不畅或桥架超容导致电缆路径异常和电缆交叉敷设。

4. 电缆接入设备

电缆接入的电气设备是电缆敷设设计过程中关键环节，尤其是电气屏柜设备。每一个接入设备都应有唯一的编号，并与电缆清册一一对应。设备尺寸、位置等依据施工图纸和现场情况确定。此外，还应向设备厂家获取设备接线盒位置信息，以在三维设计中准确建模。

5. 敷设规则设定

三维软件可以设定多种敷设规则，包括电压匹配、容积率限制、重量分析以及最短路径原则等。针对电压匹配，布置桥架时设置其承载的电缆电压等级（动力、控制、弱电），敷设时按照电压等级进行自动匹配；针对容积率，可批量设定桥架允许的容积率；当承载的电缆数量过多，超过容积率的限定时，软件自动查找其他路径进行敷设；针对重量分析，可批量设定桥架允许的承重值（kg/m）。敷设时如果超过容许值，软件自动查找其他路径。针对最短路径，此为软件最底层的敷设规则，规定软件计算的最优解。软件在满足上述设定规则的前提下，依据算法计算每根电缆的最短走线路径，统计电缆长度及所经桥架节点编号。设定敷设规则有助于三维软件在进行大批量电缆敷设计算时优化敷设结果，精确统计电缆长度，消除人为失误，保证设计质量和设计效率。

6. 电缆自动敷设

利用电缆接入设备布置图、建筑及结构布置图、电缆敷设通道布置图以及原始电缆清单等获得电缆信息、设备位置信息、通道截面和位置信息。同时，根据电缆通道走向、设备接入点、设备接入半径等信息，软件从导入的电缆清册中读取电缆起点和终点位置，依据算法在避开高容量或高负载桥架的基础上自动在平面图中查找电缆敷设路径，并按照设定的敷设规则进行优化，寻找最短的敷设路径，并自动完成电缆的敷设模拟。通过三维软件的智能敷设方式可以有效减少或避免电缆敷设混乱、交叉以及电缆桥架溢出的情况，并能够准确统计电缆长度，节约大量时间成本和材料成本。

电缆敷设设备示意图如图 4.8-21 所示。

7. 敷设路径调整和优化

在完成自动电缆敷设计算后，可在输出的敷设拓扑图中查看每根电缆的走向，对于敷设不合理的位置，例如不同电缆在同一层次交叉碰撞等，需要进行局部调整，及时纠正错误。需根据软件计算的结果查看每段路径的拥塞情况及桥架的用量，不断对敷设路径进行调整和优化。电缆敷设时，由于高压电缆转弯半径很大，应注意限定最小的转弯半径。另外，为反映高压电缆在空间中的路径走向、占位等情况，并方便进行实体电缆的碰撞检测，可以通过实体化建模方式对高压电缆的敷设进行精细化设计。某水电站控制室电缆敷设模拟三维效果如图 4.8-22 所示。

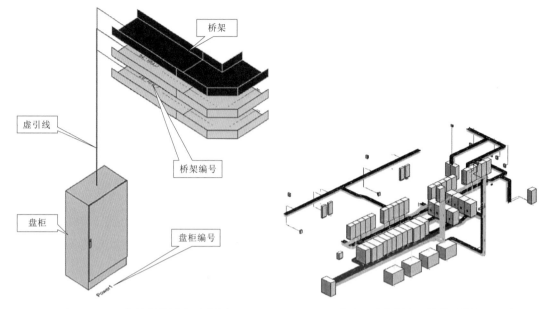

图 4.8-21 电缆敷设设备示意图　　图 4.8-22 某水电站控制室电缆敷设模拟三维效果图

8. 电缆支架及防火封堵布置

在电缆沟、电缆隧道中，应用支架支撑固定电缆。支架的建模布置方式可以选择沿电缆通道控制线阵列或者利用软件参数化建模布置。

另外，根据设计规范，电缆通道在一些特定的位置需要添加防火封堵或防火分隔物，例如，电缆隧道每隔 60m、电缆沟道每隔 200m 和电缆室每隔 300m^2，均宜设一个防火分隔物；电缆竖（斜）井的上、下两端可用防火网封堵，竖（斜）井中间每隔 60m 应设一个封堵层（分隔物）等。防火封堵或防火分隔物可根据项目实际需求建模，并采用自由布置或沿线批量布置。

9. 电缆三维敷设成果

电缆三维敷设设计可以完成以下成果：

（1）直接输出电缆敷设拓扑图。

（2）电缆敷设生成的三维电缆敷设图。

（3）根据电缆敷设的三维模型进行剖切，生成电缆敷设施工图，剖面图中显示此桥架上所敷设的电缆的详细信息。

（4）敷设计算可准确统计电缆路径、电缆长度，并记录电缆敷设路径及关键节点，根据指定格式回填生成电缆清册，其中电缆清册应含有下列内容：

1）表达电缆首尾所连设备的 KKS 编码（中文描述）。

2）表达相对所属建筑物的坐标。

3）表达电缆所用埋管规格及埋管长度。

4）电缆长度。

5）电缆敷设的详细路径所通过桥架的编码（含层次信息）。

（5）可以通过报表模板生成材料汇总表，实时通过报表模板生成桥架截面表。

图 4.8-23 为水电站控制室电缆敷设模拟生成的电缆清册及桥架材料清册示例。

序号	电缆编号	电缆类型	来向设备 名称	描述	位置	去向设备 名称	描述	位置	长度	路径
1	MSC-01-01	ZA-YJV22 0.6/1kV 3*185+2*95	MSC-01	Panel w/ctrl Manufacturer 1 1x Manufacturer 1 Cab	0.4kV公用电配电屏0.4kV Unit SwitcHB-oard	ST	Panel Manufacturer 1 1x Manufacturer 1 Cabinet 18	厂用电变压器 Station service transformer	13.682200	气廊,气廊,LV-13,LV-12,LV-11,气廊
2	MSC-01-02	ZA-YJV22 0.6/1kV 3*185+2*95	MSC-01	Panel w/ctrl Manufacturer 1 1x Manufacturer 1 Cab	0.4kV公用电配电屏0.4kV Unit SwitcHB-oard	ST	Panel Manufacturer 1 1x Manufacturer 1 Cabinet 18	厂用电变压器 Station service transformer	13.682200	气廊,气廊,LV-13,LV-12,LV-11,气廊
3	MSC-02-01	ZA-YJV22 0.6/1kV 3*120+2*70	MSC-02	Panel w/ctrl Manufacturer 1 1x Manufacturer 1 Cab	0.4kV公用电配电屏0.4kV Unit SwitcHB-oard	MainCrane	Panel Manufacturer 1 1x Manufacturer 1 Cabinet 20	主厂房桥机电源 The main powerhouse bridge crane	19.676900	气廊,LV-13,LV-40,LV-41,LV-42,LV-43,LV-44,LV-45,LV-46,气廊
4	MSC-02-02	ZA-YJV22 0.6/1kV 3*120+2*70	MSC-02	Panel w/ctrl Manufacturer 1 1x Manufacturer 1 Cab	0.4kV公用电配电屏0.4kV Unit SwitcHB-oard	GDC-01	Panel Manufacturer 1 1x Manufacturer 1 Cabinet 80	1#机组自用盘1# Unit auxiliary cubicle	16.853900	气廊,LV-13,LV-40,LV-41,LV-42,LV-43,LV-44,LV-45,LV-46,LV-47,气廊
5	MSC-02-03	ZA-YJV22 0.6/1kV 3*120+2*70	MSC-02	Panel w/ctrl Manufacturer 1 1x Manufacturer 1 Cab	0.4kV公用电配电屏0.4kV Unit SwitcHB-oard	GDC-02	Panel Manufacturer 1 1x Manufacturer 1 Cabinet 80	2#机组自用盘2# Unit auxiliary cubicle	25.610100	气廊,LV-13,LV-14,LV-15,LV-16,LV-17,LV-70,LV-71,LV-72,LV-73,LV-74,LV-78,LV-79,LV-80,LV-81,气廊
6	MSC-02-04	ZA-YJV22 0.6/1kV 3*70+2*35	MSC-02	Panel w/ctrl Manufacturer 1 1x Manufacturer 1 Cab	0.4kV公用电配电屏0.4kV Unit SwitcHB-oard	ControlRoom	Panel Manufacturer 1 1x Manufacturer 1 Cabinet 80	中控室配电柜 Central control room distribution cubicle	27.306200	气廊,LV-13,LV-14,LV-15,LV-16,LV-17,LV-18,LV-19,LV-20,LV-21,LV-22,LV-23,气廊

来向设备		去向设备		电缆信息		
设备编号	设备名称	设备编号	设备名称号	电缆编号	电压等级	电缆规格
MSC-01	0.4kV公用电配电屏 0.4kV Unit Switchboard	ST	厂用电变压器 Station service	MSC-01-01	LV	ZA-YJV22 0.6/1kV 3*185+2*95
MSC-01	0.4kV公用电配电屏 0.4kV Unit Switchboard	ST	厂用电变压器 Station service	MSC-01-02	LV	ZA-YJV22 0.6/1kV 3*185+2*95
MSC-02	0.4kV公用电配电屏 0.4kV Unit Switchboard	MainCrane	主厂房桥机电源 The main powerhouse	MSC-02-01	LV	ZA-YJV22 0.6/1kV 3*120+2*70
MSC-02	0.4kV公用电配电屏 0.4kV Unit Switchboard	GDC-01	1#机组自用盘 1# Unit auxiliary cubicle	MSC-02-02	LV	ZA-YJV22 0.6/1kV 3*120+2*70
MSC-02	0.4kV公用电配电屏 0.4kV Unit Switchboard	GDC-02	2#机组自用盘 2# Unit auxiliary cubicle	MSC-02-03	LV	ZA-YJV22 0.6/1kV 3*120+2*70
MSC-02	0.4kV公用电配电屏 0.4kV Unit Switchboard	Control Room	中控室配电柜 Central control room	MSC-02-04	LV	ZA-YJV22 0.6/1kV 3*70+2*35

(a) 电缆清册

序号	名称	厂家	描述	产品型号	数量 CAD	数量	材料	单位
1	RW	通用	ECIDI XQJ系列直倒角 宽度:400毫米 高度:100毫米 直通2米	151W22-400	423.75	212		pcs
2	RW	通用	虚拟连接 宽度: 100 毫米 高度: 100 毫米 直通3米		502.00	168		pcs
3	RW	通用	虚拟连接 宽度: 100 毫米 高度: 100 毫米 弯曲90度. 弯曲半径138毫米			85		pcs
4	RW	通用	ECIDI XQJ系列直倒角 宽度:400毫米 高度:100毫米 三通 弯曲半径150毫米	153W15-400-B		27		pcs
5	RW	通用	ECIDI XQJ系列直倒角 宽度:400毫米 高度:100毫米 弯曲90度. 弯曲半径150毫米	151W3-400-B		23		pcs
6	RW	通用	ECIDI XQJ系列直倒角 宽度:400毫米 高度:100毫米 垂直三通up			1		pcs
7	RW	通用	ECIDI XQJ系列直倒角 宽度:400毫米 高度:100毫米 垂直弯通90度. 弯曲半径150毫米			4		pcs
8	RW	通用	ECIDI XQJ系列直倒角 宽度:400毫米 高度:100毫米 四通 弯曲半径150毫米	153W15-400-B		2		pcs
9	RW	通用	ECIDI XQJ系列直倒角 宽度:400毫米 高度:100毫米 垂直弯通-90度. 弯曲半径150毫米			6		pcs

(b) 桥架材料清册

图 4.8-23　水电站控制室电缆敷设模拟生成的电缆清册及桥架材料清册示例

4.8.2.10　电气二维出图

1. 出图方式

电气专业三维设计出二维图的常规方式有以下 4 种。

(1) 保存视图方式出图。直接通过参考三维模型的某个视图，再通过定义其显示样式、添加标注和图框而形成的图纸，如常见的利用顶视图出平面布置图。

（2）三维切图方式出图。利用专业三维设计软件的切图功能可以在任何需要的位置切出平面、立面及剖面图纸。对于某些传统平面、立面和剖面图纸表达不清的地方，还可以配以轴测图阐释设备之间的相互关系。切图完成后需要较大的二次加工工作量，如尺寸标注、文字标注等，否则无法达到施工图要求。电气主设备、电气屏柜三维布置图通常可采用切图的方式抽取平面、立面及剖面布置图纸。

（3）符号化出图。符号化出图即利用三维软件三维转二维方式自动出图。根据三维模型的实际布置成果，生成二维平面布置图。这种出图方式可广泛应用在电气专业多个设计模块，生成如电缆桥架布置图、埋管布置图、照明设备布置图、火灾报警设备布置图等。

（4）逻辑关系出接线图。根据数据库中标准信息数据模型生成接线图，如主接线图、厂用电接线图、照明接线图等。根据电气设备间的实际电气逻辑关系以及标准符号模板，绘制标准电气线及符号集，生成二维接线图。在电气二次设计中，端子接线图也是基于该原理直接生成。

2. 出图要求

（1）专业抽图时应采用最新固化版本三维模型。

（2）在出图中，除彩图外，其他类型的图纸尽量少使用保存视图的方式，一是这样的图纸符号化程度较差，美观程度欠缺；二是图纸容量较大，不便于后期归档处理。

（3）出图时应该尽量少体现其他专业的内容，电气专业设备布置类图中仅表示"本专业＋厂房＋建筑"即可。

（4）抽图配置时，线型应采用软件默认的线型（包括有不同比例的虚线、点划线、双点划线、双点划线），基本能够满足常规出图；若某些情况下需要使用特殊线型，则另当别论。

（5）电气设备二维抽图沿用三维模型中的颜色及线型。

（6）抽图的线宽一律采用软件提供的线宽来定义，不采用以颜色定义打印宽度的方式。

（7）图框采用经统一定制、统一命名后的图框。图纸装框时，图框尺寸统一采用1：1的尺寸，不应对图框进行缩放。

4.8.3 电气三维成果应用

4.8.3.1 沙坪二级水电站

沙坪二级水电站装机容量348MW，装设6台单机容量58MW灯泡贯流式水轮发电机组，与双江口、瀑布沟水电站联合运行，年平均发电量为16.100亿kW·h，装机年利用小时数为4627h；参加调峰运行后，保证出力为108.8MW，多年平均发电量为15.112亿kW·h。该工程应用了电气三维设计系统进行电气设备、桥架的布置，从而在水电站设计及施工过程中，减少了"错、漏、碰、缺"等问题。沙坪二级水电站三维设计效果图如图4.8-24所示。

4.8.3.2 仙居抽水蓄能电站

仙居抽水蓄能电站位于浙江省仙居县淮山乡境内，地处浙南电网台、温、丽、金、衢用电负荷中心，为一座日调节的抽水蓄能电站，总装机容量1500MW（4×375MW），属

（a）透视图一　　　　　　　　　　　　　　　　（b）透视图二

图 4.8-24　沙坪二级水电站厂房机电设备三维设计效果图

Ⅰ等大（1）型工程，为国内目前最大单机容量的抽水蓄能电站。设计年发电量 25.125 亿 kW·h，年平均抽水耗电量 32.63 亿 kW·h，综合效率 77%。工程动态投资为 58.51 亿元，静态投资为 48.91 亿元。

最终电站设计及施工获得"中国工程建设鲁班奖"和"国家优质工程奖"。仙居抽水蓄能电站实行细部工艺设计，从细部设计抓起，为顺利施工提供保障。细部工艺设计过程中最重要的两项工作为"小管路细部工艺设计"和"电缆桥架及电缆敷设细部工艺设计"，关系到后期电站内部整体外观是否符合相关要求。为了开展好这两项设计，通过三维设计手段，对小管路和电缆桥架的多种布置形式进行了梳理、比较，最终形成了直观的、可视化的工艺设计内容，获得了业主的好评。仙居抽水蓄能电站电缆桥架工艺设计成果如图 4.8-25 所示。

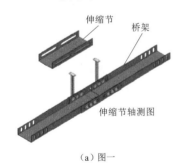

（a）图一　　　　　　　　　　　　（b）图二　　　　　　　　　　　　（c）图三

图 4.8-25　仙居抽水蓄能电站电缆桥架工艺设计成果

4.8.3.3　龙开口水电站

龙开口水电站是华东院首批全面推行三维数字化设计应用的项目之一。三维设计应用研究成果"水电水利工程三维数字化设计平台""水电工程枢纽布置三维可视化设计研究""水电站厂房和机电系统三维可视化协同设计研究与工程应用"分别获得 2011 年度、2010 年度中国水电工程顾问集团公司科技进步一等奖和 2009 年度中国电力科学技术二等奖。

4.8.3.4 华能如东 300MW 海上风电场

华能如东 300MW 海上风电场工程位于江苏省如东县近海海域，场区中心离岸距离约 25km，海域东西长约 10km，南北宽约 8km，规划面积约为 82km²，项目规模 300MW，工程静态投资 53.57 亿元，工程总投资 54.74 亿元。实际装机规模为 302.4MW。电气系统分三部分布置，海上布置两座 110kV 升压站，陆上布置一座 220kV 升压站和一座现场生产管理中心。

该项目风电场的升压站采用 110kV 海上升压站，结构空间狭小，站内机电设备繁多。为了使设备布置更加合理，减少设备间的"错、漏、碰、缺"问题，开展了结构、建筑、电气一次、电气二次、暖通、给排水等升压站三维设计全专业参与的三维协同设计。

依托三维技术，电气专业进行了设备位置校验、大电缆弯曲半径校验、摄像头观测范围校验、电气设备带点距离校验等。电气三维设计的主要内容及深度见表 4.8-1。华能如东海上升压站三维设计成果如图 4.8-26 所示。

表 4.8-1 电气三维设计的主要内容及深度

土建标设计阶段	机电安装标设计阶段	技施设计阶段
主变、发电机电压设备、封闭母线、主要盘柜	增加电缆桥架、次要的盘柜	细化所有电气设备及电缆桥架、盘柜、照明灯具等

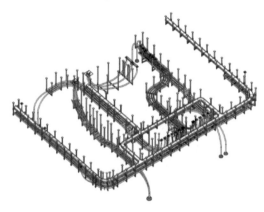

（a）电缆通道轴测典型图

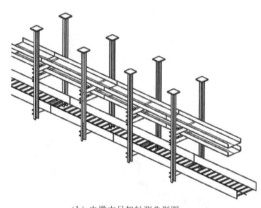

（b）电缆支吊架轴测典型图

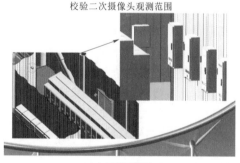

（c）工程应用图一

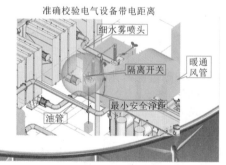

（d）工程应用图二

图 4.8-26（一） 华能如东海上升压站三维设计成果图

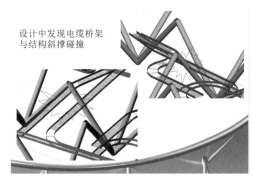

有效提高桥架吊臂、灯具安装支架、开关及配电箱支架的设计效率，并可任意剖切断面

设计中发现电缆桥架与结构斜撑碰撞

（e）工程应用图三　　　　　　　　　　　（f）工程应用图四

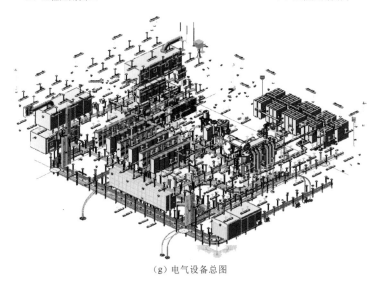

（g）电气设备总图

图 4.8-26（二）　华能如东海上升压站三维设计成果图

4.9　暖通专业

暖通三维设计是指通过三维设计软件对暖通空调设备、风管、水管、阀门及附件等进行模型可视化、参数信息化表达，它是暖通三维数字化产品的重要组成部分。

4.9.1　暖通三维设计工作流程

暖通三维设计根据项目三维总体计划安排分为六个过程，即项目策划及任务下达、专业策划及任务下达、专业建模及会审检查、专业三维模型固化、专业三维模型抽图、专业图纸印制及归档，确保暖通三维设计产品满足规程规范和项目要求，其工作流程见图 4.9-1。

根据项目进度安排，暖通三维设计分为四个阶段，即可研阶段（方案阶段）、招标阶段（初设阶段）、技施阶段和竣工阶段，每个阶段对三维设计内容和详细程度（见表 4.9-1）均有不同的要求。

图 4.9-1 暖通三维设计工作流程图

表 4.9-1 暖通三维设计内容与详细程度参考表

模型名称	项目阶段			
	可研阶段 （方案阶段）	招标阶段 （初设阶段）	技施阶段	竣工阶段
送风管	×	★	★●	★●
排风管	×	★	★●	★●
空调风管	×	★	★●	★●
排烟风管	×	★	★●	★●
加压风管	×	★	★●	★●
冷冻供水管	×	★	★●	★●
冷冻回水管	×	★	★●	★●
冷却供水管	×	★	★●	★●
冷却排水管	×	★	★●	★●
冷凝水管	×	★	★●	★●
空调冷媒管	×	★	★●	★●
排水管	×	★	★●	★●
膨胀水管	×	★	★●	★●
膨胀水箱	×	★	★●	★●
风机	★	★	★●	★●
空调器	★	★	★●	★●
除湿机	★	★	★●	★●
空调水泵	★	★	★●	★●
冷冻机	★	★	★●	★●
集水器	★	★	★●	★●

模型名称	项　目　阶　段			
	可研阶段 （方案阶段）	招标阶段 （初设阶段）	技施阶段	竣工阶段
分水器	★	★	★●	★●
水处理器	★	★	★●	★●
水换热器	★	★	★●	★●
采暖器	★	★	★●	★●
风系统阀门	×	×	★●	★●
水系统阀门	×	×	★●	★●
水系统表计	×	×	★●	★●
风口	×	×	★●	★●
消声器	×	×	★●	★●
过滤器	×	×	★●	★●

注　×不做建模要求；★要求绘制三维模型；●要求在模型上附加工程属性。

4.9.2　暖通三维设计关键技术

暖通三维设计是三维协同设计的组成部分。利用三维设计软件先进的智能化建模技术、二三维工作流技术和信息化处理技术，根据相关三维数字化模型技术规程规范要求，建立暖通三维模型，实现模型可视、碰撞检查、材料表统计、图纸输出、BIM 信息管理等功能，涉及的关键技术主要有以下几点。

1. 模型图层管理

模型图层是暖通三维模型图元属性和工程属性的基础，包括系统类别、工程对象、图层名称及颜色等信息。暖通三维模型图层参考表见表 4.9 - 2。

表 4.9 - 2　　　　　　　　　　　　暖通三维模型图层参考表

系统类别	工程对象	三　维　模　型			
		图层名称	色号	RAL 色	颜色样例
风管系统	送风管	NT - FG - SF	184	RAL 6018	
	排风管	NT - FG - PF	166	RAL 1012	
	空调风管	NT - FG - KT	174	RAL 4005	
	排烟风管	NT - FG - PY	173	RAL 3027	
	加压风管	NT - FG - JY	176	RAL 5012	
风系统设备	风机	NT - FSB - FJ	181	RAL 6019	
	空调器	NT - FSB - KTQ	181	RAL 6019	
	除湿机	NT - FSB - CSJ	181	RAL 6019	
	排气扇	NT - FSB - PQS	181	RAL 6019	
	全热交换器	NT - FSB - QRJHQ	181	RAL 6019	
	采暖器	NT - FSB - CNQ	181	RAL 6019	

系统类别	工程对象	三 维 模 型			
		图层名称	色号	RAL色	颜色样例
水系统设备	冷冻机	NT－SSB－LDJ	169	RAL 1034	
	空调水泵	NT－SSB－KTSB	169	RAL 1034	
	分水器	NT－SSB－FSQ	169	RAL 1034	
	集水器	NT－SSB－JSQ	169	RAL 1034	
	膨胀水箱	NT－SSB－PZSX	169	RAL 1034	
	水处理器	NT－SSB－SCLQ	169	RAL 1034	
水管系统	冷冻供水管	NT－SG－LDG	178	RAL 5017	
	冷冻回水管	NT－SG－LDH	167	RAL 1016	
	冷却供水管	NT－SG－LQG	179	RAL 5021	
	冷却排水管	NT－SG－LQP	168	RAL 1020	
	冷媒管	NT－SG－LM	177	RAL 5015	
	膨胀水管	NT－SG－PZ	175	RAL 4011	
	排水管	NT－SG－PS	170	RAL 1037	
	补水管	NT－SG－BS	180	RAL 5024	
	冷凝水管	NT－SG－LN	182	RAL 6038	
风系统附件	风口	NT－FFJ－FK	183	RAL 9003	
	风阀	NT－FFJ－FF	172	RAL 3014	
	消声器	NT－FFJ－XSQ	172	RAL 3014	
水系统附件	水阀	NT－SFJ－SF	171	RAL 3003	
	表计	NT－SFJ－BJ	171	RAL 3003	
	过滤器	NT－SFJ－GLQ	171	RAL 3003	
辅助及说明	暖通文字	NT－FZ－WZ			
	管道中心线	NT－FZ－ZXX			
	尺寸标注	NT－FZ－BZ			
	其他	NT－FZ－QT			

2. 元件库的二次开发

基于三维设计软件的模型元件库，可以满足常用暖通设备的建模设计要求。但是对工程项目中的特殊暖通设备和新型的暖通产品，三维设计软件自身的模型元件库往往不能满足工程项目的所有需求，需要对模型元件库进行二次开发，补充新设备的参数化模型进入元件库，构建系列化设备产品数据库，才能满足各种类型工程项目中暖通三维设计需要。图4.9-2为暖通专业模型元件库示例。

3. 实用工具的二次开发

暖通设计所用的三维设计软件的操作便捷性和实用性直接关系到三维设计效率，为了满足三维设计需求，需要在基础软件平台进行二次开发，增加一些实用工具，如风管自动

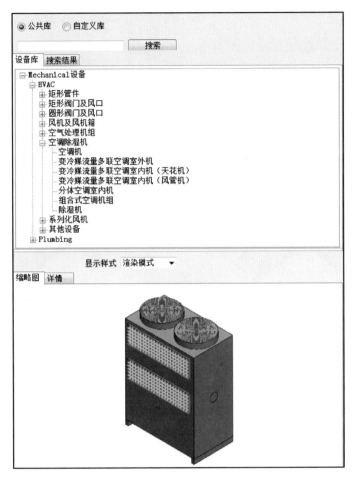

图 4.9-2 暖通专业模型元件库示例

翻折工具（见图 4.9-3）、管件自动连接工具（见图 4.9-4）等。

4. 碰撞检查

基于三维协同设计平台的暖通三维设计，可以实时查看暖通三维模型和错综复杂的机电综合管线模型，实现三维模型的动态漫游展示，检查暖通设备和管路三维设计模型的完整性、合理性，也可以检查与相关专业构件（如梁、柱、门、窗、设备）和管路模型之间存在的碰撞、干涉问题，提高暖通三维设计效率和产品质量。图 4.9-5 为暖通风管、风口模型与电气桥架模型碰撞检查示例。

5. 风管智能化

风管的布置和计算是暖通三维设计的重要组成部分，风管布置的合理性影响通风系统的气流组织、风量平衡和阻力平衡等方面，设计过程中需通过风管水力平衡计算来确定各管段的风量、管径尺寸和压力损失等参数。风管三维智能化设计不仅可以利用三维设计软件将预先绘制的单线风管自动转化为三维风管，还可以根据单线风管进行风管水力平衡计算。图 4.9-6 为暖通三维风管智能化设计示例。对风管水力平衡计算的结果进行优化和修正可以得到合理的水力平衡计算成果，获得各管段的风量、管径尺寸和压力损失等参

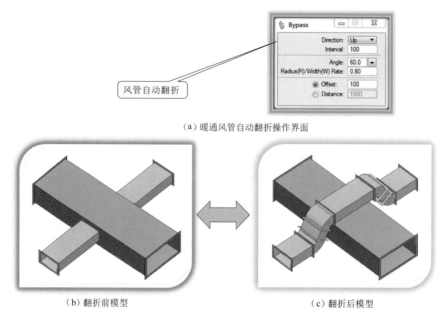

（a）暖通风管自动翻折操作界面

（b）翻折前模型　　　　　　　　　　　（c）翻折后模型

图 4.9-3　暖通风管自动翻折示例

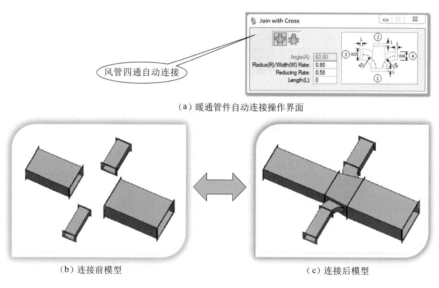

（a）暖通管件自动连接操作界面

（b）连接前模型　　　　　　　　　　　（c）连接后模型

图 4.9-4　暖通管件自动连接示例

数，并自动将单线风管转化为含有参数信息的三维风管模型，完成风管智能化布置及计算。图 4.9-7 为暖通三维风管水力平衡计算示例。水力平衡计算结果可以输出多种格式的水力计算报告，如 excel、pdf 等。

6. 材料表统计

基于暖通三维设计模型，可以方便地对暖通设备和管路的材料参数进行统计和输出，包含风量、水量、冷量、功率、尺寸、长度、表面积、重量、材料、压力等级等工程属性

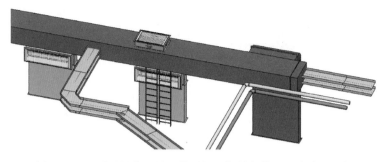

图 4.9 - 5 暖通风管、风口模型与电气桥架模型碰撞检查示例

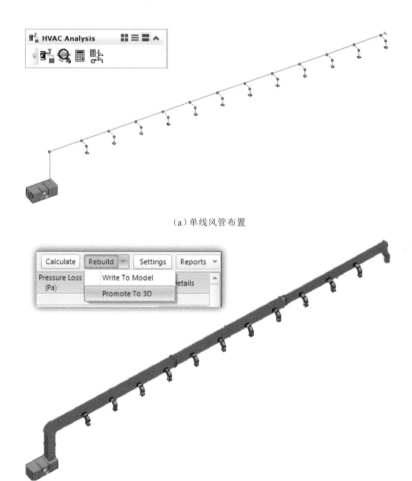

（a）单线风管布置

（b）智能风管三维模型

图 4.9 - 6 暖通三维风管智能化设计示例

参数，不仅快捷高效，而且数据准确性高。图 4.9 - 8 为基于模型生成的暖通三维设计材料统计表，统计的材料表可以输出为多种格式的材料清单，如 excel、txt 等。

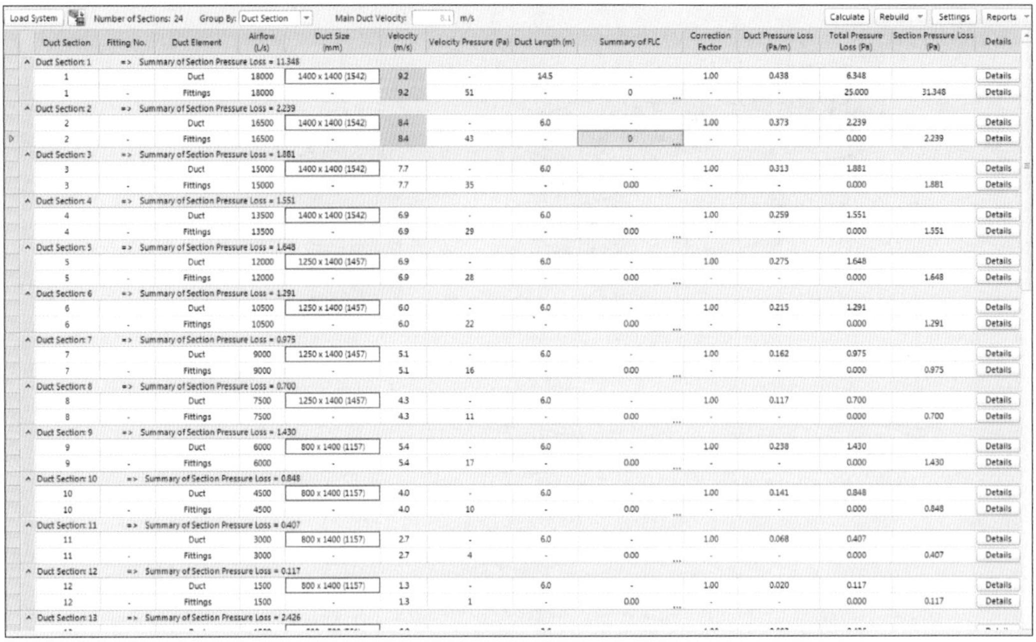

Load System | Number of Sections: 24 | Group By: Duct Section | Main Duct Velocity: 8.1 m/s | Calculate | Rebuild | Settings | Reports

Duct Section	Fitting No.	Duct Element	Airflow (L/s)	Duct Size (mm)	Velocity (m/s)	Velocity Pressure (Pa)	Duct Length (m)	Summary of FLC	Correction Factor	Duct Pressure Loss (Pa/m)	Total Pressure Loss (Pa)	Section Pressure Loss (Pa)	Details
Duct Section: 1	=> Summary of Section Pressure Loss = 11.348												
1		Duct	18000	1400 x 1400 (1542)	9.2	-	14.5	-	1.00	0.438	6.348		Details
1	-	Fittings	18000	-	9.2	51	-	0	-	-	25.000	31.348	Details
Duct Section: 2	=> Summary of Section Pressure Loss = 2.239												
2		Duct	16500	1400 x 1400 (1542)	8.4	-	6.0	-	1.00	0.373	2.239		Details
2	-	Fittings	16500	-	8.4	43	-	0	-	-	0.000	2.239	Details
Duct Section: 3	=> Summary of Section Pressure Loss = 1.881												
3		Duct	15000	1400 x 1400 (1542)	7.7	-	6.0	-	1.00	0.313	1.881		Details
3	-	Fittings	15000	-	7.7	35	-	0.00	-	-	0.000	1.881	Details
Duct Section: 4	=> Summary of Section Pressure Loss = 1.551												
4		Duct	13500	1400 x 1400 (1542)	6.9	-	6.0	-	1.00	0.259	1.551		Details
4	-	Fittings	13500	-	6.9	29	-	0.00	-	-	0.000	1.551	Details
Duct Section: 5	=> Summary of Section Pressure Loss = 1.648												
5		Duct	12000	1250 x 1400 (1457)	6.9	-	6.0	-	1.00	0.275	1.648		Details
5	-	Fittings	12000	-	6.9	28	-	0.00	-	-	0.000	1.648	Details
Duct Section: 6	=> Summary of Section Pressure Loss = 1.291												
6		Duct	10500	1250 x 1400 (1457)	6.0	-	6.0	-	1.00	0.215	1.291		Details
6	-	Fittings	10500	-	6.0	22	-	0.00	-	-	0.000	1.291	Details
Duct Section: 7	=> Summary of Section Pressure Loss = 0.975												
7		Duct	9000	1250 x 1400 (1457)	5.1	-	6.0	-	1.00	0.162	0.975		Details
7	-	Fittings	9000	-	5.1	16	-	0.00	-	-	0.000	0.975	Details
Duct Section: 8	=> Summary of Section Pressure Loss = 0.700												
8		Duct	7500	1250 x 1400 (1457)	4.3	-	6.0	-	1.00	0.117	0.700		Details
8	-	Fittings	7500	-	4.3	11	-	0.00	-	-	0.000	0.700	Details
Duct Section: 9	=> Summary of Section Pressure Loss = 1.430												
9		Duct	6000	800 x 1400 (1157)	5.4	-	6.0	-	1.00	0.238	1.430		Details
9	-	Fittings	6000	-	5.4	17	-	0.00	-	-	0.000	1.430	Details
Duct Section: 10	=> Summary of Section Pressure Loss = 0.848												
10		Duct	4500	800 x 1400 (1157)	4.0	-	6.0	-	1.00	0.141	0.848		Details
10	-	Fittings	4500	-	4.0	10	-	0.00	-	-	0.000	0.848	Details
Duct Section: 11	=> Summary of Section Pressure Loss = 0.407												
11		Duct	3000	800 x 1400 (1157)	2.7	-	6.0	-	1.00	0.068	0.407		Details
11	-	Fittings	3000	-	2.7	4	-	0.00	-	-	0.000	0.407	Details
Duct Section: 12	=> Summary of Section Pressure Loss = 0.117												
12		Duct	1500	800 x 1400 (1157)	1.3	-	6.0	-	1.00	0.020	0.117		Details
12	-	Fittings	1500	-	1.3	1	-	0.00	-	-	0.000	0.117	Details
Duct Section: 13	=> Summary of Section Pressure Loss = 2.426												

图 4.9-7　暖通三维风管水力平衡计算示例

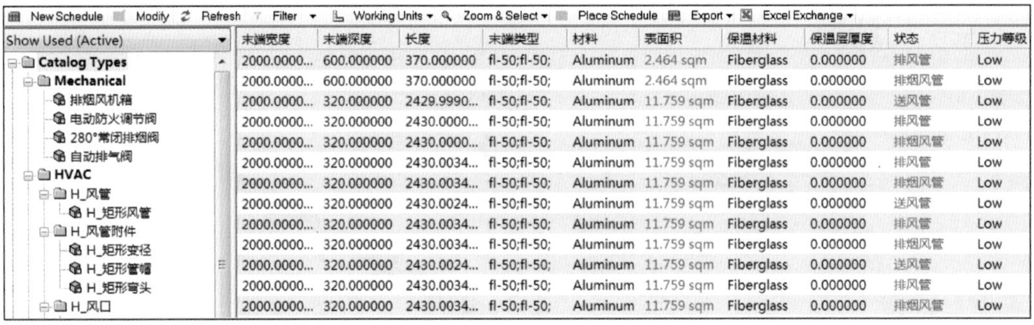

末端宽度	末端深度	长度	末端类型	材料	表面积	保温材料	保温层厚度	状态	压力等级
2000.0000...	600.000000	370.000000	fl-50;fl-50;	Aluminum	2.464 sqm	Fiberglass	0.000000	排风管	Low
2000.0000...	600.000000	370.000000	fl-50;fl-50;	Aluminum	2.464 sqm	Fiberglass	0.000000	排烟风管	Low
2000.0000...	320.000000	2429.9990...	fl-50;fl-50;	Aluminum	11.759 sqm	Fiberglass	0.000000	送风管	Low
2000.0000...	320.000000	2430.0000...	fl-50;fl-50;	Aluminum	11.759 sqm	Fiberglass	0.000000	排风管	Low
2000.0000...	320.000000	2430.0000...	fl-50;fl-50;	Aluminum	11.759 sqm	Fiberglass	0.000000	排烟风管	Low
2000.0000...	320.000000	2430.0034...	fl-50;fl-50;	Aluminum	11.759 sqm	Fiberglass	0.000000	排风管	Low
2000.0000...	320.000000	2430.0034...	fl-50;fl-50;	Aluminum	11.759 sqm	Fiberglass	0.000000	排烟风管	Low
2000.0000...	320.000000	2430.0024...	fl-50;fl-50;	Aluminum	11.759 sqm	Fiberglass	0.000000	送风管	Low
2000.0000...	320.000000	2430.0034...	fl-50;fl-50;	Aluminum	11.759 sqm	Fiberglass	0.000000	排风管	Low
2000.0000...	320.000000	2430.0034...	fl-50;fl-50;	Aluminum	11.759 sqm	Fiberglass	0.000000	排烟风管	Low
2000.0000...	320.000000	2430.0024...	fl-50;fl-50;	Aluminum	11.759 sqm	Fiberglass	0.000000	送风管	Low
2000.0000...	320.000000	2430.0034...	fl-50;fl-50;	Aluminum	11.759 sqm	Fiberglass	0.000000	排风管	Low
2000.0000...	320.000000	2430.0034...	fl-50;fl-50;	Aluminum	11.759 sqm	Fiberglass	0.000000	排烟风管	Low

图 4.9-8　基于模型生成的暖通三维设计材料统计表

4.9.3　暖通三维应用成果

（1）利用三维设计软件中先进的二、三维工作流技术，暖通三维设计成果不仅包含信息参数化的三维模型，还可以自动生成二维平面图和三维轴测图，同时生成的图纸与三维模型具有联动关系，图纸可以实现随三维设计模型修改自动更新。图 4.9-9 和图 4.9-10 分别为某电站地下厂房和地面厂房暖通专业三维图。图 4.9-11 为某电站冷冻机房空调水系统三维图。

（2）利用暖通三维设计，不仅提高了与相关专业之间的协调配合设计能力，优化了复杂的设备综合管线布置，而且通过指导施工，缩短了施工周期，方便了与施工方的交流沟通，体现了与业主方成果汇报的优势，得到了工程项目各方的高度评价。图 4.9-12 为某电站副厂房机电专业管线综合三维图。

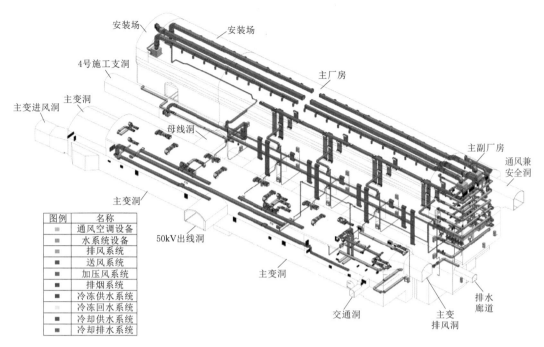

图 4.9-9　某电站地下厂房暖通专业三维图

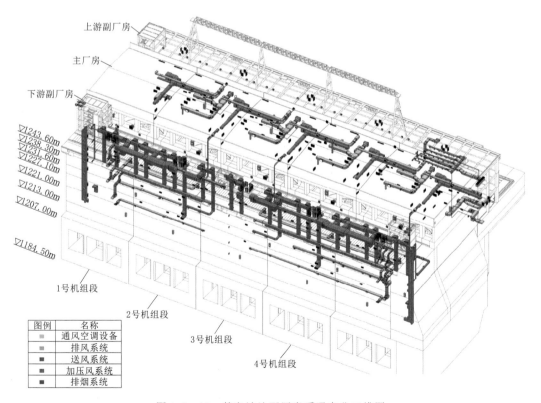

图 4.9-10　某电站地面厂房暖通专业三维图

251

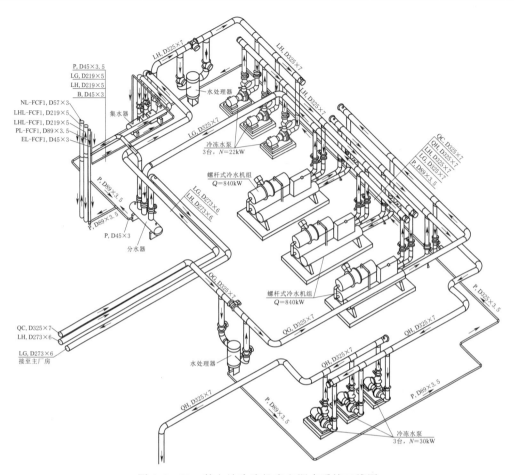

图 4.9-11　某电站冷冻机房空调水系统三维图

图 4.9-12　某电站副厂房机电专业管线综合三维图

暖通三维设计不仅有利于本专业设计的管理把控，而且有利于暖通专业与相关专业之间的协调配合设计、提高暖通设计效率和产品质量，也有利于工程项目实施设计施工一体化和 BIM 信息化管理工作，是设计行业发展的未来方向。目前暖通三维设计已在多个水电工程项目中广泛应用，如仙游抽水蓄能电站、仙居抽水蓄能电站、洪屏抽水蓄能电站、绩溪抽水蓄能电站、响水涧抽水蓄能电站、长龙山抽水蓄能电站、周宁抽水蓄能电站、锦屏二级水电站、苗尾水电站、龙开口水电站、白鹤滩水电站等。

4.10　给排水专业

给排水专业作为水电站设计中的附属配套专业，其在水电站中主要的设计内容包括厂房及其他附属建筑物的室内外生活给排水系统、室内外消防给水系统及移动灭火设备。室内外消防给水系统包括室内外消火栓给水系统及固定灭火系统。

通过三维模型，可直观地展示给排水各系统间的位置关系，以及给排水专业模型与其他专业模型的相对位置关系，有效避免设计过程中出现的碰撞问题，提高设计精确度。

4.10.1　给排水三维设计工作流程

给排水专业三维设计工作流程如图 4.10 - 1 所示。

4.10.2　给排水三维设计关键技术

水电站给排水专业三维建模实施过程主要分为四个阶段：可行性研究设计阶段、初步设计阶段、技施阶段、项目竣工阶段。

在可行性研究设计阶段中，需确定各系统的初步设计方案，确定设备间面积及位置，并配合厂房布置图。此阶段一般不进行实际的建模工作。

在初步设计阶段，给排水专业应在可行性研究设计阶段的基础上，创建给排水系统中主要设备及管路的三维模型，同时参考其他相关专业模型对给排水系统中主要设备和主管进行协同优化设计。

在技施阶段，给排水专业根据细化的枢纽及厂房模型开展模型细化工作。模型完备后，须进行碰撞检查。首先给排水专业与结构建筑专业进行模型碰撞检查，将检出的问题进行二次配合，达成一致意见后改进给排水三维模型。然

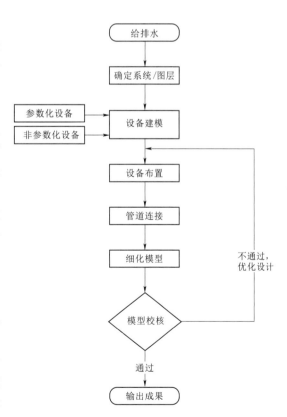

图 4.10 - 1　给排水三维设计工作流程

后再与机电及其他专业进行碰撞检查，协同优化调整布置。经多次反复检查至无碰撞后，方可发布模型进行各专业的组装和总装工作。最后，由三维模型生成二维图纸时，使用建模软件切图的方式生成所需的设计布置初步图纸，再经标注、文字说明等图面加工后即可成图。在出图过程中，可以对切出的剖面图进行分拆组合，形成满足需求的二维布置图纸。

项目竣工阶段，给排水专业根据项目实施过程优化调整技施阶段的成果，最终成果需要体现工程完建状态，图元信息完备，工程属性应反映工程完建时期的技术状态。

图 4.10 - 2 为给排水及消防三维布置图示例。

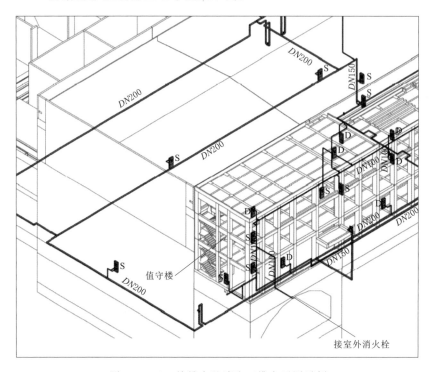

图 4.10 - 2　给排水及消防三维布置图示例

给排水三维设计涉及的关键技术主要有以下四点。

1. 碰撞检查

利用碰撞检查技术，自动发现给排水专业与其他专业在空间上的碰撞冲突，提前预警工程项目中不合理或错误的设计，减少专业间协调失误及设计错误。

2. 管线修改实用工具

水电站给排水作为附属专业，在和机电专业碰撞检查的过程中，不可避免地会出现管道之间或者管道与设备的碰撞情况。在不影响管线整体流向的基础上，利用管线翻折命令快速修改碰撞点给排水管道，避免给排水管线与机电碰撞情况的发生。管线翻折界面如图4.10 - 3 所示。

3. 喷淋智能化三维设计

在喷淋设计中，由于喷淋管线密集、喷淋头数量较多，导致喷淋建模过程耗时长、操作复杂。通过智能的喷淋头布置功能及喷淋头自动连管等工具的使用，可显著提高三维设计效率，降低人工布置误差。喷淋设计界面如图 4.10 - 4 所示。

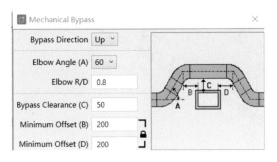

图 4.10 - 3　管线翻折界面

图 4.10 - 4　喷淋设计界面

4. 元器件库

三维软件自带的模型库无法满足国内给排水设计需求，根据国内标准对软件的模型库进行定制，构建符合给排水设计标准的元器件库，以提高给排水三维设计效率。给排水元器件库如图 4.10 - 5 所示。

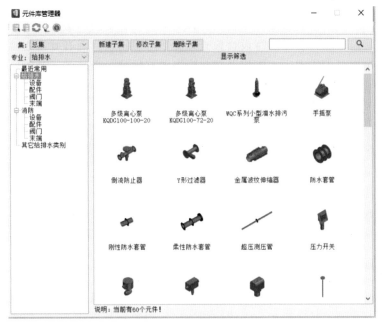

图 4.10 - 5　给排水元器件库

4.10.3　给排水三维应用成果

传统的给排水专业出图包括平面布置图、详图及系统图，图纸中设备及阀门均采用二维符号表示。通过三维模型，可更加直观地查看管线及设备的实际布置效果，并自动生成平面图和系统图，且模型和图纸具有联动关系，模型有变更时图纸会自动完成修改，极大地提高了生产效率。图 4.10 - 6 为右岸厂房消火栓给水系统轴测图示例（局部）。对于复杂

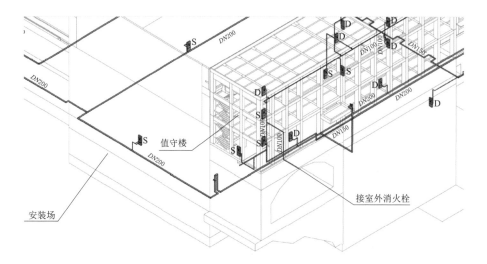

图 4.10-6　右岸厂房消火栓给水系统轴测图示例（局部）

节点，可调整任意角度生成系统图，方便指导施工。

传统机电板块设计涉及电气、给排水、暖通等多个专业，通过二维设计方式协同效率较低，容易造成施工变更。通过三维设计，提高不同专业之间的协同配合能力，优化复杂节点的管线布置，并可方便地进行设计检查，提前规避错误，能有效缩短施工周期。同时三维模型具有可视化的特点，在汇报及报奖中可更好地展示项目实际效果。

4.11　金属结构专业

水电工程金属结构主要包括钢闸门、拦污栅、启闭设备、压力钢管等，其中压力钢管已在引水专业章节中介绍。金属结构专业是一个集设备布置、选型、设计为一体的专业，专业设计内容主要包括预埋件、焊接件、装配件等。金属结构专业三维设计是指利用机械设计软件完成建模、力学分析、碰撞检查、绘制图纸等部分或全部设计工作。行业内常用的设计软件包括 SolidWorks、Inventor、CATIA 等。

4.11.1　金属结构三维设计工作流程

金属结构设备的三维设计工作深度与设计阶段和设备类型相关。在技施阶段之前，三维设计工作内容主要包括建模和与土建结构的碰撞检查，特殊设备会包含力学分析内容，一般不涉及三维出图工作。金属结构专业三维建模内容与详细程度可参考表 4.11-1。

其中一级详细程度不做要求，二级以上详细程度可参考表 4.11-2。

金属结构专业技施阶段三维设计工作流程如图 4.11-1 所示。

由于金属结构专业与土建专业选用的三维软件不同，在与土建相关专业进行三维协同设计时，需要进行轻量化处理，将文件格式转换后导入土建专业三维设计软件中。常用的中间格式为 parasolid（.X_T 后缀）格式。金属结构专业三维协同设计工作流程如图 4.3-2 所示。

表 4.11-1 金属结构专业三维建模内容与详细程度参考表

模 型	可研阶段	招标阶段	技施阶段	竣工阶段
拦污栅	★★	★★★	★★★★	★★★★★
拦污栅搬运轨道（抽蓄）	★★	★★★	★★★★	★★★★★
事故闸门	★★	★★★	★★★★	★★★★★
固定卷扬机	★	★	★	★★★★★
门机（坝顶门机、尾水门机）	★	★	★	★★★★★
台车	★	★	★	★★★★★
检修闸门	★★	★★★	★★★★	★★★★★
工作闸门	★★	★★★	★★★★	★★★★★
电梯轿厢及相关机电设备	×	×	×	★★★★★

表 4.1.1-2 金属结构专业三维模型各级建模详细程度参考表

二级详细程度	三级详细程度	四级详细程度	五级详细程度
主要金属结构设备（拦污栅、闸门、门机等）需建模	主要金属结构设备（拦污栅、闸门、门机等）需建模	需建模对象： （1）主要金属结构设备（拦污栅、闸门、门机等）； （2）工程属性准确完整	需建模对象： （1）主要金属结构设备（拦污栅、闸门、门机等）； （2）工程属性准确完整

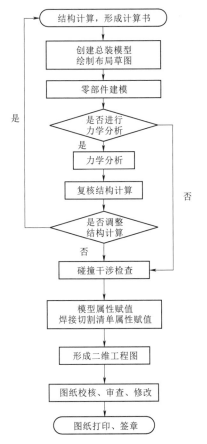

图 4.11-1 金属结构专业技施阶段
三维设计工作流程图

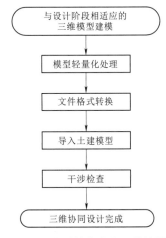

图 4.11-2 金属结构专业三维协同设计
工作流程图

4.11.2 金属结构三维设计关键技术

4.11.2.1 自顶向下建模关键技术

金属结构设备外形尺寸有限，各零部件之间位置关系明确且相互关联，适合利用自顶向下的逻辑进行建模。设计之初利用布局草图功能，绘制出各种梁板的位置简图，通过添加几何关系、方程式等建立尺寸之间的关联关系，修改模型时可以通过修改布局草图驱动整个模型。此项技术的利用可大幅缩短模型调整时间，尤其在招标、投标阶段优势明显。图 4.11-3 为利用布局草图建立平面闸门门叶模型示例。

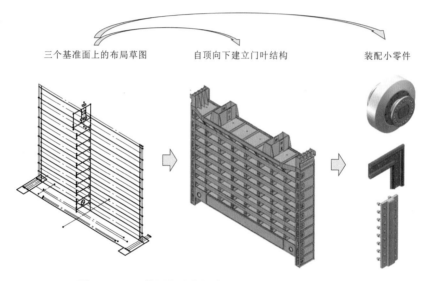

三个基准面上的布局草图　　自顶向下建立门叶结构　　装配小零件

图 4.11-3　利用布局草图建立平面闸门门叶模型示例

4.11.2.2 模型与图纸互相驱动关键技术

在设计不断深化和优化的过程中，金属结构设备会产生大量修改工作，利用模型与图纸互相驱动的功能，可有效提高修改效率和质量。在工作流程进行到出图阶段，此关键技术能够实现模型修改会直接反应在工程图上，工程图中的修改也能够驱动模型做出调整的功能。

4.11.2.3 企业定制设计库关键技术

金属结构设备中存在大量通用件和标准件，其中大部分国标件已存在现成的模型。利用设计库搭建技术，可搭建企业内部平台，形成企业内部的草图库、特征库、通用件库、标准件库、说明库等。设计库搭建是企业标准化生产的有力保障，可缩短产品设计周期，提高产品设计质量，节省人力资源成本。设计库内容如图 4.11-4 所示。

4.11.2.4 三维交底关键技术

金属结构设备模型特征复杂，零部件数量众多，工程图表达欠缺的情况时有发生。鉴于目前国内金属结构制造厂未普及三维技术应用，可采用三维浏览软件进行三维交底。在交付二维图纸产品的同时，将三维模型一并交付给制造厂。三维交底技术既可以减少设计交底工作量，也便于制造厂竣工图纸绘制。图 4.11-5 为利用 eDrawing 软件进行三维交底的内容示例。

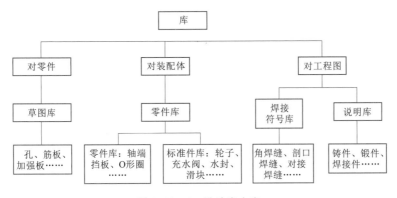

图 4.11-4 设计库内容

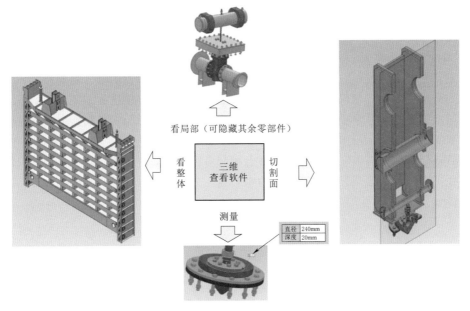

图 4.11-5 三维交底内容示例

4.11.2.5 模型力学分析关键技术

传统的力学分析软件将建模与力学分析、建模与出图作为两套独立流程。目前已有三维设计软件可将建模、力学分析、出图结合，提高模型的利用效率。

4.11.3 金属结构三维应用成果

金属结构三维设计已在国内外多个工程中应用，其最大优势在于模型和工程图的复用性。

4.11.3.1 抽水蓄能电站拦污栅标准化设计

抽水蓄能电站进出水口拦污栅孔口尺寸变化范围较小，结构型式基本相同，模型重复利用率高。采用自顶向下的标准化设计，拦污栅产品设计周期大幅缩短。

4.11.3.2 表孔弧门参数化设计

表孔弧门结构空间关系复杂,利用布局草图驱动进行参数化设计,可将结构角度表达得清晰准确,工程图真实直观,明细表项目完整准确。模型和工程图在一定规格范围内具备重复利用性。

4.11.3.3 固定卷扬机模块化设计

固定卷扬机设备定位关系明确,适合采用总装确定定位基准、零部件模块化设计的方法。模块之间发生碰撞时,调整总装定位基准。模型和工程图在一定规格范围内具备重复利用性。

4.11.3.4 模板和设计库

金属结构专业装配图、零件和工程图模板应根据相关国家标准和企业标准规定尽早制定,在标准更改后应及时更新。三维设计库需要在生产过程中不断增加。图4.11-6为三维标准模板界面,图4.11-7为通用零部件库界面,图4.11-8~图4.11-12为三维设计库中的不同构件模型示例。

下面以某水电站13.0m×21.0m溢洪道弧形工作闸门为例,介绍在SolidWorks设计平台建模的步骤。

1. 门叶总图装配体

首先新建一个装配体,保存并命名为门叶总图。然后把弧门的部分主要参数设置为方程式中的全局变量,方便以后模型参数化。对于弧门来说,建模过程中要使用的主要结构参数有门叶宽度、门叶半径、支铰中心距底槛距离、总水压力与水平线夹角、支铰中心距闸墙距离等(见图4.11-13)。

最后在装配体中插入一条基准轴,即上视和右视基准面的交线,作为弧门支铰转动中心轴,并把装配体的原点设置在基准轴的中心点,方便以后斜支臂和支铰以前视基准面做零部件镜像。

图4.11-6 三维标准模板界面

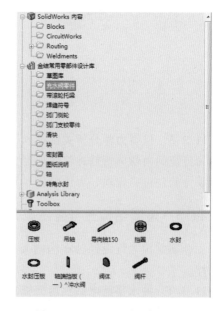

图4.11-7 通用零部件库界面

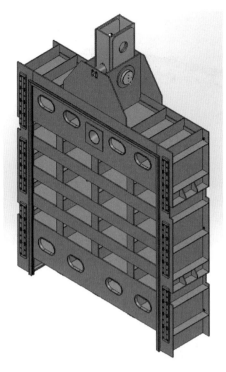

图 4.11-8 平面闸门三维模型示例

图 4.11-9 拦污栅三维模型示例

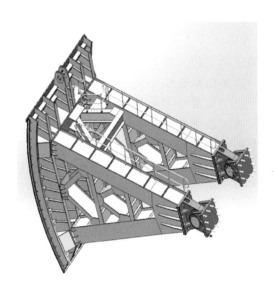

图 4.11-10 潜孔弧门三维模型示例

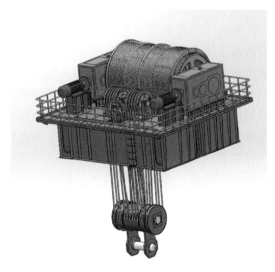

图 4.11-11 卷扬式启闭机三维模型示例

2. 门叶结构焊件建模

在门叶总图装配体中插入一个新零件，保存并命名为门叶结构，将门叶结构和门叶总图执行原点重合指令，勾选对齐轴，完全定义门叶结构。进入门叶结构编辑状态，添加焊件特征以激活焊件环境。在零件建模方法中，优先选用拉伸，其次是旋转，最后是扫描、

图 4.11-12　液压启闭机三维模型示例

图 4.11-13　门叶总图中的全局变量

放样，它们占用系统资源依次增加。选择前者，软件运行速度会更快。在焊件环境中，可重复使用同一草图中的不同轮廓进行拉伸，因此可以绘制一张侧视布局草图，包含尽可能多的门叶结构信息，用于垂直水流方向相同截面的构件拉伸。最后将弧门半径、支铰中心距底槛距离、上下主梁间距、各小梁间距、主梁截面特性尺寸、边梁梁高等参数设置到该草图中，方便以后通过该草图驱动整个门叶结构模型的变化。某水电站门叶结构布局草图见图 4.11-14。

侧视布局草图绘制完成后，便可进行拉伸。考虑到门叶结构中的所有纵向隔板及边梁腹板上下分别终止于顶、底梁，水平小梁两端终止于边梁腹板，因此拉伸顺序依次为面板、顶小梁及底主梁前翼缘、底主梁腹板；添加边隔板中心基准面，在该基准面新建草图，把门叶结构布局草图中的隔板、腹板及隔板翼缘的外形转换实体引用到该草图中，分步对称拉伸边隔板腹板及边隔板后翼缘；添加边梁腹板中心基准面，在该基准面新建草图，把门叶结构布局草图中的边梁腹板及边梁后翼缘的外形转换实体引用到该草图中，分别对称拉伸生成边梁腹板及边梁后翼缘；相同方法分别拉伸生成所有小梁筋板及边梁筋板等构件、镜像边梁所有构件、拉伸所有小梁及主梁前翼缘、线性整列隔板所有构件。

考虑到主梁腹板是变截面梁，须垂直主梁腹板方向拉伸，因此以门叶总图中的基准轴及布局草图中的主梁腹板中心线创建主梁腹板基准面。在此基准面中绘制主梁腹板及后翼缘，分别对称拉伸建模，至此门叶结构建模完成。

某水电站建模完成的门叶结构如图 4.11-15 所示。

3. 支铰装配体建模

将支铰建模放于斜支臂建模前，是考虑到在整个门叶中，斜支臂处于门叶结构和支铰中间，起到连接、传力作用。当斜支臂建模时，门叶结构和支铰已建模完成，斜支臂可以门叶结构中的主梁后翼缘和支铰中的活动铰底板作为转换实体引用对象，完成支臂两端的连接板建模，进而可以双向拉伸斜支臂腹板、翼缘截面草图，成型到两端连接板端面上，

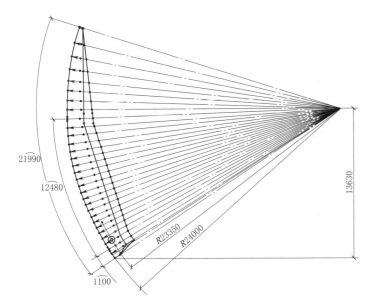

图 4.11-14　某水电站门叶结构布局草图（单位：mm）

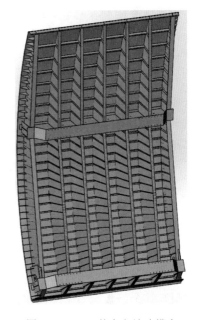

图 4.11-15　某水电站建模完
成的门叶结构

支臂长度随弧门半径变化而改变，方便以后门叶整体模型参数化。鉴于以上原因，先进行支铰建模。

　　支铰建模前，先要确定支铰的空间位置关系。由于固定铰竖直方向的对称中心面与活动铰竖直方向的对称中心面不是同一个基准面，两者之间构成一个夹角 α，即斜支臂水平偏角，所以要在门叶总图装配体中创建 3D 布局草图，才能将其关系表示在一个草图中。将支铰转动中心设置在门叶总图装配体中的基准轴和固定铰竖直方向对称中心面的交点上，固定铰竖直对称中心面距闸墙 850mm，固定铰与水平面夹角为 17.09°。将门叶结构中边隔板中心基准面与上、下主梁后翼缘外缘交线的中心点与支铰转动中心连线，这三点构成的平面即为活动铰竖直方向对称中心面，也是斜支臂上下支臂腹板中心线构成的中心面。添加上、下主梁后翼缘外缘中点连线和上下支臂腹板中心线的角平分线，为支臂镜像建模做准备。某水电站支铰及斜支臂空间位置关系 3D 草图如图 4.11-16 所示。

　　在门叶总图装配体中插入一个新子装配体，保存并命名为支铰总图，并与装配体添加原点重合配合关系，勾选对齐轴，完全定义支铰总图。进入支铰总图编辑状态，插入一个新零件，保存并命名为固定铰，固定铰和支铰总图装配体添加原点重合配合关系，勾选对齐轴，完全定义固定铰。固定铰建模顺序依次为固定铰底板、支承腹板、其余筋板。固定铰为整体铸件，在建模拉伸时，注意勾选合并结果选

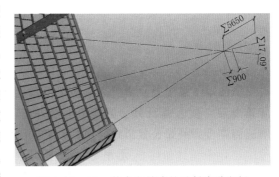

图 4.11-16　某水电站支铰及斜支臂空间
位置关系 3D 草图（单位：mm）

项（见图 4.11－17）。建模完成的支铰如图 4.11－18 所示。

图 4.11－17　合并结果选项对话框

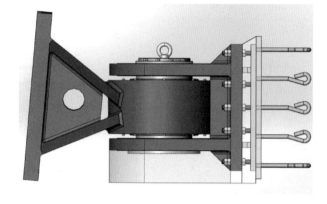

图 4.11－18　建模完成的支铰

活动铰建模方法与固定铰类似，建模顺序依次为轴承座、活动铰底板、轴承座支承腹板及其余筋板。整个支铰建模相对简单，这里就不详细叙述。

4. 斜支臂焊件建模

在门叶总图装配体中插入一个新零件，保存并命名为斜支臂，并与装配体添加原点重合配合关系，勾选对齐轴，完全定义斜支臂。进入斜支臂编辑状态，添加焊件特征以激活焊件环境。由于斜支臂上下支臂腹板中心线构成的中心面已经在门叶总图装配体中做出，可以此基准面做出斜支臂中心线框架布局草图（见图 4.11－19），并确定支臂支承间距及绘制斜支臂竖向支承和斜撑的中心线。建模完成的斜支臂见图 4.11－20。

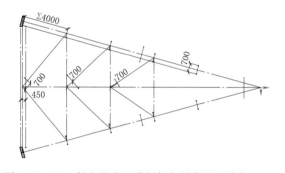

图 4.11－19　斜支臂中心线框架布局草图（单位：mm）

图 4.11－20　建模完成的斜支臂

斜支臂建模过程中，首先拉伸的三块板是与门叶结构及支铰连接的连接板。先分别以门叶结构中的上、下主梁后翼缘外缘及活动铰底板外缘为草图基准面，转换实体引用主梁后翼缘及活动铰底板边线，生成连接板草图轮廓，然后拉伸草图得到实体。

在上支臂腹板中心线中点插入一个与其垂直的基准面，在该基准面上绘制出支臂腹板与翼缘草图，可分别双向拉伸成型到连接板端面生成支臂腹板与翼缘。上下支臂为对称结构，采用镜像建模最方便，因此以斜支臂布局草图中的角平分线和门叶总图中的基准轴构成的面为支臂上下对称基准面。支臂竖向支承的草图也以该对称基准面为草图基准面。当建模完成所有上支臂的筋板和斜撑后，镜像所有对称的实体，完成斜支臂模型。

至此，门叶总图中的三件主要零部件门叶结构、支铰及斜支臂已经完成建模，最后只要在门叶总图装配体中以前视基准面为对称中心面镜像零部件完成整扇闸门。

门叶总图主视图如图 4.11 - 21 所示。

5. 弧形工作闸门参数化简述

高效、高质量完成设计项目是每个设计人员追求的目标，充分利用现有设计成果快速、准确地转变为新设计成果是金属结构设计的理想状态，而三维设计平台就能较好地实现上述要求。下面结合 Solid-Works 三维设计软件功能特点，简单阐述下弧形闸门参数化建模设计。

在上述弧形工作闸门建模过程中，门叶总图装配体中已将弧门的部分主要参数设置成全局变量，并通过方程式将全局变量与门叶中相对应的尺寸关联起来，实现当全局变量改变模型随之改变的效果。同

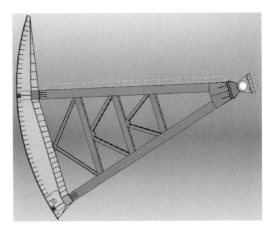

图 4.11 - 21　门叶总图主视图

样在门叶结构、斜支臂及支铰中，也可以把主梁、边梁、小梁及隔板的截面尺寸、小梁跨数，支臂腹板、翼缘、连接板及竖向支承截面尺寸，支铰轴径、底板截面尺寸、支铰中心距固定铰底板距离，活动铰底板距支铰中心距离等参数分别设置成各自模型下的全局变量。随着 SolidWorks 软件的发展更新，软件可以将各个模型全局变量分别输出成为各自的 txt 文件，并且模型和其 txt 文件之间是关联的。当 txt 文件中的全局变量参数修改并保存文件后，打开模型或者重建已打开的模型，模型中的全局变量将更新为新参数，从而驱动模型改变。但参数不能随意修改，必须以新弧门的计算成果作为依据，并且首先要修改门叶总图装配体中的参数，重建模型后，再修改其他零部件的参数，否则模型容易报错甚至崩溃。因此合理设计全局变量和模型修改顺序需要通过多个工程实践进行摸索。

4.12　观测专业

工程安全监测贯穿于工程的全生命周期，在监控工程安全、指导施工和运行以及反馈设计和科学研究等方面产生了重要的经济和社会效益。

在三维数字化协同设计中，所有设计工作均基于统一的信息模型，各环节设计成果进行有效集成，成果综合利用率及整体设计效率将得到极大提高，"碰、缺、漏"等现象大幅减少，从而提高生产效率和质量。此外，工程安全监测设计应包括三维参数化设计、设计成果集成与共享以及全生命周期工程安全监控三个部分，可将安全监测设计成果与安全监测数据管理系统进行集成，服务于工程全生命周期的安全监控与反馈。

4.12.1 观测三维设计工作流程

观测三维设计工作流程图如图 4.12-1 所示。其主要包括：监测断面布置、在监测断面上利用仪器库内已有仪器进行监测仪器布置，监测布置完成后进行仪器统计以及监测仪器属性查询，将相应设计方案进行三维模型展示或者以二维图纸方式进行出图。后期可在信息模型中将安全监测设计成果与安全监测数据管理系统进行集成。

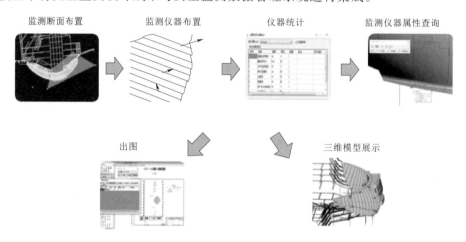

图 4.12-1　观测三维设计工作流程图

4.12.2 观测三维设计关键技术

观测三维设计各步骤的关键技术如下。

1. 三维参数化设计

三维参数化设计是工程安全监测三维数字化协同设计的核心，同时也是集成与共享设计成果的前提。

在建立安全监测仪器元件库时，考虑目前国内外工程常用的监测仪器（设施）类型，将元件库分为变形监测、渗流监测、应力应变及温度监测、环境量监测、水力学监测、强震动监测及其他监测等七大类，每一大类均包含多种常用监测仪器类型，详见表 4.12-1。

每种监测类型定义了多种不同方向的视图样式，包括二维前视、二维左视和二维俯视等。在使用监测仪器定位工具箱时，可以按实际需要选择相应视图样式进行仪器布置。

在进行监测仪器布置时，可同时在信息模型内录入各监测仪器的特征信息，如仪器编号、钻孔深度和技术指标等。在完成监测仪器布置后，也可在信息模型中实时查看和标注特征信息。

2. 设计成果集成与共享

三维参数化设计成果完成后，应能有效地投入工程应用中，以求能够实现工程效益的最大化。

安全监测的设计成果须与地质、结构、机电等工程的设计成果进行集成和融合，形成一个完整的信息模型，可供相关设计人员进行查阅与引用。

表 4.12－1   监测仪器（设施）元件库分类表

监测分类	监测仪器	监测分类	监测仪器
变形监测	表面变形监测标点	应力应变及温度监测	无应力计
	激光准直系统		应变计、应变计组
	垂线系统		钢板计
	引张线系统		钢筋应力计
	引张线式水平位移计系统		锚杆应力计
	滑动测微孔		锚索测力计
	竖直传高系统		土压力计
	静力水准系统		温度计
	水管式沉降仪		分布式光纤测温系统
	电磁式沉降仪		……
	液压式沉降仪	环境量监测	遥测水位计
	测斜孔		水尺
	三向位移计		雨量计
	多点位移计		湿度计
	基岩变形计		百叶箱
	土位移计		温度计
	测缝计		……
	裂缝计	强震动监测	速度计
	脱空计		加速度计
	位错计		强震仪
	倾角计		……
	……	水力学监测	脉动压力仪底座
渗流监测	测压管		水听器底座
	孔隙水压力计（渗压计）		底流速仪底座
	水位计		……
	量水堰	其他监测	工业摄像头
	分布式光纤温度监测系统		安全监测自动化系统
	……		……

施工方是将设计成果转变为工程实体的直接实施者。为施工人员提供准确、有效的设计成果，有利于设计意图的充分表达，从而提高施工效率和工程质量。业主方是工程建设的主导者。设计成果的集成与共享可以为业主提供工程的各项重要信息，辅助业主人员对工程进行管理。

移动端应用服务的实现有助于工程参建各方和相关人员更为方便、快捷地查阅和应用已有设计成果。

3. 全生命周期工程安全监控

安全监测的三维参数化设计成果与监测数据融合后，可为工程的全生命周期管理提供重要支撑。安全监测仪器施工完成后，将会持续产生数据反馈。这些监测数据将有助于工程师及时判断工程的实际运行状态，同时也可以作为原型试验数据为设计和科研的发展提供数据支撑。

4.12.3　观测三维应用成果

以西部某大型拱坝横缝监测布置为例，拱坝设置 30 条横缝，横缝面垂直高程 720m 拱圈中面轴线扇形布置，所有横缝均为铅直面，横缝间距一般为 23.5～25.0m。

选择 4～5 号、8～9 号、12～13 号、18～19 号、24～25 号、28～29 号坝段间共 6 条横缝作为主要监测对象，在主要监测横缝上每 15～20m 高差布置 1 层测缝计，其中高程 760.00m 以上每层在上下游坝面中间位置布置 1 支测缝计，高程 760.00m 以下每层分别距离上下游面 2m、1.5m 及上下游坝面中间位置各设 1 支测缝计。其余坝段间横缝原则上在每个横缝灌浆区中间高程、上下游坝面中间位置布置 1 支测缝计。

1. 监测断面布置与监测仪器布置

在监测仪器元件库中选择相应的监测仪器，赋予其对应属性，之后将该仪器布置在剖面上的适当位置，最终形成高质量、多方位、可编辑的立体监测模型。

测缝计仪器布置情况如图 4.12-2 和图 4.12-3 所示。

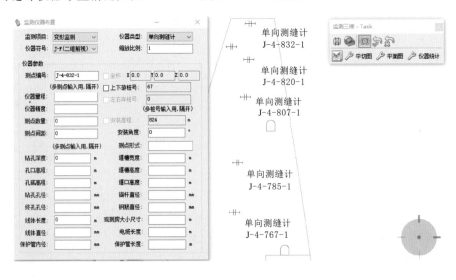

图 4.12-2　测缝计仪器布置

2. 三维监测模型展示

监测布置完成后可在软件界面进行三维监测模型展示。通过三维监测模型，可以更直观、更准确地展示监测测点之间的相互空间位置，以及测点与水工建筑物、地形、地貌的相对位置关系，直观了解监测仪器的布置与其他专业、相关建筑物、工程整体结构是否存在冲突的问题。三维监测模型示例如图 4.12-4 所示。

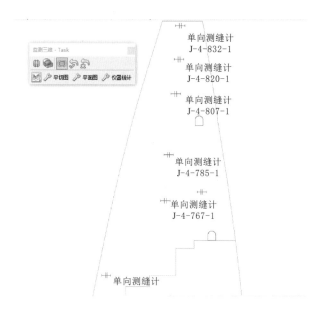

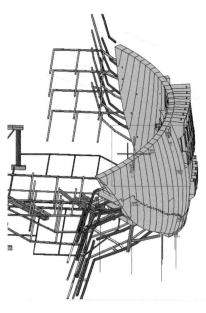

图 4.12-3　4号缝测缝计布置图　　　　　图 4.12-4　三维监测模型示例

在三维模型上用鼠标移动到某一监测仪器后，仪器符号旁会显示其属性（见图 4.12-5 和图 4.12-6），可实现快速集成化查询功能，避免多程序多文件的烦琐查询。在工程施工和运行过程中，亦可嵌入相应的测点测值时序过程线，直观了解各测点所代表的工程部位的结构安全状态。

3. 出图

在软件中选择需要出图的监测断面，并设置图名、图号、比例尺、图幅、标注样式，以及监测断面上参与出图的仪器类型，之后利用仪器统计功能生成主要观测仪器一览表，完成二维出图。4号横缝监测布置图如图 4.12-7 所示。

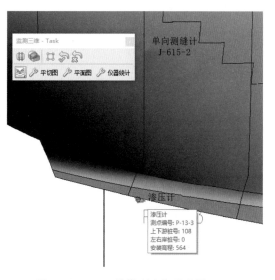

图 4.12-5　三维模型查询示意图（一）

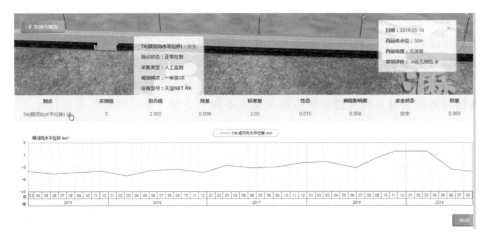

图 4.12-6 三维模型查询示意图（二）

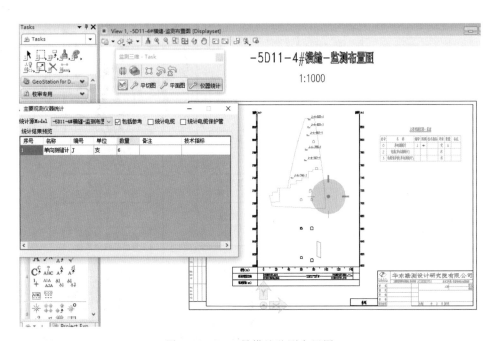

图 4.12-7 4号横缝监测布置图

4.13 建筑专业

在水电站设计中，建筑专业与厂房专业、引水专业的设计成果共同组成建筑物的框架。除了配合其他专业共同实现建筑物的生产功能完成空间隔离外，建筑设计更多考虑人的因素，目的是为人的各种活动提供一个良好的、舒适的和使用功能合理的环境空间。

水电工程三维协同设计流程中，建筑专业建模内容包括场地、建筑墙、建筑柱、门窗、幕墙系统、屋面、楼板、楼梯、垂直交通设备、建筑装修等。

4.13.1　建筑三维设计工作流程

建筑三维设计工作流程如图 4.13-1 所示。

4.13.2　建筑三维设计关键技术

4.13.2.1　参数化门窗应用

门窗是建筑中最常见的围护和分隔构件，在水电站建筑三维设计流程中有着使用量大且参数调整频繁的特点，非常适合制作成参数化构件进行使用。各大三维设计平台都有自己的参数化门窗解决方案。

参数化门窗一般以独立文件的形式被创建，典型的有 Bentley 平台的 .paz 文件、.bxf 文件及 Revit 使用的 .rfa 文件。

门窗参数化模型由三维形体和二维符号两部分组成。三维形体应正确体现门窗的构件组成、面板划分、开启形式、材质样式，同时保证构件在参数化形变时符合预期的设计逻辑；二维符号应尽量符

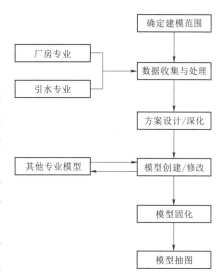

图 4.13-1　建筑三维设计工作流程图

合水电行业的出图标准和出图习惯。图 4.13-2 为参数化创建门窗示例。

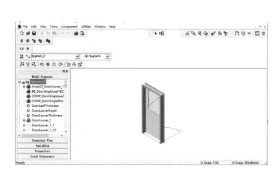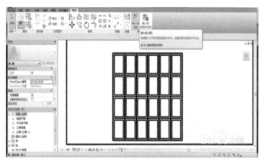

图 4.13-2　参数化创建门窗示例

参数化门窗文件创建后，可通过元件库管理工具进行批量管理和使用。图 4.13-3 为关于门的元件库管理器界面。元件库管理工具包含批量预览、筛选查找在内的一系列有效手段，使用户能快速准确地找到对应门窗样式，提高构件的选择效率。

4.13.2.2　参数化楼梯应用

楼梯是建筑楼层间必要的垂直交通构件。在水电站建筑中楼梯形式大多数为混凝土双跑楼梯，一般使用三维设计平台内的参数化建模工具进行模型创建。厂房建筑内楼梯示意如图 4.13-4 所示。

参数化楼梯创建难点在于组成楼梯的组件较多，相应的参数控制复杂。楼梯参数可以大致分为主体参数和组件参数两部分。其中，主体参数包括层高、总长、平台宽度、每跑

高度、每跑宽度、梯井宽度等；组建参数包括踏步高度、踏步宽度、踏步凸缘宽、平台厚度、平台外端厚、梯梁截面、起跑偏移、梯梁内偏移、梯梁外偏移、梯板厚度等。楼梯参数示例如图 4.13-5 所示。

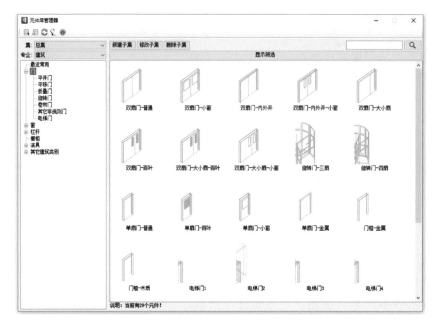

图 4.13-3　关于门的元件库管理器界面

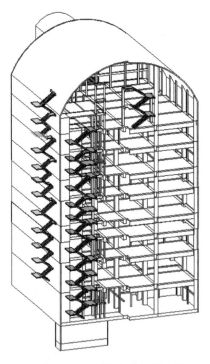

图 4.13-4　厂房建筑内楼梯示意图

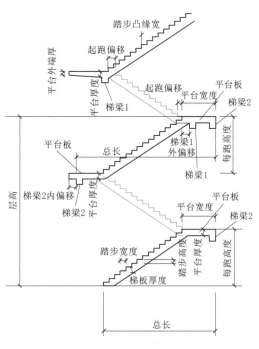

图 4.13-5　楼梯参数示例

4.13.2.3 设备管线开孔应用

基于功能实现的需要，水电站建筑厂房模型存在大量的风管、水管以及桥架穿过墙体和楼板，必然会产生大量的碰撞点。建筑专业需要在三维模型中为相应墙体、楼板设计开孔并创建孔洞模型，实现管道、设备的顺畅通过或空间预留。这些孔洞往往数量十分巨大同时还具有多种类型，根据管道和设备的不同，需要的可能是圆形、方形或者附带套管的形式。如果通过三维设计平台内的基本工具逐个创建孔洞，将消耗大量的时间精力。通过智能开孔工具批量生成孔洞模型能够有效提升模型创建的效率。图 4.13-6 为墙体开孔示意图。

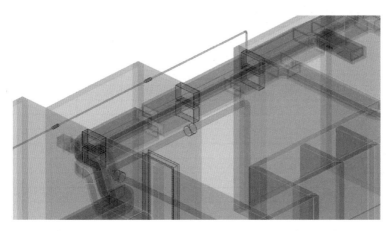

图 4.13-6 墙体开孔示意图

孔洞模型的创建首先需要确定孔洞位置以及孔洞尺寸。孔洞位置由管线位置决定，基于孔洞中心与管线截面中心对齐的逻辑，智能工具能够自动识别定位。孔洞的尺寸可以通过识别管道尺寸与设置四周的缝隙值来定义，也可以通过手动输入数值定义。图 4.13-7 为孔洞尺寸定义示意图。

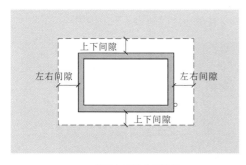 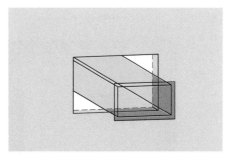

（a）管道与四周的缝隙值 （b）孔洞内建立的管道模型示例

图 4.13-7 孔洞尺寸定义示意图

开孔工具能够实现基于选中确定对象的开孔操作。通过选中穿过墙体或楼板的多种类多尺寸管线，在正确的尺寸设置下完成批量孔洞的创建。配合进一步的开孔规则设置，工具还能实现更高效全局自动开孔，在模型全局符合条件部位一键自动生成孔洞模型。除尺寸规则外，开孔规则还包括添加套管的规则、小管径水管开孔优化规则以及相邻孔洞合并规则等。

使用开孔工具生成的孔洞模型包含开孔以及二维符号，可以理解为一组类似门窗的模型对象，并通过三维设计平台或者智能开孔工具进行数量的统计和统计报表的导出。图4.13-8为导出孔洞表示例。

序号	编码	楼层	数字轴/距离(mm)	字母轴/距离(mm)	专业	尺寸(mm)	面积(平方米)	用途	备注
98	K101-3-TK	站台层	15轴~16轴/16轴2458mm	A轴~B轴/A轴562mm	通风空调	1000×2000	2	排热孔	
99	K102-3-TK	站台层	15轴~16轴/16轴1508mm	A轴~B轴/A轴562mm	通风空调	1000×2000	2	排热孔	
100	K103-3-TK	站台层	16轴~17轴/17轴2443mm	A轴~B轴/A轴562mm	通风空调	1000×2000	2	排热孔	
101	K104-3-TK	站台层	16轴~17轴/17轴1493mm	A轴~B轴/A轴562mm	通风空调	1000×2000	2	排热孔	
102	K01-3-DFT	站台层	7轴~9轴/7轴2047mm	B轴~C轴/B轴312mm	电扶梯	1840×7200	13.25	扶梯基坑	
103	K02-3-DFT	站台层	13轴~14轴/13轴153mm	B轴~C轴/B轴312mm	电扶梯	1840×7200	13.25	扶梯基坑	
104	K02-3-DFT	站台层	10轴~11轴/11轴3140mm	A轴~C轴/C轴6670mm	电扶梯	2200×2400	5.28	电梯基坑	
105	K02-3-DFT	站台层	13轴~14轴/13轴153mm	A轴~B轴/C轴500mm	电扶梯	1840×7200	13.25	扶梯基坑	
106	K03-3-GDXT	站台层	17轴~18轴/17轴1043mm	B轴~C轴/B轴930mm	供电	400×1500	0.6	强电井	
107	K03-3-GDXT	站台层	17轴~18轴/17轴980mm	A轴~C轴/C轴7420mm	供电	400×1500	0.6	强电井	
108	K01-3-JPS	站台层	1轴~2轴/1轴0mm	A轴~C轴/C轴7633mm	给排水及消防	2000×2000	4	集水坑	
109	K02-3-JPS	站台层	1轴~2轴/1轴0mm	A轴~C轴/C轴783mm	给排水及消防	2000×2000	4	集水坑	
110	K01-3-JZ	站台层	3轴~4轴/4轴405mm	A轴~C轴/C轴6950mm	建筑	700×700	0.49	检修人孔	
111	K02-3-JZ	站台层	12轴~13轴/13轴2795mm	A轴~B轴/B轴1100mm	建筑	700×700	0.49	检修人孔	
112	K03-3-JZ	站台层	17轴~18轴/18轴412mm	A轴~B轴/B轴33mm	建筑	700×700	0.49	检修人孔	
113	K01-3-TK	站台层	18轴~19轴/18轴2056mm	B轴~C轴/B轴842mm	通风空调	1000×2000	2	排风孔	
114	K02-3-TK	站台层	3轴~4轴/3轴1000mm	A轴~C轴/C轴6950mm	通风空调	1000×2000	2	排热孔	
115	K03-3-TK	站台层	17轴~18轴/18轴1519mm	A轴~C轴/B轴1510mm	通风空调	1000×2000	2	排风孔	

图4.13-8 导出孔洞表示例

4.13.2.4 装修关键技术

装修设计也是建筑设计的一部分，其建模对象是诸如面层、面板这类小尺寸构件，建模位置则依附于墙体楼板等建筑主体，导致建模操作难度大、工作效率低下。

此外，装修工具还包含了楼地面装饰、墙面装饰、顶面装饰、墙洞装饰、整面装饰和自定义装饰等一系列局部装饰工具。主厂房室内装修示例如图4.13-9所示。

图4.13-9 主厂房室内装修示例

4.13.3 三维建筑应用成果

1. 三维建筑图设计

对已经完成的三维建筑模型进行抽图，整合平面图、剖面图、立面图及大样图等图纸，配合三维轴测图使图纸表达更为详细直观。

2. 厂房建筑布置优化

厂房布置与电厂运行条件息息相关，也是普遍关注的设计重点部位之一。在龙开口水电站招标技施阶段，通过三维设计对厂房布置进行了优化。以中控楼为例，可研阶段的中控楼布置在安装间与大坝之间平台上，与上游副厂房相连。到了招标技施阶段，考虑到楼内运行值班人员相对较多、较集中，对运行环境要求较高，从改善中控楼的自然采光、通风、交通条件以及厂区建筑物建筑立面效果等出发，利用三维设计对中控楼布置位置进行了多方案比选。利用三维模型可直观地多角度浏览建筑造型效果，分析自然采光条件，为方案比选创造了良好的条件。最终经比选，中控楼选择布置在安装间下游侧，与下游副厂房右侧电梯房相连接，运行条件好且管理方便。龙开口水电站中控楼布置优化效果图如图4.13-10所示。

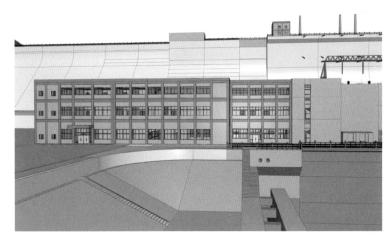

图 4.13-10　龙开口水电站中控楼布置优化效果图

3. 厂房立面优化

龙开口水电站厂房充分发挥三维软件清晰直观的优势，根据业主和设计人员的要求，利用已建好的工厂三维模型，经建筑处理后，对厂房外立面各个方案进行动态浏览，方便业主对最终方案进行决策。

为体现现代建筑的特色，并考虑到电站厂房自身的特点，立面设计宜与自然环境相协调。在满足功能需要的基础上，设计体现工业厂房简洁、大方的特点，同时由于龙开口厂房为坝后式地面厂房，其立面造型和外立面装饰与大坝应有机结合。在经过几轮造型方案比选后，外墙装修材料采用干挂瓷板，以浅色为主色调，并在适当的部位点缀其他色调，以表现点、线和面之间搭配的关系。立面造型则选用竖向线条元素的重复出现，来分解庞大的水工建筑物。从整个建筑的构图来分析，建筑物是呈扁长形的，而且其背景又是高大的水库大坝，因而整个建筑在场景中会显得矮小，而垂直的竖向线条能很好地解决这种视觉问题，使建筑体型能得到竖向拉伸。同时竖向元素的采用，使建筑立面形似一个个泻水孔，强调了建筑物的水利特征，并采用较为稳重大方的深褐色立面色彩，形成较明显的色彩对比，并呼应建筑体量。龙开口水电站厂房外立面优化效果图如图 4.13-11 所示。

图 4.13-11　龙开口水电站厂房外立面优化效果图

4.14　施工设计专业

4.14.1　施工三维设计

施工专业主要是根据工程地形、地质、水文、气象条件，结合工程布置和建筑物结构设计特点，综合研究施工条件、施工技术、施工组织与管理、环境保护与水土保持、劳动安全与工业卫生等因素，进行相应的施工导流、料源选择、料场开采、施工交通运输、施工工厂设施、施工总布置、主体工程施工、施工进度等的设计工作。

根据具体项目的不同，施工阶段三维设计的内容也不尽相同。施工三维设计，通常是利用三维模型的可视化、可模拟性、可优化性等基本特点，对施工过程中所涉及的设计内容进行建模、模拟、优化，所涉及的基本原理和技术均有共同之处。故本节仅对施工过程中常见的进度模拟、场地布置、基坑开挖、交互式道路设计的关键技术进行讨论，以期对各位读者的施工三维设计工作起到抛砖引玉的作用。

4.14.2　施工三维设计关键技术

4.14.2.1　施工进度模拟关键技术

施工进度计划是施工组织设计的关键内容，是控制工程施工进度和工程施工期限等各项施工活动的依据，进度计划是否合理，直接影响施工进度、成本和质量。因此施工组织设计的一切工作都要以施工进度为中心来安排。进度计划编排的合理性，会直接决定施工的人员、设备配置，影响施工方法的选择，直接关乎项目质量以及施工成本。

在三维模型的基础上，根据分部、分项工程划分情况，进行施工包的分解（即 WBS 分解），对施工包中的各个构件进行编码，并挂接预先编排好的施工进度计划，实现基于三维模型的可视化进度模拟，对施工进度计划进行推演，通过反馈结果对进度计划进行优化，这一过程称为施工进度模拟。由于施工模拟技术是基于三维模型，并且使用了施工进度计划（即时间维度），故又称为 4D 施工进度模拟。施工进度模拟的关键技术有以下几点。

1. 施工模型创建

进行施工进度模拟时，要求施工模型与进度计划编排所使用的设计成果完全一致，所有需要施工的构件、工程量信息及与施工有关的特征信息应完全包含在内，即施工模型中的建筑构件对象需要根据进度计划中的作业活动进行细分。精确的施工模型是进行施工进度模拟的先决条件。

2. 施工包分解

实际施工过程中，需要把项目工作按阶段可交付成果分解成较小的、易于管理的组成部分。基于分解后的施工包，制订进度计划、资源需求、成本预算、风险管理计划和采购计划等。由于进度计划的制订，本身依赖于项目的施工包，故在利用三维模型进行施工进度模拟前，也需要对三维模型进行施工包分解。需要说明的是，基于三维模型的施工包分解，基本原理与传统工程中的施工包分解并无差异，本书不再赘述。施工包在逻辑上拆解完成后，还需要使用专门的拆分工具、基于施工包的拆分结果对三维模型进行划分，划分完成后的模型才能进行施工进度模拟。图 4.14-1 为施工包切分示例。

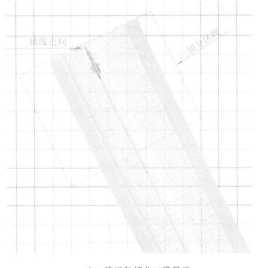

（a）控制施工包切分范围界面　　　　　（b）施工包切分二维显示

图 4.14-1　施工包切分示例

3. 模型编码技术

模型编码是三维模型在计算机数据空间的唯一标识，一般包含了模型的构件分类信息、规格信息、位置信息等。当工程中包含多个施工包时，模型编码中，还会包含对应的施工包信息。在模型编码中，不同的信息使用项目约定好的字符段（由字母和数字组成）表示。模型编码一般是一段包含字母和数字的字符串。

模型编码的规则一般是根据项目的整体状况统一制定的。在这一前提下，项目中的所有施工构件均是基于同一套编码规则进行描述的。

由于项目的 WBS 编码一般也能够标识施工包或施工段所属项目、位置、序号等信息，故在实际操作过程中，可以直接使用 WBS 编码作为模型编码或根据项目情况在 WBS 编码基础上补充必要的信息字段后作为模型编码。

需要说明的是，模型编码与建模软件中的构件 ID 并不相同。构件 ID 是建模软件在建模过程中自动赋予模型的一个内部标识码，一般为数字。构件 ID 并不能有效标识模型的分类、规格、位置等信息，且当使用多源模型时，构件 ID 本身并不能统一管理。模型编码通常需要在进度模拟前通过专门的工具统一进行编码。模型编码示例如图 4.14-2 所示。

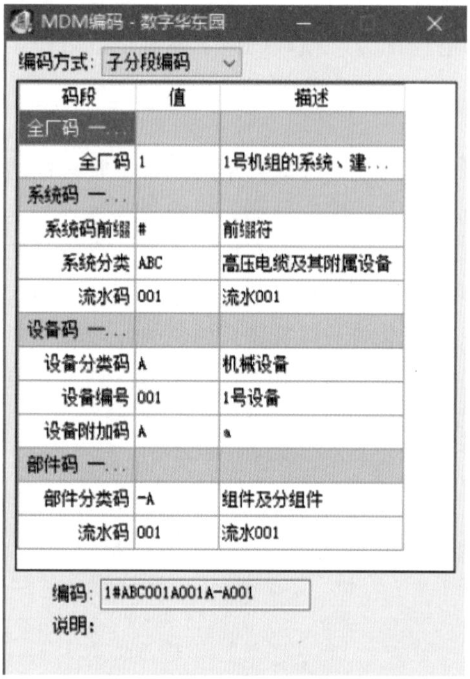

图 4.14-2 模型编码示例

4. 进度挂接技术

施工过程中，进度一般是通过 Primavera 3、Primavera 6、Project 等软件进行编排的，编排的结果一般存储在 csv、mpp 等简单的数据库文件中。

进度挂接，即通过模型构件与进度任务之间的映射关系，将施工计划关联到模型构件上。图 4.14-3 为进度挂接界面。由于模型编码本身就是三维模型在计算机数据空间的唯一标识，故一般的进度挂接，可以直接通过模型编码建立唯一的映射关系进行关联。当采用这种方式进行进度挂接时，一般需要在进度文件中各个进度任务前添加对应的模型编码信息，以方便工具识别。

基于项目实践，探索出了一种基于图层信息的进度挂接方法。对于有图层功能的建模软件，在建模时将不同构件创建在不同的图层中，图层名称与进度计划中对应条目的名称一致，也可以实现模型与进度的管理。这种方式要求模型以施工包为单元进行创建，且施工包中构件数量较少、不重复。

5. 进度模拟

进度模拟的基本原理是通过模型构件与进度计划的关联，将构件在时间维度上的变化信息添加到模型中。图 4.14-4 为进度模拟界面。具有进度模拟功能的软件可以根据进度信息，通过控制构件的消隐、出现、生长的过程，达到进度模拟可视化的目的。

简单的进度模拟工具一般具备最基本的进度模拟功能，对进度计划的合理性进行检

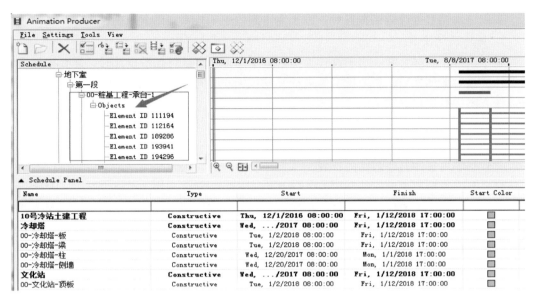

图 4.14-3　进度挂接界面

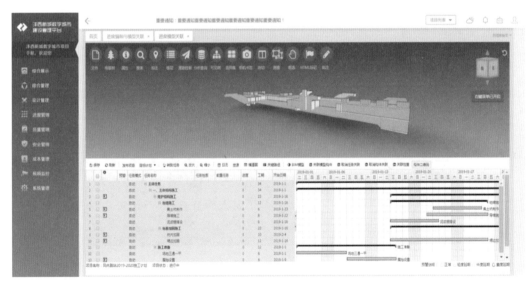

图 4.14-4　进度模拟界面

验。高级的进度模拟工具，除了模拟进度外，还可以通过添加施工要素进行施工方案的模拟。

4.14.2.2　施工布置关键技术

施工布置是根据工程总体安排，进行施工场地、交通及各项施工设施的规模、位置和相互关系的设计工作。它是施工组织设计的组成部分，也称施工总体布置。其主要内容包括场内外交通运输线路位置、施工场地分区、各施工辅助企业以及各类仓库的规模及其位置、施工场地和施工指挥系统的分区规划及临建房屋规模、土石方平衡方案、出渣线路和弃渣场地安排等。

基于三维模型进行施工布置时，通常会用到的施工技术有以下几项。

1. 场地设计技术

施工布置一般都会涉及场平设计工作。基于三维模型进行场平设计时，需要根据场地的设计成果对地形模型、地质模型等进行开挖或回填处理，在可视化的模型成果基础上，对设计方案进行优化。

场平设计重点和主要内容包括：

（1）场平与场平、场平与道路的衔接设计。

（2）场平内部的斜坡道路的布置。

（3）与三维地质模型的结合。

（4）开挖与回填工程量的计算。

场平设计一般遵循"由简入繁"的设计原则，前期规划设计往往不考虑边坡马道、内部道路及挡墙等细部结构。利用场平处理工具，结合地质分析软件快速确定场平位置与形状、布置高程等控制性因素，完成场平的前期规划设计工作。

场平详细设计阶段，由于需要布置复杂的边坡马道及内部道路，此时，必须借助更加精细化的精确绘图工具进行详细的边坡及马道设计。图4.14-5为场平内部道路设计图示例。同时借助建模工具普遍具有的参数化功能，可以实现马道之间的参数化关联，使得方案的局部调整更加便捷。

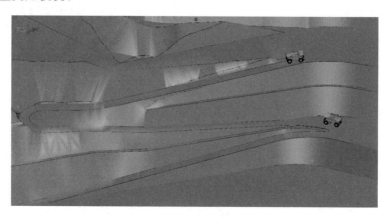

图4.14-5　场平内部道路设计图示例

为解决场平与场平、场平与道路之间的衔接问题，在进行三维建模前，经专业间讨论确定模型的主次关系，先由前序专业完成主模型的总体设计，后续专业在此基础上进行本专业的三维建模设计。

2. 土石方调配技术

场地设计过程中往往需要对开挖、回填的土石方进行调配，特别是大型场地平整工作中，土石方调配对施工进度、建设成本、环境保护都起着重要的作用。传统的土石方调配效率低、不够直观，难以满足精细化、可视化施工的要求。

土石方调配的核心是在不改变工程开挖、回填总方量的情况下，通过优化施工时段、合理选择转运通道及堆存场地等方式，缩短转运距离，减少转运量，减少堆存时间，降低弃渣量和外购方量，进而达到节约工程投资，减少对项目周边环境的影响。

使用三维技术进行土石方调配时，需要根据测绘信息创建地形三维模型，具体创建原理及方法在本章 4.2 节测绘专业已有论述，本节不再赘述；基于创建好的地形模型，进行场平、转运道路、渣场内容的三维建模，在成果模型的基础上，计算土石方开挖量，模型及土石方开挖量作为三维土石方调配的基础；结合与开挖相关的进度计划，通过优化转运通道以及渣场或堆存场地的布置，在满足施工要求的情况下，实现转运距离短、弃渣路径便捷等目的，确定调运成本最经济、施工最合理的调配方案。转运道路、渣场内容设计建模，是一个反复迭代的过程。

4.14.2.3　基坑开挖关键技术

为满足隐蔽工程施工，从地面向下开挖形成的地下空间称为基坑。基坑开挖通常会受到场地及周边环境的限制。合理的基坑开挖方案，既能充分保证基坑内隐蔽工程的施工要求和施工安全，又能尽可能减少基坑土石方及支护工程的费用，降低对周边环境的影响。

采用基坑开口线智能建模、基坑开挖面智能建模、开挖方量计算等技术，基于三维数字地形构建不同基坑方案的三维模型，通过计算和比选确定相对合理的基坑方案，最大程度地减少基坑施工费用和对周围环境的影响。

1. 基坑开口线智能建模技术

基坑开口线本质上是开挖面与地形面的交线，若将开挖面与地形面均以 TIN 模型表达，则可实现利用 TIN 与 TIN 相交计算得到开口线。

TIN 与 TIN 的求交可分解为多个空间三角形的相交计算，因此研究空间三角形的相交问题是研究 TIN 与 TIN 相交算法的基础。假设有两个空间任意三角形 T_1、T_2，分别由点 P_1、P_2、P_3 和 P_4、P_5、P_6 组成，两个三角形所在空间平面分别记为 π_1 和 π_2。

（1）构建三角形模型的 OBBTree，接着利用节点包围盒进行快速相交检测，剔除那些不发生碰撞的三角形，提高计算效率。

（2）明确空间平面的点法式方程（以平面 π_2 为例）：

$$\overrightarrow{P_4P_5} \times \overrightarrow{P_4P_6} \times \overrightarrow{P_xP_5} = 0$$

式中：$\overrightarrow{P_4P_5} \times \overrightarrow{P_4P_6}$ 为平面 π_2 的法向向量 N；P_x 为空间任意一点。

（3）分别计算空间三角形 T_1 的三点到平面 π_2 的有向距离 d_i 来判定空间平面 π_1 和 π_2 的关系（平行、重合或相交）。

$$d_i = N \cdot \overrightarrow{P_iP_6} / |N|$$

式中：$i = 1$，2，3。

如果 d_1、d_2、d_3 不完全相等，则 π_1 和 π_2 相交；如果 d_1、d_2、d_3 完全相等，则 π_1 和 π_2 平行或重合。

（4）如果 π_1 和 π_2 相交，说明三角形 T_1、T_2 可能相交，需进一步判断两者是否真实相交。如果 d_1、d_2、d_3 均大于 0 或者均小于 0，说明三角形 T_1 三个点均在平面 π_2 同一侧，三角形 T_1、T_2 不可能相交。

（5）如果 d_1、d_2、d_3 的正负号不完全相同，假定 $d_1 > 0$、$d_2 < 0$、$d_3 < 0$，则分别计算直线 L_1（P_1、P_2 所在直线）、L_2（P_1、P_3 所在直线）与平面 π_2 的交点 K_1、K_2。

$$\begin{cases} \mathbf{N} \cdot \overrightarrow{K_iP_6} = 0 \\ \dfrac{\overrightarrow{K_iP_1}}{|\overrightarrow{K_iP_1}|} = \dfrac{\overrightarrow{P_mP_1}}{|\overrightarrow{P_mP_1}|} \end{cases}$$

式中：$i=1,2$；$m=i+1$。

采用同样的方法可以计算得到三角形 T_2 与平面 π_1 的交点 K_3、K_4。

（6）判断线段 K_1K_2 与 K_3K_4 是否有重叠部分。

判断一点 Z 是否处于线段 K_1K_2 内的办法：

$$\overrightarrow{ZK_1} \cdot \overrightarrow{ZK_2} < 0$$

计算分析得到线段 K_1K_2 与 K_3K_4 的重叠部分——线段 OP。

（7）计算得到所有空间三角形的交线集合，分析这些交线的端点公用情况，依次连接形成一个线串，该线串即为基坑开口线。

（8）TIN 与 TIN 相交计算结束。

2. 基坑开挖面智能建模

利用基坑开口线智能建模方法得到开口线后，需要进一步利用开口线对基坑开挖面进行约束以形成最终的基坑开挖体型。

开口线对基坑开挖面进行约束过程就是在基坑开挖面中搜寻与开口线相交的三角形面片，将这些面片进行重新三角剖分的过程。

根据数据结构，每个三角形均记录了与其相交三角形的公共交线及拓扑关系，如图 4.14-6 所示。图 4.14-6（a）为△ABC 以及内部交线，现在针对图 4.14-6（a）中△ABC 单独进行 Delaunay 三角剖分，结果如图 4.14-6（b）所示。在实际问题中，可能出现三角形本身很小且需要二次三角剖分的情况，这样更容易出现误差，不能保证计算稳定的要求。本节采用健壮约束三角剖分算法来实现此类单独三角形内部约束的 Delaunay 三角剖分。图 4.14-7 为基坑开挖面被开口线约束前后的对比示意图。

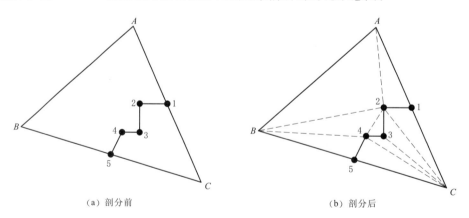

（a）剖分前   （b）剖分后

图 4.14-6　三角形 Delaunay 剖分示意图

3. 工程量统计技术

本节采用了 TIN 来构建复杂的基坑开挖面，TIN 文件保存了所有三角形面片的顶点坐标，由海伦公式可以确定 TIN 中每一个三角形面片的空间面积，累加即可得到基坑开

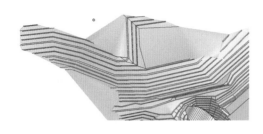 

（a）开口线约束处理前　　　　　　　　　　　（b）开口线约束处理后

图 4.14-7　基坑开挖面被开口线约束前后的对比示意图

挖面的坡面面积：

$$S = \sum_{i=1}^{n} S_i$$

$$S_i = \sqrt{p_i(p_i - a_i)(p_i - b_i)(p_i - c_i)}$$

$$p_i = \frac{a_i + b_i + c_i}{2}$$

式中：a_i、b_i、c_i 为任意三角形边长；S_i 为任意三角形面积；S 为基坑开挖面的坡面面积。

　　基坑开挖工程量的计算思路是将开挖面上的三角形与某一水平面（如 XOY 面）上的投影三角形组合成斜三棱柱，再将斜三棱柱分解为一个三棱柱和四面体，如图 4.14-8 所示。分别求取体积相加即为斜三棱柱体积，再将斜三棱柱体积累加即可得到开挖面与 XOY 面之间的体积值 V_1。利用同样的方法可以求出基坑开口线范围内原地面与 XOY 面之间的体积值 V_2，（$V_2 - V_1$）就是基坑开挖的工程量。

图 4.14-8　斜三棱柱体积分解示意图

（图中：四面体、三棱柱）

4.14.2.4　交互式道路设计关键技术

　　交通运输是项目施工过程中必不可少的一项工作，正确解决交通运输问题，对保证工程按计划实施和节约工程投资有重要意义，因此道路工程是一项重要的辅助工程，其设计方案往往需经多轮优化调整后方可敲定。

　　在传统二维制图环境下，因无法绘制道路三维中轴线以及自动生成边坡开口线，道路边坡分析只能采取沿程绘制大量剖面图以分析边坡高度及开口线位置，整个设计过程的大部分时间花费在重复的剖面绘制上，设计效率难以提高。

　　利用三维地质软件可以实现在三维环境下以轴视图方式直观分析整个场区地形地貌与地质情况，为道路平面线形设计提供帮助；另外，可实现道路平纵曲线多窗口交互式设计，结合参数化及模板化的道路横断面，可实现道路三维模型的自动输出，提高了设计效率。道路参数化建模流程见图 4.14-9。

　　基于交互式设计流程，设计人员参照数字化的三维数字地形和地质三维模型进行道路的选线和纵断面设计；道路的平面选线成果和纵断面设计成果拟合称为道路的三维中轴

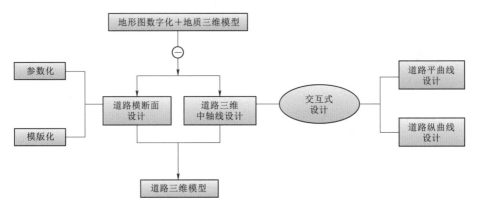

图 4.14 - 9　道路参数化建模流程图

线，根据道路中轴线附近的地质剖面，设计人员可以进行道路的横断面设计；道路中轴线和道路横断面关联后，可以自动生成道路模型。在交互式道路设计流程下，由于道路曲线和道路横断面高度参数化，后续任何的方案调整均是基于参数化，方案的调整可以自动的更新到模型中；而模板化的横断面设计成果，也能够便捷地在不同工程中传递和复用。

4.14.3　施工三维设计应用成果

基于施工三维设计的关键技术，通常能够实现场地布置、道路交通导改、施工方案模拟、设备进场模拟等应用，各个应用介绍、实施步骤、预期成果如下。

4.14.3.1　场地布置

1. 应用简介

施工场地作为建设活动进行的主要场所和载体，是展现施工企业现场管理水平和管理能力的窗口。采用三维技术进行施工场地布置，对施工各阶段的场地地形、既有建筑设施、周边环境、施工区域、临时道路、临时设施、加工区域、材料堆场、临水临电、施工机械、安全文明施工设施等进行规划布置和分析优化，提前发现施工空间冲突，辅助现场临时设施管理。

2. 实施步骤

施工场地布置应用内容包括施工设施设备模型库建设、场地布置及主要施工设备（如塔吊）运行模拟、临时设施工程量统计等。具体实施流程如下：

（1）收集施工场地布置基础数据，与施工单位确认数据的时效性。

（2）根据施工单位场地方案，完成必要的施工机械设备、临时设施等模型库创建（含构件工程属性赋值），完成整个施工场地布置模型。

（3）基于模型进行施工场地布置分析，评估方案的合理性，优化施工场地布置方案，提交业主审查。

（4）基于确定的施工场地布置模型，进行漫游展示视频制作，辅助施工单位完成方案展示及必要的技术交底。

3. 预期成果

施工场地布置应用预期成果见表 4.14 - 1。

表 4.14-1　　　　　　　　　　施工场地布置应用预期成果列表

编号	成　　果	内 容 概 要	格　　式
1	施工场地布置模拟视频	施工场地方案漫游展示	mp4、avi、wmv 等
2	施工场地布置模型	含设备构件，场地布置方案模型	cel、dgn、imodel 等
3	施工场地布置方案交底文件	施工场地布置方案说明书	doc、docx、pdf 等
4	其他场地布置相关视频	重点区域漫游展示视频等	mp4、avi、wmv 等
5	图片	重要部位及场景图片	jpg、png 等

具体成果可根据项目实际需要进行调整。图 4.14-10 为施工场地布置示例。

4.14.3.2　道路交通导改

1. 应用简介

道路交通导改贯穿主体工程施工过程，包括道路新建、拆除及恢复，管线桥、便桥新建，管线迁改、保护及支护，绿化迁移，交通标志标识组织等。合理的道路交通导改方案可以保障主体工程施工期间的道路通畅，减轻项目实施过程中对社会环境的不良影响。

2. 实施步骤

道路交通导改内容包含导改实施构件

图 4.14-10　施工场地布置示例

创建、导改方案分期布置，以及车流、人流模拟分析等，具体实施步骤如下：

（1）收集基础数据，收集的数据包括电子版地形图、图纸、实景模型、施工组织设计等，校核数据的准确性。

（2）根据施工单位提供的场地布置方案，建立施工围挡模型、管线模型、现状道路及各阶段模型、周边环境模型，校验模型的完整性。

（3）生成交通疏解模型，模拟施工过程中的交通走向、管线搬迁及保护过程，选择最优的交通疏解方案，生成模拟演示视频。

（4）施工单位编制交通疏解方案并进行技术交底，模型成果及文档成果提交业主。

3. 预期成果

道路交通导改模拟是最常见、最基础的应用，侧重于通过模拟施工过程中的交通走向，来判断施工对道路通行的影响，实现施工与交通双顺利。图 4.14-11、图 4.14-12 为道路交通导改模拟三维示例。道路交通导改流程完善，技术成熟，具体导改成果见表 4.14-2。

表 4.14-2　　　　　　　　　　道路交通导改成果列表

编号	成　　果	内 容 概 要	格　　式
1	交通导改模拟	交通导改方案展示及交通模拟	mp4、avi、wmv 等
2	围挡宣传设计模拟	施工围挡布置方案模拟	mp4、avi、wmv 等
3	封围位置模拟	施工围挡放置位置模拟	mp4、avi、wmv 等

续表

编号	成　果	内　容　概　要	格　式
4	三维技术交底视频	交通导改、坡道标高等技术交底	mp4、avi、wmv 等
5	交通导改方案交底	导改方案说明	doc、docx、pdf 等
6	方案评估报告	交通导改方案评估过程说明	doc、docx、pdf 等
7	交通导改方案模型	设备设施模型，布置方案模型	cel、dgn、imodel 等
8	图片	其他应用中需要的图片资料	jpg、png 等

具体成果可根据项目实际需要进行调整。

（a）示例一　　　　　　　　　　　　　　　　（b）示例二

图 4.14-11　市政道路交通导改模拟三维示例

（a）一期围堰　　　　　　　　　　　　　　　（b）二期围堰

（c）三期围堰　　　　　　　　　　　　　　　（d）四期围堰

图 4.14-12　道路交通导改模拟三维示例

4.14.3.3　施工方案模拟

1. 应用简介

利用三维模型对施工方案进行模拟预演，通过对单个施工方案模拟或多个施工方案的分析、对比，达到合理配置资源、有效降低成本、缩短工期、提高工程质量的目的。施工方案包含多个应用方向，常用的有土方工程、大型设备及构件安装（吊装、滑移、提升等）、垂直运输、脚手架工程、模板工程等。

2．实施步骤

施工方案模拟可分为两个步骤：①基于施工组织方案和施工图模型完成施工工艺模型，并补充必要的施工工艺信息；②基于模型输出施工方案模拟动画及施工方案分析报告，具体实施流程如下：

（1）明确关键施工部位，收集施工方案相关文本、规范、图纸等资料。

（2）整理施工方案建模所需的设备设施构件，整理施工部位相关的施工图模型。

（3）根据施工单位提供的施工组织方案进行施工模型完善。

（4）配合施工单位，基于模型进行施工模拟，对于模拟过程中发现的问题，配合单位完成优化。

（5）根据通过审核的施工模拟方案，输出施工模拟视频、相关技术交底视频、方案报告、图片等资料。

3．预期成果

施工方案模拟应用成果见表4.14-3。

表 4.14-3 施工方案模拟应用成果

编号	成 果	内 容 概 要	格 式
1	方案交底视频	方案说明	mp4、avi、wmv 等
2	工艺方案评估	不同工法工艺评估过程说明	doc、docx、pdf 等
3	施工模拟模型	设备设施模型，布置方案模型	cel、dgn、imodel 等
4	图片	其他应用中需要的图片资料	jpg、png 等

图 4.14-13 为某项目管廊设备安装模拟示例。

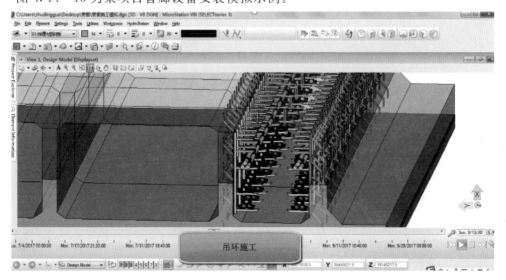

图 4.14-13　某项目管廊设备安装模拟示例

4.14.3.4　设备进场模拟

1. 应用简介

项目实施过程中通常会有大量的大型设备设施需要安置。大型设备运输路径规划是各类工程机电工程施工的一个重点。大型设备运输路径的规划是否科学合理，不仅直接关系到工程的进度、成本，还涉及项目管理中的安全、技术、外部协调等。采用三维模型进行大型设备进场路径模拟，从设备参数、垂直吊装口选择、水平路线及运输路线选择等多方面综合考虑，用可视化的手段验证方案的科学合理。

2. 实施步骤

大型设备进场路径模拟应用主要工作内容包括大型设备等的模型库制作，场地模型更新及基于模型的路径检查模拟，大型设备统计、设备进场计划编排等。具体实施流程如下：

（1）收集基础数据，校核数据的准确性。

（2）根据施工单位提供的大型设备进场初步方案及进度计划等，结合已有的模型，完成设备进场所需三维模型。

（3）校验模型的完整性、准确性。

（4）对相关大型设备附加相关信息进行方案模拟分析，如设备安装检修空间和检修路径模拟。

（5）依据模拟分析结果，选择最优施工场地规划方案，生成模拟演示视频。

（6）进行成果归档。

3. 预期成果

表 4.14-4 为大型设备进场路径模拟预期成果列表。

表 4.14-4　　　　　　　　大型设备进场路径模拟预期成果列表

编号	成　　果	内　容　概　要	格　　式
1	大型设备进场路径模拟视频	基于模型的进场线路展示	mp4、avi、wmv 等
2	大型设备进场路径模拟模型	模型	cel、dgn、imodel 等
3	大型设备进场路径模拟交底文件	必要的交底文件等	doc、docx、pdf 等
4	其他相关视频	其他相关交底视频	mp4、avi、wmv 等
5	图片	关键部位、视角的截图等	jpg、png 等

图 4.14-14 为地铁车站设备进场模拟示例，图 4.14-15 为吊装洞口校核示例。

图 4.14-14　地铁车站设备进场模拟示例　　　　　图 4.14-15　吊装洞口校核示例

4.15　造价专业

工程造价是项目决策、确定投资、控制投资的依据，是评价投资的重要指标，是利益合理分配和调节产业结构的手段。随着我国社会主义市场经济的逐渐完善、全过程造价咨询业务的蓬勃发展，工程造价在水电工程建设中的作用日趋显著。根据水电工程项目实施建设过程设计各阶段划分，工程造价一般包括规划匡算、预可估算、可研概算、施工图预算、工程结算、竣工决算等过程。工程造价的编制工作主要包括工程量计算、工程量清单编制、工程单价计算、工程其他费用计算等，最终形成造价成果文件，并根据各阶段工程造价文件进行合理性分析，确定设计方案的经济合理性，指导设计方案优化，合理配置工程施工资源投入，及时制定资金筹备计划等。

随着三维技术的不断发展应用，推动了工程造价工作数字化建设，它不仅能够使工程造价管理与设计工作关系更加密切、交互的数据信息更加丰富、相互作用更加明显，而且可以实现施工过程中的可视化、可控化工程造价的动态管理。而传统基于二维图纸的工程造价往往需要造价人员人工识别图纸信息、人工计算工程量，或者根据二维图纸应用第三方软件进行重新建模计算工程量。这种工作方式不仅工作效率低，还可能因识图人员的理解差异或者能力欠缺导致工程量计算出错。在项目实施过程中，传统二维图纸设计很难实现工程进度与工程投资实时对应，即使设定专人跟踪，也难免存在工作量大、执行效果差的问题，并且存在造价管控主动性不高、过程管控力度不够，难以在过程中及时暴露存在的问题，因此无法实现造价过程的有效管控。

三维技术的应用很好地解决了二维设计存在的弊端。三维可视化模型拥有数据信息准确全面、可视化程度高、高效对比仿真模拟等特点。根据不同设计阶段的设计成果建立准确的设计模型，并在模型上赋予相应的基础属性，可实现工程结构与投资一体化展示。根据工程进度同步反馈投资完成情况，真正实现项目建设进度与投资实时跟踪、实时监控的目的，更加有效地提高工程造价专业对工程建设过程的资源管控，优化设计、施工及资源配置。同时，三维可视化模型为设计人员与造价人员提供了有效沟通的手段，降低造价人员的识图难度。尤其是在复杂的建设工程中，设计师的设计理念和建筑特征信息可通过三维技术更加直观准确地传达给造价人员，以此提高造价工作的准确性，通过可视化管理和全过程纵向对比实现高效沟通和造价管控。

4.15.1　造价三维设计工作流程

造价专业的三维设计工作包括三个方面：根据设计方案建立三维模型，利用三维模型数据信息实现精准高效算量，形成标准工程量清单；关联第三方造价软件，完成组价工作，并形成工程造价成果文件；将形成的造价成果重新导入三维模型，使三维模型具备造价投资属性。

通过"建立模型—智能算量—关联套价—属性导入"的协同关系实现工程项目造价三维设计、投资管理和同步控制的目标。利用三维技术完成工程造价工作主要流程如下。

1. 确定工程量计算规则

工程量是工程计量的结果，是指按一定规则并以物理计量单位或自然计量单位所表示的建设该工程各分部分项工程、措施项目或结构构件的数量。在造价三维设计中，工程量计算依旧是关键环节之一。按照相关工程不同专业、工程所在地区标准规范选取符合工程设计的工程量计算规则、计量单位等，结合设计方案，确定工程量计算的内容。如水电行业一般使用《水利水电工程设计工程量计算规定》（SL 328）和《水利工程工程量清单计价规范》（GB 50501）。图 4.15-1 为确定工程量计算规则示例。

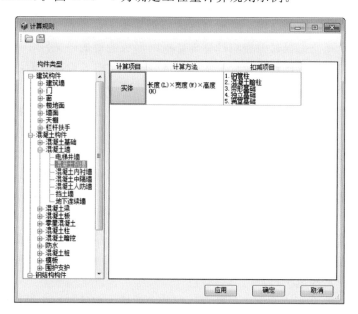

图 4.15-1 确定工程量计算规则示例

2. 制定三维模型配置属性

三维模型配置属性后才能使一个立体模型具备展现设计特性的功能。造价三维设计技术的应用，需要工程师根据设计方案、构件特点、项目特征及工程量计算规则，制定统一标准的三维模型属性，并且将配置好的属性在建模过程中附属在各个三维构件中。

3. 配置工程量清单计算工程量

通过扫描配置完属性的三维模型，读取三维造价信息，形成符合标准的工程量清单。根据设计阶段及工程需求，选取造价三维设计模型的整体或局部扫面，获取需要部位的工程量清单，更加灵活快速地实现精准计量过程，避免传统二维设计工程量计算的烦琐操作，最终实现一键算量的目的。图 4.15-2 为生成工程量清单示例。

4. 工程量清单组价

结合三维模型形成的标准工程量清单，通过关联的造价软件实现工程组价，形成清单项目价格属性反馈到三维模型中。同时，关联的造价软件与模型信息实现同步互动，发生设计变更、设计优化改变模型时可以根据自动形成的新的工程量清单同步更新造价信息，将造价信息同步反馈到模型中，形成新的造价三维模型。

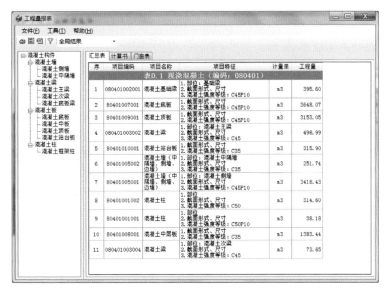

图 4.15 - 2　生成工程量清单示例

5. 形成造价成果

完成清单组价之后，设计方案和施工组织设计补充造价三维模型中不能反映的工作内容（如大型机械进出场、临时排水等技术措施费用，移民征地费用，独立费用等），根据相应的工程造价编制规定形成完整的造价成果。

6. 造价管控

通过对三维造价模型不同实施阶段设计成果或设计变更前后造价信息进行横向和纵向对比分析，提供最优的经济设计方案。利用造价三维模型可视化、数字化、准确性、实时性的特点，在项目实施过程中进行高效的造价管理和控制，利用投资进度同步施工进度的优势，实现项目施工进度直接反应投资情况，确保资源优化配置。

造价三维设计工作流程图如图 4.15 - 3 所示。

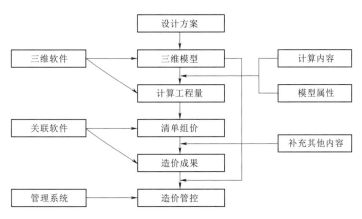

图 4.15 - 3　造价三维设计工作流程图

4.15.2 造价三维设计关键技术

造价三维设计关键技术如下。

1. 确定三维模型工程量相关的属性信息

运用三维技术进行工程量计算，本质上是通过软件直接读取模型信息利用计算机进行计算，因此相比利用二维图纸人工计算在准确性和效率上都有了很大的提高。

为了能让软件准确地读取模型信息，在进行三维建模时，对模型赋予属性时应考虑对应造价需要的属性信息，如工程量计算方法、扣减增加原则、单位、项目特征等。采用不同图层不同属性的模型进行分类处理，制定不同行业的标准配置属性文件，实现在三维模型中批量添加造价属性的功能，大大提高工作效率。扫描三维模型时可自动读取属性抓取工程量数据、造价信息形成造价编制需要的标准工程量清单。

在三维算量软件中，计算机可以自动统计构件的面积、体积与数量，导出构件的明细表。针对异型体量，在无法利用数学公式计算体积和表面积时，三维算量软件可以根据其自身的算法准确得到造价人员所需的尺寸与数据。同时，根据填入的项目属性和获得的各种构件的体量数值，得到相应的工程建设措施费用。

在三维造价技术中，科学利用倾斜摄影和三维扫描云技术，建立精准的地形模型，再对地形模型进行分块处理，统计出所需要的挖填方量，可以解决造价专业中土方算量不精准的问题。

另外，在造价三维设计中，模型构件的扣减主要有两种方式：①在建模阶段就考虑对重叠构件的扣减。其主要操作流程为建模、构件重叠检查、构件修改、完成准确模型。该种方式具有构件直观明确、工程量即实际用量等优点，但是对从业者要求较高，要求模型建立者既了解设计要求，也清楚造价专业中扣减规则。此外，该种方式工作量较大，造成三维造价技术只能在部分工程段中运用，不能全面铺开。②在计量过程中设置扣减规则。相对于方式①而言，方式②对模型的精细度要求没有那么高，并且在软件中设置扣减规则，可以在计量中自动进行扣减，减少造价人员的工作量，故该方式目前应用较多，示例如图 4.15-4 所示。

2. 关联三维模型造价软件的开发运用

利用三维模型计算标准工程量清单，通过关联的造价软件进行清单组价，实现"建立模型—智能算量—关联套价—属性导入"的协同关系。

利用目前市场上已经成熟的造价软件与造价三维模型建立关联关系，将三维模型计算的标准工程量清单准确导入到造价软件中，实现无缝对接。应用造价软件计算各清单项工程单价，并根据各行业费用计价规则计算其他费用。同时，造价软件与三维模型建立反关联关系，将计算结果导入到三维模型中，赋予三维模型价格属性，实现设计与经济的双重属性，以三维模型为媒介建立设计方案与工程造价的直接联系。图 4.15-5 为实现三维模型与造价成果相互关联流程图。

现阶段运用三维建模算量的技术主要是基于 BIM 主流软件而进行的二次开发。这样便于多专业的协同设计，实现在统一的软件平台上推进工作，避免了文件格式相互转换，有效防止数据丢失。与此同时，对项目管理方式也提出了较高的要求。

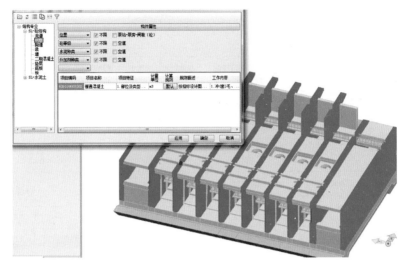

图 4.15-4 通过读取相关属性信息获得三维模型工程量示例

在项目协同上，利用专业设计与造价实时结合的技术，实现在建模过程中将项目的造价信息实时反馈给设计人员，达到真正的"限额设计"。从而让设计人员在项目设计初始阶段就掌握造价情况，避免后期因超过概算而引起的返工。

3. 建设造价管理系统

相较于通过二维图纸进行的造价工作，运用三维技术一个很重要的优势在于可基于三维模型建设造价管理系统。

造价管理系统可利用三维模型的全部数据，对工程项目的工程造价进行高效的管理和控制。通过将各类数据整合形成统一的数据库，使得造价信息可以及时更新和共享，从而可以了解工程建设各个时间段的造价情况，进而实现细致的造价控制，在进度款支付、履约监管、竣工结算和验收对比等多方面进行经济管控。造价管理主要包含数据管理、费用对比、支付管理、工程量管理、采购管理等功能。其中数据管理、费用对比针对工程项目全过程各阶段造价数据即规划匡算、预可估算、可研概算、施工图预算、合同工程、竣工结算进行数据汇总整理及对比分析，方便查询及可视化对比分析；支付管理、工程量管理、采购管理针对工程项目实施阶段即合同工程、竣工结算过程数据进行汇总整理及对比分析，结合三维模型方便查询及可视化对比分析，并可与进度管理及质量管理等内容进行数据互动。建设造价管理系统构成如图 4.15-6 所示。

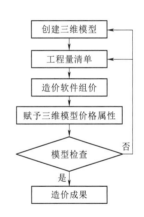

图 4.15-5 实现三维模型与造价成果相互关联流程图

4.15.3 造价三维成果应用

造价三维成果在工程项目的各个阶段均有不同应用。

1. 规划阶段

利用项目基础数据和三维模型进行投资匡算，与财务、融资信息结合可进行投资分

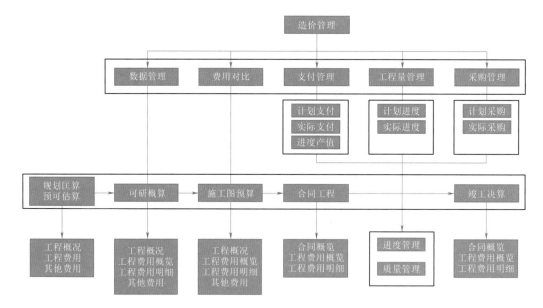

图 4.15 - 6　建设造价管理系统构成

析。在分析过程中，可通过三维模型进行仿真模拟，判断建设地点、工艺设备等建设要素对项目实施的经济性影响，协助决策项目的建设基本方案和运营方式等。

2. 设计阶段

设计阶段的三维模型一般较为完整翔实。这一阶段的造价成果能较准确地对项目投资情况进行预判。通过指标分析，一方面可为设计方案比选提供依据；另一方面对比常规情况可对设计方案进行检查反馈，减少设计缺陷和问题，优化设计方案。

3. 招投标阶段

目前水电工程项目建设逐渐大量使用工程量清单进行招投标，在编制工程量清单过程中工程量计算是最重要的过程，也最为费时费力。先通过三维模型计算工程量，再通过关联软件导出工程量清单，不仅能提高计算准确度、减少计算时间，还能通过反查模型避免漏项，减少中标之后产生的纠纷。

4. 施工阶段

通过造价管理系统，可让建设单位准确了解建设进度，并对造价成本、材料消耗情况有准确的掌握。该系统还可提供进度款支付信息、管理及对比计划与实际进度支付数据等。

5. 竣工阶段

传统基于二维图纸的结算模式往往造成结算双方会有较大的分歧。利用三维模型的可视化和对比分析能力，可快速准确地计算出建设项目的工程量和造价情况。

除了在项目建设各个阶段效果显著，在整体项目把控和行业应用上，三维技术为工程造价带来了许多突破。利用不同阶段的三维模型信息数据，可对项目各个阶段造价数据进行高效管理和比对，形成动态、客观的数据链，从而对工程造价进行细致的控制。传统积累的造价数据指标，往往由于边界条件的遗漏或不明确而缺乏指导意义甚至造成错误指引，而三维技术可将大量工程建设的造价数据统一到标准的数据库中，可形成技术指标、经济指标、消耗量指标，实现设计造价一体化，提高估算精度、方案比选效率等，有利于工程造价的大数据建设和信息共享。

4.16　水能专业

　　水利水电规划的主要任务是综合考虑各用水部门的需求，合理地、充分地利用水资源。但由于水文、气象、地形等因素多变，河川径流量年与年、季与季之间各不相同，而且差异较大，给水资源开发利用带来一定的困难。为充分利用水力资源和防灾减灾，需要考虑采取人工措施调节河川径流，通过控制与利用径流量，以解决来水与用水的矛盾。

　　水利径流调节就是借助水工建筑物（主要是坝或闸）控制和重新分配天然径流，以满足国民经济各部门日益增长的用水需求。水利径流调节计算是水利水电规划专业最基础和重要的工作，旨在求出设计保证率、水库有效库容和调节流量的关系，以确定各时段过程中的调节流量、水库水位、蓄水量、弃水量及下游水位等。水利径流调节计算所需径流资料的内容与水库调节性能及计算方法有密切关系，因此开展水利径流调节计算前需要首先确定水库调节性能。水库调节性能一般可分为无调节、日调节、周调节、年调节和多年调节。此外，还需量求水库水位与容量关系曲线（以下简称"库容曲线"）、计算水库水量损失资料、测算下游水位流量关系曲线和收集各部门的用水资料。

　　水库库容曲线表示水库水位与其相应库容关系的曲线，是径流调节计算的重要基础资料，确定装机容量、大坝高度、泄洪设施、特征水位都离不开库容曲线。它不仅是设计建设阶段的重要基础资料，也是水库调度管理的重要参数。水库库容曲线是以水位为纵坐标、以库容为横坐标绘制而成的，其绘制的精度和可靠性对水库的正常蓄水位、防洪水位的确定以及对水利枢纽工程、水库的运营管理决策都至关重要。传统量求水库库容方法主要是通过平面二维方法以库区地形图为依据绘制，通过人工连接等高线或高程点推求水库库容。但传统方法存在耗时长、误差大且效率低的问题，且随着工程设计周期不断缩短，能在较短时间提出保质保量的水能参数显得尤为重要。为此，通过分析传统水库库容量计算方法存在的不足，应用三维设计手段对水库地面形态进行模拟，以建立数字地面模型的方式量求水库库容。这种方法无须手动量求读取，可最大程度利用并修正已知高程信息。在枢纽布置发生变化时，只需对已建立的三维模型进行局部调整即可，此举可大幅提高设计效率和工作质量。

4.16.1　传统量求水库库容工作方法及问题

　　水库库容曲线属于整个水利水电工程中最基础的设计资料。水库库容量计算具有工作量大、对后续参数影响广的特性，因此绘制水库库容曲线是水电工程规划专业十分重要的工作之一。水库库容曲线是表示水库水位与其相应库容关系的曲线。它是以水位为纵坐标，以库容为横坐标绘制而成的。在假定入库流量为零、蓄入水库水体为静止时，水面是水平的坝前水位 Z 与该水位线以下水库容积 V 的关系曲线，为静库容曲线 $V=f(Z)$，如图 4.16－1 所示。

曲线绘制需要以库区地形图为依据绘制，首先在水库地形图上量出不同高程的水库面积，绘出水库水位与面积关系曲线，据此进行水库库容计算。目前，采用的常规水库库容量求方法主要是依靠 CAD 二维绘图软件，根据测绘专业提供的等高线地形图和水工专业提供的枢纽布置图，通过人工连接等高线或高程点，使库内各高程形成封闭等高线，再通过等高线面积推求各等高线间库容，最后累加求得各高程水库库容，如图 4.16-2 所示。计算公式表示如下：

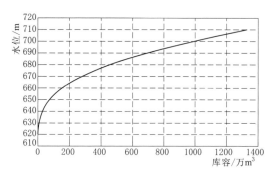

图 4.16-1　水库水位—库容曲线示例

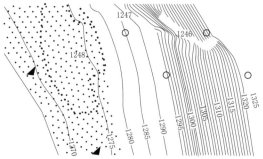

图 4.16-2　等高线推求高程水库库容示例

$$\Delta V = \frac{1}{3}(F_1 + \sqrt{F_1 F_2} + F_2)\Delta Z$$

$$V = \sum \Delta V$$

式中：F_1、F_2 为相邻两高程间的库区面积；ΔZ 为相邻两高程间的高程差；ΔV 为相邻两高程间的体积；V 为总体积。

这种传统的量取手段存在诸多问题，主要有：①等高线不封闭甚至缺失，需手动连接已有高程点；②部分等高线间距较大，需人工内插估求等高线；③枢纽布置及渣场开挖经常变动，常需多次量取库容曲线，工作量大。这些问题均不可避免地导致工作量加大，耗费较长时间，且人工操作和读取易出错、不易校核。

4.16.2　三维量求库容工作方法

随着计算机图形技术的迅速发展，三维设计已成为未来设计的必然趋势，高效智能的三维设计可较大程度上提高现有的设计效率。三维设计平台具有完善的二维和三维建模、运算和显示功能，尤其在处理地形网格数据时，不仅功能全面，而且支持海量数据的高效处理和分析。在三维设计平台中对水库地面形态模拟，建立水上水下一体的数字地面模型，可以最大程度利用所有已知高程信息，所建模型直观立体易于发现错误高程信息，可及时有效地修正模型。图 4.16-3 为三维软件量求水库库容操作界面。在建模过程中，信息的传递主要通过模型生成的中间内部文件实现，不需要人工量求和读取数据，较大程度避免了人为差错出现。在枢纽布置发生变化时，只需在已建立的模型上直接对变化局部调整。三维设计平台的使用，将大幅提高水库库容量求设计效率和质量。

三维手段量取库容，主要分为以下步骤。

1. 导入地面高程信息

将实测等高线地形图导入三维设计平台，转化成可编辑的 CAD 文件。

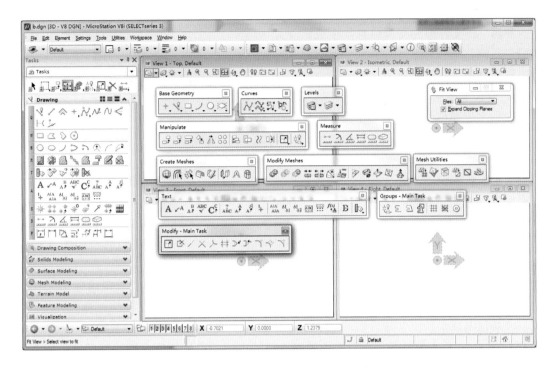

图 4.16 - 3　三维软件量求水库库容操作界面

2. 生成信息数据文件

在 CAD 文件中提取可利用的高程信息，如高程点和等高线等，将这些高程信息生成 dat 格式的数据文件。图 4.16 - 4 为基于等高线信息生成 dat 格式地形文件示例。

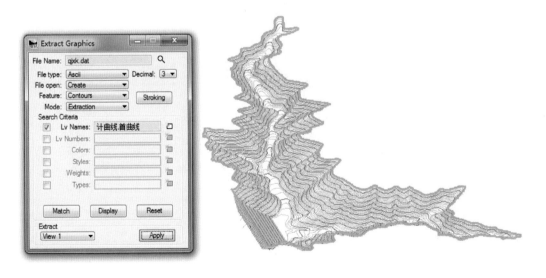

图 4.16 - 4　基于等高线信息生成 dat 格式地形文件示例

3. 创建数字地面模型

利用 dat 文件中的高程信息，生成致密的三角网格 tin 文件，创建数字地面模型，示例如图 4.16 - 5 所示。

4. 水位库容量求

在数字地面模型基础上，生成可测量的 gsf 文件。以 MicroStation 为例，利用 Analysis 模块下的 Volume Calculation 工具量求水库各水位下库容。图 4.16 - 6 为水库库容分析计算界面。

4.16.3 三维量求库容成果应用比较

与常规通过 AutoCAD 二维平台量取

图 4.16 - 5 数字地面模型示例

水库库容的方法相比较，在三维设计平台中，采用三维手段量求库容大幅缩短了工作时间，提高了工作效率。

以浙江某抽水蓄能电站为例，下水库库容曲线量取耗时从 1～2 天缩短至 1～2h，详见表 4.16 - 1。在大幅提升工作效率的同时，两种方法的库容量取成果的精度处于同等水平，满足设计和运行要求。在水库库内枢纽布置发生调整时，三维设计平台下的模型调整十分简单快捷，可在较短时间内重新量求库容。

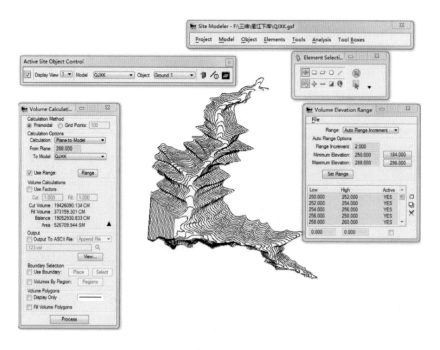

图 4.16 - 6 水库库容分析计算界面

表 4.16-1　　　　　　浙江某抽水蓄能电站两种库容量取手段实测对比

库容量取手段	耗时	库容成果/万 m³	延展性
传统 AutoCAD	1～2 天	776.35	多次返工测量
三维设计平台	1～2h	776.24	挖填后重新量求

采用三维设计平台，应用三维设计手段对水库地面形态进行模拟，以建立数字地面模型的方式量求水库库容，这种方法无须手动量求，可最大程度利用并修正已知高程信息。在枢纽布置发生变化时，只需在已建立的三维模型上直接对变化局部调整即可。此举解决了传统水库库容量求所遇到的问题，改变了过往通过人工连接等高线或高程点推求水库库容的做法，大幅提高设计效率和工作质量，可为后续工程设计提供参考。

4.17　移民专业

4.17.1　移民安置数字化建设意义

水电工程建设征地移民安置工作是一项涉及面广、任务繁重、复杂的庞大系统工程。这项工作在水电工程规划设计、实施和后期管理的各个阶段针对设计单位、业主、地方政府及监督评估单位等各方的要求不同，需要完成的任务也不一样，但各方角色、各项任务之间又是紧密相连、不可分割的。长期以来，水库移民工作同其他行业工作一样，信息收集和传递依旧停留在纸质档案及各种文字表格处理软件上，若要检索移民户或移民专项工程资料，就需要到设计单位、地方移民局、乡镇政府机关去查找。这种传统的工作模式不但工作效率低、信息更新慢、传递交流滞后，而且数据一致性、时效性也相对较差，多个工程之间亦缺少有效联系和信息共享。

2010 年开始，不少设计单位、业主单位和地方移民管理机构均探索建立了各自的信息管理工具，但这些工具尚未从根本上解决信息及时、准确更新和共享问题。因此，在水电移民工作上推行统一的数字化管理平台势在必行。

从 1999 年起，华东院汲取和整合多年的水电工程移民安置规划设计、移民实施过程的管理参与（包括移民设代、监理、独立评估、后评价）等项目经验，进行了诸多单项和综合的移民信息系统开发尝试及测绘地理信息技术研究，并于 2000 年开发了"水电工程水库淹没处理补偿投资概估算数据库系统"，于 2002 年开发了"滩坑数据库系统软件"（为浙江滩坑水电站可研实物指标调查和移民安置规划的辅助软件），于 2004 年开发了"珊溪移民管理数据库系统"（已应用于浙江省温州市珊溪电力枢纽工程地方政府的移民实施管理），于 2008 年完成"移民综合管理数据库"科研项目，并于 2010 年开发出基于GIS 技术的"水电工程征地移民实物指标管理信息系统"。2016 年，采用全新技术的水库移民信息平台问世，二三维技术与水库移民工作需求紧密贴合，得到了更全面深入的应用。

同时，当前 3S（Geographic Information Science、Global Navigation Satellite System、Remote Sensing，简称 GIS、GNSS、RS）技术是空间技术、传感器技术、卫星定

位导航技术和计算机技术、通信技术等多学科高度集成的现代信息技术，已成为信息化、社会数字化生存的重要组成部分。随着计算机技术的飞速发展，3S一体化技术已显示出更为广阔的应用前景（如2013年全国开展的地理国情普查、各地区的灾害监测系统等）。

综上，基于现阶段移民工作需要，为实现移民工作程序化、系统化管理，提升行业信息化水平和专业科技水准，提高工作效率，需要构建一个能满足设计单位、项目业主和地方政府移民管理机构的相关管理和办公的安全、高效的水库移民信息平台。华东院以现有"水电工程征地移民实物指标管理信息系统"的单机/局域网软件构架为基础，全面融入互联网、云计算、云存储、3S、移动客户端等元素，以水电工程全生命周期的服务为方向，构建一个基于全球互联网的辅助设计、管理、办公平台，为各行业用户的信息化管理提供全套解决方案。该平台建设对水电工程建设征地移民安置具有重大意义，主要表现为以下几点。

1. 推动行业信息化数字化建设

水库移民信息平台的建设理念是以程序推动移民工作，将移民信息各个阶段的工作科学化、信息化、标准化。水库移民信息平台建设过程中引入工作流程思想，通过一定的提醒、审核机制，逐步推动水利水电工程移民工作的顺利完成。

2. 整体提高行业设计与管理水平

水利水电工程移民工作是一项复杂的系统工程，涉及面广、关系复杂，关乎人民切身利益、国家稳定和发展。广泛利用水库移民信息平台将会整体提升行业移民设计、规划、实施及其管理水平，使得各方资源均得到合理有效的配置。

3. 以流程推动工作

水库移民信息平台的建设目的在于宏观上为水利水电行业巨量数据应用建设奠定基础，微观上提高各单位自身和各单位之间的工作效率和服务质量。一个合理规范的行业流程能够使流程中各单位间的信息传递顺畅有序，并提高工作效率和工作质量，以及更好地满足合法性要求。

4. 加强3S技术的生产力转化能力

西部地区的水库库区地理环境复杂，常规测绘手段工作效率低下且危险性高。3S技术的引入与集成，一方面可以超常规完成作业任务；另一方面，RS可以获取更多的有用信息且现势性强、可动态反映时序变化。GIS可以发挥其强大的空间数据管理、空间分析与三维建模等能力，为决策人员进行科学评价与宏观决策提供有效依据。通过在移民业务中引入3S技术，可以增进各学科之间的学术交流，也可以不断提高技术实力，推广新一代技术的使用范畴。

5. 历史回溯、科学评价

水库移民信息平台通过增量式要素更新与多工程项目管理，一方面，高效地管理和控制了数据与数据模型的多个版本，使得数据库的更新实时、快速且冗余数据量最少，并可追溯重要的历史节点；另一方面，对多工程项目可进行有效的跟踪与评估，可对多项目的历史数据或实时数据作对比分析。

4.17.2 移民安置数字化建设主要技术

水库移民信息平台建设的工作目标是依托当前现代化、信息化、网络化的技术手段，建立集全球互联网、3S 技术等于一体的辅助设计、管理、办公平台，满足当前任务繁重、复杂的水利水电工程移民工作过程中设计单位、项目业主、地方政府以及移民群体等的不同需求，提高工作效率，加强信息技术应用、提升行业信息化水平和专业科技水准、实现移民工作程序化、系统化管理。

（1）水库移民信息平台的开发和应用研究，将移民信息各个阶段的工作进行科学化、信息化，通过集互联网、云计算、云存储、移动终端、3S、BIM、工作流等技术于一体的信息管理平台，使信息化与工程同步规划、同步实施、统一协调、提前见效。

（2）建设一个可保障性的辅助设计、管理、OA 办公平台，应规范化、可扩展化，并应具备稳定性和安全性。

（3）基于网络技术与分布式开发策略，提供分而自治的协同工作机制，通过不同单位、部门的动态交互，实现平台数据信息共享和数据接口统一。

（4）以流程推动工作，提高工作效率、增强工作效果。通过信息平台，使移民行业主管部门、项目业主和实施单位实时掌握项目运行状态、及时了解各项具体移民信息，并提供辅助决策支持。各类用户可按分级权限方便、快速地获取各自需要的信息。

（5）充分发挥 3S 技术优势，实现基础地理数据的实时定位、处理与管理一体化，实现可视化。

4.17.3　移民安置数字化建设总体方案和应用

根据大中型水利水电工程移民安置实施管理需要，水库移民安置信息化管理应重点实现可视化操作、数据采集及更新、数据查询及应用、办公应用等相关要求。

4.17.3.1　可视化操作和三维场景交互

地图导航与可视化操作是水库移民信息平台的一个重要特点，通过将 GIS、GPS 有机集成，可实现对各种空间信息和环境信息的快速、机动、准确、可靠的收集，通过导航定位建立卫星、用户、地理信息数据与移民业务数据的连接与交互。该功能可实现现场人员位置定位，周边环境互动显示，移民户、居民点、城集镇及各类专业项目位置标识等，为移民实物指标调查工作和移民安置管理工作带来极大便利。

图 4.17-1 为三维地图场景显示工作人员位置示例，现场人员可根据卫星定位，将自己的坐标位置形象地显示在大比例尺地类地形图或影像图上，便于形象识别周边地形和行走路径方向，并可将已完成的土地调查成果、各类房屋、专业项目在图上实时显著标识，在实物指标调查中可做到实物指标不重不漏，提升调查效率和成果质量。在移民安置实施阶段，可形象展示居民点、专项复建工程位置、建设进度等。

三维场景交互是平台建设的重大技术进步，主要包括三维场景漫游、三维场景动画、三维场景地图推演及切换、摄像头监控、轨迹信息展示、移民工程建设管理等。

三维场景漫游分为两种模式，两者之间需要相应的切换动画效果。第一人称步行模式以第一人称贴合模型地面浏览，操作人员手动控制漫游方向角度，产生建筑物碰撞等效果；同时，在漫游过程中通过点击其他人物标识点或者模型，查询相应的信息。自定义路径漫游，可实现自定义漫游路径，高空浏览三维场景。

三维场景地图采用图层控制的方式展示各类数据，实现简单场景展示矢量地图、影像

图 4.17-1　三维地图场景显示工作人员位置示例

数据以及拉升的房屋白模数据等。三维场景包含影像图与 DEM 拟合的三维山区场景、村镇人口密集区倾斜摄影房屋模型数据以及规划设计的 BIM 数据。图 4.17-2 为三维倾斜摄影模型示例。图 4.17-3 为三维城市模型示例。

图 4.17-2　三维倾斜摄影模型示例

图 4.17-3　三维城市模型示例

　　移民工程建设过程可根据不同的规划项目动态添加展示项目不同阶段 BIM 设计模型（如集镇、移民安置点建设过程），同时以时间轴的方式展示整个库区的不同时间阶段数据。

图 4.17－4 为三维技术应用于不同蓄水方案模拟和淹没分析示例。

（a）蓄水方案模拟

（b）淹没分析

图 4.17－4　三维技术应用于不同蓄水方案模拟和淹没分析示例

4.17.3.2　基于互联网的数据采集与同步更新

数据采集是信息系统建设的基础性工作，是信息系统的数据基础。在以往的数据采集过程中，由于受限于网络和系统的架构以及移民实施参与各方的割裂，容易造成数据采集、更新不同步及各方信息不对等。各方数据成果往往会产生冲突和矛盾，不能为移民安置规划设计、实施管理及高层决策提供可靠支撑。为此，水库移民信息平台将建立和实现基于全球互联网的实时数据采集与同步更新功能。

通过建立基于全球互联网的实时数据采集与同步更新，在数据采集时期各终端与中心服务器网络畅通的情况下，可直接进行数据采集与更新，把数据返回至中心服务器。同时，在断网情况下，可在本地终端存储加密后的数据信息，在网络恢复的情况下自动更新，完成数据上传。

在水库移民信息平台下，无论是移民安置规划设计阶段针对移民户具体实物指标的调查和复核，还是移民安置实施阶段针对移民户实物指标原始数据和补偿补助费用的变更，都可通过多人同时数据采集，或由地方各级人民政府在当前或阶段性移民实施工作完成后，通过互联网实时传输或更新至服务器数据库平台，完成基础数据的整体实时入库和更新。

以水库移民信息平台数据采集功能为例进行说明。

实物指标信息利用三维设计进行录入查询功能描述：点击场景中房屋模型或其他附着物模型，高亮点选模型并弹出信息简表，同时满足主平台各类调查表单展示、编辑。示例如图 4.17-5 和图 4.17-6 所示。

图 4.17-5   与三维地图中单体化房屋模型进行交互示例（一）

图 4.17-6   与三维地图中单体化房屋模型进行交互示例（二）

实物指标利用三维设计进行信息查询功能描述。实物指标采集后，利用三维设计进行规划功能描述：根据自采集的道路数据和用户轨迹数据，进行规划设计和成果轨迹展示导航。

图 4.17-7 为基于地图的项目信息展示和交叉影响分析实例。

图 4.17-7   基于地图的项目信息展示和交叉影响分析示例

4.17.3.3　行业云计算和云查询

水库移民信息平台提供针对水利水电工程建设征地移民行业各阶段的多项运算功能。从电脑浏览器端或移动设备端发起的运算要求均由服务器对海量数据（主要包含移民业务数据、测绘与地理空间数据和多媒体图档资料）进行计算并返回结果。如移民安置实施阶段能根据用户的管理要求，通过云端计算与地理空间数据的结合，跟踪移民搬迁的原居住地和目的地，并在地图上形象化地显示移民的搬迁去向，或从新建居民点、集镇追溯移民的迁出地，为有效实施建设项目移民去向动态管理提供服务，并为蓄水及竣工验收奠定基础。

水库移民信息平台提供快捷的数据查询检索，电脑浏览器端或移动设备端发起的组合条件查询均由云计算中心对分布式海量数据进行检索并实时返回查询结果；查询既可以遵循系统固有的定制查询条件，也可根据用户需要自定义、通过检索条件的灵活组合来组织发送查询请求。查询结果既可用数据报表显示，也可以返回地理信息数据及各类图档资料，达到图文并茂的显示效果。

4.17.3.4　层次清晰的多用户解决方案体系

水库移民信息平台面向全国水利水电行业主管部门（如技术审查单位、国家和省级移民管理机构）、业主单位、各级地方政府、设计、综合监理、独立评估以及移民群众和社会公众等用户。

信息平台针对不同用户类型，提出了针对性的功能授权、安全性策略和解决方案。针对设计单位，系统提供其对所承担设计任务的水利水电工程建设征地移民安置相关资源进行查询和行业计算，可对其权限范围内的相关信息进行编辑、修改等维护管理；针对移民安置实施管理单位（包括各级地方政府移民管理机构、监督评估单位、业主单位等），系统则提供其查询所管辖范围内的水利水电工程建设征地移民安置相关资源，可对其权限范围内的相关信息进行编辑、修改等维护管理；针对国家和省级水利水电工程行业管理单位，系统则提供查询所管辖范围内的水利水电工程相关资源，实时跟踪各工程的移民安置实施进度和移民资金流转情况；对于移民群众或社会公众，系统允许其对个人相关的实物指标、补偿费用和相关移民政策进行查询和阅读。

4.17.3.5　规范统一的数据接口

水库移民信息平台的建设，拥有一个核心的数据接口标准，以此对水利水电移民行业的输入和输出数据进行规范，从而方便统一信息平台在各不同类型用户之间的信息共享，保证基于统一数据库平台数据的一致性。

水库移民信息平台允许各单位自行开发应用软件，所开发软件通过数据接口接入数据平台，并为各单位提供对自身数据的维护入口。但以往独立分散的建设模式已经不能满足信息化建设的要求。该平台不但实现数据共享、标准一致，还保证数据使用权限合理以及数据内容深度整合。通过建立规范统一的数据接口，确保了行业数据的一致性与准确性，从而形成了系统的信息标准化体系。

4.17.3.6　简约而富有人性化的界面

随着时代的发展，信息系统的建设越来越接近于一门艺术而不仅仅是一项技术，实现了系统界面设计艺术与技术的高度统一。水库移民信息平台关注用户的交互体验，提供电脑端和移动端简约而富有人性化的界面。

水库移民信息平台的用户界面设计具有优秀的颜色形态、视觉形态、记忆形态（存储用户短时记忆）等多种特色，以设计理性化和功能性为前提条件，充分反映"为人而设计"的理念，并以追求理想化和艺术化为设计目标。

4.17.3.7 强大的应用拓展功能

水库移民信息平台除了提供现有的功能外，还支持强大的应用拓展功能。

信息平台的不同使用对象对于功能的需求存在很大的差异性，在将来平台应用的拓展开发过程中，可根据不同使用对象进行个性化定制。例如设计单位需要生成报告辅助文档，综合监理单位需要生成监理报告，项目业主需要生成进度报表等。通过在平台上定制各类个性化功能，能达成平台上的诸多实用性应用，这些小工具可以给用户提供极大的便利，功能上类似基于安卓系统的各种办公和生活应用。

信息平台支持提供平台内部交流工具，包括会议和政策文件信息发布、行业培训、典型案例共享、移民意见申诉及处理等，同时系统可拓展在线网页交流工具，提供实时交流。

信息平台的应用终端不仅仅适用于台式机和笔记本，部分功能还支持平板电脑、手机以及未来的可穿戴设备上的移动终端，做到随时随地应用。

此外，当国家政策、规范等出现变化或调整，一些功能需要进行更新时，系统后台会针对性地进行无缝升级。

4.17.4 小结

信息化是当今社会发展的趋势。水库移民安置信息化建设能够从根本上解决信息及时、准确更新、互联共享等问题。当前空间技术、传感器技术、卫星定位导航技术、计算机技术、通信技术等为水库移民安置信息化建设提供了充分条件。统一的信息化平台有助于水库移民安置实施，以及让设计单位、业主单位、管理部门实现数据互联共享、规划流程透明、工作效率提升等目标。

1. 水库移民前期规划设计需要

水库移民前期规划设计包括水电工程预可行性研究报告阶段和可行性研究报告阶段需要开展的移民安置设计文件编审等工作，涉及建设征地范围确定、实物指标调查、实物指标调查成果确认、移民安置规划、移民意愿征求、移民安置规划方案确认、移民安置规划设计及设计文件编制等大量工作。统一信息化平台的建设，可促进当前3S技术应用，提升前期工作效率和工作手段，同时信息化建设可有效解决移民群众普遍关心的实物指标成果、规划方案、补偿补助政策信息化公开等问题。

2010年开始，不少设计单位、业主单位和地方移民管理机构均在探索建立各自的信息管理工具，但这些工具尚未从根本上解决信息及时、准确更新和共享问题，因此推行统一的信息化管理平台势必能够得到相关方的认可。

2. 水库移民安置实施管理需要

水库移民安置实施管理包括移民搬迁安置、综合设代、监督评估等工作，涉及实施进度管理、建卡管理、资金管理、变更管理等多项工作。统一信息化平台的建设，有助于项目业主单位、政府管理部门实现流域或辖区水利水电工程移民安置实施标准化、规范化管理，特别是能够实现档案管理信息化。如果进一步联合数字化工程建设，则可实现移民工程建设全过程信息化管理。相关省级移民管理机构、流域开发机构均联合设计单位或科研机构积极组织开展信息化建设工作。统一的信息化管理平台可实现流域、省域甚至全国各单位、各项目之间移民业务数据交换、资源共享互通，可以使移民信息高质量、秩序化的运行和实现数据的高效、准确互联及应用。

3. 水库移民安置数字化建设有广阔的技术和市场空间

基于现阶段水利水电移民工作需要，为实现移民工作程序化、系统化管理，提升行业信息化水平和专业科技水准，提高工作效率和资源共享，建议在水利水电移民行业要推行统一的信息系统，并以标准化、系统化、智慧化为目标，进一步构建能满足各级政府、项目业主、行业主管部门、设计单位等单位所需求的开放性的行业平台，集合各参与方的力量，共同为各行业用户的信息化应用和管理提供解决方案。

4.18　景观专业

景观设计（风景园林规划设计）要素包括自然景观要素和人工景观要素。其中自然景观要素主要是指自然风景，如大小山丘、古树名木、石头、河流、湖泊、海洋等。人工景观要素主要有文物古迹、文化遗址、园林绿化、艺术小品、商贸集市、建构筑物、广场等。这些景观要素为创造高质量的城市空间环境提供了大量的素材，但是要形成独具特色的城市景观，必须对各种景观要素进行系统组织，并且结合城市气候和水文条件使其形成完整和谐的景观体系、有序的空间形态。景观设计主要服务于城市景观设计（城市广场、商业街、办公环境等）、居住区景观设计、城市公园规划与设计、滨水绿地规划设计、旅游度假区与风景区规划设计、城市基础设施及市政配套等。

未来风景园林将呈现三个融合的创新态势：①风景园林与信息化的融合，是园林景观科学化发展的起点；②风景园林基于信息化与非风景园林的融合，是行业发展的横向扩展，如园林景观与医疗保健、智慧餐饮等融合发展；③风景园林基于互联网、大数据、人工智能与人们对美好生活的需求的融合，把园林景观建成科学的艺术。

通过 3S 技术、基于实景地形处理相关软件的三维实景模型和应用于测量生态环境因子数据的仪器等工具，景观三维解决方案可完成相关数据采集和分析、方案模拟、数字化建造和绩效评价。

4.18.1　景观专业三维设计工作流程

景观专业三维设计工作流程图如图 4.18-1 所示。

1. 建模环境准备

根据项目要求，建立相关植物库与小品库，其中部分植物需要附加季节变换属性，可以随着时间的变化呈现不同季节效果，突出不同植物的观赏特点，该部分在 PlantFactory 完成。模型库允许用户快速检索所需的植物模型或小品模型，方便用户随时调用。

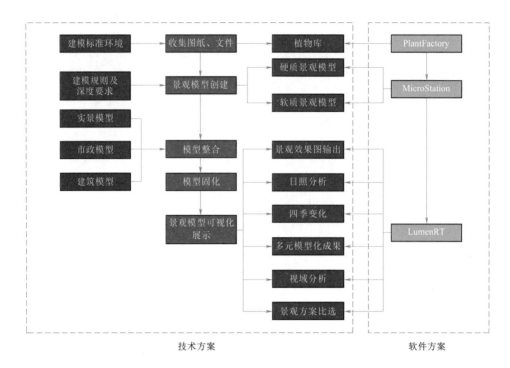

图 4.18-1　景观专业三维设计工作流程图

2. 场地建模

在 BIM 软件中进行场地模型搭建，例如结合实景地形图完成场地内的道路、溪流、铺装、栈道等，最终形成项目场地模型。

3. 景观元件放置

根据项目实际需要，批量放置同类植物，将小品及景观构筑物模型等放入景观场景中进行点缀，并检查其和植物模型的摆放位置是否冲突，是否达到最佳景观效果等。

4. 模型总装及后期渲染

将景观模型与实景模型在 MicroStation 总装，部分渲染可以在 MicroStation 环境中完成，也可以将总装模型导入到 LumenRT 呈现可视化效果后完成最终渲染。

景观三维设计工作流程图如图 4.18-2 所示。

4.18.2　景观三维设计关键技术

1. 元件库创建

元件库分为软质景观元件库及硬质景观元件库两个部分。

软质景观元件库及植物模型库是景观 BIM 模型展示中的核心部分。设计人员可以通过自主建模方式，积累企业内常用植物的植物库。随着各个项目的推进，还应该逐步对植物库进行补充，弥补当前渲染软件本地化植物库的不足，做到渲染模型真实体现适地适树的原则。硬质景观元件库为景观构筑物、建筑物及城市家具等，方便设计者针对不同的项目及设计意图随时调用，不仅节约时间，而且可以即时观察搭配效果。

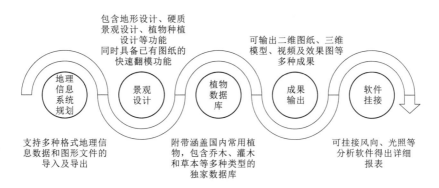

图4.18-2　景观三维设计工作流程图

2. 场地创建及分析

场地是景观元素搭建的平台。景观三维软件可以结合地形勘测数据创建场地模型，根据需求创建微地形，以达到更好的景观效果。同时能够对场地高程、坡度、朝向及水流汇集点等进行分析，得出精确数据，方便设计者根据分析结果进行植物布置、硬质景观元素放置等操作。

3. 植物种植设计

植物种植设计在现阶段分为二维图纸翻模及植物种植正向设计两类。

在二维图纸翻模中，景观模型的放置具有数量多、位置要求准确、地形起伏不同等特点。基于三维设计软件，开发景观放置工具集，可以快速准确、大批量地布置植物模型。例如，某景观放置工具集经测试放置1棵树时间为0.065s左右（此为一般电脑配置情况下，高配电脑速度更快），并能使所放置的植物模型完全贴合地形。景观放置工具集可以极大地节省时间，避免了一般的BIM绿化设计手动逐棵清点植物、仔细检查是否匹配地形、反复修改等繁复工作。贴合地形放置植物效果示例如图4.18-3所示。

图4.18-3　贴合地形放置植物效果示例

在植物种植正向设计中，要求植物的搭配组合、种植方式等都较为多样。三维景观解决方案可以预设常用植物搭配方式及种植方式，快速地实现设计者想要达到的景观效果，并同时贴合地形，让景观设计者脱离于繁杂且无意义的机械性重复工作，从而更专注于设计思路。

4. 数据统计

在创建模型的基础上，景观三维软件拥有强大的数据统计能力。通过快速简洁的设置，可以实现一键生成详细工程量表及各种景观专业所需分析表等操作。

5. 二维出图

三维景观模型同时包含二维和三维信息。在创建模型的基础上，通过简单的操作，可同时实现二维图纸绘制、智能标注、快速图框套用等操作，最终生成可指导施工的二维图纸。

6. 模型分析

基于贴合实际的三维模型，景观分析功能可以输出分析动画、分析表格等，辅助设计者、业主等在项目建设之初就可获得较多的分析信息，提前预判设计及施工等的合理性、美观性，及时避免疏漏。

4.18.3 景观三维应用成果

4.18.3.1 应用简介

基于三维模型的景观布置简化了传统的二维景观设计中单独做 3D 效果图的步骤，提高了工作效率，并且节省了人力物力。从而让设计者从烦琐的过程与分析中解放出来，充分施展才情，去发现问题、寻求突破的思路及解决问题的途径，而项目业主也能及时了解项目进展及预判预期效果。通过景观模型与实景模型的融合，不仅展现四季变化，还能通过日照阴影分析与视域分析，实现不同方案的最终效果对比，帮助决策者进行方案定型。

各应用成果可以在后期渲染软件中实现。其中软质景观模型如植物模型在专业植物建模软件里完成，硬质景观模型包括铺装、小品都在三维设计软件中完成整合。景观模型应用成果包括效果图输出、日照分析、四季变化、视域分析及方案比选等。

4.18.3.2 预期成果

景观 BIM 模型应用成果列表见表 4.18-1。

表 4.18-1　　　　　　　　　景观 BIM 模型应用成果列表

编号	成果	内　容　概　要	格式
1	二维图纸翻模	根据现有二维图纸，进行模型创建	dgn、lrt 等
2	正向设计	直接利用景观三维软件进行正向设计，包括软质景观和硬质景观设计、分析报表及工程量统计等	dgn、lrt 等
3	多成果输出	二维景观效果图纸、三维模型、含 VR 视角动画、exe 安装包	
4	模型分析	分析景观视角、评估障碍物	lrt、avi 等

1. 二维图纸翻模

由于处于二维设计向三维设计的过渡阶段，二维图纸翻模是亟须解决的景观三维问题。利用二维图纸翻模功能，可大幅提高工作效率和植物定位的准确性。

2. 正向设计

正向设计是景观三维解决方案要达到的终极目标。利用正向设计功能里的预设搭配及简单操作，可以让景观设计师更加专注于设计，机械化操作交给三维解决方案人员来处理。

3. 多成果输出

景观三维解决方案可实现多成果输出，如通过模型的创建和渲染，可直接实现效果图和动画视频的输出；通过自带二维图标的植物模型等的方式，可实现植物种植图二维图纸的输出，同时可实现快速标注、工程量统计等出图辅助工作；通过 LiveCube 的发布，可实现摆脱软件限制的高自由度浏览模型输出等。多角度模型浏览示例如图4.18-4 所示。

（a）示例一　　　　　　　　　　　　　　　　　（b）示例二

图 4.18-4　多角度模型浏览示例

4. 模型分析

（1）日照分析。日照是景观环境设计时需重点考虑的因素，在 LumenRT 软件中内置日照时段及经纬度设置功能。景观设计者可精确定位至项目所在地，精准判读全区域全年日照时数，并结合植物生长特性，评估当前栽植方案的合理性。

（2）四季模拟。自带季相变化属性的植物单元可以展示全年不同季节的植物景观效果，不仅有利于景观设计者对常绿植物和落叶植物搭配方式的选择，也让景观项目实施人员以及管理人员更加直观地理解景观设计意图。

（3）视域分析。景观设计特别强调步移景异的视觉空间感受。利用 BIM 模型的可视化优势，可使景观设计者准确判断任意区位的视野状况，判断计划遮挡的嫌恶设施是否达到遮蔽目的，实现景观视角分析、评估遮挡效果，尤其是对于构建的关键景观，校核其是否在视觉上被其他景物干扰。图 4.18-5 为视域分析示例。

5. 景观方案比选

在倾斜摄影实景三维模型环境中，通过对景观植被单元替换，可以快速得到至少两种不同的景观布置方案。借助景观模型在三维可视化方面的优势，对不同景观方案的优缺点进行定性或定量分析，可加快景观布置方案的决策。景观方案比选示例如图 4.18-6 所示。

图 4.18-5　视域分析示例

（a）方案一

（b）方案二

图 4.18-6　景观方案比选示例

第 5 章

三维协同设计管理技术

5.1 协同平台概述

计算机的出现标志着人类进入了信息时代，计算机本身作为信息工具已在各个领域提高了人们处理事务的速度，成为信息存储与传递无可替代的角色。CAD 的出现结束了手工制图的历史但并没有带来彻底革新的局面，三维空间仍被辅以若干个单向投影视图来描述，或以实体模型来补充，这种情况一直持续到 BIM 的出现。BIM 与其说是一个系统不如说是一种模式，它对传统设计模式的改变超过了作为一个工具的价值，这个过程通常被称为"三维协同设计"。

5.1.1 发展背景

随着社会的发展，进入当前的网络时代，企业信息化管理大大提高。传统的办公模式极大地束缚了人的创造力和想象力，使人们耗费了大量的时间和精力去手工处理那些繁杂、重复的工作。手工模式已无法满足新形势下发展的需要，人们需要利用协同办公平台来提高企业的办公效率。

对于非设计类企业的协同，首先想到的可能是企业内部集成办公平台，如企业 OA 管理系统。它将日常办公流程审批等繁杂性事务集中到管理平台上进行，大幅度降低了线下沟通成本，规范了业务流程，提高了日常办公工作效率。

对于设计企业而言，除上述关注点外，更加注重设计过程中的协同办公。从传统的手工绘图过渡到计算机辅助二维制图阶段，生产效率有了相当大的提高，但一直无法很好地解决工程项目上下游专业设计图纸及时有效沟通的问题。经常遇到上游专业将设计工期拖延，导致下游专业设计工期严重被压缩的情况出现。为避免这种情况的产生，亟须一个平台将多专业的设计图纸进行整合存储，二维协同设计平台应运而生。

伴随着传统的计算机辅助设计软件不断升级，功能不断增加，传统二维设计工作形式已很难满足目前的需求。传统的二维设计图纸很难直观地体现出工程实际情况，经常出现"错、漏、碰、缺"和扯皮的现象。三维设计软件很好地解决了这一问题，基于三维模型可以更加直观地查看各个专业之间是否存在"错、漏、碰、缺"，避免很多不必要的麻烦，大幅提高了设计效率，减少返工率。

三维设计的出现对协同设计平台有着更加高标准的要求。三维模型的体量要远远大于传统的二维图纸，这就要求三维协同设计平台必须提供短时间内的大数据存储和流通的功能，不仅要将项目中所创造和累积的知识加以分类、存储以及供项目团队分享，并且还作为后续企业知识管理的基础。

目前市面上三维协同设计平台出现三足鼎立的趋势，以 Bently 公司的 ProjectWise、欧特克公司的 Vault 和达索公司的 ENOVIA 为主。国内也有部分公司和高校在研发协同设计平台，但相比较而言还有一定的提升空间。上述三个平台在国内有多家用户和合作单位，三者也有各自擅长的领域和优点。

1. ENOVIA

ENOVIA 是达索系列产品之一，它可以把人员、流程、内容和系统联系在一起，能够带给企业巨大的竞争优势。通过贯穿产品全生命周期统一和优化产品开发流程，ENOVIA 在企业内部和外部帮助企业轻松地开展项目并节约成本。这种适应性强、可升级的技术帮助企业以最低的成本应对不断变化的市场。ENOVIA 贯穿整个工业领域，能够满足业务流程需要，可以用来管理简单或工程复杂性高的产品。其部署可以从小型开发团队直到拥有数千名用户的扩展型企业，其中涵盖供货商和合作伙伴。相比较其他两个平台而言，ENOVIA 更擅长机械领域的协同设计，可以实现对产品数据进行集中统一管理的流程控制，确保在各阶段数据的完整性、正确性、有效性和一致性。

2. Vault

Vault 是欧特克公司的一款设计协同管理平台，管理的对象是文档、人员权限、文档版本、提资及审批流程等。Vault 能够安全且集中地整理、管控和跟踪项目数据，帮助团队创建和共享设计及工程设计项目信息。便捷的管理流程支持用户全面控制数据访问权限和确保数据安全性，以及在团队多专业设计的基础上满足多领域、多专业之间的协调工作需要。工程设计工作组能够随时间推移快速管理设计并跟踪变更，在不干扰现有设计工作流的情况下提高工作效率。同时 Vault 还可以直接实现全生命周期管理和控制流程管理，从而缩短设计周期，提高工程设计数据的质量。Vault 在民用建筑领域的地位更为突出，所有的文件和关联数据都存储在服务器上，项目参与人员都可以访问该信息及其历史信息。

3. ProjectWise

ProjectWise 是一款能够为内容管理、内容发布、设计审阅和资产生命周期管理提供集成解决方案的系统。它为工程项目内容提供了一个集成的协同环境，可以精确有效地集中管理各种 A/E/C 文件内容，把已有的工作标准与管理制度，以及各种项目数据在设置的时间段推送到相应人员手中。通过良好的安全访问机制，它使项目各个参与方在一个统一的平台上协同工作，改变了传统的分散的交流模式，实现信息的集中存储与访问，从而缩短项目的周期，增强了信息的准确性和及时性，提高各参与方协同工作的效率。

ProjectWise 构建的工程项目团队协作系统，可以将各参与方的工作内容进行分布式存储管理，实现项目组成员异地分布式访问，并且提供本地缓存技术，这样既保证了对项目内容的统一控制，也提高了异地协同工作的效率。ProjectWise 还具备完善的文件授权机制和完备的日志记录的功能，可以满足用户对数据分级授权和安全控制的需要，大幅提高了项目的安全性。

ProjectWise 协同平台以文件服务器及数据库作为底层支撑，可集成设计过程当中涉及的电气、结构、建筑、水工、暖通、总图等多专业内容。通过专业之间的设计产品和模型互相参考，实现各专业的协同设计，避免由于传统互提文件资料方式带来的信息模型"错、漏、碰、缺"的问题，从而提高设计工作的效率、降低项目成本。

5.1.2　主要优势

基于先进的网络技术，三维协同设计平台的使用打破了时间和空间的限制。通过一个协同工作管理平台，将贯穿于项目全生命周期中所有的信息进行集中、有效的管理，让散布在不同区域甚至不同国家的项目团队，能够在一个集中统一的环境下工作，并随时获取所需的项目信息，进而能够进一步明确项目成员的责任，提升项目团队的工作效率及生产力。其主要优势如下。

1. 畅通交流、消除信息孤岛

目前，大多数工程师仍习惯在自己的电脑上进行数据的处理，数据分散在个人电脑中。这样造成信息交流非常不顺畅，散布在个人电脑中的数据形成了一座座信息孤岛。工程师之间需要信息共享的时候，只能通过 Windows 共享的方式，很容易受病毒的侵害，而且每个工程师看到的都是不完整的、片面的数据。使用协同平台之后，工程师就可以在这个平台上进行数据的访问与共享，而不必通过 Windows 共享方式实现协同。任何工程师看到的都是协同平台组织结构下有序的数据。

协同平台提供客户端（C/S）、浏览器（B/S）、移动端等多种访问方式，以简便、低成本的方式，满足企业内项目管理人员、外部参建单位、项目现场人员的访问需求。它将项目周期中各个参与方的工程师集成在一个统一的平台上工作，改变了传统分散的交流模式，实现信息的集中存储与访问，从而缩短项目周期、增强了信息的准确性和及时性。

2. 减少重复输入、提高数据的再利用率

在协同平台上进行工作之后，工程师可以很好地利用前一个工程师的设计成果。通过协同平台管理的设计过程，工程师还可以很完整地了解到前一个环节工程师的设计思路与设计过程，从而可以从多角度、多方位对设计方案和图纸进行检视，迅速找到真正需要的数据。因此能够极大地减少重复工作，避免信息的重复录入。

3. 通过权限控制保证安全

在项目实施的整个过程中，项目数据的安全是非常重要的。鉴于不同的工程师允许访问的数据是不一样的，协同平台应该具备完善的文件授权机制，以满足工程师对数据访问控制的需要。且协同平台应具备完备的日志记录功能，工程师在系统中的每一项操作，都能被记录下来，以备日后查阅。

4. 实现项目分类管理、有效利用

按照项目管理层的需求，协同平台能够将所有项目文件信息进行集中管理。通过建立项目管理层结构体系和项目管理层各业务部门/专业模块之间以及与外部参建单位的一一对应关系，如项目管理各部门与设计、监理、承包商、供应商等，方便跨组织跨部门的有权限控制的文档集中共享，从而实现完整的范围权限控制以及文档的条理性和可控性。

协同平台能够在项目治理结构、项目管理结构、工作分解结构（Work Breakdown Structure，WBS）上进行文档的挂接。它将文档的管理与项目的整体建设进度、项目管理阶段进行密切关联，且支持通过 WBS 角度来查看文档。

协同平台能够支持工程项目信息的知识积累，可将项目上的各类信息进行知识的沉淀、共享、分发和应用。通过各种标准规范程序文件的共享和发布管理，建立各种模板，如文档模板、文档目录模板、评分模板等。协同平台提供文件编制、上传功能，支持所有格式的电子文件，基于权限控制实现标准制度规范和通用模板的共享。它不仅具有手动创建功能，还提供按照预定义模板快速初始化文档，以节省新文档的编制时间。

5. 规范管理设计标准

协同平台可以统一管理项目中多个专业的工作空间配置，满足不同专业的工程师在统一设计平台完成各专业工作空间配置的设计标准要求。工程师可以将企业级或项目级的标准定制托管到协同平台中，同时还可以为项目设置文档编码规范，保障项目中的使用人员按照统一的设计标准和命名规范进行设计工作，方便项目的管理与信息的查询浏览。

通过协同平台统一管理项目中多专业的标准，可以改变以往点对点的标准共享模式。协同平台管理员将定制好的工作标准固化到协同平台后，项目的参与人员只需在对应的项目中打开文件，即可自动推送相关项目标准到本地，大幅提升了设计人员的工作效率。这样也避免了因为项目标准不一致带来的各种返工、延期等问题，有效地缩短项目的周期，并提高项目的质量。

5.1.3 关键功能要求

协同平台应是一个先进的工程内容协同工作管理系统。基于工程设计实施需要，在工程项目的规划、设计、建设过程中对工程项目参与人员、工程图纸和资料进行有效管理与控制。它确保了分散的工程内容的唯一性、安全性和可控制性，使分散的项目团队成员及时沟通与协作，并且能够迅速、方便、准确地获取所需要的工程信息。协同平台关键功能要求如下。

1. 管理各种动态的文件内容

目前工程领域使用的软件众多，相应产生了各种格式的文件。这些文件之间存在复杂的关联关系，且动态变化。对这些工程文件的管理已经超越了普通的文档管理系统的范畴。协同平台不仅需要管理各类型的文件，而且要能够良好地控制工程设计文件之间的关联关系，并自动维护这些关系的变化，减少设计人员的工作量。

2. 可按具体需求灵活建立文档结构

为了让信息获取更简单，文档要求按功能或习惯分成不同的组合，并以文件夹及子文件夹的层次结构方式来组织。工程师可通过浏览分级式的树状结构轻易地找到项目数据，而无须个别追踪所有相关的文件及图档。当文件被放入多个文件集时，系统会产生"虚拟拷贝"或是快捷方式，直接链接到真正的电子文档。因此，当该文件有所变更时，也会反映到所有的文件夹中。利用这些文件集，终端用户可以采用对他们有意义的方式来集成信息，并建立个性化的文件窗口，迅速获取所需要的资源。

3. 图纸变更的历史记录、日志跟踪

协同平台需要提供文档历史记录功能，可以在文档的生命周期内为每个文档建立历史记录项列表。每个独立的文档历史记录项由时间戳和文本记录两部分组成。时间戳应该由协同平台自动生成，包含用户名、使用日期和触发历史记录项生成的事件等信息。文本记录则是由工程师可选择输入的日志性记录文本。

协同平台需要记录下每个工程师对于文档所做的所有操作。它可以保护日志，只有得到授权的工程师才可以查看到某个指定项目、目录或者文档的详细日志记录。同时管理人员可以根据需要生成相应的日志报表。

4. 完备的图纸版本管理功能

由于设计变更的原因，使得在设计过程中，一份文档会存在有多个版本。无序的版本管理，会带来设计效率的降低以及项目成本的增加。协同平台需要将文档的各个版本都管理起来。一旦创建新的版本，旧版本的文档不允许工程师再进行编辑，只有最新版本的文档允许工程师再编辑。版本控制功能能够保证所有工程师使用一致且正确的文档及数据，并且可以对文档的历史进行回溯。

5. 全面的图纸参考关系管理

协同平台要可以很好地管理图纸之间的相互参考引用关系。使用传统的本地硬盘管理参考文件时，在不打开图纸的情况下，并不能看到该图纸是否与其他图纸或者文件存在参考引用关系，工程师对此感到非常困惑。另外，设计工具里记录的参考都是记录固定的物理路径，一旦文件的位置发生变化，再打开图纸时，就会发生图纸参考内容的缺失。

协同平台能快速将系统存在的参考关系进行管理与维护。对于存在参考的图纸会以明显的图标加以显示，使得工程师在不打开图纸的情况下，就可以知道该图纸参考了其他图纸或者被其他图纸引用。当打开一个有参考关系的图纸时，平台会及时提醒所参考的图纸更新了，需要更新当前图纸。

6. 项目异地分布式存储

大型工程项目往往参与方众多，而且分布于不同的城市或者国家。协同平台需要将各参与方工作的内容进行分布式存储管理，并且提供本地缓存技术，这样既可以保证对项目内容的统一控制，也能提高异地协同工作的效率。

7. C/S 和 B/S 访问的支持

协同平台既要提供标准的客户端/服务器（C/S）访问方式以满足设计人员的需求，同时也要提供浏览器/服务器（B/S）的访问方式以满足项目管理人员的需求。两种访问方式基于同一项目数据库，保证了数据的完整性和一致性。

8. 应用程序集成

协同平台应对设计软件提供良好的集成支持。这些集成指允许工程师在设计软件中直接访问和读写协同平台上的文件，并且可以将协同平台上文件的属性信息直接写入图纸中。

9. 安全访问控制

工程项目参与方众多，如何保证信息内容的安全存储和访问至关重要。对于工程师访问协同平台，应采用用户级、对象级和功能级三种方式进行控制。工程师需要使用用户名和密码登录平台，按照预先分配的权限，访问相应的目录和文件，进行适当的操作。这样保证了具备应有权限的人员能够在适当的时间访问到适当的信息。

协同平台还应该与 Windows 域用户进行集成，集成的域用户不仅可以一次性完全导入到平台中，还可以实现单点登录功能，方便工程师访问和使用。

10. 组件索引功能

对于工程信息，数据量是非常庞大的，而且都是存储于各类文档、设计图纸、数据库中的。平台需要能够采取一种方式，将各类信息连接在一起，工程信息的管理要求能够有一种比文件级管理更细化的管理办法。

协同平台应该有组件索引技术。对于不带属性的二维图纸，通过平台的自动索引模块，可以自动抽取图纸中的图层、图块、线型等组件信息，并能够按照这些组件建立索引，供工程师进行浏览与查阅。对于三维图纸或者三维模型，协同平台应能按照工程师在三维设计工具中设计时所定义的分区，对管道、阀门、仪表等设备组件自动建立索引。

11. 便捷的搜索功能

随着知识、经验的积累，协同平台中存储的数据通常是海量的。如何在如此庞大的文件中，迅速、快捷地找到所需的资料，也是亟须解决的问题。

协同平台应该为工程师提供高性能的搜索工具：按照文档的基本属性进行查询，如名称、时间、创建人、文件大小、文件格式等；按照文件类型设定自定义的属性，并按照这些属性进行查询；支持全文检索的方式以及工程组件索引；保存经常使用的查询条件而非静态的结果，保证查询结果实时的更新。

12. 工作流程管理

协同平台应该能根据不同的业务规范，定义自己的工作流程和流程中的各个状态，并且赋予工程师在各个状态的访问权限。当使用工作流程时，文件可以在各个状态之间串行流动到某个状态，在这个状态具有权限的人员就可以访问文件内容。通过工作流程管理，可以更加规范设计工作流程，保证各状态的安全访问。

13. 规范管理和设计标准

协同平台应该提供统一的工作空间的配置，使工程师可以使用规范的设计标准。同时文档编码的设置能够使所有文档按照标准的命名规则来管理，方便项目信息的查询和浏览。

14. 内部消息沟通

协同平台的工程师之间应可以通过消息系统相互发送内部邮件，通知对方设计变更、版本更新或者项目会议等事项，也可以将平台中的文件作为附件发送。平台还应该支持自动发送消息，当发生某个事件，如版本更新、文件修改、流程状态变化时，会自动触发一个消息，发送给预先指定的接收人。

15. 设计工作日志

协同平台应能自动记录所有工程师的设计过程，包括用户名称、操作动作、操作时间以及用户附加的注释信息等，并且保证管理员实时监控到工程师的登录信息。这些过程的记录是设计质量管理的重要组成部分，符合 ISO 9001 对设计过程管理的要求。

16. 增量文件传输技术

协同平台应具备先进的增量文件传输技术。使用压缩和增量传输的方式，大幅度提高访问速度，解决异地协同工作时大文件传输速度慢效率低的问题，使工程师更有效地利用分布式资源组成的网络。

17. 扩展性接口

协同平台应具有完备的二次开发工具包 SDK，满足根据工程师特定的需求进行开发，并且可以方便、友好地与第三方的内容管理数据库连接。

5.2 协同平台配置

协同平台配置是协同平台的核心内容。根据不同的企业管理要求，明确协同平台的目录树管理结构是最基础的一环。根据每个项目的特点进行专业性的模型切分和组装，以优化三维协同设计管理。为了保证项目文件的安全性，需要根据不同的权限设置进行用户权限管理，保证正确的人掌握正确的资料，并且能够根据特定的标准推送完成各自任务，以达到高效协同设计。

5.2.1 目录树管理

协同平台部署完成后，就需要建立项目目录架构。结合企业已有的相关标准规定，并根据合理组织划分、便于数据管理、减少数据冗余的要求，对平台中目录结构进行划分。目录的命名需要遵循一定的规则，比如都采用"编码/代号＋名称"的命名方式。

如图 5.2-1 所示，项目目录结构与项目阶段、参与专业、项目部位/区域划分等息息相关，应该结合企业自身需求确定。项目目录结构确定后，要严格按照结构存放工作内容。

5.2.2 文件组织管理

5.2.2.1 模型切分

设计人员需要对不同专业模型进行合理划分，将划分好的模型分别放置在不同的文件里。根据专业的不同，文件划分也不同。

例如，厂房、建筑专业是按高程建模的，则将模型划分为不同高程的文件，命名规则采用"专业-部位-高程（楼层）"的方式；水机、给排水专业是按功能建模的，则将模型划分为不同系统的文件，命名规则采用"专业-部位-系统"的方式。图 5.2-2 为文件命名示例。

5.2.2.2 模型组装

底层三维模型文件划分好之后，还要建立组装/总装文件，将这些底层模型文件合理地拼装起来。整个项目模型的组装一般按照以下 4 类层级进行。

（1）专业分部位组装：某个专业在某个部位的组装模型，采用"专业-部位"的命名方式。

（2）专业总装：某个专业所有部位的总装模型，采用"专业-总装"的命名方式。

（3）部位总装：某个部位所有专业的总装模型，采用"部位-总装"的命名方式。

（4）全厂总装：所有专业所有部位的大总装模型，采用"项目-总装"的命名方式。

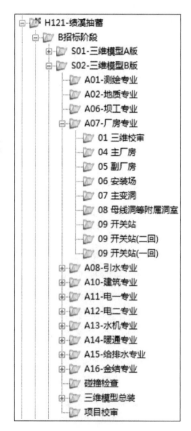

图 5.2-1　项目目录结构示例

Name	Description
厂房-主变洞-1942.4层.dgn	厂房-主变洞-1942.4层
厂房-主变洞-1948.7层.dgn	厂房-主变洞-1948.7层
厂房-主变洞-GIS层.dgn	厂房-主变洞-GIS层
厂房-主变洞-电缆层.dgn	厂房-主变洞-电缆层
厂房-主变洞-进厂交通洞.dgn	厂房-主变洞-进厂交通洞
厂房-主变洞-通风层.dgn	厂房-主变洞-通风层
厂房-主变洞-主变层.dgn	厂房-主变洞-主变层
厂房-主变洞-主变排风洞.dgn	厂房-主变洞-主变排风洞

Name	Description
水机-副厂房-低压压气系统.dgn	水机-副厂房-低压压气系统
水机-副厂房-调速器油压系统.dgn	水机-副厂房-调速器油压系统
水机-副厂房-技术供排水系统.dgn	水机-副厂房-技术供排水系统
水机-副厂房-检修排水系统.dgn	水机-副厂房-检修排水系统
水机-副厂房-绝缘油供排油系统.dgn	水机-副厂房-绝缘油供排油系统
水机-副厂房-渗漏排水系统.dgn	水机-副厂房-渗漏排水系统
水机-副厂房-水力监视量测系统.dgn	水机-副厂房-水力监视量测系统
水机-副厂房-透平油供排油系统.dgn	水机-副厂房-透平油供排油系统
水机-副厂房-消防供水系统.dgn	水机-副厂房-消防供水系统
水机-副厂房-中压压气系统.dgn	水机-副厂房-中压压气系统

图 5.2-2　文件命名示例

整个项目的文件组织结构如图 5.2-3 和图 5.2-4 所示。

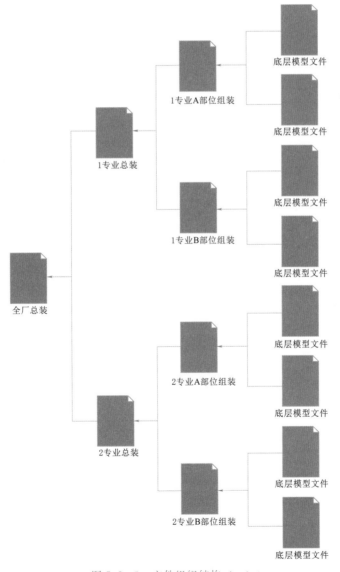

图 5.2-3　文件组织结构（一）

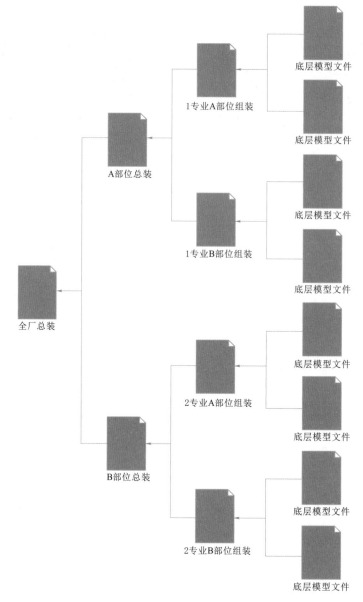

图 5.2 - 4　文件组织结构（二）

　　图 5.2 - 3 和图 5.2 - 4 表示两种不同的文件组织方式。图 5.2 - 3 从专业的角度来组装文件，图 5.2 - 4 从部位的角度来组装文件，各有优劣，适用于不同的应用场景。组装/总装文件本身是个空文件，一般通过参考底层模型文件来显示对应的模型。

　　对于已有文档命名标准或文档编码规定的企业，可以遵循既有规则来对文档进行命名或编码。

5.2.3　用户权限管理

　　对于工程企业而言，项目数据的安全管控是非常重要的，它是通过协同平台来管理工程内容的前提。协同平台应对所有传输的数据进行加密，并提供严密的多级权限控制，大到项目、小到某一个具体的文件，都可以在权限体系的控制下进行管理，极大限度地保证工程项目乃至整个设计企业所有项目的数据安全。

要在协同平台管理员程序端建立用户。对于有 Windows 域用户的企业，可以将域用户同步到协同平台，实现统一认证的方式。

对于权限管理，一般通过在文件夹/文件上添加用户/用户列表的方式来实现，也可以通过角色管理模块来实现，后者相对便捷。图 5.2-5 为某协同平台的角色管理界面。

图 5.2-5　某协同平台的角色管理界面

权限管理要结合企业设计流程中涉及的角色来实施，按专业和角色来细分权限。权限划分要掌握好粒度，划分太粗则不能保证项目数据的安全性，划分太细则徒增难度和工作量。

所有人员的权限通过权限组来管理，按权限组可分为两类：一类为可写组，另一类为只读组。图 5.2-6 为人员分组示例。

图 5.2-6　人员分组示例

权限分配示例如图 5.2-7 所示。

图 5.2-7 所示的权限分配规则限制了设计人员创建和删除的权限，是为了保证三维模型文件夹下文件目录结构的规范性，防止设计人员随意新增和删除。文件目录由项目管理员统一维护。

5.2.4　标准推送

为了满足工程项目实施过程中的需求，工作环境控制了在协同设计过程中的工作标

三维模型文件夹各级别人员权限列表

文档权限	完全控制	更改许可权	创建	删除	读	写	文件读	文件写	无访问权
设计人					✓	✓	✓	✓	
校核人					✓		✓		
审查人					✓		✓		
核定人					✓		✓		

文件夹权限	完全控制	更改许可权	创建子文件夹	删除	读	写	无访问权
设计人					✓	✓	
校核人					✓		
审查人					✓		
核定人					✓		

校审类文件夹各级别人员权限列表

文档权限	完全控制	更改许可权	创建	删除	读	写	文件读	文件写	无访问权
校核人员			✓	✓	✓	✓	✓	✓	
其他人员			✓	✓	✓		✓	✓	

文件夹权限	完全控制	更改许可权	创建子文件夹	删除	读	写	无访问权
校核人员					✓		
其他人员					✓		

非三维模型文件夹各级别人员权限列表

文档权限	完全控制	更改许可权	创建	删除	读	写	文件读	文件写	无访问权
设计人			✓		✓	✓	✓	✓	
校核人					✓		✓		
审查人					✓		✓		
核定人					✓		✓		

文件夹权限	完全控制	更改许可权	创建子文件夹	删除	读	写	无访问权	
设计人			✓		✓	✓		
校核人					✓			
审查人					✓			
核定人					✓			

图 5.2-7 权限分配示例

准。为实现工作标准的统一，需要进行工作环境的集中管理与控制。基于协同平台的工作环境托管，可以实现工作环境的统一推送，支持异地协同和配置动态更新推送。在标准推送功能层面，ProjectWise 表现更为突出，得到市场的检验与认可，接下来的内容主要围绕 ProjectWise 进行展开。

1. 标准的种类

从综合的角度来讲，需求应涵盖规划、设计、施工及后期的运维管理，以便三维设计成果利用的最大化。单就设计环节而言，标准大致可以分为二维标准和三维标准。

（1）二维标准有标注样式、文字样式、图层、线型、符号、元素颜色、图框和图库等。

（2）三维标准有门窗、墙、梁、板、柱、管道类型等。

2. 标准的行业特性

不同行业或者相同行业的不同地域，采用的工程标准不一，例如美国标准和中国标准、公制和英制等。

3. 标准的层次性

对于具体的设计企业而言，标准是具有一定的层次性的：

（1）无论哪个项目的哪个专业，都需要遵守企业的公共标准，如图框、字体和标注样式等。

（2）遵循行业的标注，如建筑、管道和电气等行业规定。

（3）具体项目的特殊规定，这些规定是该项目独有的。

需要注意的是，对于不同项目而言，其差异性主要体现在（3），前两点基本一样。对于具体项目的定制，只需分析项目的特殊性。

4. 标准的分级推送

基于协同平台的工作环境托管，将模型标准统一管理并自动分级推送。工作环境分级推送示例如图 5.2-8 所示。

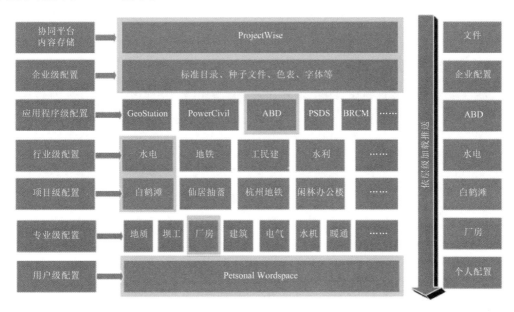

图 5.2-8　工作环境分级推送示例

以企业级、应用程序级、行业级和项目级这 4 级配置为例，简单介绍工作环境配置内容。

（1）企业级配置体现的是一个企业的设计标准，主要有种子文件、色表、字体、文字样式等。

（2）应用程序级配置体现的是特定设计软件的基础配置。以建筑结构设计软件为例，主要配置有梁柱截面库、定制界面、抽图模板等。

（3）行业级配置体现的是特定领域的设计规范，主要有图层、样式、工程属性等。

（4）项目级配置体现的是项目特定需求，最常用的就是楼层管理器配置以及试用于该项目的实际应用环境。

工作环境的统一管理、同步更新能确保所有工程师在同一个标准下开展设计工作，从而提高设计效率和设计质量。

5.3 三维协同设计流程管理技术

一个设计产品（模型、图纸或者计算书等）从开始设计到经过校审满足质量要求后正式移交，需要经过一个以上的设计、校核与审查（简称设校审）流程。作为同一流程内的不同环节，设校审活动所对应的任务以及执行任务的角色不同，角色所使用的应用环境也不相同。在设计环节强调的是团队间的无缝协作，在校核、审查环节则强调的是意见的留痕和流转。无缝协作需要灵活的应用配置和管理策略，校核、审查意见的留痕和流转则需要严谨的操作流程和环节。

随着网络及信息技术的发展，上述情况已经由传统的纸面校核、审查迁移到计算机辅助完成校审相关工作。将承载审批工作的平台称为设校审系统，常见于公司内部 OA 集成办公系统。但伴随着三维协同设计的不断发展，三维协同设计平台也正在不断完善各自的设校审功能。

5.3.1 三维协同设计流程管理现状

市面上应用较广泛的协同工作平台都具有设校审功能，功能适应情况因企业和项目而异。下面分别针对 ENOVIA、Vault 和 ProjectWise 的设校审模块应用情况进行简要介绍。

1. ENOVIA

在 ENOVIA 中，每个对象实例都有自己完整的生命周期，生命周期状态根据对象的业务过程不同而有差异，常见的生命周期状态有创建、审核、发布等。可以通过校审流程来实现图文档、三维模型等对象生命周期状态的升级与降级，从而实现针对图文档、三维模型等技术状态的控制。校审流程可包含一个或多个校审角色，校审通过后需要将有关联对象实现其关联对象的生命周期状态变化。

ENOVIA 校审流程管理可以根据需要构建出审批流程，支持复杂的串联、并联和串并联的流程。整体而言，ENOVIA 校审流程界面相对简单，但操作的方便性有待改善。

ENOVIA 上的校审流程状态示例见图 5.3-1。

2. Vault

Vault 可以让整个项目生命周期保持井井有条，使文件在审批流程中获得更多控制权限和更高的安全性。通过自定义设校审流程，可以实现对所有业务的流程化管控。通过设

图 5.3 - 1　ENOVIA 上的校审流程状态示例

置不同状态下不同身份的用户权限，以实现不同状态下对象的可操作性区分。图 5.3 - 2
为 Vault 上的校审流程状态界面。

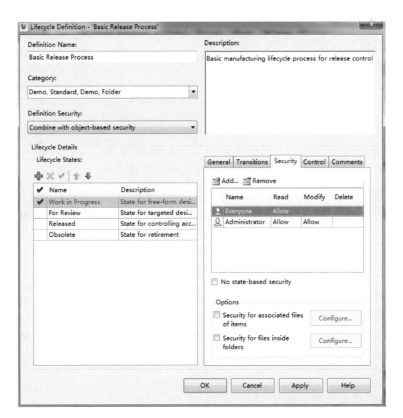

图 5.3 - 2　Vault 上的校审流程状态界面

3. ProjectWise

ProjectWise 自带校审流程功能。基于流程功能，可以在协同平台上直接发起校审流程，进行流转、审批、查看审批记录等。通过设置不同状态下不同身份的设计人员对应的操作权限，保证文件的安全性。为及时通知对应校审角色人员进行校审，ProjectWise 提供了平台内部邮件信息通知功能，可以实现当文件状态发生变更时便会邮件通知对应状态工作人员，减少了线下沟通成本，提高了设校审的工作效率。图 5.3-3 为 ProjectWise 上的校审流程功能界面。

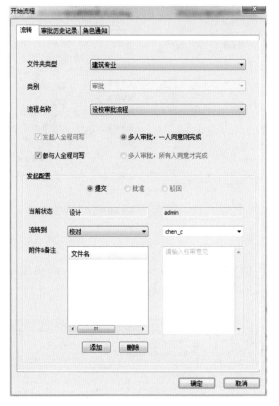

图 5.3-3　ProjectWise 上的校审流程功能界面

5.3.2　设校审一体化研究与应用

根据 ProjectWise 协同设计平台工作流程及特性，华东院结合自身的业务特点和三维协同设计的需要，对设计、校核和审查等流程做了大量的研究，建立起了与三维协同设计特征相适应的设校审一体化体系，进一步提高三维协同设计的质量和效率，保证从二维设计到三维协同设计的真正转变。

设校审一体化系统是一个独立的 Web 系统，包含系统配置、个人中心、项目管理、流程管理、项目初始化、产品设校审等功能模块。它与一般设校审系统相比，具有以下三个特点。

5.3.2.1　信息与协同一体化

作为设校审一体化系统的文件管理平台，协同平台在业务层面上与校审系统有大量的交互。

与协同平台的交互是为了实现设计流程和协同平台的联动，最终实现工程师只需要关注设计流程，而不用额外在协同平台上操作为目的。

设校审一体化系统实现了项目 WBS 联动协同平台上文件目录的创建，以及产品文件随设校审流程的流转在协同平台上对应区域产生拷贝。

图 5.3-4 所示的系统中项目的 WBS 与图 5.3-5 所示协同平台上的项目产品目录在设计流程过程中是联动的，随系统中项目 WBS 的变化而变动，实现校审过程信息与协同平台的一体化。

5.3.2.2　校审工具与流程一体化

设校审一体化系统为模型校审工具提供接口，支持工程师在校审软件端登入设校审系统、查看任务、进行校审、留下意见、处理（通过/打回）流程、查看产品信息等。

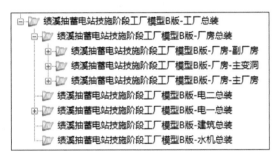

图 5.3-4　系统中项目 WBS 示例

图 5.3-5　协同平台上的项目产品目录示例

如图 5.3-6 所示，左侧是校审任务列表，下侧为校审记录区域。工程师可以进行校审记录查看，也可以直接处理流程，实现在校核、审查的具体工作与对应流程一体化。

5.3.2.3　校审、协同平台与办公自动化管理的一体化

作为一个生产系统，设校审一体化系统还需要考虑和企业现有项目管理系统、OA 等系统的集成或数据对接。设校审一体化系统中项目信息（项目任务书信息和项目成员表信息）应该可以从项目管理系统同步过来，避免重复创建项目的烦琐，保证项目数据的一致性。图 5.3-7 为项目列表示例。

设校审一体化系统中用户和部门信息应与 OA 系统的数据同步，保证企业用户和部门数据的一致性。图 5.3-8 为人员列表示例，图 5.3-9 为部门列表示例。

设校审一体化系统还应该与设计企业的图档文印系统等相关系统进行对接，同步专业名称、项目类型、项目阶段、项目类别等基础元数据，保证系统与企业标准数据的一致性。图 5.3-10 为专业列表示例。

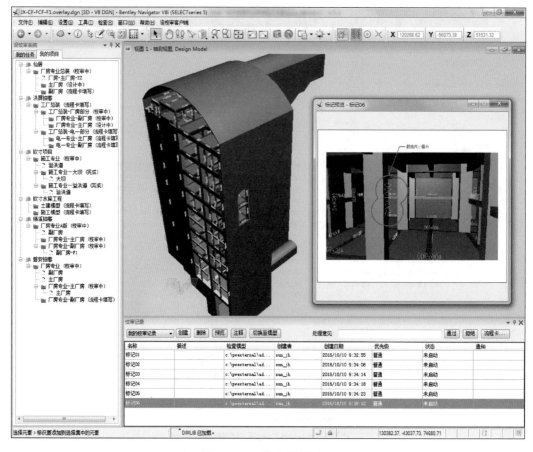

图 5.3-6　校审软件界面

序号	项目编号	项目名称	设计阶段	项目类型	项目类别 ▾	项目部	立项时间
1	H124	福建周宁抽水蓄能电站	可研	抽蓄电站	综合一类	抽水蓄能项目部	2014-12-11
2	H76	江西洪屏抽水蓄能电站	招标，技施	抽蓄电站	综合一类	抽水蓄能项目部	2015-09-02
3	H56	宝泉	招标，技施	抽蓄电站	综合一类	抽水蓄能项目部	2005-03-08
4	H68	天荒坪抽蓄二期工程	可行性研究	抽蓄电站	综合一类	抽水蓄能项目部	2005-12-07
5	H60	福建仙游抽水蓄能电站	技施	抽蓄电站	综合一类	抽水蓄能项目部	2006-08-01
6	H21	响水涧	技施	抽蓄电站	综合一类	抽水蓄能项目部	2007-08-02
7	H109	福建永泰白云抽水蓄能电站	预可行性研究	抽蓄电站	综合一类	抽水蓄能项目部	2008-01-15
8	H76	江西洪屏抽水蓄能电站	招标，技施	抽蓄电站	综合一类	抽水蓄能项目部	2009-07-02
9	H121	安徽绩溪抽水蓄能电站	预可行性研究	抽蓄电站	综合一类	抽水蓄能项目部	2010-03-02
10	H124	福建周宁抽水蓄能电站	预可行性研究	抽蓄电站	综合一类	抽水蓄能项目部	2010-03-26
11	H122	安徽桐城抽水蓄能电站	预可行性研究	抽蓄电站	综合一类	抽水蓄能项目部	2010-04-06
12	H128	浙江宁海抽水蓄能电站	预可行性研究	抽蓄电站	综合一类	抽水蓄能项目部	2010-05-14
13	H109	福建永泰白云抽水蓄能电站	可行性研究	抽蓄电站	综合一类	抽水蓄能项目部	2010-05-26
14	H121	安徽绩溪抽水蓄能电站	可行性研究	抽蓄电站	综合一类	抽水蓄能项目部	2010-07-15

图 5.3-7　项目列表示例

图 5.3-8　人员列表示例

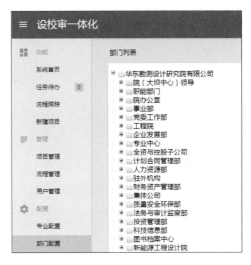

图 5.3-9　部门列表示例

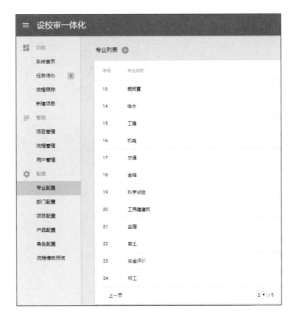

图 5.3-10　专业列表示例

第 6 章

三维设计标准体系

6.1 国内外 BIM 标准发展情况

1. 国际标准

国际上已经发布的 BIM 标准主要分为两类：一类是行业推荐性标准，由行业协会或机构提出的推荐做法，通常不具有强制性；另一类是针对具体软件的使用指南，是针对 BIM 软件应用的指导性标准。

国际上主要研究 BIM 标准的机构是国际权威组织 buildingSMART International（以下简称"bSI"）。自 1994 年成立以来，bSI 联合多家建筑、工程、软件等领域的全世界知名企业和单位，在北美、欧洲、亚洲等许多国家均已设立分部。BIM 标准主要包括 3 个方面的内容：

（1）数据模型标准（Industry Foundation Classes，IFC），已经被国际标准化组织 ISO（International Organization for Standardization）采纳为 ISO 16739 标准。

（2）数据字典标准（International Framework for Dictionaries，IFD），基于 ISO 12006-3：2007（Building construction Organization of information about construction works，Part 3：Framework for object-oriented information）标准建立。

（3）过程定义标准（Information Delivery Manual，IDM），基于 ISO 29481-1：2010（Building information modeling-Information delivery manual-Part 1：Methodology and format）标准建立已经成为国际标准的一部分。

国际 BIM 标准分类如图 6.1-1 所示。

工业基础类 IFC 标准解决的是数据交换格式问题，其第一版由国际协同工作联盟 IAI 于 1997 年出版，2002 年被 ISO 采纳为国际标准。IFC 的出现统一了 BIM 数据格式，已经成为 BIM 信息交换的标准格式，大部分 BIM 软件支持 IFC 格式的模型信息数据。IFC 是公开的、开放的标准，主要面向工程建设领域。IFC 标准框架分为四个层级：资源层、核心层、共享层和领域层。每层中包括若干个模块，用来描述工程建设领域不同类别的内容，比如对建筑物的墙、柱、板、门、窗等实体在共享层的建筑元素模块进行描述，对比较抽象的空间、时间、材料等概念在核心层的模块中进行描述。通过不同层级的组合描述就可以实现对建筑物的构件信息的完整表达。

IFD 解决了不同国家不同文化之间在信息表达上的差异和歧义。由于相同的词语在不同

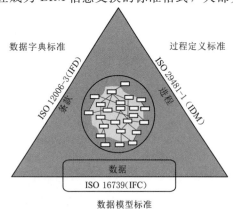

图 6.1-1　国际 BIM 标准分类

地区的理解会有差别，为了保证信息传递的准确性和一致性，IFD为工程建设中的每个信息和概念赋予全球唯一标识码（Globally Unique Identifier，GUID），信息通过唯一的编码被引用，从而避免语言带来的差异性。

IDM解决的是工程建设过程中各类BIM应用的标准化实现，IDM从三方面进行定义，包括流程图、交换需求、功能部件。流程图定义了实现BIM应用的工作流程；交换需求定义了实现BIM应用的完整信息；功能部件定义了BIM应用的各类构件。IDM为实现特定BIM应用的软件开发提供了标准依据，比如美国国家标准中提到的各类信息交换标准。

IFC、IDM、IFD构成了建设项目信息交换的3个基本支撑。总体来看，IFC是一种基于对象的公开的标准文件交换格式，包含各种建设项目设计、施工、运营各个阶段所需要的全部信息。而IDM则为某个特定项目的某一个或几个工作流程确定具体需要交换的信息。为保证不同国家、语言、文化背景的信息提供者和信息请求者对同一个概念有完全一致的理解，IFD给每一个概念和术语都赋予了一个GUID，这样可以使得IFC里面的每一个信息都有一个唯一的标识与之相连，只要提供了需要交换信息的GUID，得到的信息就是唯一的。

2. 国家标准

2004年，美国编制了基于IFC的国家BIM标准NBIMS（National Building Information Model Standard）。NBIMS是一个完整的BIM指导性和规范性标准，它规定了基于IFC数据格式的建筑信息模型在不同行业之间信息交互的要求，实现了信息化促进商业进程的目的。在美国，BIM的普及率与应用程度较高，政府或业主会主动要求项目运用统一的BIM标准，甚至有的州已经立法，强制要求州内的所有大型公共建筑项目必须使用BIM。目前，美国所使用的BIM标准包括NBIMS、COBIE、IFC等，不同的州政府或项目业主会选用不同的标准，但是他们的使用前提都是要求通过统一标准为利益相关方带来最大的价值。

在英国，多家设计、施工企业共同成立了"AEC（UK）BIM标准"项目委员会，并制定了"AEC（UK）BIM标准"，作为推荐性行业标准在行业内推广。日本建设领域信息化的标准为CALS/EC，主要内容包括工程项目信息的网络发布、电子招投标、电子签约、设计和施工信息的电子提交、工程信息在使用和维护阶段的再利用、工程项目业绩数据库应用等。

新加坡建设局于2012年5月和2013年8月分别发布了《新加坡BIM指南1.0版》和《新加坡BIM指南2.0版》。新加坡BIM指南是一本参考性指南，由BIM说明书和BIM建模及协作流程共同构成，概括了团队成员在项目不同阶段使用BIM时承担的角色和职责。该指南可作为制定BIM执行计划的参考指南。

进入20世纪90年代，为满足信息技术在建筑业的应用要求以及推动建筑管理的集成化，ISO和一些国家开始制定集成化的建筑信息体系，如ISO 12006‐2、英国的Uni-Class、瑞典的NBSA96、美国的OmniClass。这些体系可以称为现代建筑信息分类体系。它们旨在代替原有的分类体系，满足建设项目全生命周期阶段内各参与方对建筑信息的各项要求，一些新版本的BIM建筑软件已经实现OmniClass或UniClass分类体系编码。

ISO 12006-2是国际标准化组织为各国建立自己的建筑信息分类体系所制定的框架，它对建筑信息分类体系的基本概念、术语进行了定义，并描述了这些概念之间的关系，然后提出分类体系的框架，即分类表的组成和结构，但不提供具体的分类表，此标准是对多年以来已有的各种建筑信息分类系统的提炼。挪威在2010年提出基于IFC模型交换的数据字典标准，而且正在进行过程定义标准项目研究，该研究主要解决建筑项目中各个任务之间的信息交换需求。

在我国，针对BIM标准化也进行了一些基础性的研究工作。2007年，中国建筑标准设计研究院发布了《建筑对象数字化定义》（JG/T 198—2007），其非等效采用了国际上的IFC标准《工业基础类IFC平台规范》，只是对IFC标准进行了一定简化。2008年，中国建筑科学研究院、中国标准化研究院等单位共同起草了《工业基础类平台规范》（GB/T 25507—2010），等同采用IFC标准（ISO/PAS 16739：2005），在技术内容上与其完全保持一致。为了将其转化为国家标准，根据我国国家标准的制定要求，该规范仅在编写格式上做了一些改动。2010年清华大学软件学院BIM课题组提出了中国建筑信息模型标准框架（Chinese Building Information Modeling Standard，CBIMS），主要包括数字化标准资源、技术规范和应用指南。其中技术规范主要包括3个方面的内容：中国建筑业信息分类体系与术语标准、中国建筑领域的数据交换标准和中国建筑信息化流程规则标准。

2012年，住房和城乡建设部正式启动了6本BIM技术国家标准的编制工作。2016年12月，住房和城乡建设部发布了《建筑信息模型应用统一标准》（GB/T 51212—2016）。此后依次发布了《建筑信息模型施工应用标准》（GB/T 51235—2017）、《建筑信息模型分类和编码标准》（GB/T 51269—2017）、《建筑信息模型设计交付标准》（GB/T 51301—2018）、《制造工业工程设计信息模型应用标准》（GB/T 51362—2019）、《建筑信息模型数据存储标准》（SJG 114—2022）、《城市信息模型基础平台技术标准》（CJJ/T 315—2022）、《城市信息模型（CIM）基础平台技术导则》等。

3. 团体标准

BIM作为一种新兴的技术，在国家层面已经展开了BIM标准的研究工作，启动了国家标准的编制，但对于各工程建设行业来说，目前还没有建立正式的行业标准，大多是采用团体标准来指导行业BIM应用。

在国内行业标准建设方面，由于IFC标准体系更多关注建筑行业，在铁路、交通、水电相关领域缺少相应的标准，国内铁路、交通行业分别基于行业特点和多年的积累，形成并建立了国内的行业BIM标准。其中由中国铁路BIM联盟编制的铁路BIM相关标准已经在2015年获得BSI认可，成为IFC标准的重要组成部分，填补了国际BIM标准的空白。2017年BIM技术巴塞罗那国际峰会上，中国交通建设股份有限公司与BSI和卡迪夫大学就水运基础设施BIM技术IFC国际标准的研究与制定签订了合作备忘录。这一合作标志着中国水运行业BIM标准有望被纳入IFC国际标准体系。

中国水利水电勘测设计协会于2017年发布了《水利水电BIM标准体系》，奠定了水利水电BIM行业标准建设的基础。《水利水电BIM标准体系》着眼于水利水电工程全生命周期BIM应用，聚焦于通用及基础BIM标准和规划及设计BIM标准，兼顾建造与验收BIM标准和运行维护BIM标准。此外，该项标准体系的建立综合考虑了与水利行业技术标准、水电行业技术标准的衔接与互补，且分类科学、层次清晰、结构合理，并具有一定的可分解性和可扩展空间。科学的水利水电 BIM 标准体系的建立，将更有益于指导中国水利水电勘测设计协会对 BIM 标准的管理、制定和修订等工作。

6.2　三维设计标准体系

三维设计是指在项目实施的过程中，每个参与者在协同工作模式下，利用三维信息模型的模式来表达设计信息，交流设计信息，确定校核设计信息。它最终用一个三维的、带有正确信息的三维模型来表达设计，然后在此基础上输出图纸、工程量报表等成果，同时又可以为后期的施工和运营提供模型数据基础。其核心内容是大家在同一个环境下，用同一套标准来共同完成同一个项目，因而要做好三维协同设计，制定详细的标准体系是非常有必要的。一个好的三维协同设计标准体系，不仅能够提高专业间的协同效率，还能明确各自的业务流程，对于项目的质量把控更有着重要的作用。

水电工程三维协同设计标准体系主要涉及模型技术标准、模型应用标准、模型交付标准三方面，三维设计标准体系如图 6.2-1 所示。

三维设计标准体系是三维设计的重要组成部分，也是三维设计开展得好与坏、快与慢的重要因素。三维设计标准体系应根据公司、项目、专业的要求分层次进行编制，以指导生产、控制进度、控制质量为目标，真正实现三维协同设计，促使企业不断提高生产效率、提高产品质量水平。

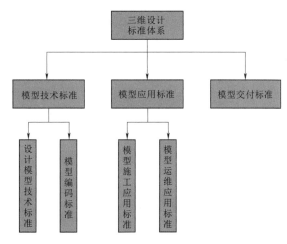

图 6.2-1　三维设计标准体系

6.3　三维设计模型技术标准

1. 设计模型技术标准

水电工程三维设计模型技术标准是水电工程三维协同设计过程中必备的标准，是一套规范化操作和规范化成果的标准。它要求各专业技术人员在水电工程项目不同阶段按照规范进行三维模型的建立，工程属性与模型属性的赋予。

为规范水电工程三维建模工作，保证水电三维模型成果的统一性、完整性和准确性，满足水电工程全生命周期管理对模型数据的要求，应当制定有关水电工程三维数字化模型技术标准，详细规定水电工程三维模型的各设计阶段建模内容及详细程度、图元属性及工程属性等内容。为全面解决水电工程三维协同设计，其模型技术标准应包含水工（坝工、厂房、引水、施工）、交通、建筑、水力机械、电气（含电气一次、电气二次、控制等）、暖通、给排水、金结、观测等专业内容，同时标准的建立也应配合地质和测绘相关的三维数字化技术标准。标准应对水电工程各专业模型、图形元素属性、工程属性以及不同设计阶段模型的详细程度等常用专业术语进行定义。

设计人员在建立三维设计模型的过程中需按照技术标准要求对各自专业的三维模型的颜色、材质等进行统一，并将工程属性与模型相关联。因设计阶段的不同，工程属性及几何尺寸的精度有所不同。因此，针对不同的设计阶段的模型，设定相应的设计深度，对于不同专业不同阶段进行详细的规定。

模型的设计深度与传统二维设计图纸一样，不同的设计阶段，其设计的深度不尽相同。在工程的前期阶段，重点是考虑工程的方案技术选型和建造的社会、经济、环境价值选择，此阶段的水电工程三维设计模型由方案、预可行性研究、可行性研究三个阶段模型组成，其设计深度由粗到细。施工图设计阶段模型的精细度只要满足工程建设出施工图的需要即可。另外，模型的详细程度与工程所在位置以及重要程度具有一定的关联，因而模型所处的位置和重要程度也可决定模型的详细程度。所以应当根据工程项目所在的设计阶段、模型的位置和模型的重要程度，建立属于企业自身特点的建模详细深度标准，以满足工程实际各专业协同设计需求。

除模型属性以及可视化外，三维模型最大的优势在于基于协同设计后的三维模型完成设计图纸的抽图。在技术标准中对抽图的规则、颜色、线型等做了详细规定，并制定了相应图纸打印标准。

2. 编码标准

编码标准规定模型信息应该如何分类，对工程信息标准化以满足数据互用的要求，以及工程信息模型存储的要求。一方面，在计算机中保存非数值信息（例如材料类型）往往需要将其代码化，会涉及信息分类；另一方面，为了有序地管理大量工程信息，也需要遵循一定的信息分类。

广泛研究国内外工程行业中各种现行编码标准，包括 KKS 编码、OmniClass、Uni-Class、BS1192、中石油物资编码等，并结合水电工程特点进行修编和创新，水电工程编码标准主要内容包括：

（1）制定机电对象编码、勘测对象编码、土建对象编码、位置编码、电子文档存储位置编码、文档编码、人员和组织编码七种编码规则。

（2）规范各种编码规则之间的共享字段的字典和释义，保证共享字段的相同值在不同编码规则中的一致性。如保证相同位置码值在 KKS 编码和文档编码中释义一致。

（3）编制各类对象编码规则和编码的详细索引表，指导编码工作的开展，保证其规范型和正确性。

6.4　三维设计模型应用标准

为确保水电工程全生命周期管理能够得到有效实施，需对三维设计成果的应用进行规范化约束。在借鉴国内外现行的施工管理、数字化移交、资产管理等标准的基础上，根据国内水电工程信息管理技术特点，逐渐建立涵盖三维数字化施工和运维等各类应用标准。

6.4.1　施工应用

1. 水电工程施工特点及难点

水电工程在建设期间具有参与单位众多，涉及建设、设计、施工、监理、管理等诸多单位，管理的人、机、材复杂且掺杂了大量不确定性因素等特征，此外还有工程施工期长、季节性强、技术复杂、工程规模和投资大、项目的进度质量安全投资等管控复杂的特点。随着项目建设的推进、信息的积累与更新，传统的多部门多层级的工程信息共享与决策模式，将逐步显现信息的碎片化及孤岛化问题，从而造成信息管理重复工作量大，所需的人力成本高，最终给工程建设管理带来挑战。

数据是反应工程建设质量、进度和投资的重要参考依据。而在水电建设工程中的数据往往被现有管理体制、设备、参建单位所割据开来，不能有效地汇集并利用现有的大数据分析技术对其进行分析和判断，这样就造成了大量人力、物力的浪费，影响决策的科学性。

针对上述问题，在电站建设期间，最大限度借助信息化、数字化手段建立"智慧工程"，实现施工过程中信息的数字化、网络化、智能化和可视化管理，为项目的进度、质量、安全、投资等关键管控因素提供服务，提升项目管理水平。

2. 水电工程施工应用标准制定的必要性

2010 年以后越来越多的水电工程项目采用数字化管控技术，对工程现场的施工进度、质量、造价等方面进行管控。虽然实现了工程建设过程的数字化管控，也在一定程度上解决了水电工程施工过程管理困难的局面，但因标准化程度不够，在进行数字化施工管理时，各单位、各项目所采取的方式、所持有的态度也各不相同。各参与方往往处于被动的局面，不能够很好地发挥数字化施工管理技术的作用。因此，有必要制定水电工程数字化施工管理标准，对水电工程中数字化施工方面进行全面的指导和规范，确保各单位在系统工作中有据可依、有章可循。同时明确各方的责任与义务，真正实现水电工程数字化、智能化管控。

3. 水电工程施工应用标准的主要内容

（1）职责划分。水电工程涉及建设、咨询、设计、施工、供货等众多单位，每个单位在数字化施工过程中的角色和责任也各不相同。标准应对各个单位的责任和义务进行详尽的规定，以确保各个单位了解在数字化实施过程中该做什么、怎么配合、怎么协调。

（2）建设内容。水电工程的施工工期长、施工工序复杂，如何才能更好地进行数字化管控？这就要求数字化施工系统，能够对水电工程建设过程进行全面的管控。标准应对系统建设内容有所明确，如对施工信息门户、施工资源监控管理、施工进度管理、施工质量与验评管理、施工成本管理、施工期安全管理等方面作出翔实的规定，这样做的目的不仅能规范化系统建设过程，对于现场各参与单位所关注的模块还能深入贯通，确保实施起来更加方便。

6.4.2　运维应用

水电工程的数字化运维是利用工程三维数字化、数字化移交、网络通信、实时监控等技术手段，开发以水电站运维 BIM 模型为基础的、集合运行维护所需数据的数字化运维系统。将三维场景、三维模型、设备与构件目录树作为系统初始化入口，接着系统进行大坝安全监测管理、电站枢纽管理、设备资产管理、设备状态管理等工作，实现了电站三维面貌展示、台账管理、对象的空间定位管理、对象的关系管理、档案的关系管理、移动应用等功能，形成了统一的工程运维管理平台，为电站运行维护服务。

因此，除了根据需要规定相关的业务系统开发及数据接口以外，标准的制定更多的是对业主方的工作要求。因此，在标准的制定过程中要与运行单位进行详细的沟通，对于运行单位的工作机制、工作流程要非常清楚。同时，数字化运维系统内容也要根据业主的需求进行逐步地开发迭代，因而对于数字化运维系统，并没有固定的业务模块，每个业主关注的重点也不尽相同。

水电工程数字化运维应用标准侧重于电站运维期的数字化管控。它是以全生命周期理念为基础，以数字化技术为手段，对运维期的数字化技术运用、执行进行规范化地管控。通过技术状态管理，实现电站运维期的状态管控。

6.5 三维协同设计模型交付标准

三维协同设计贯穿整个项目全生命周期，每一个项目参与者都围绕着三维信息模型进行信息的输入与输出，以此完成整个三维协同设计过程。三维协同设计成果指的是，在统一的环境下，采用同一套标准，同一个项目全生命周期里流通的所有有效信息，比如图纸、报表、模型等成果。

三维协同设计成果的交付涉及项目每一个参与方，主要包括三大参与方：业主、设计方、施工方。按其工作性质和组织特征的不同，三大参与方在项目的建设过程中承担着不同的职能。其中，业主是项目所有者，出现在项目的整个流程里，主要目标是控制投资成本；设计方是项目的咨询者，承担着项目方案的设计，主要目标是完成设计任务；施工方是项目的建设者，负责整个项目方案的实施，主要目标是在满足项目建设各项要求条件下获取最大效益。正是由于其各方所追求的目标不一致，且传统项目信息流通不顺畅，导致了很多工程项目出现了较大问题，也给项目成果的最终交付和验核带来了极大的挑战。

基于数字化与信息化的三维协同设计能够有效地解决项目信息不对称的问题。因此，三维协同设计成果的交付也应当有一套标准体系，以便于能够顺利高效地将成果按协议或约定交付业主或委托方。

三维协同设计所围绕的核心对象是数字化三维模型。在水电工程中，数字化三维模型是各相关方共享的工程信息资源，也是各相关方在不同阶段制定决策的重要依据。因此，在三维模型交付前，应严格按照三维模型交付标准对模型进行验收，以保证模型信息的准确、完整。

交付标准应包括数据的命名规则和建模要求，从以下四个方面来展开：三维模型交付原则、三维模型交付对象、三维模型交付要求和三维模型交付内容。

1. 三维模型交付原则

交付参与方包括业主、承包方、设计方、施工方、监理方以及其他参与方。

在项目合同签订阶段，应当提出三维模型交付项目的内容、要求和标准的意见。在三维模型构建完成后，须经内部评定与审核，由业主等其他参与方共同对模型进行评审验收，并签订验收意见。

2. 三维模型交付对象

三维模型交付对象主要包括了方案设计阶段模型成果、初步设计阶段模型成果以及施工图设计阶段模型成果。

方案设计阶段模型成果主要包括三维数字化方案设计模型、三维数字化浏览模型；初步设计阶段模型成果主要包括三维数字专业（测绘、地质、坝工、厂房、机电、暖通、给排水、结构等）设计模型、三维数字化综合协调模型、三维数字化浏览模型；施工图设计阶段模型成果主要包括三维数字专业（测绘、地质、坝工、厂房、机电、暖通、给排水、结构等）设计模型、三维数字化综合协调模型、三维数字化浏览模型。

3. 三维模型交付要求

三维模型是最基础的技术资料，所有操作和应用都在模型基础上进行。三维模型交付主要包括以下三个基本要求。

（1）一致性。模型必须与 2D 图纸一致，模型中无多余、重复、冲突构件。在项目的各个阶段（方案、初设、深化、施工、竣工），模型要跟随深化设计及时更新。模型反映对象名称、材料、型号等关键信息。

（2）合理性。模型的构建要符合实际的情况，同时应当根据相应的法律法规和行业标准进行构建。例如在建筑结构中，模型应分层建立并加入楼层信息，不允许出现一根柱子从底层到顶层贯通等与实际情况不相符的建模方式。

（3）正确性。三维模型的复杂程度高，其精细程度应合理，不同专业三维模型需要协调配置。建模人员应保证三维模型的完整，避免因遗漏造成整体三维模型的不准确。

4. 三维模型交付内容

三维模型交付内容主要从模型的深度、数据格式以及交付检查三个方面入手。

（1）模型的深度。模型深度应遵循"适度"的原则，包括三个方面的内容：模型造型精度、模型信息含量、合理的建模范围。在水电工程领域主要考虑将模型深度划分为两个层次五个级别，即几何图形深度等级（GL100、GL200、GL300、GL400、GL500）和工程属性深度等级（DL100、DL200、DL300、DL400、DL500）。模型交付时应根据具体的项目与阶段进行验收。

（2）模型的数据格式。由于设计交付的目的、对象、后续用途的不同，不同类型的设计模型，应规定其适合的数据格式，并在保证数据的完整、一致、关联、通用、可重用、轻量化等方面寻求合理的方式。交付时，应确保互用数据的提供方保证格式能够被数据接收方直接读取，数据转换时应有成熟的转换方式和转换工具。

（3）模型的交付检查。模型的交付检查应分为四个方面：外观检查、碰撞检查、标准检查和元素校验。其中，外观检查主要是采用软件的漫游功能对模型进行内外部的人工检查，确保没有多余的模型组件；碰撞检查主要是利用碰撞检测软件对模型构件之间的碰撞问题进行检测，尤其注意复杂的厂房内部管线检查；标准检查主要是检验模型的构建是否符合现有的设计标准；元素校验是确保模型中没有未定义或错误定义的模型构件而进行的检查。

第 7 章

水电工程全生命周期管理技术

7.1　概述

7.1.1　工程全生命周期管理概念

工程全生命周期是描述项目从开始到结束所经历的各个阶段，是工程项目从"出生"到"死亡"的完整过程。对于工程项目来说，最一般的划分是将工程项目分为前期规划阶段、可行性研究阶段、建设实施项目阶段、运行维护项目阶段、拆除报废项目阶段五个阶段。实际工作中，可根据不同领域或不同方法再进行具体的划分。

工程全生命周期管理是指从工程规划设计到运行维护的全过程，通过整合工程项目各种生产、运营、管理的工程全生命周期管理系统，对工程的资源、质量、成本、风险等进行管理的过程，其技术代表了管理和信息化的最高水平。这种技术在核工业、铁路等安全性高、技术复杂、接口复杂、周期长、文档与设计数据量大、对于工程管理等级要求高的行业中，已经得到了广泛的应用。

7.1.2　工程全生命周期管理背景

世界万物皆有生命周期，工程建设更是如此。工程的全生命周期包括工程规划、设计、建造、运行、维护与废止等生命过程。

从建设阶段转向投产运行阶段的过程中，工程业主需要从参建各方接收大量的数据，但目前数据移交接收的技术和手段还停留在旧有模式下。鉴于基建过程管理与运行维护期管理对生产性资产数据的关注点也不尽相同，且管理人员分属于不同管理团队，团队之间缺乏沟通，导致最后所移交的数据还需要经过大量的人工筛查处理以及手工录入，以至于数据的完整度、可用性得不到有效保障，还远不能满足集约化、标准化、流程化管理的需求。因而如何使工程从设计、建造到投入运营全过程中各类数据能够得到有效的接收、维护和利用，为资产全生命周期管理服务提供强有力的技术支撑，掌握满足全生命周期管理要求的数据移交方法是关键。因此，工程全生命周期管理是将规划、设计、采购、建设、生产运行、资产报废、技改升级等电站全生命周期各个阶段产生的各类设计及管理图文档资料、设备数据记录信息进行有序组织和高效管理，为各类运行维护管理系统和仿真分析提供数据支撑的技术与管理模式。其目标是在满足安全、效益、效能的前提下追求工程全生命周期成本最低化，投资效益最大化，使专业化管理水平显著提升。

随着国家节能、环保、绿色能源政策的推行，一批批在建水电站相继投产的形势下，为推进企业资产的集约化、标准化、流程化管理，项目业主关注重点逐步从水电站建设转移到电站开发、建设与运营并重和均衡发展上，对工程全生命周期过程中的设计、施工、移交以及运营提出了更高的要求。例如国网新源控股有限公司设立"1+14"专项课题（1

个平台加 14 个专项课题），以抽水蓄能电站为依托，开展智能抽水蓄能电站各项关键技术的研究工作，与此同时更多业主单位对工程全生命周期管理产生了浓厚兴趣。

新一代信息技术分为六个方面，分别是下一代通信网络、物联网、三网融合、新型平板显示、高性能集成电路和以云计算为代表的高端软件。工程全生命周期系统研究重点结合 5G 通信网络、智能设备物联网、云计算和云服务等技术展开，将人、工程、机械、设备组成一个信息互联的系统，通过后台云服务实现工程建设与运营管理水平的提升。

7.1.3　工程全生命周期管理系统架构设计

水电工程全生命周期管理技术的先进性体现在管理系统。基于三维数字化技术的工程全生命周期管理是利用先进的工程三维数字化移交技术，建立一个工程数据完备、功能先进的水电站工程数据中心及其相关核心功能子系统，以及全面建成水电工程全生命周期管理系统。以下介绍一种通用性的工程全生命周期管理系统的架构设计。

基于数字化技术的工程全生命周期管理系统需覆盖设计阶段、施工阶段以及运营阶段全过程，主要由工程数据中心和若干业务子系统构成。工程数据中心是全生命周期系统的基础，为全过程的工程内容提供统一的存储管理机制，同时建立起网状的、能记录历史状态的信息模型将工程内容有机关联起来，并向子系统提供统一的数据服务。业务子系统包括数字化档案管理子系统、虚拟现实三维展示子系统、大坝安全监测信息管理子系统、三维数字化设计与施工管理子系统、枢纽建筑物全生命周期管理子系统和电厂设备全生命周期管理子系统等。业务子系统均按需求独立开发，各自构建自己的服务，基于企业服务总线（Enterprise Service Bus，ESB）将所有的服务整合到一起，并在企业服务总线之上开放一层 RESTful 风格的 API，实现工程数据中心与业务子系统、子系统与子系统间的数据交换，其逻辑架构如图 7.1 - 1 所示。

基于上述架构，系统能够实现以下功能：

（1）以工程三维数字化设计平台为支撑，无缝接入设计阶段以及施工阶段信息的同时，实现以全信息三维模型为核心的工程三维可视化。

（2）围绕工程信息，以信息关联、信息标准化、业务协同一体化为核心要素，建立起网状的、有历史状态的主数据中心以及工程内容服务框架。

（3）通过工程数据中心的变更控制管理，保障工程信息管理的准确性、一致性、及时性、安全性以及可访问性。

（4）通过企业服务总线能够将异构的数据源纳入工程数据中心进行统一的数据发布，简化业务系统间的数据互操作并提升系统的可维护性。

（5）通过 RESTful 架构风格的 SOA，实现跨平台应用的无缝集成（PC、平板电脑、手机等）。

通过以上系统逻辑架构设计，确定了系统基础框架、数据存储、数据流向和业务系统集成的基本思路。基于逻辑架构设计的基本思路，系统功能设计中对基础框架和业务子系统集成的方法展开了细致深入的研究，并确定了研究方向和系统需要包含的功能：以构建水电站数据中心为核心，研究跨地域、跨企业、跨系统的综合集成应用，研究系统数据服务、多级授权认证、网络硬件平台、数据加密发布等的系统基础框架，为多应用系统接入

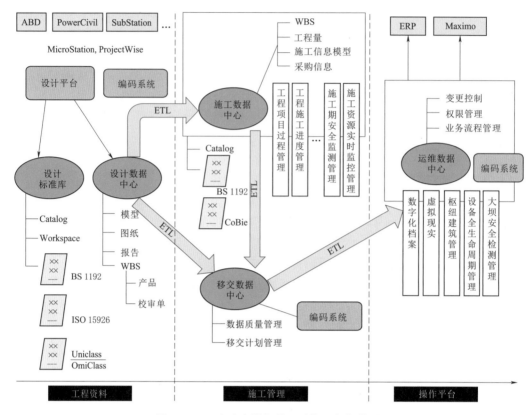

图 7.1-1　全生命周期管理系统逻辑架构图

并共享水电站数据中心提供技术和方法，在远程公网低宽带网络条件下提出系统最佳实施方案。

工程全生命周期管理系统功能框架如图 7.1-2 所示。系统由两大部分构成，即工程数据中心、业务应用及在线服务。工程数据中心是实现数据存储、共享和流转的基石，用于管理、存储和控制项目相关的信息，为业务系统提供工程信息服务。同时，工程数据中心也是系统的基础框架，其通过相关技术确立了系统集成的规范和接口，为业务系统的集成奠定基础。业务应用及在线服务是构建在基础框架之上，结合水电工程项目的实际需要，提供业务应用和信息服务。

7.1.4　工程全生命周期管理系统建设意义

通过水电站三维全生命周期远程管理的研究、开发与应用，在水电站勘测、设计、施工、运行全过程中实现三维数字化、网络远程化管理。为水电工程建造阶段的设计、施工、采购等管理提供全方位的数据服务，大幅提高工程建设的进度管理、物资管理、采购管理、计划管理、决策管理等的综合信息化管理能力和效率，有效减少建设周期，降低建设成本。在水电工程竣工阶段实现数字化移交，一键式为电站运行提供完备的工程基础资料，全面提高工程投运速度，大大缩短"基建—运行"的过渡磨合期。通过建立工程数据中心，开发一系列数字化管理系统，为电厂提供全套的工程全生命周期管理数据支持服

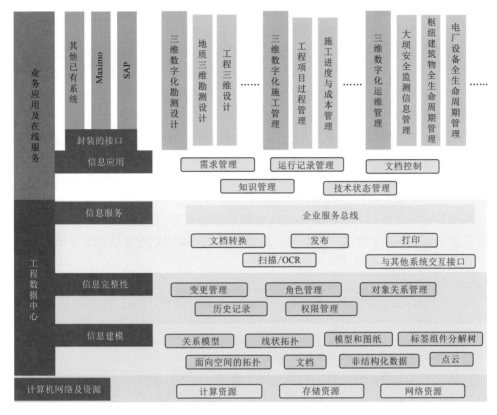

图 7.1-2　工程全生命周期管理系统功能框架图

务，提供运行、安全智能决策，提供可视化、虚拟化管理手段，提供基于物联网、云服务的移动设备管理系统，从而全面提高电站数字化管理水平和效率，提升电站安全性、可靠性和智能化程度，使得我国水电站管理水平快速达到国际领先水平。

作为一种先进的工具和工作方式，基于三维数字化技术的工程全生命周期管理不仅改变了水电工程全过程建设的手段和方法，还为水电行业作出了革命性的创举。其通过建立三维数字化信息平台，让水电行业的协作方式被彻底改变。针对三维数字化在水电全生命周期有哪些应用的问题，国内各业主单位都进行了深入研究，已经初步形成了以可视化、数字化、信息化、智能化为核心的数字智能型水电站的基础框架，对水电工程全生命周期管理的应用进行了进一步拔高。

7.2　数字化移交技术

7.2.1　数字化移交概念综述

随着工业化水平的高速发展，对基础设施建设运行的效率、效益要求越来越高。计算机信息化技术的全面建设与应用，为提高水电工程的基建和运行管理的效率和水平作出了巨大的贡献。随着网络信息化技术、三维数字化设计技术、BIM 技术的进一步发展，在工业领域的信息化、数字化、专业化的整合趋势也越来越快，物联网、三维可视化、移动互联等技术的综合应用正在引导着工业领域管理手段走向新的变革。

在管理手段革新的浪潮下，水电工程管理阶段的数字化、智能化建设也随之蓬勃发展，数字化电站的建设应运而生。它旨在利用目前最新的三维数字化技术、数据库技术、移动互联技术等将物理空间中的实物电站及与之关联的数据，最大限度地在计算机中进行重构，建立与实物资产相对应的全套"虚拟资产"。

数字化移交是指组织项目参与方移交项目全生命周期阶段工程数据相关内容的过程。目标是将工程设计与建造过程中产生的、计算机能够处理且运行维护需要使用的数据，按照相应的标准和要求进行数据收集和管理，进而实现数字化移交，使其在得到一个物理电厂的同时得到一个数字电厂。数字化移交存在于工程全生命周期的各个阶段，是保证各阶段数据有效传递的必备过程。因此，实现电站的数字化移交，为电站的基建、投产、运行、维护提供更为正确、形象、数据完整的管理对象，是电站专业化信息系统建设的数据保障。数字化移交过程示意图如图 7.2-1 所示。

图 7.2-1　数字化移交过程示意图

完整的数字化移交应包括下列四个阶段：

（1）制定移交策略：确定数字化移交的工作目标、方针和策略。

（2）确定移交需求：在识别需求的基础上，确定需要移交的数据、数据属性及数据格式等，根据信息颗粒度要求以及数据级别进行归类。

（3）制定移交方案：根据移交需求确定实施方法和内容，并根据项目进展编制实施计划。

（4）实施移交方案：配备相应的资源，执行移交方案，根据实施计划进行阶段性的检查、验收及评价等。

7.2.2　数字化移交的各方职责

数字化移交应建立相匹配的管理模式。宜由管理方委托第三方统一管理，并指派人员全面负责监管、配合整个数字化移交工作，参与各方均应指派人员负责各自的移交工作，以确保数据满足业务和长期管理的需求。

数字化移交参与各方按照在数字化移交过程中的职责分为管理方、实施方、参与方。

1. 管理方

管理方负责牵头开展电站数字化移交工作，应由业主承担，负责实施细则和计划的落实、进度管控、质量控制等管理工作，并协调参建各合同方共同开展数字化移交工作。

2. 实施方

实施方主要开展数字化移交的细则与计划的编制、数据的搜集与整编、档案的数字化等各项具体实施工作，可由工程建设管理方或指定的第三方承担。

3. 参与方

一般地，电站工程建设各参建合同方均为参与方。应按照移交方案和计划要求做好数字化移交相关配合工作。

　　管理方应结合工程实际将项目划分为不同的阶段，统筹管理与维护各方相关的数据资料，接收数字化移交成果，使各阶段数据可以被及时、有效地移交和利用。

7.2.3　数字化移交的实施程序

　　数字化移交应在主体工程开工前半年或更早时间启动，主要实施过程如下。

7.2.3.1　前期设计阶段

　　（1）实施方研究分析工程设计资料，熟悉掌握项目概况和基本特性。

　　（2）结合电站工程特点，按照相关规定由实施方编制数字化移交实施细则，详细规定数字化移交的工作范围、移交内容、标准要求等，并提交管理方审核发布。

　　（3）实施方根据项目施工组织设计以及数字化移交实施细则编制项目数字化移交初步实施计划，并提交管理方审批。

　　（4）实施方根据工程特点、实施计划在系统中建立数字化移交目录树，并提交管理方审批。

7.2.3.2　工程基建阶段

　　（1）实施方根据接收的采购供货计划、设计产品提交计划、施工进度计划等进一步细化数字化移交的实施计划，编制详细实施计划。

　　（2）根据数字化移交详细实施计划、数字化移交实施细则以及接收文档资料内容，实施方对数字化移交目录树进行细化、调整。

　　（3）实施方对接收文档进行数字化处理，并对数字化档案进行编码、对象关联等整编工作后，录入系统。

　　（4）实施方对照数字化移交实施细则规定，对数字完整性、质量进行检查，并对各种不合格项进行纠偏处理，合格后进行数据发布。

　　（5）管理方组织按照数字化移交实施计划节点开展各阶段性验收。

　　（6）电站投产前，管理方进行整体工程数字化移交成果验收。

　　（7）验收通过后，数字化移交工作结束。

　　数字化移交的实施程序如图 7.2－2 所示。

7.2.4　数字化移交数据的主要内容

　　为保证水电站在运行维护阶段能更好地继承设计和建设过程产生的数据，需要对数据移交的内容和形式做出规定。

7.2.4.1　数据的编码

　　1.数据编码的规则和内容

　　要建设智能电厂，首先要实现电厂的数字化。在数字化阶段，以工程编码为纽带，以工艺系统、设备、装置性材料等为基本单元，建立起反映工程全貌的信息架构。基于该信息架构，通过有机关联工程对象所涉及的各类相关数据、信息、图纸、资料和三维模型等工程内容，形成覆盖运行期全过程的工程数据仓库，从而建立起公共信息服务框架以及支撑系统运行的环境。其主要内容如下：

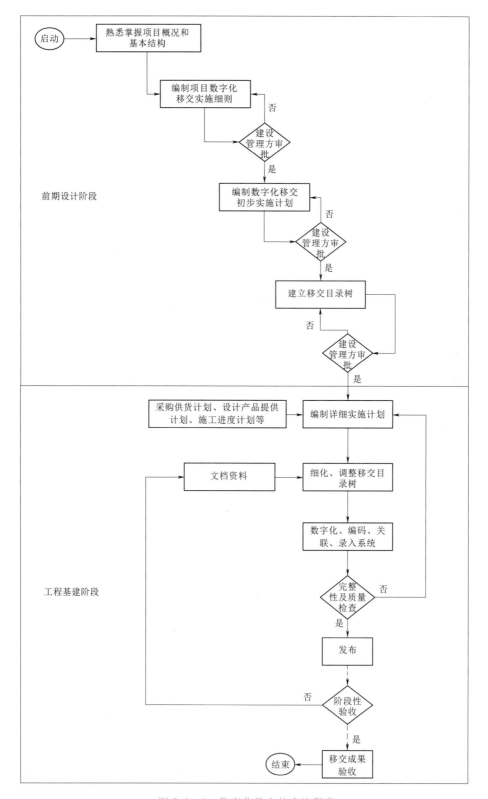

图 7.2 - 2 数字化移交的实施程序

（1）根据现行各类编码要求，研究智能电厂内各类型对象的编码规则，包括文档编码、设施设备编码、物资码等。在开展信息编码的过程中，遵循国家相关标准及电厂编码要求，借鉴国际相关标准，对编码进行分类，同时考虑业务与信息化现状，将不同类别的信息进行区分和分类，为应用系统整合建设奠定基础。

（2）按照各类工程对象信息层建模要求，建立水电站工程信息模型，包括以下方面：

1）各主系统、子系统、设备等的分解结构。

2）文档资料，包括各种规范、各种许可证及其申请资料以及由设计单位、设备供应商、安装调试单位、外协团队等提供的资料（三维模型、图纸、计算书、设备手册等）。

3）物理资产、功能系统与文档的关联关系。

4）物理资产、功能系统与人员、团队的关联关系。

2. 数据编码的方法

数据的编码工作一般在建模过程中进行，以属性的形式附加在三维模型元素上，并作为该模型元素的唯一标识，可以在后续开发运维或其他应用中被检索、关联。

以华东院自主开发的编码插件为例，主要包含了构件编码、位置编码、施工单元编码、模型分割、进度模拟等模块，可通过本地加载的方式或者从服务器端实时下载和上传元数据，实现对模型进行附加编码、分割单元工程等操作。图7.2-3为本地编码表样例。

图7.2-3　本地编码表样例

编码的树状结构通过编辑本地Excel模板的方式进行导入或者从服务器下载，导入或下载后可以在各个节点增加、删除或编辑相应的节点名称和节点编码。图7.2-4为树状结构编码样例。

编码树建立后，可通过关联操作将编码挂接至模型，完成模型的编码。图7.2-5为模型属性附加编码信息示例。

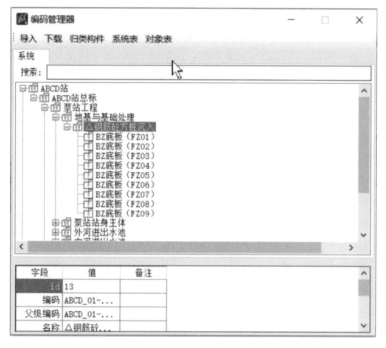

图 7.2-4　树状结构编码样例

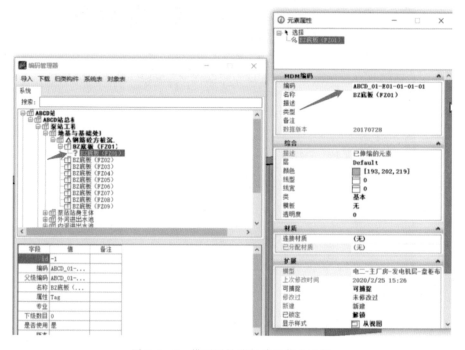

图 7.2-5　模型属性附加编码信息示例

7.2.4.2　移交数据内容

数据是支撑电厂智能分析决策的基础。为打造电厂全生命周期数据资产，数据移交是重要一环。其主要内容是以电厂系统三维模型为载体，以电站功能系统划分形成的编码为纽带，链接设备台账、技术参数、文档资料、组织机构和供应商等信息，以上信息共同组成了数字化移交的内容。数字化移交内容如图7.2-6所示。

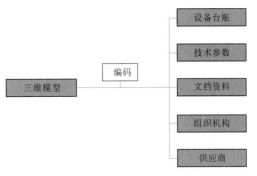

图 7.2-6　数字化移交内容

1. 三维模型系统数据

三维模型系统数据包含勘测系统、土建系统、机电系统三个部分的数据。模型发布前会根据相应的编码系统进行编码操作，确保模型与其他数据的关联关系。具体的模型处理方式见7.2.4.3小节"模型的整合、发布及更新"。

（1）勘测系统。勘测系统作为功能系统目录树的根节点，主要用于分解和描述勘测对象分类。一般地，勘测系统所包含的数据对象数量和分解层级与工程特性无关。

勘测系统向下可分为地形、地质测绘、地质勘探、物探、试验、地质结构六个系统。其中应移交地形和地质构造两个部分。

（2）土建系统。土建系统作为功能系统目录树的根节点，主要用于按空间部位和构件类型对土建构件进行分解。其数据应该详细列出电站枢纽区内主体建筑物、生产相关的附属建筑物的所有分部位、分类系统。

土建系统根据电站部位按建筑物、楼层（高程、桩号段、坝段等）进行逐级分解。水电站土建部分可划分为挡水建筑物、泄洪消能建筑物、引水建筑物、发电厂房和开关站及边坡工程。各建筑物对象需根据项目特点按照楼层、高程、桩号段、坝段等进行进一步细分。

（3）机电系统。机电系统作为功能系统目录树的根节点，主要用于按主要功能特性与用途对机电设备、对象进行分解。其数据应详细列出电站枢纽区内与生产相关的主要功能系统和附属功能系统。

机电系统具体可分为水轮机及其附属设备、水力机械辅助设备、发电机及其附属设备、电工一次回路设备、电站计算机监控系统、电工二次回路设备、通信系统、桥机起重机和电梯、通风空调系统、火灾报警及消防设备、金属结构设备、监测系统等12个大系统。

（4）导航目录。根据功能系统目录树或者位置目录树进行三维模型的导航，以便实现模型的浏览和查看。

1）功能系统目录树。功能系统目录树的作用包括分级存储与展示电站，按各功能系统的分解结构建立，分别根据电站规划设计包含的功能系统及其组织结构，以勘测系统对象、土建系统对象、机电系统对象逐级展开。

功能系统对象分解至末节点后，应根据各功能系统对象所包含的数据对象继续分解，直至数据对象的末节点，以展示各个系统内所包含的设备或部件。

功能系统目录树应以勘测系统、土建系统、机电系统为起点，最小管理单位的数据对象为终点。

2）位置目录树。位置目录树作用包括分级存储与展示电站物理位置，其分解结构包含了亚类为现场空间位置对象的位置对象及其隶属关系，以及对电站的建筑物、分区、细分区逐级分解。

对于大坝分解至坝段或填筑分区，隧洞等线性建筑物分解至桩号段，厂房等一般建筑物宜分解至房间或防火分区，进水口等不规则特殊建筑物按需划分至高程段或结构缝分割段。

2．设备台账

设备台账包括设备对象的名称、编码，出厂、安装和生产日期，需要通过编码来关联相应的技术参数、供应商信息、责任人信息、修理和更换信息，以及相关文档资料等。

设备台账主要关联的文档资料包括该设备相关的说明书、使用手册、规范标准等文档，以及试验调试资料、安装记录、到货箱单、出入库记录、缺陷等文档。

3．技术参数

（1）勘测对象及其技术参数。

1）在勘测系统数字化移交过程中，应涵盖地形、地质测绘、地质勘探、物探、试验、地质结构六个系统中的勘测对象。

2）勘测对象对应的技术参数是其重要属性参数，应在勘测对象数字化移交过程中一并提交。

（2）土建对象及其技术参数。土建系统中，土建对象是根据结构和功能作用需要而进行进一步细分的对象，分为土建类对象和建筑类对象。

1）土建类对象分为混凝土及相关结构类对象、开挖支护类对象、固定结构类对象。

2）建筑类对象包括建筑门类、建筑窗类、建筑隔断类、建筑装修类、建筑卫生洁具类。

（3）机电对象及其技术参数。机电对象类型按其实现功能的方式，划分为系统对象和设备对象。其中系统对象设备按其所属的专业划分，分为机械系统对象和电气系统对象。设备对象设备按其所属的专业划分，分为机械设备和电气设备。

机械系统对象主要包括水轮机、调速器、进水阀、桥机、启闭机、闸门、卷扬机、电梯等。电气系统对象主要包括发电机、变压器、发电机断路器、气体绝缘开关设备、励磁设备、保护装置、电话程控交换装置、光通信装置、有线广播系统、工业电视系统等。

机械设备对象主要包括空压机、气罐、油罐、泵、滤水器、阀门、管路、风机、空调、除湿机、消火栓、灭火器等。电气设备对象主要包括母线、换相开关、电制动开关、中性点柜、避雷器、电流互感器、电容式电压感器、电抗器、柴油机、开关柜、电机、电缆、灯具、开关插座、接地材料、自动化元件、工作站、控制柜、UPS、蓄电池等。

4．文档资料

（1）勘测部分文档。勘测系统涉及地形、地质测绘、地质勘探、物探、试验、观测、地质等勘测专业。其资料为各参与方在工程开展过程中产生的所有技术成果，包括图纸、表格、物探简报、试验报告、分析报告、地质专题报告、地质缺陷确认单及相关图形影像资料等文档资料。

（2）土建部分文档。土建系统关联文档应按照建设阶段、项目标段、单位工程、分部分项等，以适宜项目管理且满足文档编码规则的方式进行数字化移交。

土建类对象文档应包括业主、施工、监理、设计等参与方，在项目建设运行的招标、设计、施工、竣工运行各阶段，形成的重要报告、会议纪要、质量验收、图纸以及相关的声像电子文件等文档。

（3）机电部分文档。机电对象关联文档应以机电设备进场为界，按设计采购和安装验收两个阶段进行收集。并按建设阶段、项目标段、单位工程、分部分项等，以适宜项目管理且满足文档编码规则的方式进行数字化移交。

机电对象关联文档应包括业主、施工、监理、设计等参与方，在项目建设运行的招标、设计、施工、竣工运行各阶段，形成的重要报告、会议纪要、质量验收、图纸以及相关的声像电子文件等文档。

（4）文档目录树。文档目录树分级存储与展示文件档案资料的存储目录结构，按文档类型逐级分解。

5. 内部组织机构

（1）组织机构的划分。组织机构根据电站建设运行过程中各单位所担任的角色进行划分。按照电站的合同隶属关系，将组织机构划分为内部组织机构和外部组织机构（供应商）。水电站内部组织机构为电站的建设管理主体和运行管理主体。

（2）内部人员。内部人员为内部组织机构所有参与电站建设和营运管理的人员。

（3）部门机构目录树。部门机构目录树分级存储与展示电站建设管理单位的内部组织结构，按部门的固有行政隶属关系逐级分解。

6. 外部组织机构（供应商）

（1）外部组织机构。外部组织机构包含电站基建和运行服务期内，所有的合同方以及与电站相关的无合同关系的机电设备制造商。其按照电站建设运行所承担角色划分为主体工程参建方、设备供货方、设备制造商以及其他技术服务提供方等。

主体工程参建方是指除建设管理方外的参与电站主体工程建设的单位，包括勘测设计单位、设计监理单位、施工监理单位、施工单位等。设备供货方是根据电站建设运行需要提供机电设备的单位。设备制造商是电站建设运行过程中所需安装的机电设备的生产厂商。其他技术服务提供方是除上述单位外参与电站建设、运行的其他软件、硬件、科研等技术服务提供单位。

（2）外部人员。外部人员为外部组织机构参与电站建设、供应设备和服务的人员，主要包括各单位项目联系人和主要负责人。

在进行电站数字化移交实施中，所有人员至少应具备姓名、联系地址、联系电话、邮编等信息。

（3）供应商目录树。供应商目录树存储与展示和电站建设相关的所有外部组织机构对象，按主体工程参建方、设备供货方等，分类分组列出与本电站相关的外部组织机构对象。

根据外部组织机构对象的规模和管理需求，可对其进行隶属关系的分解，作为末节点。

7.2.4.3 模型的整合、发布及更新

作为数字化移交的基础，全信息三维展示功能要求展示真实、精确、信息完整的三维模型。为实现工程对象的三维数字化管理与工程数据的统一集中，系统提供模型轻量化功能与 Web 发布功能。全信息三维展示功能满足全信息三维模型展示及管理的需求，将提供广泛的三维数字化交互功能、可视化对象管理功能，实现全信息三维模型与数据库对象一一对应，建立工程逻辑关系。该功能既作为数据管理的重要入口，也为数据管理的直观性提供很好的补充。具体模型处理的要求如下。

1. 全专业模型的整合与清理

数字化移交使用的模型来源于技施阶段固化的模型，移交模型已完成模型清理、模型编码、模型整合、总装模型视口建立等工作。

（1）模型清理：调整每个底层文件的视图属性、显示模式、照明、视口、色表、图层和参考等信息，清除建模阶段产生的杂质、辅助线、标注等无用信息。

（2）模型编码：对于有编码的模型元件，要通过编码工具，根据水电站的编码标准做好编码的录入、校核工作。

（3）模型整合：根据不同专业的不同空间位置，对底层文件进行第一级总装；同专业的空间位置总装完毕后，再进行专业总装；最后，将全专业模型参考至项目总装文件。所有模型在总装前需要做好清理和编码工作，体量较大的模型需要提前发布为轻量化格式的文件，保证后续工作的顺利进行。

（4）总装模型视口建立：为了后续系统的导航功能正常运行，需要在模型中建立相应的位置视口，保证工程师可以根据视口跳转至相应的位置和视角。模型的视口根据系统的导航树来配置。

2. 全信息模型的轻量化发布

模型轻量化处理及发布技术基于国际上流行的可视化三维引擎，无须安装三维浏览插件，即可在网页端浏览三维模型及其属性信息。轻量化的发布工作包括以下内容：

（1）总装模型文件的发布：在三维建模软件中将模型的几何信息、属性信息、显示方式和视口等信息固化。

（2）标准化格式轻量化发布：使用模型发布工具，剔除模型冗余数据，仅保留最终设计成果信息。由于模型集成了几何尺寸信息、空间拓扑信息及工程属性信息，发布后的模型成为一个带有属性信息的轻量化模型。

3. 全信息模型的更新

在建设期间，为保证系统中模型的真实性、精确度和信息完整性，需要定期对修改更新过的模型进行发布，并重新上传至网页端。

7.2.5 数字化移交验收

数字化移交完成后，需要进行数据的试运行，以检查数据质量，以及数字化电厂和物理电厂的一致性。数字化数据试运行可通过两种方式进行：具备功能系统平台的数字化移交数据，通过功能平台进行调用、检查、核对；未配置功能系统平台的数字化移交数据，应由数字化移交管理方提供检索界面，通过数据使用过程中对数据的检索来判断数据的质

量和一致性。

数字化移交验收评价方法如下：

（1）委托电站设计方检验设计数据对象是否完毕。

（2）根据完整的设计数据对象检验对象编码是否正确，并检查是否有重复编码以及错误编码。

（3）根据数字化移交对象与设计数据对象比对，检查结构化数据是否漏项、错项。

（4）检查非结构化数据是否完整。

（5）根据以上内容形成数字化移交内容列表以及偏差表，供管理方评价验收。

执行过程中，应根据计划进行阶段性验收，需根据阶段性验收成果偏差表对数字化移交过程进行纠偏和整改。数字化移交完工验收后，需要提交数字化移交实施过程报告以及总结报告。

7.3 水电工程数字化建设及应用

水电工程数字化建设主要是为水电工程建设方提供一整套数字化、信息化并能满足工程建设过程的管理平台，它是三维数字化设计成果在施工阶段的深化应用的载体。同时数字化建设管理平台的建设是将施工建造过程数据基于 BIM 进行集成，为下一阶段数字化运维提供数据基础。

7.3.1 数字化建设管理实施方案

7.3.1.1 功能架构设计

基于项目管理核心知识体系，数字化建设管理平台包含工程建设的全过程，一般涉及设计管理、进度管理、安全管理、质量管理、BIM 等 10 多个应用子系统。

从实际应用情况出发，不管是设计方、施工方、监理方还是建设管理方，水电工程各参建方基本上不会因某单一项目的启动而建立和项目的结束而终结。针对各参建方"集团级、企业级、项目级"三层级的需求，数字建设管理平台采用三层级相结合的项目协同管理方式。其中项目级又分为单项目管理和项目群管控，以适应不同维度的企业管控标准。系统主要由云服务层、专业应用、应用终端组成。数字化建设管理功能架构图如图 7.3-1 所示。

7.3.1.2 技术架构设计

数字化建设管理平台技术架构，由用户层、交互层、业务应用层、技术支撑层、数据资源层组成，示意图如图 7.3-2 所示。

第一层是数据资源层。充分利用物联网技术和移动应用提高现场管控能力，通过传感器、摄像头、手机等终端设备，实现对项目建设过程的实时监控、智能感知、数据采集和高效协同，提高作业现场的管理能力。

第二层是技术支撑层。针对各系统中处理复杂业务所产生的大模型和大数据，如何提高其处理效率，这对服务器提供高性能的计算能力和低成本的海量数据存储能力提出了较高要求。通过云平台提供的高效计算、存储服务，实现项目参建各方更便捷地访问数据，

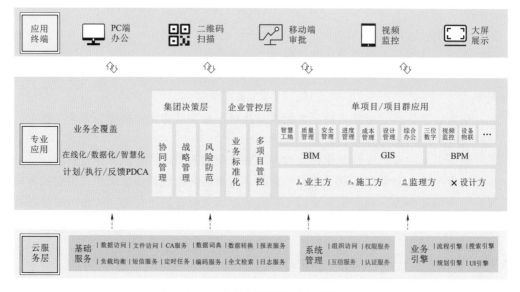

图 7.3-1 数字化建设管理功能架构图

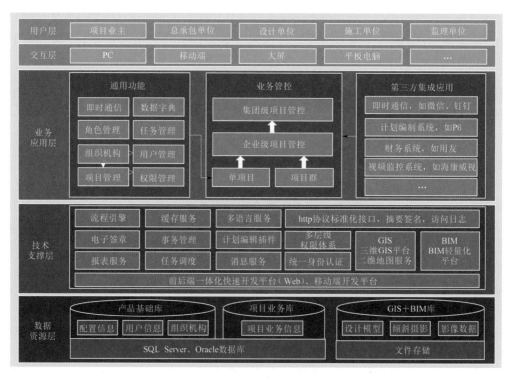

图 7.3-2 数字化建设管理平台技术架构示意图

且协同工作，从而使得建造过程更加集约、灵活和高效。

第三层是业务应用层。业务应用层应始终围绕以提升工程项目管控这一关键业务为核心。因此项目管控系统是工地现场管理的关键系统，主要包括为用户呈现使用的设计管理、质量管理、物资管理等业务管理功能。

第四层是交互层。平台通过适配不同分辨率的设备，保证在不同应用场景下的极佳用户交互体验，通过 PC、大屏、移动端、平板电脑对现场项目建设进行实时管控。

第五层是用户层。平台可接入项目业主、设计单位、总承包单位、施工单位、监理单位等项目参建单位，做到项目实施过程中信息的有效共享和利用，实现"五方一平台"协同管控。

在综合考虑稳定性、实用性、拓展性、可交互性以及安全性的基础上，平台技术路线兼顾易用性和可维护性，采用传统的 B/S 架构。其中 Web 端兼容以 Trident 为内核的各类版本的浏览器；Server 端采用 SpringMVC＋Sqlserver 搭建，在支持主流操作系统部署、支持第三方系统接入、多方数据交互的同时具备组织用户管理及权限控制功能，其技术架构图如图 7.3－3 所示。

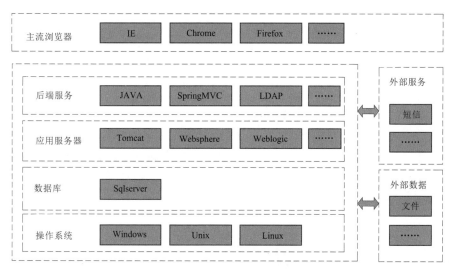

图 7.3－3　技术架构图

（1）采用 JAVA 语言技术，基于 SpringMVC 技术的分布式计算技术进行系统架构设计和系统开发。

（2）基于 LDAP 技术组织用户管理、用户访问控制。

（3）支持 Tomcat、Websphere、Weblogic、Oracle Application Server 10g 等多种主流应用服务器。

（4）利用 XML 作为系统接口的数据交换标准，进行信息资源整合；系统提供开放接口，支持标准的 XML 接口和功能调用接口等，能够产生标准的 XML 文件或者把标准的 XML 文件导入到应用系统中，能和任何支持 XML 标准的应用系统进行对接；支持与第三方业务系统的应用集成，可以通过内部办公系统整合其他业务应用，实现数据交互和共享。

（5）基于 B/S 结构、高度兼容以 Trident 为内核的各类版本的浏览器，提供友好的客户端界面。

（6）基于 Web Service 技术进行数据交换。

平台采用用户名、密码身份验证机制。密码遵循强密码规则，消除因密码过于简单导致的系统账户安全风险。平台针对不同的用户分配不同的权限，确保未经授权的用户无法登录系统，权限低的用户无法修改重要数据。

在与服务器端进行数据传递时，客户端首先对数据进行加密，然后进行网络传输。当服务器端接收数据后，对数据进行解密并处理客户端的请求，并将数据进行加密后返回给客户端，最后客户端接收并解密数据。数据在客户端和服务器端处理时使用明文，而在网络上传递时使用密文，确保数据不会在网络传输的过程中被窃取，保证数据的网络安全。数据传输过程示意图如图 7.3-4 所示。

图 7.3-4　数据传输过程示意图

平台的 SOA 架构采用目前最为流行的 RESTful 架构风格（Representational State Transfer，REST，可译为"表现层状态转化"），其特点为：资源、统一接口、URI 和无状态的服务。基于 RESTful 架构风格的 SOA 摆脱了开发语言的束缚，降低了工程数据中心的访问难度，支持桌面端业务系统、Web 端业务系统和移动端业务系统的集成，实现了跨平台访问。以 RESTful 架构风格开发全生命周期系统服务，大大加强了服务的灵活性，也能够保证服务的使用效率。图 7.3-5 为 RESTful 架构风格。

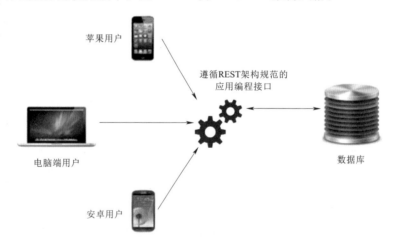

图 7.3-5　RESTful 架构风格

以 RESTful API 为载体，数据发布内容被分解成 JSON 格式的资源。通过为每个资源分配至少一个 URL，实现资源的发布。一项需要被发布的内容，如工程数据中心的人员信息，首先被分解成 JSON 格式的资源，包含人员姓名、电话号码、人员所属单位、邮箱等内容，分别与一个 URL 相对应。通过 HTTP 规范的统一接口进行操作，经过跨平台快速解析，最终呈现在用户终端上。

内容的增删查改功能分别对应了 HTTP 中的 POST、DELETE、GET 和 PUT（或 PATCH）方法，所有的操作对应的都是 HTTP 规范的统一接口。因此承载这些发布内容的 API，可以与任意编程语言直接交互，具有跨平台的特点，在移动终端也能方便使用。由于内容以 JSON 格式进行表达，资源解析简单迅速，进而优化了内容的发布功能、使用效率。在数据安全性上，采用 OAUTH 认证机制，能够避免客户端/用户认证信息的泄露，进一步保障了内容发布功能的健壮性。

三维模型轻量化发布包括模型转换、轻量化处理和 Web 发布三个主要环节。模型转换采用主流 3D GIS 平台桌面端软件。由 ContextCapture Center 里输出的 OSGB 格式的倾斜三维模型需转换成适用于 B/S 应用的三维瓦片格式，以确保转换后具有统一的坐标系，带有坐标信息的元数据文件被正确读取。由于 OSGB 是由无数个小文件组成的文件数据，为避免发布中断引起的数据丢失问题，因此将选择具有固态硬盘的高性能计算机进行处理。

通过图像压缩、结构优化、重建索引等技术手段，实现轻量化处理。为减小数据存储空间、提高数据运行速度，轻量化处理由主流 3D GIS 平台桌面端软件完成。

Web 发布采用主流 3D GIS 服务端软件。在发布之前需要进行服务端部署，部署完成后即可进行 Web 发布。

（1）常规配置和启动服务：利用 Server Config 系统部署工具，完成常规配置，包括服务端口、上传数据路径、数据库口令和路径、日志记录等参数设置，设置完后启动服务。

（2）添加数据源：在 Server 后台管理系统下进行数据源管理，可以加载文件数据、数据库数据和数据服务作为数据源。

（3）发布数据服务：在 Server 后台管理系统下将数据源以服务的形式发布出去，发布数据服务需要进行图层、服务名称、访问密码等参数的设置。

（4）Web 端访问：服务发布后，在客户端加载数据服务地址，对发布的数据进行核查，以确定成果是否满足要求。

7.3.1.3　物理架构设计

数字化建设管理平台物理架构示意图如图 7.3-6 所示。

服务器主要包括应用服务器、移动办公服务器、集群服务器、数据库服务器以及用于支持文件、报表、BIM＋GIS 等独立功能的服务器等。

7.3.2　数字化建设管理内容范围

数字化建设管理平台可对施工成本、施工进度、施工质量、施工安全、项目合同、数据信息等项目管理要素进行全方位、多层次、可视化管理。使参建单位、政府部门、供应商等项目相关方，能够在项目建设过程中高效、全面地组织和协调工作。从而帮助工程项目现场形成一套基于数字化的全新管控架构，大大提升项目的管控能力与效益。

数字化建设管理平台可同时接入业主方、设计方、生产方、施工方、监理方等项目参建单位，确保项目实施过程中信息的有效共享和利用，实现"五方一平台"协同管控。由于该平台为项目业主、总承包单位、设计单位、施工单位、监理单位等提供了一个高效便

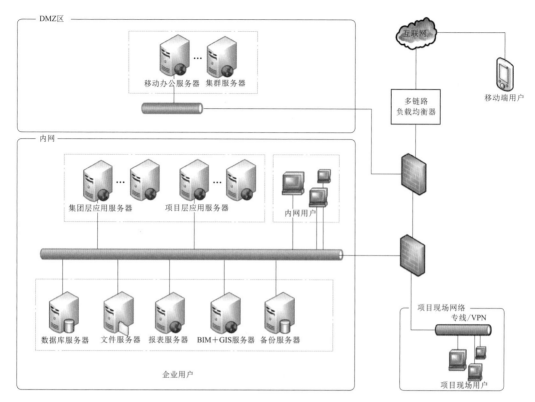

图 7.3－6 数字化建设管理平台物理架构示意图

捷的协同工作环境，可提高项目的整体工作效率、经济效益以及工程安全管控，实现工程项目高性能、高整合、高智能的信息化管理。

7.3.2.1 施工成本管理

施工成本管理是从工程投标报价开始，直至项目竣工结算完成为止。可对项目实施的全过程中人工费、材料费和施工机械使用费及工程分包费用进行控制。通过对直接、间接成本进行精细控制，在保证工期和质量满足要求的前提下，数字化建设管理平台成本管理子系统采取相应管理措施，把成本控制在计划范围内，并寻求最大程度地成本节约。

数字化建设管理平台成本管理子系统涉及工程造价成本管理的各个阶段。根据工程项目进展，分为设计阶段、施工阶段和竣工阶段，主要包括可研估算、初设概算、施工图预算、采购管理、支付管理、竣工结算等。系统成本管理的核心是以预算管理、分包管理、资金管理、物资管理等模块关联组成的经营数据。基于项目成本管理的实际管理内容，系统按照成本计划、成本控制、成本核算、成本分析的系统设计管理原则，对数据进行合理拆分、归集、汇总。通过系统基础单据数据的逻辑关联，系统自动提取，定期形成每月产值、目标及计划成本统计、各类分包分供成本账等。最终归集生成收入预算台账、目标成本统计、计划成本统计、实际成本台账等，并进行成本收支对比分析、偏差分析、主材耗量分析等，实现工程项目成本管理的信息化、动态化全过程管控。

通过清单设置与 BIM 结合，成本管理子系统还能实现控制计量的自动更新和中间计量的自动计算，从而实现计量支付工作线上自动化。与传统工程量清单计价相比，在模型精度较高的情况下计量误差在 2% 左右。基于流程管控和全程电子化，实现线上款项申请与支付，有利于加强工程款合理支付，确保工程进度。

7.3.2.2　施工进度管理

施工进度管理即在既定的工期内，编制出最优的施工进度计划。在执行该计划的施工中，经常检查施工实际进度情况，并分析偏差产生的原因和对工期的影响程度，进而找出必要的调整措施，直至工程竣工验收。数字化建设管理平台进度管理子系统具备完善的进度计划在线协同编辑功能。通过规范计划编制、计划报审、进度填报流程，整合进度数据，并与 BIM 模型深度结合，实现进度展示、进度模拟、进度对比、差异分析等功能，辅助监管督促项目建设进度，确保项目计划持续有效推进。

在传统的工程项目管理模式下，项目进度的计划编制和实际进度统计不能形象的反映工程进度。进度数据的采集和录入不仅费时耗力，通常还会滞后于实时进度，使得项目管理者难以实时、准确地把握工程建设进度。数字化建设管理平台进度管理模块，将传统的网络甘特图与三维可视化场景进行有机整合，实现工程进度信息、关键工序作业、三维可视化模型的综合一体化展示。图 7.3-7 为数字化建设管理平台进度管理界面。通过以时间数据为驱动，实现基于多维信息模型的施工过程的可视化模拟仿真，并实现可实时播放实际施工进度、计划施工进度等结合进度信息的三维动画演示。平台还实现两种进度的对比分析功能，形象地展示对比计划、实际进度之间的差异。

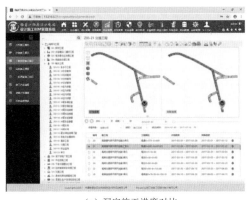
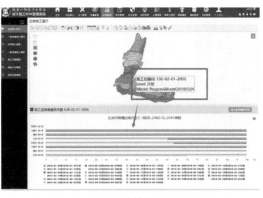

（a）洞室施工进度对比　　　　　　　　　　（b）边坡施工展示

图 7.3-7　数字化建设管理平台进度管理界面

为实现工程的精细化与精益化管理，进度模块将 BIM 模型切分至单元工程级，可提供单元工程粒度级别的管理颗粒度。管理人员可为单元工程编制计划进度，通过 BIM 模型与工程实际进度形成对比，方便工程管理人员直观地了解工程进度情况。图 7.3-8 为数字化建设管理平台进度编制界面。

平台还设立了周/月进度跟踪填报子模块。周/月报在统计末期由系统自动生成，并自动统计本期内的实际工程完成情况。对于统计期内未完成计划进度的情况，可由监理负责填报滞后原因，以便于工程管理人员准确地把握工程进度。图 7.3-9 为数字化建设管理平台进度周报界面。

工程管理人员可从周、月进度跟踪查看入口直接查看各周、月的施工计划，实际施工

	❶	预警	任务名称	WBS	计划总工程量	进度	实际完成工程量	工期	计划开始日期	计划完成日期
☐			大坝标	DGDBTJ01				58	2019-2-1	2019-3-30
☐			非溢流坝段（左岸挡水坝段1#、2#、3#、4#、	DGDBTJ01-02				58	2019-2-1	2019-3-30
☐			混凝土工程	DGDBTJ01-02-03				58	2019-2-1	2019-3-30
☐	✓🔲		1#坝段混凝土工程	DGDBTJ01-02-03-003	2.23	100%	2.23	0	2019-2-20	2019-2-20
☐			5#坝段混凝土工程	DGDBTJ01-02-03-018	4	0	0	0		
☐			5#坝段混凝土工程	DGDBTJ01-02-03-019	4	0	0	0		
☐	✓🔲		1#坝段混凝土工程	DGDBTJ01-02-03-004	3	100%	3	0	2019-2-28	2019-2-28
☐	✓🔲		1#坝段混凝土工程	DGDBTJ01-02-03-005	3	100%	3	0	2019-3-8	2019-3-8
☐			4#、5#坝段混凝土工程	DGDBTJ01-02-03-020	3	0	0	0		
☐	🔲		1#坝段混凝土工程	DGDBTJ01-02-03-008	2.65	0	0	0		
☐	🔲		1#坝段混凝土工程	DGDBTJ01-02-03-006	3.6	400%	14.4	0	2019-3-18	2019-3-18
☐			5#坝段混凝土工程	DGDBTJ01-02-03-009	3	0	0	0		
☑			4#、5#坝段混凝土工程	DGDBTJ01-02-03-021	3	0	0	0		
☐	🔲		1#坝段混凝土工程	DGDBTJ01-02-03-007	3.87	400%	15.48	0	2019-3-30	2019-3-30
☐	🔲		5#坝段混凝土工程	DGDBTJ01-02-03-010	4	0	0	0		
☐			5#坝段混凝土工程	DGDBTJ01-02-03-022	3	0	0	0		
☐			5#坝段混凝土工程	DGDBTJ01-02-03-012	3	0	0	0		
☐			4#、5#坝段混凝土工程	DGDBTJ01-02-03-023	3	0	0	0		
☐			4#、5#坝段混凝土工程	DGDBTJ01-02-03-024	3	0	0	0		
☐			4#、5#坝段混凝土工程	DGDBTJ01-02-03-						

图 7.3-8　数字化建设管理平台进度编制界面

图 7.3-9　数字化建设管理平台进度周报界面

进度以及进度滞后原因等信息。图 7.3-10 为数字化建设管理平台进度周报跟踪查看界面。

　　为建立实际进度与计划进度的对比关系，以更好地驱动 BIM 模型，并且保证进度数据的真实性、时效性，平台基于 WBS 编码打通了工程质量验评模块和进度模块的数据流。通过验评模块移动端实时抓取实际的工程进度数据，在进度展示页面实现了轻量化的双模型加载和联动操作，从而通过 BIM 模型形象地对比工程实际进度和计划进度。根据实际进度和计划进度的对比情况，系统还统计了工程进度滞后情况，并直观地反映给项目管理者。同时，在主要施工节点版面还提供了预警功能，保障工程建设的正常进行。图7.3-11 为数字化建设管理平台进度展示界面。

　　进度对比模块将甘特图与三维可视化场景进行有机整合，实现可实时播放实际施工进

图 7.3-10　数字化建设管理平台进度周报跟踪查看界面

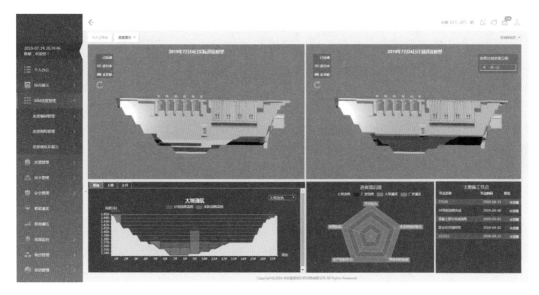

图 7.3-11　数字化建设管理平台进度展示界面

度、计划施工进度等结合进度信息的三维动画演示，形象地展示施工全过程中计划进度与实际进度之间的异同。图 7.3-12 为数字化建设管理平台进度对比界面。

7.3.2.3　施工质量管理

施工质量管理是在明确的质量方针指导下，通过对施工方案和资源配置的计划、实施、检查和处置，进行施工质量目标的事前控制、事中控制和事后控制的系统过程。数字化建设管理平台质量管理子系统由质量巡检、质量验收、质量分析三部分组成。通过科学划分 WBS，串联全部项目信息，并将 BIM 模型与质量管理、移动技术、云技术相结合，使质量管理高度贴合项目现场，提高项目质量管理水平。

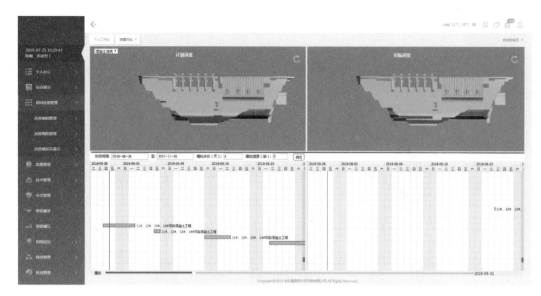

图 7.3-12　数字化建设管理平台进度对比界面

　　数字化、无纸化是当前工程管理的趋势，具有高效率、低成本的优点。作为工程建设中质量管理工作的重要部分，质量验收环节以移动化应用的方式实现质量验评的电子化、无纸化，更便于对质量数据的归纳、汇总与总结，从而将该环节整体纳入了数字化管理的闭环之内，更好地从数字化层面上做好工程管理工作，提高了整体工程管理的水平。

　　施工质量管理模块实现了水电工程施工的全过程质量管理电子化验评流程，从而大大提高了其规范性、准确性和及时性。结合电子签名、电子文件归档技术，开发了工程档案的电子化自动归档功能，真正实现了无纸化办公、精细化管理和数字化移交。无纸化质量验评的应用提高了现场工程资料的验评效率，保证了工程质量数据的真实性。图 7.3-13 为数字化建设管理平台质量管理界面示例。

　　在系统设置模块完成单元工程划分时，根据单元工程类型，平台为单元工程自动配置默认配套表单。单元配置模块可通过 WBS 树选定单元工程，并对单元工程默认配套表单进行维护。在完成单元工程划分及默认配套表单配置后，即可在施工现场利用移动端设备填报质量验评表单进行验评。图 7.3-14 为数字化建设管理平台质量验评表单配置界面示例。

　　针对水电工程施工现场经常存在无线网络信号差、覆盖面不够的问题，质量验评App 采取了离线验评的技术。通过在有网络的环境下使用移动设备加载施工包和验评表单等相关数据，在验评现场由移动端录入验评数据并保存至本地数据库，待回到网络状况良好的环境下，再进行验评数据和工程影像资料的上传，完成数据的收集和签字确认。

　　图 7.3-15 为数字化建设管理平台质量管理 App 界面。

　　平台有机结合了工程建设过程中的质量验收环节，以电子设备代替纸质表单进行数据收集、保存与展示。这种方式不仅节约了资源，而且提升了工作效率，减少了工作负担，更有效地串联、保护相关数据，从而提升了整个质量管理工作的有效度和完整度。

7.3.2.4　施工安全管理

　　施工安全管理是管理生产中的人物以及环境因素状态，管理施工工序、活动过程及结

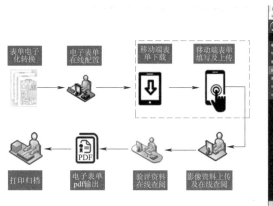

（a）质量验评流程

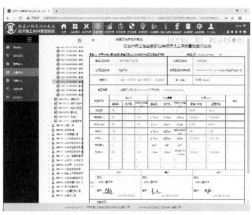

（b）Web端质量验评表单

（c）Web端查看影像资料

（d）Web端查看测量资料

图 7.3-13　数字化建设管理平台质量管理界面示例

图 7.3-14　数字化建设管理平台质量验评表单配置界面示例

图 7.3-15　数字化建设管理平台质量管理 App 界面

果。通过有效地对物的不安全状态和人的不安全行为进行管理，预防规避、及时处理安全事故，达到保护劳动者安全和健康的目标。数字化建设管理平台 HSE（HSE 为 Health、Safety、Environment 的简称）管理子系统实现 HSE 管理工作的规范化和对安全风险的全面管控，对现场监测数据、隐患排查与上报、风险识别与控制等方面进行管理。通过智能提醒功能，减少各类事故、事件的发生，并提供闭环式的工作流程管理机制，为 PDCA（PDCA 为 Plan、Do、Check、Action 的简称）管理模式提供实践支持。图 7.3-16 为数字化建设管理平台隐患管理流程图。

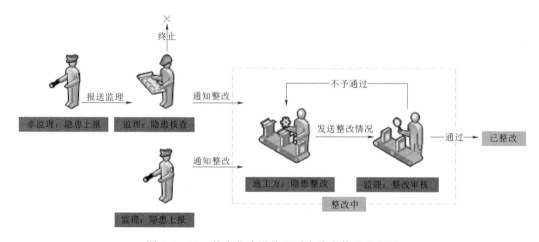

图 7.3-16　数字化建设管理平台隐患管理流程图

　　危险源及安全隐患管理是工程安全管理的重要部分。为保障工程项目的安全生产，平台的安全管理模块支持移动 App 和网页端进行填报和可视化管理，对各类危险源、隐患点以及相关的应急设备、器材、标识进行查询检索。

　　安全管理模块主要包括隐患管理、安全统计和安全资料等二级模块。通过统一入口、多维度展示和多样化输入等手段，保证工程施工活动严格受工程监管部门监控，避免潜在安全隐患的扩大化，有效提高工程安全管理水平。安全管理移动 App 的应用极大简化了安全隐患上报流程，提高了安全管理的效率。图 7.3-17 为数字化建设管理平台安全管理移动 App 界面。

图 7.3-17　数字化建设管理平台安全管理移动 App 界面

　　由移动端上报的安全隐患，可在 Web 端查阅并追踪隐患整改情况。图 7.3-18 为数字化建设管理平台安全管理界面。

　　平台可对工程各区域的安全风险、事故隐患进行汇总统计和整体分析，并通过统计图、数据表的方式进行展示，以辅助决策分析。现场参建各方可将安全制度、应急预案、安全事故报告、安全周报及月报等安全资料整理汇总后，按类别上传至平台中。在现场施工过程中，用户可根据实际需要对安全资料进行查询、下载、预览等操作。

　　通过数据接口开发整合工程项目所采用的工程安全监测信息处理系统，安全监测模块接入现场安全监测点的实时监测信息。测点类型覆盖变形监测、渗流监测、应力应变及温度监测、环境量监测等四大类。通过测点与 BIM 模型挂接，以 BIM 模型为基础对象，采

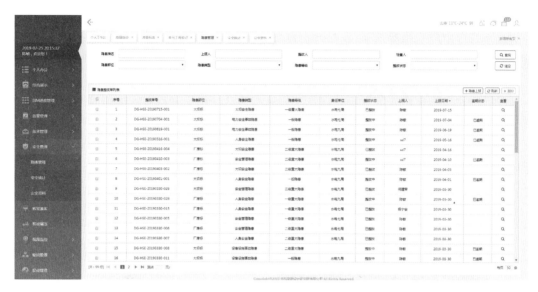

图 7.3-18　数字化建设管理平台安全管理界面

用三维导航方式进行安全监测信息的查询，包括监测仪器的历史读数、过程曲线，实现仪器读数的矢量化展示、多仪器对比分析等，为工程安全保驾护航。

7.3.2.5　施工合同管理

施工合同管理主要是项目管理人员依据合同对工程项目进行监督和管理。数字化建设管理平台合同及费控管理子系统对合同的修改、变更、补充、中止或终止等全过程活动进行记录、追溯，并通过多角度预测和分析。它将合同的变更、支付、现金流等内容准确全面地反映到统计分析界面，实现合同履行的全方位监控与合同行为决策辅助功能，提高合同管理效率。

信息管理主要对工程建设全过程中形成的业务信息进行管理。通过对各个子系统、各项工作和各种数据进行高效聚合，使项目的信息能方便和有效地获取、存储、处理和交流。通过对沟通、采购、文档、经营信息等海量分散的业务数据进行有效聚合，数字化建设管理平台充分发挥信息集成与共享的平台优势，为工程建设全生命周期提供高效的信息化、数字化载体。

7.3.2.6　施工设计管理

设计管理模块实现了设计单位、监理和业主集约化、全流程同平台办公。现场各类设计图纸、报告、修改通知等全部依靠 BIM 系统进行线上流转和审批。借助信息化手段梳理规范了设计文件报审流程，有效提高了总承包部与设计监理方的沟通效率，为水电工程建设管理提质增效，全面实现了水电工程设计管理"从线下到线上"的创新管理。图 7.3-19 为数字化建设管理平台设计管理界面。

设计管理模块包含设计管理、施工管理、监理资料和技术资料等多个二级模块，主要实现现场设计文件、施工方案等多种类别的文件报审及管理功能。相关参与方均可实时跟踪流程，并结合多方批注意见查看审签记录，提高文件报审的工作效率。针对设计文件，主要实现设计图纸、修改通知、设计报告等填报、审批、下载及预览功能，方便档案管理

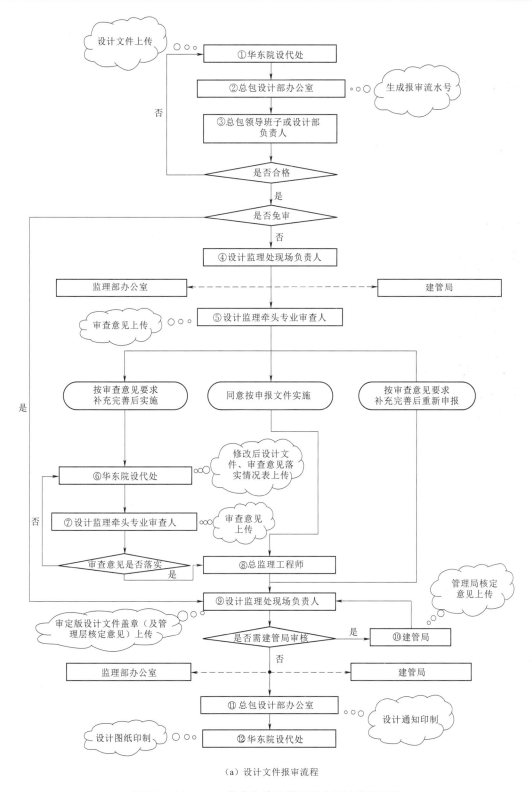

（a）设计文件报审流程

图 7.3－19（一）　数字化建设管理平台设计管理界面

（b）系统界面

图 7.3-19（二） 数字化建设管理平台设计管理界面

及参建各方查阅和使用电子版设计文件。针对施工方案，主要实现施工组织设计、专项施工方案等填报、审批、下载及预览功能，方便档案管理及参建各方查阅和使用电子版施工方案。在综合展示模块，平台还实现了不同工程部位设计文件与 BIM 模型的挂接，实现了基于 BIM 模型的设计文件导航功能。图 7.3-20 为数字化建设管理平台设计管理模块施工审报界面。

7.3.2.7　智能建造管理

数字化建设管理平台智能建造模块包括三个子模块：智能温控管理、智能灌浆管理、智能碾压管理。该模块深度融合物联网、大数据、云计算等前沿技术，对水电工程施工全过程进行智能控制。

1．智能温控管理

通过运用自动化监测技术、GPS 技术、无线传输技术、网络与数据库技术、信息挖掘技术、数值仿真技术、自动控制技术，智能温控管理模块实现了施工和温控信息实时采集、温控信息实时传输、温控信息自动管理、温控信息自动评价、温度应力自动分析、开裂风险实时预警、温控防裂反馈实时控制等功能。通过温控施工动态智能监测、分析与控

图 7.3 - 20　数字化建设管理平台设计管理模块施工审报界面

制，该模块能够实现大坝混凝土从原材料、生产、运输、浇筑、温度监测、冷却通水到封拱的全过程智能控制。图 7.3 - 21 为数字化建设管理平台智能温控信息传输架构。

基于 BIM 系统的图像展示，直观体现当前各浇筑仓面的实时最高温度，便于对质量控制点、温控措施薄弱部位进行管控，并结合相邻浇筑块查看。页面展示所有浇筑块的编号及最高温度，鼠标悬停至某一浇筑块，界面右侧显示该浇筑仓编号、出机口温度、入仓温度、浇筑温度等基本信息。图 7.3 - 22 为数字化建设管理平台智能温控界面。

2. 智能灌浆管理

水电工程枢纽区固结灌浆及防渗帷幕孔众多，灌浆施工质量把控困难，施工过程产生的数据量大。对于现场质量管控人员来说，无论是工程量计量判别，还是灌浆质量评价，都需要与地质条件相结合，且需要大量的图表配合进行分析。通过建立数字化灌浆监测系统，将全部灌浆记录仪接入无线传输网络，实现灌浆数据与管理平台的实时传输以及灌浆施工异常情况的实时监测与报警，为管理人员提供反馈信息和决策支持。图 7.3 - 23 为智能灌浆模块进度分析界面。图 7.3 - 24 为智能灌浆模块灌浆质量分析界面。

智能灌浆模块的数据流向包含两种方式：一种是全部灌浆记录仪接入无线传输网络，实现灌浆数据与数字化建设管理平台的实时传输；另一种是灌浆记录仪未接入无线传输网络，每天将灌浆记录仪数据导出，然后导入到数字化建设管理平台中。

通过将固结灌浆单元的边界节点、固结灌浆孔信息、检查孔信息编入或导入数字化建设管理平台，形成灌浆单元所含有的主要工程属性，作为灌浆分析的数据基础。

3. 智能碾压管理

混凝土碾压质量控制是碾压混凝土重力坝施工质量控制的主要环节，直接关系到大坝安全。通过对大坝碾压过程中碾压机械的运行轨迹、速度、振动状态等参数的实时监控，智能碾压管理模块实现对大坝碾压过程的实时监控与分析，确保大坝施工质量始终处于受控状态。

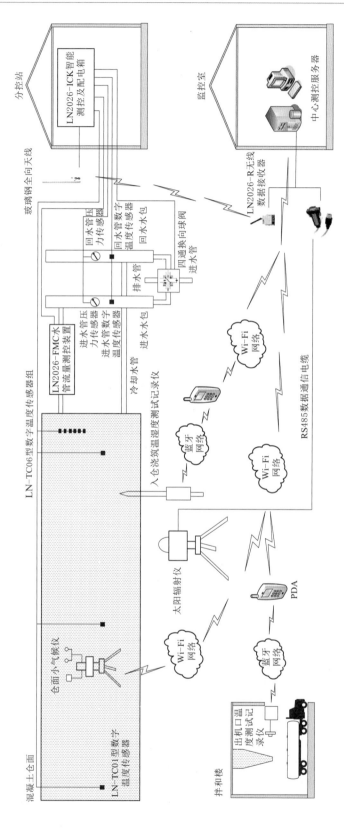

图 7.3 – 21　数字化建设管理平台智能温控信息传输架构

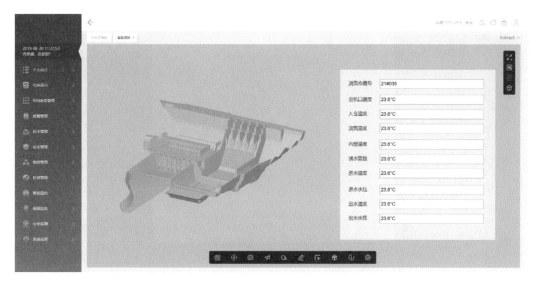

图 7.3-22　数字化建设管理平台智能温控界面

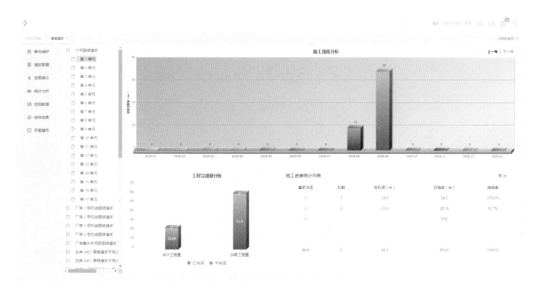

图 7.3-23　智能灌浆模块进度分析界面

智能碾压管理模块包括碾压机械动态监控、质量数据的统计与可视化查询、质量控制、指标超标报警、数据报表输出等功能；并通过数据接口开发的方式，将混凝土智能碾压管理模块的数据成果接入工程管理信息化系统，实现基于同一平台对混凝土碾压质量控制的统一管控。

智能碾压管理模块由总控中心、网络系统、现场分控站、差分基准站和碾压机流动站等部分组成。数字化建设管理平台智能碾压管理模块结构示例如图 7.3-25 所示。

实时监控与预警是现场质量把控的重要内容。基于此功能，管理人员可实现对现场碾压设备行进速度、激振力及碾压厚度的实时监控，并将不满足碾压要求的讯息实时发送给

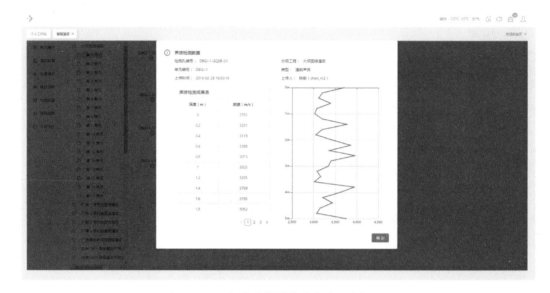

图 7.3-24　智能灌浆模块灌浆质量分析界面

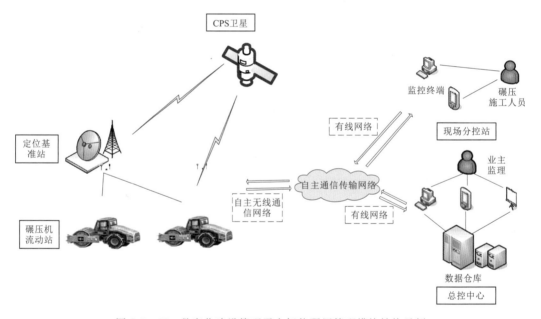

图 7.3-25　数字化建设管理平台智能碾压管理模块结构示例

现场工程管理人员。

　　在每仓施工结束后，以不同颜色值生成碾压轨迹图、碾压遍数图、压实厚度图、压实高程图等图形报告，作为仓面质量验收的支撑材料。图 7.3-26 为数字化建设管理平台智能碾压模块图形报告示例。

7.3.3　小结

　　利用 GIS 技术、虚拟现实技术、移动互联网技术、物联网、大数据、云计算等先进

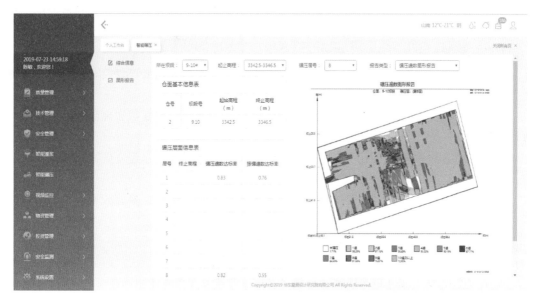

图 7.3-26　数字化建设管理平台智能碾压模块图形报告示例

的数字化手段,通过"横向到边、纵向到底"的施工全过程数字化管理业务体系,数字化建设管理平台将工程管理细化至"单元工程级"的最小颗粒度,将业主关心的工程进度、质量、投资、安全、施工资源管理等施工关键要素在同一个平台进行数据共享和管控,实现工程物理信息与 BIM 模型的深度融合。该平台通过串联参建各方,串联各层级工程的进度、质量、安全等信息,串联移动端与 PC 端数据链,实现远程异地无纸化办公以及项目全过程管理的优化。平台有效实现工程可视化管理,提高工程建设水平,改善工程质量,并为后期电站智能化运维提供技术积累、数据支撑。

7.4　水电工程智慧化运维管理及应用

水力发电是最大的清洁低碳可再生能源,完成建设的水库工程除发电外,往往还兼具防洪、供水、航运、灌溉等综合利用功能,经济、社会、生态效益显著,具有其他能源形式无可比拟的优势。中国是世界水电装机、发展前景和开发难度最大的国家,水电的绿色、高效开发对国家安全、绿色发展关系重大。在新形势背景下,"智慧水电工程"已不单纯是一个概念上的问题。作为水电工程建设者应理解国家政策,审视国内外的宏观环境,不断进行业务革新,并大力应用新技术以适应电厂面临的诸多挑战。借鉴国内外智慧电厂的成功建设经验,建成智慧水电工程,以确保电力企业在新起点、新技术、新机遇、新挑战下能不断创造更大价值。

7.4.1　水电工程智慧运维管理的内涵及意义

7.4.1.1　智慧运维管理的起源

智慧工厂是"智慧运维管理"的理论基础。它基于工程建设过程中采集的工程大数据，采用物联网的技术和设备监控技术，加强信息管理和服务，构建一个高效节能的、绿色环保的、环境舒适的人性化工厂。

智慧运维管理包括以下四个要素：

（1）预测。通过智能仪表和传感器及软件智能化设备，提高流程建模，从而获得预测能力。

（2）可见性。将数据转变为上下文相关的信息，大幅减少工程师和现场操作人员收集数据的时间，以更好地分析生产操作数据。

（3）协同。利用先进通信手段，专家可远程及时解决问题，并建立虚拟环境，以减少费用和提高反应速度。

（4）分析和优化。利用现有模型，提升流程控制手段，使用更多的分析手段来提高装置和全厂的优化能力。

智慧运维管理的支持单元主要有以下 3 个：

（1）变革管理。它需与管理层保持一致，不仅需要建立治理结构，而且需要沟通、培训、辅导、管理等一系列变革管理的行动。

（2）架构。它包括基础设施、应用系统、数据和业务流程。

（3）面向服务体系架构（SOA）和集成信息平台。它将数据转化成跨厂跨企业关联的可视化信息。

7.4.1.2　水电工程运维管理现状

1. 国内水电工程运维管理现状

鉴于目前国内已经完成的水电工程项目都是采用传统设计、传统建设，整个建设过程中没有形成工程建设大数据，运营维护主要是基于现场运营维护管理人员的"控与管"。虽然多数水电工程都利用了先进的信息技术，如引进 MIS 信息管理系统、OA 办公自动化系统等。但总的来说，水电工程主设备内部故障诊断还有待进一步完善，在运行、维护、库存采购、信息管理等几个方面还存在一定的问题。

（1）维护管理方式相对落后。目前绝大部分水电工程的维护模式都是采用事后检修与定期计划检修相结合的方式。事后检修是指设备发生故障并停机后，被迫对设备进行修理，不坏不维修，是一种比较被动的检修方式。在这种情况下，故障设备大多数情况已经比较严重，需更换备品备件。由于故障的随机性，缺乏必要的维修前的准备，处理故障的时间比较长，而且不能结合来水情况进行计划性的检修，造成弃水情况的发生，直接导致水资源利用率的下降。定期计划检修是在枯水期内对各台机组和主变压器等设备进行每年一次的计划性小修。如果某设备出现较大缺陷时，则结合几年一次的大修进行系统性改造或修补。无论计划性小修与大修，由于都是固定周期的检修维护方式，与设备实际运行状况并不能很好地结合在一起，总会出现维护或者欠维护的情况。为进一步提高维护效率、节约维护成本、增加水资源利用率，并结合目前维护理论的发展和监测技术的进步，可采取基于条件的设备预防性维护和计划检修相结合的方式，对设备资产的维护管理进行突破，提高水电工程运行维护管理的水平。

（2）运行管理缺少先进信息技术和数字化技术支撑。目前的运行人员日常巡视还是采用传统的巡检方式，需要靠运行人员较高的职业素质、较强的业务能力。如果运行人员能力不够或者职业操守不强，就可能出现巡视不到位、不容易发现设备缺陷等。

由于水电工程首要任务强调的是安全生产，而运行管理中控制安全生产的主要就是两票制。两票指的是工作票和操作票。工作票指水电工程检修人员对于任何检修、试验工作都要向有关部门提出申请，即履行检修工作票许可手续，在得到相关部门的确认并办理工作许可手续后才能进行该检修工作。而操作票是运行人员根据检修人员提出的安全措施等有关内容是否正确完备后，为配合检修工作的实施，保障参与该项检修工作和设备的安全而采取的相应安全措施，用于改变和调整水电工程设备运行方式和状态的一种管理方式。该方式的管理流程较为严格，往往造成办理工作票、操作票时间长，从而影响工作的效率。

随着数字化技术的不断发展，数字化电站的概念目前被很多电站工作人员所熟识。但真正将三维数字化技术应用电站运行维护管理的少之又少，三维数字化电站的各项优势也就得不到很好的应用。目前在核电和火电领域，已经在逐步推广开展数字化电厂的运用，得到了不少业主的高度评价，对于水电工程的数字化电站建设，也需要进一步地进行推广和运用。

（3）数据孤岛现象严重。水电工程在企业信息化建设上，通常是孤立的。各个部门建设各自的系统，比如生产技术部门建立的设备台账管理系统、安全监察部门建立的工作票管理系统等，这些系统之间普遍是相互隔离、互不通信的。且在企业的上下级之间也普遍存在数据不通畅的问题。这就造成了水电工程的信息系统普遍都存在两个烟囱：一个是横向的烟囱，各个系统之间的数据交互不畅；另一个是竖向的烟囱，同一个系统在上下级单位之间的数据交互不畅，造成了严重的数据信息孤岛问题。

2. 国外水电工程运维管理现状

面临日趋复杂的经营环境，相对中国水电工程项目资产管理，国外水电工程开发企业纷纷引入先进的资产管理理念和方法，以实现经济、安全和稳定的水电工程项目资产运行，并满足多方利益相关者要求，促成企业的持续健康发展。目前比较典型的是，欧美多数国家采用 LCC（全寿命周期成本）管理技术实现对水电工程资产的全寿命周期管理。

美国电力研究院（Electric Power Research Institute，EPRI）在 20 世纪末就开展了电厂发电设备的 LCC 工作，管理的范围涉及水轮机、发电机、变压器、励磁机、输配电系统等。通过将 LCC 管理工作与资产管理相结合，实现电厂主要设备的全寿命周期管理。瑞典 Vattenfall 公司在 20 世纪 80 年代已从事 LCC 方面的工作。为支持 LCC 的应用，在电厂的设计、制造、运行周期内，通过在电厂的资产管理系统中注入 LCC 的管理技术，实现资源的有效利用。从而实现对电厂设备整个寿命期内的有效管理，在提高设备可靠性的同时，也为电厂的经济运行带来了较大的好处。

LCC 技术在国外公司资产管理中的运用主要有以下几个特点：

（1）将 LCC 技术和设备可靠性、故障模式及影响分析结合起来。LCC 技术已经不再是投入产出的计算，而是将重点转向惩罚性成本的确定和计算。

（2）随着可持续发展要求的增强，在 LCC 技术中加入了环境保护的因素，从而导致了各项活动对环境保护成本的计算研究。

（3）将 LCC 技术同资产管理紧密结合，不仅从技术上开发 LCC 管理，而且从管理模式上进行 LCC 管理。

目前，相比于国外来说，国内水电工程的资产管理水平相对较为落后。它以传统管理模式为主，不仅存在亟待解决的数据孤岛问题，其管理模式上也有待进一步提高。

7.4.1.3 水电工程智慧运维管理演进路线

无论在概念上还是实践上，水电工程智慧运维管理都在经历着螺旋渐进式的演进。这个世界上最顶尖的 IT 和电气工程师都汇聚于此，共同推进智慧电厂的变革。电力专委会和发电自动化专委会正在联合推动组建"中国智慧电厂联盟"，讨论中国智慧电厂联盟行动路线和工作规划。众多发电企业、电厂都在数字化电厂、智能化电厂、智慧化电厂的建设中摸索前行。

（1）数字化电厂是将电厂所有信号数字化、所有管理的内容数字化。通过对电厂物理和工作对象的全生命周期进行量化，进而可以在此基础上进行分析、控制和决策。

数字化电厂的建设是利用计算机、通信、网络等技术，通过统计技术量化管理对象与管理行为的一个过程。它主要把设备模拟信号转化为数字化信号，利用信息系统把手工劳动变成电脑处理，便于储存与管理。为做好资产的数字化工作，应着重对发电设备的资产进行全生命周期管理。其宗旨是实现计划、燃料、物资、检修、运行、营销、财务、档案等职能的管理活动和方法的计算机处理与应用。

（2）智能化电厂是指以信息物理系统为基础，由智能控制技术、现场总线控制技术、现代先进传感测量技术、信息技术高度集成而形成，具有智能化、信息化、一体化、经济、环保等特征的新型电厂。

智能化电厂的建设是对海量数据进行加工处理，为电厂相应的人员提供辅助决策的依据的过程。其宗旨是通过整合电厂运行、监测、设备诊断、安全、物资供应和设备维护的全过程，能显著降低工作强度，提高电厂生产管理效率。

（3）智慧化电厂是以数字化、信息化、自动化、智能化为基础，通过对电厂的全生命周期进行量化，并与能源互联网互联互动，实时进行分析、控制和决策。

智慧化电厂的建设是通过传感器等智能设备应用，使现场设备除了具有分析能力，同时还可以提供参考决策方案。它应具有人工智能特征，综合提升电厂设备资产运行的健康水平、可利用率、安全可靠性等，降低企业运营成本并提高盈利水平。

7.4.1.4 水电工程智慧运维管理的内涵

耶鲁大学计算机科学教授戴维·杰勒恩特（David Gelernter）提出"智慧系统很聪明，会从信息里发现隐含的规律——以前所未有的深度，它理解你想要什么，预测未来可能出现的情况，并提供给你准确的答案，从而成为你的有力助手；在某些方面，它会超越真实世界的复杂度，揭示一些隐藏的模式，帮助你思考那些从未想过的问题"。从上述理解中可以将水电工程智慧管理目的概括为"感知化、互联化、智能化"三大方面。图 7.4-1 为智慧水电厂智慧管理目标。

感知化：它可以从两个方面理解，一方面是通过监控摄像头、传感器、RFID 等前端硬件设施获取第一手资料；另一方面是通过数据中心、数据挖掘和分析工具、移动和手持设备、电脑等多种途径感知企业各个方面。

互联化：它也可以从两个方面来理解，一方面是通过宽带、无线等移动通信网络、现

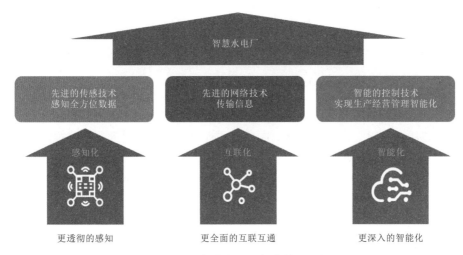

图 7.4 - 1　智慧水电厂智慧管理目标

场总线等将企业连接，数据高效集成；另一方面是单个业务形态与其前延和后续业务的联动。

智能化：通过使用传感器、先进的自动控制技术、高效分析工具和集成 IT，可以实时收集并分析企业的所有信息，以便管理者及时做出决策并采取适当措施。

智慧水电工程是在数字化基础上，针对物联网和过程控制系统基础产生的过程大数据，利用三维可视化信息物理系统进行纵向和横向及端到端的整合与集成，实现人机互联、物联识别。在此基础上，运用信息化、智能化和移动化技术，实现电厂生产管理在本质安全基础上的智能作业。比如通过对系统和设备的大数据智能算法分析，实现由传统的设备监视发展到设备诊断、预测及主动干预，再逐步发展到状态检修；通过建立设备故障知识库、维修知识库、可靠性策略体系、远程辅助诊断，落实精益生产；通过对生产、经营数据的一体化集成分析，实现经营在线和实时决策。通过以上技术手段，最终形成"三维可视、人机互联，智能作业、本质安全，状态检修、精益生产，实时决策、智慧经营"的高效新型智慧水电工程。

7.4.1.5　水电工程智慧运维管理的九大能力

水电工程智慧运维管理的内涵体现在水电工程的各个领域，如工程领域、设备领域、运行领域、检修领域、经营领域等。它们的智慧方向呈现出各自的特点，主要包括以下九大能力。

1. 基建运营一体化能力

基建运营一体化能力包括以下三个方面：

（1）数字化移交过程及质量控制能力。电厂基建设计以三维设计为基础，其设计资料是未来电厂运营的重要基础信息，设计数据是未来虚拟工厂应用的重要来源。其过程和质量控制能力，是移交质量的重要保障。

（2）基建数据与模型开发利用能力。电厂数字模型中存储设计各种设计参数、类型、荷载、埋件等。通过数字模型与采购、施工、调试、运行、优化阶段的数字信息进行集成，构建虚拟电厂。

（3）虚拟电厂持续运营能力。为走向智慧化水电，仿真培训、虚拟操作、虚拟优化是必要的支持技术。为此需要保障虚拟电厂与物理工厂及时的信息同步和信息一致。

2．市场/客户层能力

市场/客户层能力包括以下三个方面：

（1）能源互联网创新能力。将生产资源接入到互联网，通过生产原料、设备、过程等的数字化、智能化、网络化，实现自适应的生产计划、资源配置和过程管理，使生产可以动态适应变化的、个性的需求。

（2）经营优化能力。针对国网、地网价格波动，电厂需实时调整电价与成本关系，优化经营能力。

（3）科学决策能力。电厂决策者和分析专家基于数据仓库和商务智能，通过建立清晰的信息链条和决策程序，实现日常管理决策的理性化、程序化、模式化和系统化。

3．生产运营层能力

生产运营层能力包括以下四个方面：

（1）设备数据挖掘与分析能力。通过三大机组和主要辅助设备的数据挖掘与分析，对电厂主要设备建立数据模型，分析优化设备，提高运行效率。

（2）设备状态监测与预防维修能力。设备运行和维护是电厂生产的核心内容。通过大数据实时分析设备运行状态、预测故障隐患，及时的预防性维修可大幅延长设备使用寿命。

（3）实时成本控制能力。内部成本管理水平的高低是影响电厂盈利的一个主要的因素。实时的成本控制，能够在保证客户满意的前提下，用最小的投入获得最大的产出，破除生产成本瓶颈。

（4）安全生产一体化能力。它是电厂在对由员工、设备、物料、制度、环境组成的安全系统进行协调控制的过程中，积累起来的一组知识与技能的集合。

4．物资管理层能力

物资管理层能力包括以下三个方面：

（1）物资全生命周期管控能力。通过统筹考虑电厂资产的规划、设计、采购、建设、运行、检修、技改、报废的全过程，在满足安全、效益、效能的前提下追求资产全寿命周期成本最低，提高投资效益，提升专业化管理水平。

（2）物资管理的规范化与集成化能力。在确保维修需求的条件下，利用集成的业务流程与及时的信息数据，提高对需求的正确预测，尽可能减少采购和库存资金，降低库存成本。大小修项目预算与分解、工单中人工与工具费用、采购与库存等业务信息，通过与财务信息动态集成，实现全过程的成本管理与控制。通过提高员工对业务流程的清晰认识、现代管理知识的学习和信息技术的掌握，培养既懂业务又懂信息技术与管理的队伍。最终实现对工作进度、库存与采购、人力资源、成本、安全措施等进行查询、监控、分析与决策的系统。

（3）资产管理信息化和数字化能力。随着三维数字化技术的不断发展和推广应用，对于水电工程设备资产管理中融入三维数字化技术，目前已经得到多数业主的认同。通过三维数字化技术，实现水电企业物理资产的数字化和可视化。将资产管理业务流程表单化、数字化后，通过系统集成技术将三维模型和业务流程进行无缝集成，从而实现对资产全生命周期的可视化管理，为水电企业提供一个高效、直观的应用系统对资产管理业务进行有效的管理。通过资产项目管理、数据级别层次管理、装置数据管理、维修维护数据管理、非装置数据管理、数据接口管理等，在三维数字化场景中就可以对各种数据进行查询，对各种状态进行分析，对工作流程进行跟踪处理，从而真正实现水电工程的无人值守、少人值班。

5. 企业管控和支持能力

企业管控和支持能力包括以下四个方面：

（1）业务协同能力：电厂需在新业务模式下，以端到端的思维优化业务流程，设置岗位职责，实现业务贯通和部门协同。

（2）管理绩效整合能力：基于管理对象和管理过程数据化和指标化，电厂的管理绩效必须整合与战略对齐。

（3）人力资源优化能力：人力资源的持续提升是电厂整体竞争能力提升的关键。

（4）节能优化管理能力：环保节能是新型电厂的必备特点，也是未来国家强管控的重点区域。电厂要从被动履行环保和节能义务，转变到主动开展环保和节能工作。

6. 电厂策略与规划能力

电厂策略与规划能力主要体现在业务规划与信息化架构执行上面。电厂业务规划和信息化规划是电厂战略层面的重大举措，是电厂运营模式改革的指导性文件。其关键是建立强大的、具有资源分配能力的规划执行能力。规划执行管理是一种通过实施变革规划和变革项目实现预期价值的新方法，可有效管理规划实施过程中所必需的技能和能力，主要包括战略组合管理、项目管理、规划管理组织（Planning Management Organization，PMO）、变革管理制度。

7. 计划和平台搭建能力

计划和平台搭建能力包括以下两个方面：

（1）建立精细计划编制与执行能力：经营和生产计划编制的精度和深度，是电厂统筹企业资源高效运转的重点体现。电厂需充分数据化经营和生产能力与约束，提高编制精细计划和监控执行的能力。

（2）电力资源优化配置能力：企业的任何管理和生产活动都基于企业资源和资源供给方式，也会不断经历内部变革和资源再分配。电厂需打造应对变革和持续运营所需的企业资源优化配置能力。

8. 日常运行能力

日常运行能力包括以下两个方面：

（1）生产方式迅速转换能力：针对电价实时调整、用户用能曲线不断波动、燃料价格波动，电厂需时刻根据内外部条件，调整生产能力迅速进行针对性的工艺转换，继而及时降低成本，提高边际利润。

（2）即时决策能力：为充分竞争市场，应对内部成本和外部利润影响的实时变化，电厂需即时获得这类信息，并能够做到工艺切换。

9. 信息化整合层能力

信息化整合层能力包括以下三个方面：

（1）建立信息化管控能力：信息化不是简单的建设系统，而是电厂战略层面信息化与业务的融合，进而提高竞争力的过程。电厂必须建立企业级的跨部门的管控能力，才能保障信息化促进业务变革以及对业务的足够支撑。

（2）数据集成和整合能力：从 IT 时代过渡到数据处理（Data Technology，DT）时代，数据是企业管理的核心内容。孤岛化的数据不能组合成有效的企业信息。智慧电厂需打破信息孤岛，建设数据整合和集成能力。

（3）两化融合能力：以信息化带动工业化，以工业化促进信息化。两者在技术、产品等各个层面相互交融，彼此不可分割。两化融合核心就是信息化支撑，追求持续改进，它包括技术融合、产品融合、业务融合、产业衍生四个方面。

7.4.1.6 水电工程智慧运维管理研究的意义

国务院下发的《国务院关于积极推进"互联网＋"行动的指导意见》（国发〔2015〕40 号），其中针对能源企业提出了相应的重点行动，即"互联网＋"智慧能源。通过互联网，促进能源系统扁平化，推进能源生产与消费模式革命，提高能源利用效率，从而实现节能减排。通过加强分布式能源网络建设，提高可再生能源占比，促进能源利用结构优化。通过加快发电设施、用电设施和电网智能化改造，提高电力系统的安全性、稳定性和可靠性。

智慧水电工程作为智能能源可再生领域的重要单元，在保障安全经济、节能减排、绿色环保、推动国民经济又好又快发展中肩负着重要责任。这需要企业不断提高自己的管理水平和技术水平。充分利用信息技术和物联网技术挖掘生产和管理潜力，以提高生产和管理效率，是每一个工业企业都必须开展的课题。

在智慧水电工程的建设中，同步开展智能传感器与仪器仪表、工业通信协议、数字工厂、制造系统互操作、嵌入式制造软件、全生命周期管理以及工业机器人、服务机器人和家用机器人的安全、测试和检测等领域标准化工作，提高我国仪器仪表及自动化技术水平。

通过对智慧水电工程的建设，在业务模式创新上，实现从职能管理型到协同管理型转换；在管理制度变革上，实现从管理执行型向管理效益型转换；在信息化驱动力上，实现从专业应用型向协同应用型转换；在自动化应用方面，实现从离散控制型向主辅集中型转换。智慧电厂通过推动业务管理协同融合、决策科学，实现管理信息化与生产自动化的融合，并引入大数据、物联网等新技术，实现新技术与业务管理融合。从而实现电厂的分析决策更智慧、管理理念更先进、设备管理更自动、信息应用更高效。

智慧水电工程的建设应以智能发电、智慧管理建设为抓手，以数字化电厂为基础，坚持问题导向，突出风险预防控制、实时利润查看、优化管理、远程诊断等流程，最终提升工作效率。力争通过智慧电厂建设，实现数据流、信息流、业务流的一体化融合，从而实现可靠、安全、高效的目标。

7.4.2 智慧化电厂的关键技术

7.4.2.1 物联网模式下的资产信息采集技术

早在 20 世纪 40 年代，由美国发起，就开始了对条码技术的研究。我国在 20 世纪 70

年代末 80 年代初也开始了对条码技术的研究，并在各行业得到广泛应用。早期条码的工业目标是为物品提供一套清晰的识别体系，以简化商店中的收费业务。目前，条码标识系统的应用已经扩展到了工业、交通运输、邮电、票证以及电子数据交换等领域。由于机器识别方便、价格低廉，条码技术得到了不断地发展和完善，渗透到了计算机管理的各个领域。随着信息化管理的需要，需要标记的信息量增加。二维条码已渐渐替代了以前被广泛使用的一维条形码。对于企业资产管理，几乎所有企事业单位和机构，都采用了条形码标记固定资产信息以便信息化管理。

伴随着条码技术的推广与应用，无线射频识别（Radio Frequency Identification，RFID）技术也快速发展并得以应用。20 世纪 90 年代起，RFID 已成为走向成熟的一种非接触式自动识别技术。它可以通过射频信号自动识别目标对象，可识别高速运动物体，并可同时识别多个标签，操作快捷方便。在资产管理实际应用过程中，在某些特定条件下，可以很好地弥补条形码使用过程中出现的不足。比如无须可见光源；具有穿透性，可以透过外部材料直接读取数据；可以远距离读取，无须与目标直接接触就可以获取数据等。

1. 条形码技术

条形码实际上就是将数字化的符号，按照一定的规则转换成的便于快速识别的图像符号。其输出为位图文件。

一个完整的条形码的组成从前到后依次为：静区（前）、起始符、数据符、中间分割符（主要用于 EAN 码）、校验符、终止符、静区（后）。完整条形码结构如图 7.4－2 所示。

（1）静区是指条形码两端空白限定区域，使阅读器进入准备阅读的状态。当两个条码相距距离较近时，静区则有助于对它们加以区分。

图 7.4－2　完整条形码结构

（2）起始/终止符是指位于条码开始和结束段的若干条、空结构，标志条码的开始和结束，同时提供了码制识别信息和阅读方向的信息。

（3）数据符位于条码中间的条、空结构，它包含条码所表达的特定信息。

条形码的种类很多，比如 ENA 条形码、UPC 条形码、25 条形码、交叉 25 五条形码、库德巴条形码、39 条形码和 128 条形码等，都有其各自特点。由于 128 条形码是一种长度可变、连续性的字母数字条码，项目中一般选择 128 条码进行编码。

2. RFID 识别技术

RFID 是一种简单的无线系统，用于控制、检测和跟踪物体。系统由一个询问器（阅读器、便携式数据终端等）和很多应答器（射频标签等）及其支持软件所组成。RFID 系统基本组成如图 7.4－3 所示。

（1）RFID 标签（Tags）。RFID 标签由天线和芯片组成。其中天线的作用是在标签和阅读器间传递射频信号。芯片里面保存着电子编码和用户数据，每个标签都有一个全球唯一的电子编码，即 ID 号码（在制作芯片时放在 ROM 中的，无法修改）。用户数据区是供用户存放数据的，比如利用读写器，写入要张贴的固定资产的相关物理信息，这些信息可

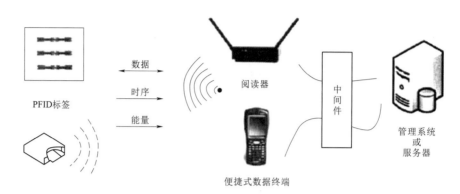

图 7.4-3　RFID 系统基本组成

以进行读写、覆盖、增加等操作。

（2）阅读器（Reader）。在需要读取相关资产信息时，阅读器就按照一定的规则通过射频模块向标签发射读取信号，然后接收标签被激发后的应答，并对接受的标签信息进行解码，将识别的信息通过中间件等传输给主机进行处理。根据应用不同，阅读器可以是手持式或固定式。当前阅读器的成本都比较高，而且大多数都只能在单一频率点上工作。未来阅读器的价格将大幅降低，并且支持多个频率点，能自动识别不同频率的标签信息。

（3）RFID 中间件。RFID 中间件的作用是将底层 RFID 硬件自动获取的数据和上层企业应用联系起来。位于阅读器与企业应用之间的中间件是 RFID 的一个重要组成部分。虽然中间件是横向的软件技术，但在 RFID 系统中，为使其更适用于特定行业，RFID 中间件会针对行业做一定的适配工作。中间件为企业应用提供一系列计算功能，其主要任务是对阅读器读取的标签数据进行过滤、汇集和计算，减少从阅读器传往企业应用的数据量，同时提供与其他 RFID 支撑系统进行互操作的功能。

（4）应用程序。应用程序通常根据来自标签的数据执行特定的动作。例如资产跟踪，当某地方的固定资产被调拨后，自动更改到目的地点位置。应用程序也会根据企业内部的信息对标签进行写入，例如对已经报废的或者更换的资产进行重新写入标记。

利用 RFID 的"身份"识别能力，实现电站施工预埋管件及后期机电设备的自动统计并生成报表清单。通过进一步结合电站全信息三维模型及工程施工进度信息，分析得到电站施工的预埋管件等的供求信息，为物资采购与库存提供数据支持。

此外，基于 RFID 的仓库管理，将改变传统的仓库管理的工作方式与流程。在仓库管理的核心业务流程出库、入库、盘点、库存控制上，通过将所有关键的因素贴上 RFID 标签，可实现更高效精确地管理。RFID 技术具有识别距离远、快速、不易损坏、容量大等条码无法比拟的优势，通过简化繁杂的工作流程，可有效改善仓库管理效率和透明度。

7.4.2.2　物联网模式下的数据传输与通信机制

由条形码和射频标签组成的感知层，对资产信息进行了标注和识别追踪。通过各种传输渠道，将这些由感知层采集到的资产信息数据传输到数据管理平台上，并与实际应用层对接，才能实现各种应用层次的业务。传输层是数据层和应用层的黏合剂，它实时将现场数据传输给应用层。在面向企业资产管理的物联网模式下，涉及几种典型的数据传输形式，如通用无线分组业务（General Packet Radio Service，GPRS）、蓝牙、手机短信等，下面进行详细介绍。

1. 基于 GPRS 的数据通信

GPRS 是为了弥补现有的 GSM 移动通信系统传输速率不足，并在此基础上发展起来的一种移动分组数据业务。GPRS 通过在 GSM 数字移动通信网络中，引入分组交换的功能实体，以完成用分组方式进行的数据传输。GPRS 系统可以看作是对原有的 GSM 电路交换系统的基础上进行的业务扩充，以支持移动用户利用分组数据移动终端，接入 Internet 或其他分组数据网络的需求。

GPRS 网络是基于现有的 GSM 网络实现的分级数据业务，在 GSM 网络电路交换业务通道基础上增加新的网络实体，开辟分组交换业务通道。用于分析网络结构上的网络接口和传输协议。

基站收发台（Base Transceiver Station，BTS）的分组处理功能，负责移动信号的接收、发送处理，是实现无线接口物理层功能。它包括信道编解码及其调整、分组逻辑信道映射、时间提前量自适应调整、上行链路测量、下行功率控制执行等。这些都是通过 G - Abis 接口进行相关功能的实现。

分组控制单元（Package Control Unit，PCU）用来处理数据业务量，并将数据业务量从 GSM 话音业务量中分离出来。PCU 增加了分组功能，可控制无线链路，并允许用户接入同一无线资源。它主要是用来完成 RLC/MAC 功能和 G - Abis 接口的转换，安排上行和下行数据传送的时隙资源，以及信道接入控制与管理等功能。SGSN 即 GPRS 服务支持节点，它通过 Gb 接口提供与无线分组控制器 PCU 的连接进行移动数据的管理，如用户身份识别，加密，压缩等功能；通过 Gr 接口与 HLR 相连，进行用户数据库的访问及接入控制；通过 Gn 接口与 GGSN 相连，提供 IP 数据包到无线单元之间的传输通路和协议变换等功能；提供与 MSC 的 Gs 接口连接以及与 SMSC 之间的 Gd 接口连接，用以支持数据业务和电路业务的协同工作和短信收发等功能。

2. 基于手机短信的数据通信

手机短信业务已经渗透在日常生活中，它是一种存储和转发服务，几乎所有的通信设备都有短信业务的功能模块。短信并不是直接从发送人发送到接收人，而始终通过 SMS 中心进行转发。如果接收人当前不在服务区域内，则消息将在接收人再次连接时发送。其发送的内容都是文本文件，发送数据量都很小。由于不是每个地方都会方便快捷地通过其他方式进行信息传输，所以在架构中需要利用短信对传输层的传输方式加以补充。

3. 基于蓝牙通信的标签打印

蓝牙是一种支持设备之间短距离通信（一般 10m 内）的无线电技术。它能在包括移动电话、PDA、无线耳机、笔记本电脑、相关外设等设备之间进行无线信息交换。利用蓝牙技术，能够有效地简化移动设备之间的通信，也能够成功地简化设备与因特网 Internet 之间的通信，从而让数据传输变得更加迅速高效，为无线通信拓宽道路。

7.4.2.3　基于 Web Service 的系统集成技术

大多数企业使用的应用系统都是自包含的独立系统。比如企业资源规划（ERP）、客户关系管理（CRM）、供应链管理（SCM）等，它们都包含自己一套独立的应用、流程以及数据系统。随着电子商务的发展和企业信息化的不断深入，人们需要将这些系统、应用、流程以及数据等集成起来，实现异构体之间的共享和交互，以更加高效快捷地为市场和客户服务。企业应用系统集成技术，将进程、软件、标准和硬件整合起来，在企业内部或者企业之间形成无缝集成，把原来一个个的信息孤岛整合成为一个有机整体。这是企业单位在信息化应用中，不得不面对的一个庞大而又复杂的问题。虽然取得一些成功的案例，但是大多数集成都是有限而又有局限的。并且随着企业对工作要求的不断提高，集成要求也从单个部门扩展到整个企事业单位，甚至是虚拟企业单位，使得应用集成变得更加复杂。

1. 企业应用集成

20 世纪七八十年代，全球企业信息化道路上发生了巨大的变化。企业投入大量的人力物力去建立自己的应用信息系统，以帮助企业内部或者外部的业务处理和管理。但由于历史原因，所设计的系统结构都是按照职能来组织各个部门，众多的关键信息都被封闭在相互独立的系统中，形成了一个个信息孤岛。

传统的应用系统在使用过程中也存在着各种的问题，如信息重复输入、信息存在很大冗余、部门之间难以实现信息共享等。企业应用集成技术的提出，让企业信息化的方式发生根本性变化。它不再注重局部功能的实现，而是从企业整体的高度上进行企业信息优化，注重系统之间无缝共享和数据交换。

2. 点到点的应用集成

早期的企业应用集成是企业现有的应用系统之间的集成。企业应用集成之所以选择这种点到点的集成解决方案，主要是由于企业的应用系统还不多，并且这种解决方案比较容易理解和实现，可以解决企业短期的需要，开发的周期也比较短。但是，随着企业业务的不断扩展和应用系统数量不断增加，这种解决方案的弊端就日渐明显，系统间的兼容性和平台的扩展性无法实现应用系统的集成。点到点的企业应用集成结构模式示意图如图 7.4-4 所示。

图 7.4-4 中的每个圆形节点表示企业中的某一个具体应用，它包含各自一套独立的应用架构和平台资源信息资源，导致这些引用节点之间形成一系列的信息孤岛。为了整合数据与系统，就要将它们彼此联系起来，进行点到点的集成。这样可以把企业内部的信息孤岛连接起来，实现系统节点之间的资源共享。由于企业初期的功能要求和信息化程度较高，独立应用系统也不多，应用集成多采用这种集成方案。

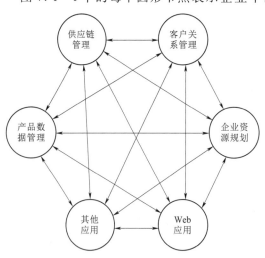

图 7.4-4　点到点的企业应用集成结构模式示意图

3. 基于中间件的应用集成

基于中间件的企业集成解决方案是采用有一个中间件来组织企业应用底层的结构，来连接企业所有的异构应用。中间件提供了一个通用的接口，所有的集成应用都借助这个中间件来传递信息。它的作用是保证应用程序之间的协调。基于中间件的企业应用集成结构模式示意图如图 7.4-5 所示。

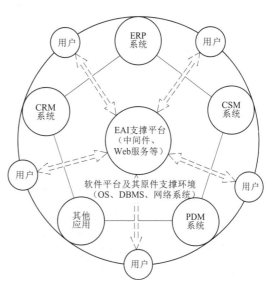

图 7.4-5   基于中间件的企业应用集成结构模式示意图

与点对点的集成方式相比，该方式能够实现更多数量的应用集成，它是从点到面的集成提升。从维护角度看，这种方式也更为简单。公共接口一经发布，平台上应用系统都可以利用。目前广泛使用的中间件产品主要有远程过程调用中间件、数据库访问中间件、分布式对象技术中间件、事务处理监控器中间件以及面向消息的中间件五个类型。

4. 基于面向服务架构（SOA）交互的数据交换

SOA 是一个组件模型，它将应用程序的不同功能单元（称为服务）通过这些服务之间定义良好的接口和契约联系起来。接口是采用中立的方式进行定义的，它应该独立于实现服务的硬件平台、操作系统和编程语言。这使得构建在各种这样的系统中的服务可以以一种统一和通用的方式进行交互。

面向服务架构是一种粗粒度、松耦合服务架构。它可以根据需求，通过网络对松散耦合的粗粒度应用组件，进行分布式部署、组合和使用。服务层是 SOA 的基础，可以直接被应用调用，从而有效控制系统中与软件代理交互的人为依赖性。

SOA 服务之间通过简单、精确定义接口进行通信，不涉及底层编程接口和通信模型。它可以看作是 B/S 模型、XML（标准通用标记语言的子集）/Web Service 技术之后的自然延伸。

SOA 不仅能够帮助软件工程师们，站在一个新的高度，理解企业级架构中的各种组件的开发、部署形式。它还能帮助企业系统架构者，以更迅速、更可靠、更具可重复利用的方式架构整个业务系统。较之以往，SOA 的系统能够更加从容地面对业务的急剧变化。

7.4.2.4   三维数字化信息模型技术

工程数字化技术的发展，引领了资产管理向数字化的发展方向。尤其是三维数字化技术的发展，为资产管理提供了新的方向。它将三维信息模型应用于资产管理中，给抽象的资产管理带来了革命性的变化。

1. 大场景展示技术

数据一般分为两大类：一类为地理信息数据，包括卫片数据、DEM 高程数据等，可利用这些数据用来构建三维场景；另一类可总结为二维元件数据，如 ArcGIS 等地理软件上使用的模型。

水电工程具有工程范围大、流域面积广的特点，对其工程建设场景的还原是一个难题。针对此难题，采用三维地理信息系统为基础平台，作为构建大场景的工具。通过叠加航片、卫星影像、数字高程模型（DEM）等，迅速创建海量 3D 地形数据。在二维场景可视化、实时漫游、大型数据库管理、跨平台交互等方面，三维地理信息系统软件表现出色。同时它还提供丰富的二次开发接口，易于开发者结合测绘遥感技术、地理信息三维展示技术，构建属于自己的应用。

如图 7.4-6 所示，以某电站真实场景为原型，构建逼真的虚拟场景，给用户全新的真实感体验。枢纽区的上下水库、开关站、上水库进出水口、下水库拦河坝等水工建筑的构建工作包括前期的实地取景、地形与水工建筑等主要场景构建、外部公共设施与环境等辅助场景的补充等。

图 7.4-6　某电站进出水口建筑虚拟三维场景效果

2. 虚拟现实交互控制技术

虚拟现实交互控制技术可采用目前业界流行的 3D 引擎开发。利用该平台较强的视觉效果和实时显示效率，能让虚拟环境更具活力，且能通过脚本语言扩展控制流程增强系统功能。同时将全信息三维数字化模型通过 Web 端发布，可以随时随地查看数字化成果，并且较为真实地反映工程项目现状。

系统一般由输入设备、交互逻辑控制引擎、场景管理引擎、信息管理引擎、场景渲染引擎和输出设备组成。输入设备负责将用户操作输入虚拟现实系统；交互逻辑控制引擎负责虚拟世界的交互控制与逻辑模拟；场景管理引擎负责场景的组织与管理；信息管理引擎负责组织管理模型相关的属性信息；场景渲染引擎负责将虚拟场景呈现给用户；输出设备负责将虚拟现实系统的信息传输给用户。

为了让用户有更好的操作体验，系统可提供多种场景漫游模式，包括行走模式、飞行模式、自动漫游模式、二三维联动快速切换等。另外，相机和切换采用了冲量相机。冲量相机是指在相机切换是增加中间过程的模拟计算，这样可以防止大范围场景切换出现的场景突变，从而提高用户交互体验。

行走模式模拟人物在地面行走，并且模拟重力效果以及碰撞效果，较真实地模拟了人物行走交互，使用户能观察场景细节。

采用飞行模式模拟人物从空中鸟瞰场景，使用户可以了解场景总体布局，各部分场景的相对位置。并且在飞行模式下，用户可以快速地定位到漫游目标。

自动漫游模式让用户可以沿预设路径漫游场景，并自动地漫游场景中的大部分场景，方便用于游览和演示。图 7.4-7 为飞行模式示意图。

3. B/S 架构轻量级 DGN 三维模型展示

基于 B/S 架构的 DGN 三维模型展示技术是以 DGN 原始文件为模型数据开发的，能在网页上实现模型浏览、双向查询、定位、漫游等功能的轻量级解决方案。通过模型转换工具，将 DGN 模型转成 i-model 格式的文件。开发基于 MFC 的 ActiveX 网页插件作为视图框架，将三维模型发布在网页端进行浏览。i-model 是基础设施信息进行开放式交换的载体，是为了解决信息共享的问题而产生的。它基于 Sqlite 数据库创建并扩展，支持标准 SQL 语句查询及图形文件查询，能够提升现有网页端或移动平台数据的展示及查询。网页端的三维模型展示示例如图 7.4-8 所示。

图 7.4-7　飞行模式示意图

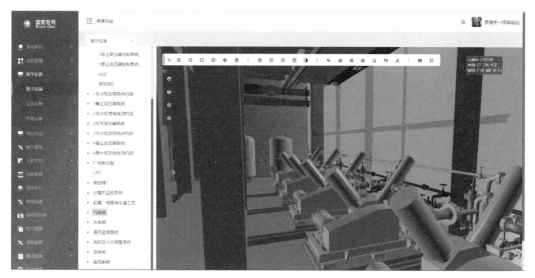

图 7.4-8　网页端的三维模型展示示例

4. 施工进度可视化展示与关键路径分析

以电站全信息三维模型为基础，采用工程设计施工一体化生产管理模式实现对工程进度、质量、资源等业务数据的整合。通过对比分析工程建设的计划进度和实际进度，三维场景形象展示工程建设的实时面貌，并展现实际执行状态和计划目标之间的差距。通过分析计算各时段工程施工强度及工程量等关键性指标，判断次关键线路转变为关键线路的可能性，实现工程管理由传统依靠经验类比定性分析向数字化、精细化管控转变。

7.4.2.5　人员定位技术

1. 空间定位系统

借助 4G/5G、GPS 信号及"智能手机 App+Wi-Fi"定位等技术，实现机械设备及现场工程人员坐标方位的全过程、全天候在线实时监控。借助移动通信网络，将定位数据及有关的控制信息，传送至远程监控中心的整体解决方案，满足 GIS 地图上显示移动车辆、现场工程人员的实时位置以及周围环境信息，从而实现车辆与人员远程异地监控调度管理。

2. GIS 地图与电子围栏

电子围栏是系统为每个建筑物/浇筑仓面，在 GIS 中设定其基于地理位置的唯一标签和具体范围，它是由一系列经度、纬度组成的某一区域。

当特定作业资源进入、离开电子围栏区域时，作业资源主动向工程数据中心上报当前信息。工程数据中心获得当前作业资源进入/离开电子围栏的时间。通过智能比对，系统自动分析判断当前作业资源状态。

7.4.2.6 信息综合展示技术

借助互联网通信、数据接口及数据图形化技术，在统一的信息展示门户上，实现异地、多源的工程生产业务数据图形化、符号化展示。通过系统模块的用户多级授权管理控制机制，使项目领导和各专业团队都能远程获取和共享最新工程数据，为工程动态设计、消除工程风险提供可信的决策依据。

机器视觉是人工智能正在快速发展的一个分支。机器视觉系统是通过机器视觉产品（即图像摄取装置，分 CMOS 和 CCD 两种），将被摄取目标转换成图像信号，传送给专用的图像处理系统，从而得到被摄目标的形态信息。然后根据像素分布和亮度、颜色等信息，将其转变成数字化信号。最后，利用图像系统对这些信号进行各种运算来抽取目标的特征，进而根据判别的结果来控制现场的设备动作。机器视觉技术的发展给人脸识别、机器人巡检、人员安全作业管理、电厂的安防管控等，带来了更大的可能性，并提高了可靠性。

7.4.2.7 其他技术手段

1. 移动互联网技术

移动互联网技术，就是借助移动互联网终端（如手机、平板等）实现传统的互联网应用或服务。它是移动和互联网融合的产物，继承了移动随时、随地、随身和互联网分享、开放、互动的优势，是整合两者优势的"升级版本"。作为移动互联网的典型载体，智能手机已经发展到一个前所未有的高度。它具有比以往更快的处理速度、更灵敏的传感器、更智能的操作系统、更丰富的软件应用，结合 4G/5G 通信技术可提供更快捷的信息和服务。

2. 边缘计算

在靠近物或数据源头的一侧，采用网络、计算、存储、应用核心能力为一体的开放平台，就近提供最近端服务。其应用程序在边缘侧发起，产生更快的网络服务响应，满足行业在实时业务、应用智能、安全与隐私保护等方面的基本需求。5G 要实现低时延，如果数据都是要到云端和服务器中进行计算机和存储，再把指令发给终端，就无法实现低时延。而边缘计算则是在基站上即建立计算和存储能力，在最短时间完成计算，并发出指令。

3. 5G 技术

第五代移动通信技术（5G 技术）是最新一代蜂窝移动通信技术，也是继 4G（LTE-A、WiMAX）、3G（UMTS、LTE）和 2G（GSM）技术之后的延伸。其性能特点包括高速度、泛在网、低功耗、低时延等，使电厂海量数据的采集与安全输送得以实现。

4. 物联网

物联网（The Internet of Things，IoT）是互联网、传统电信网等信息承载体，它让所有能行使独立功能的普通物体实现互联互通。在物联网上，可以应用电子标签将真实的物体上网联结。物联网将现实世界数字化，拉近分散的信息，整合物与物的数字信息。它是智能电厂大数据的重要来源之一。

另外，窄带物联网（Narrow Band Internet of Things，NB-IoT）是万物互联网络的一个重要分支。NB-IoT 构建于蜂窝网络，只消耗大约 180kHz 的带宽，可直接部署于 GSM 网络、UMTS 网络或 LTE 网络，以降低部署成本、实现平滑升级。

5. 大数据

大数据是以容量大、类型多、存取速度快、应用价值高为主要特征的数据集合。该技术正快速发展为对数量巨大、来源分散、格式多样的数据进行采集、存储和关联分析，并从中发现新知识、创造新价值、提升新能力的新一代信息技术和服务业态。大数据的核心不在于数据量大，而在于数据的分析挖掘。

6. 云计算

云计算是一种通过网络可以随时随地、方便且按需地访问可配置计算资源（如网络、服务器、存储、应用程序和服务）的共享池模式。这个池可通过最低成本的管理或与服务提供商交互，来快速配置和释放资源。

7.4.2.8　智慧化电厂展望

若要建成智慧化水电工程，需要在数字化电厂的基础上加大投入。对于重点关注的领域要着力开展，具体包括虚拟数字化管理、机组最优运营、实时利润分析、三维安防管理、无线监管平台、智能仓储管理、经营决策分析、设备诊断管理、燃料分析管理、一体化平台等方面。这些方面对于智慧电厂建设至关重要，在技术、管理、业务上，对智慧电厂建设提出了更高的要求和挑战。

在水电工程的智慧化建设过程中，也需要电厂侧的强力推进：①统一思想、明确方向，全员参与到智慧化水电工程建设中来，群策群力推进该项工作；②结合实际工作，认真思考并提出业务需求，借力智慧化水电工程建设促进管理上的提升，提高工作效率和质量；③智慧化水电工程实施方案要切合实际，有可操作性和实用性，避免华而不实；④智慧化水电工程建设中要充分整合前期规划成果，避免重复建设浪费资源，确保各项工作落到实处。

智慧化是一个漫长的过程，是智能化程度不断积淀后的一个质变的过程。

7.4.3　水电工程智慧运维管理平台设计

7.4.3.1　设计原则

水电工程智慧运维管理平台设计采用"总体规划、按需接入"的策略。不仅要满足水电工程现有各业务系统的接入，同时也应满足水电工程未来其他业务子系统的接入。因此，在水电工程智慧运维管理平台的设计和实施过程中，应遵循以下的原则：

（1）先进性：采用先进、成熟的信息技术，既要保证系统满足当前的功能需求，也为将来的功能需求扩展提供条件。

（2）实用性：充分考虑电站运检管理的实际需求，同时，在设计方案中留有一定的余地，即在设计中构造明晰的体系结构，便于更改。

（3）可扩充性：采用面向对象的设计思路和微服务的框架体系，使各功能模块间松耦合，保证在用户的需求发生变化和增加时，便于横向扩充。

（4）开放性：由于电厂本身包含众多子系统，且各业务子系统设备的通信接口协议各不相同。在设计时，系统应提供各业务系统的接口标准。

（5）标准化：在系统总体规划设计中，所有软件、硬件的选择必须符合开放性和行业、国家标准化的产品和技术。在应用软件开发中，必须遵循所制定的各项规范和要求。

（6）安全与保密：智慧电厂在系统设计时应充分考虑系统的安全，提供备份的功能。保证当系统出现硬件或软件的故障时，能进行恢复。另外，应对用户进行权限管理，保证信息的安全。

（7）以数据应用为中心：通过构建电厂层面的应用服务中心，打通各业务系统间的信息壁垒（物理链路和数据通信协议）。将业务系统的数据以传感器为单元重新进行原子化，使数据得到高度的共享。通过应用服务平台，提供增值的应用服务功能。

7.4.3.2　标准和规范

DL/T 1066—2007　水电站设备检修管理导则；

DL/T 1197—2012　水轮发电机组状态在线监测系统技术条件；

DL/T 1246—2013　水电站设备状态检修管理导则；

DL/T 1547—2016　智能水电厂技术导则；

DL/T 1809—2018　水电厂设备状态检修决策支持系统技术导则；

DL/T 293—2011　抽水蓄能可逆式水泵水轮机运行规程；

DL/T 305—2012　抽水蓄能可逆式发电电动机运行规程；

DL/T 792—2013　水轮机调节系统及装置运行与检修规程；

GB 50115—2009　工业电视系统工程设计规范；

GB 50395—2007　视频安防监控系统工程设计规范；

GB/T 15532—2008　计算机软件测试规范；

GB/T 28570—2012　水轮发电机组状态在线监测系统技术导则；

GB/T 9386—2008　计算机软件测试文档编制规范；

GB/T 9652.1—2019　水轮机调速系统技术条件；

GB/T 9652.2—2007　水轮机控制系统试验；

NB/T 35002—2011　水力发电厂工业电视系统设计规范；

Q/GDW 11575—2016　大坝安全监测系统综合评价导则；

Q/GDW 11609—2016　水电站"五系统一中心"安全监控建设导则；

Q/GDW 11699—2017　信息系统用户体验设计规范；

Q/GDW 11703—2017　电力视频监控设备技术规范；

GB 50396—2007　出入口控制系统工程设计规范；

GB/T 50526—2021　公共广播系统工程技术标准；

GB 51158—2015　通信线路工程设计规范；

2014 年发展改革委第 14 号令　电力监控系统安全防护规定；

等等。

7.4.3.3　总体架构设计

通过大数据、物联网、移动应用、人工智能等技术手段，水电工程智慧运维管理平台将设计并开发应用服务中心。应用服务支撑系统功能负责打通业务系统间的信息孤岛的问题，实现数据的采集、存储、共享。应用中心门户负责对水电站生产管理、设备健康评价等业务应用功能模块进行统一的管理，同时建立平台级的用户权限管理机制，用以满足所有业务系统的接入的权限管理要求。在数据处理方面，根据业务系统的数据特征，围绕时序数据库、关系型数据库和流媒体，实现数据的转发与共享。在数据采集方面，通过边缘接入网关，实现各类型数据的归一化。通过解决各业务系统间的信息孤岛问题，以满足水电生产管理、设备健康评价、综合安全管控提升等业务需求。

为满足系统设计要求，按照先进性、实用性、可扩充性等设计原则，系统采用微服务架构体系。它将各功能应用点微服务化，每个服务建立自己的处理和轻量通信机制。同时其应用可实现单独部署和分布式管理，以满足未来数据中心的管理要求。如图 7.4 - 9 所示，平台总体架构分为五层，从下到上依次为电厂业务系统层、边缘接入层、应用支撑层、应用门户层、用户层。同时安全保障体系为系统的全层次提供安全保障。

电厂业务系统层：该层主要是电厂原有业务子系统、改造升级的业务子系统和新建的业务子系统。它包含但不限于如智能接地线系统、智能钥匙系统、智能工具系统、区间测速系统、防坠语音保护、移动摄像机、移动式环境监测等业务子系统。

边缘接入层：该层主要功能是数据采集功能。因涉及业务系统多，通信协议也多。故该层将针对各业务子系统的不同通信协议，开发对应的数据网关接口程序。

应用支撑层：该层主要功能是将各网关采集的数据进行原子化的管理，以时序数据库、关系型数据库、流媒体、内存数据库为纽带，构建微服务的支撑体系，为应用门户层提供数据支撑。

应用门户层：该层主要是业务功能的具体体现，提供统一的用户入口门户、用户权限管理、用户应用功能点、业务逻辑处理等功能。

用户层：该层主要功能是用户使用的窗口，有移动终端、大屏幕、笔记本、工作站等多种显示方式。

7.4.4　水电工程智慧运维管理平台功能

水电工程智慧运维管理平台是以工业互联网平台为载体，打通电站生产控制大区和信息管理大区的数据，对生产和管理各业务流程数据进行整合。它将电站计算机监控系统、状态监测系统、消防系统、安防系统、环境监测系统、工业电视系统、视频监控系统、生产管理系统、离线数据等进行"统一存储、统一清洗、统一编码、统一管理"，以促进电站数据标准化、数据共享融合、数据质量提升，并消除电厂信息孤岛。通过建立管控门户，实现厂站级基于数据资源的生产管理一体化、状态评价专业化和安全管控体系化，同时为与集控中心和数据中心的互联互通打下坚实的基础。

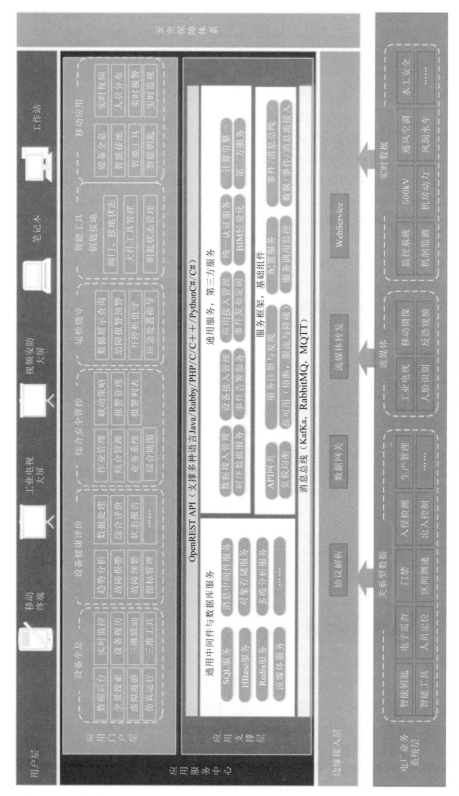

图 7.4-9　平台总架构

7.4.4.1　工程数字化资产管理

1. 设备信息管理

设备信息管理包括设备信息与技术档案管理，该模块是资产管理系统的基石。设备信息管理是在设备台账的基础上扩展开的，管理所有与设备相关的数据和资料，包括设备台账、设备体系结构、故障代码体系管理、设备测点信息管理、技术档案与历史资料管理，其中技术档案与历史资料管理由技术档案管理与维护历史资料组成，用于故障分析、故障维护处理、成本分析与控制。设备基本信息管理功能结构图如图 7.4－10 所示。

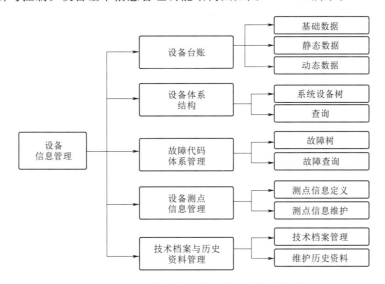

图 7.4－10　设备基本信息管理功能结构图

2. 设备维护管理

设备维护主要分为事后故障维修、定期维护和预防性维护三种方式。事后故障维修是在设备出现故障后被迫进行的维修，其方式分为生产系统自动报警触发工单和巡视、点检人员巡检发现缺陷后填写缺陷单触发；定期维护是根据经验及统计数据，按设定的触发条件（时间、绩效、条件）等，依据设定的维护计划（包括工艺步骤、资源需求和安全措施等）进行的定期性维护，而计划性大小修其实也是一种基于时间为触发条件的预防性维护，并且比预防性维护更复杂；预防性维护又叫状态检修，是以预测设备状态发展趋势为依据的维护方式，只有当设备有劣化趋势的时候才进行维修。

设备维护方式的选择对于设备的安全运行和经济效益均有较大的影响。事后维修是一种被动的检修方式，是不得已的情况下才采用。这种被动的维护模式会导致非计划的维护，无法依据维护计划准备维修资源，维修工作的效率不高。同时，非计划的停机也不能与水情资源结合。而预防性维护是基于一定的条件触发，而不是基于设备实际运行状况来决定。相比事后维修来说，它的计划性会提高维修效率，也会减少水资源的浪费。但对设备来说仍然存在过维护或者欠维护，并且会浪费一定的维修资源。目前可供选择的最好方式是状态检修与预防性维护相结合的方式。通过利用最能反映设备实际状况的状态检修来减少维护成本，以提高设备的可利用率，并且恰当地维护还会延长预防性维护的时间间隔。从长期的角度看，这种方式也会减少维护成本。

设备维护所需的生产数据采集方式分为设备点检、设备巡检、监控系统自动传送数据、状态监测专家系统触发等。按照测点定义来采集相关数据，当输入系统的数据异常或超过设定值时，系统维护模块产生工单请求，进行设备维护。对于非数据异常的故障情况，如设备改造，可通过工作人员手动填写缺陷通知单，系统再产生工单请求。

设备维护管理侧重于设备点检、大小修、状态检修管理。作为水电工程的重要组成部分，设备维护管理如何利用数字化手段进行管控，一直是各个水电工程企业所关心的重点。而数字化资产管理恰好提供了解决思路，为更好地进行设备维护管理提供了数字化手段。

3. 工单管理

工单又被称为维修订单，是维修人员到现场开展工作的依据和凭证。工单管理是资产管理系统的核心模块，指的是当设备运行发生故障、运行人员巡视发现缺陷、点检人员检查的数据超标、预防性维护条件触发、设备故障处理、定期预防维护工作时，系统产生工单，并计划、调度、许可、执行相应的维护工作，完成后进行维护报告与成本分析报告工作。传统发电企业的制度和流程，如缺陷管理、两票管理等，只是工单流程中的一部分。如缺陷只是完成工单触发，而两票管理只是完成工单流程中安全措施执行环节。而工单管理将多个传统业务流程进行流程重组，让整个检修过程中的各个业务流程环环相扣。采用规范化的操作与维护流程，可减少人为错误，从而达到提高工作效率和安全管理水平的目的。与传统业务流程比较，工单完成关闭后，还需形成完整的检修记录，包括检修过程、检修后的设备状况、维护步骤、原因分析、成本分析等。同时形成工单历史，便于设备管理人员根据工单历史，完善故障分析系统，改进和提高企业的维修策略。因而工单管理模块的设计是整个系统开发中需要考虑的重要研究环节。

工单执行流程示意图如图 7.4-11 所示。

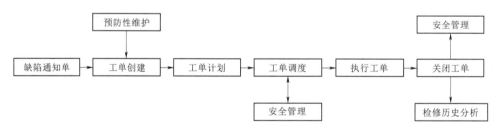

图 7.4-11 工单执行流程示意图

4. 安全管理

安全管理模块主要与操作管理一起作用，为设备维护工作提供一个安全的作业环境，确保人员与设备的双重安全。另外，安全管理模块也提供电厂日常安全管理功能。其功能虽然较其他模块来说比较单一，但却相当重要。

鉴于发电行业的特殊性，安全生产一直在电厂管理中排在第一位，设备维护管理自然也离不开安全管理。电厂传统的安全管理制度"两票三制"中的两票，指的是工作票和操作票，其联合作用确保维修工作中维修人员与设备的安全。按照电力行业安全规程规定的传统业务流程，当需要进行维修工作的时候，由维修专责工程师签发工作票，指定相应的维修工作负责人。由工作负责人填写工作票,包括维修内容、计划时间、所需安全措施等。然后工作票流转到运行人员处,由工作许可人根据安全措施内容安排填写操作票,并执行相应安全措施。操作完成后,在工作票上办理许可手续,维修工作方可进行。这样的标准化业务流程也便于在资产管理系统中实现。同时,由于资产管理系统的安全管理与工作票管理的理念和思想都比较接近,为满足电力系统安全规程的要求,安全管理流程可考虑原工作票的办理流程。

5. 运行管理

发电厂运行部门负责执行的安全措施操作,是设备维护工单流程中安全隔离措施执行的主要部分之一,是确保维护工作安全完成必不可少的重要环节。而其他一些传统信息化管理中的运行管理功能也一并整合到运行管理模块中。故该模块主要功能包括操作票管理、日常巡检、运行日志与交接班、定期工作、设备检修申请、缺陷管理、危险点控制等,实现运行部门的日常工作管理。

7.4.4.2 水工建筑物在线监控

1. 大坝在线监控

大坝在线监控模块从工程运行过程中获得大量监测数据和巡视检查信息。结合具体工程结构特点、地质条件、运行环境,融合监测资料分析、结构分析的最新成果,为运维阶段的水电站大坝探索实用、图形化、动态的安全监控和预警方法,及时发现、评估大坝运行监测成果中的异常信息。通过对典型效应量的变化趋势做出预测预警,对大坝特定工况的运行性态进行分析和预测,以提高大坝安全管理的实时化、远程化、自动化、可视化水平,为保障大坝的运行安全探索一种全新的技术手段。

水电站在线监控模型架构图如图 7.4-12 所示。该在线监控模型符合工程运维实际,紧扣工程主要"技术点",确保监控模型能够反映工程实际,直观展示大坝及主要水工建筑物的安全状态。

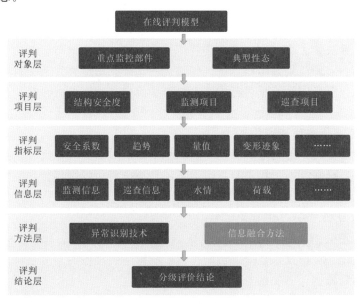

图 7.4-12 水电站在线监控模型架构图

2. 智能应急管理

智能应急管理主要研究基于模式识别方法的结构安全诊断技术，基于多目标最优化决策方法的应急资源智能调度技术和基于知识图谱的应急处置方案智能推荐技术。

（1）研究基于模式识别方法的结构安全诊断技术。通过分析整理各类突发事件下决定结构安全状态的因素，根据相关因素类型、逻辑关系，选择适当的模式识别方法。例如支持向量机、贝叶斯分类器等，进而建立模式识别模型和相关因素数据库。利用相关因素数据库对模式识别模型进行训练，得到具有结构安全智能评价能力的模式识别器。

（2）研究基于多目标最优化决策方法的应急资源智能调度技术。突发事件发生后，通过对应急物资和应急力量的分布、各待救援点的风险高低等数据进行分析挖掘，预测不同调度方案的可行性、所需耗费的时间、资金投入等，推荐最优调度方案。

（3）研究基于知识图谱的应急处置方案智能推荐技术。通过整理研究国内外各类大坝安全应急处置资料，建立应急处置案例库。然后对各类事件的应急处置方案进行分析，设计应急处置知识图谱。通过一系列自动化或半自动化的抽取和融合技术手段从原始数据中提取出知识要素，形成应急处理知识库，构建应急处置知识图谱。

（4）极端荷载作用下结构动力响应与损伤分析技术。通过综合分析坝体结构恢复力特性曲线，结合实测地震波特性，综合考虑地震动的峰值、频谱特性和持续时间三要素及结构的动力特性等重要因素，分析坝体瞬时位移、速度和加速度反应，分析坝体开裂、损坏直至结构倒塌的破坏全过程，进而探索不利于坝体抗震的薄弱环节。

（5）水情智能动态预测。以检测点传感器作为基础，结合 GPRS 通信技术，构建水库上下流域监测区域无线传输监测网络。设计远程监控中心、水库现场控制系统、河流数据采集系统和 GPRS 无线传输系统等，实现监测区域的远程实时监护。并通过分析和处理采集的数据，实现远程水文信息监测。采用长短时记忆神经网络等深度学习算法，智能分析预测动态汛限水位，为防洪度汛进行预警预报。

（6）应急物资智能管理技术。应急物资管理分为应急物资筛选、应急物资储备和应急物资调度三个方面。采用多准则决策方法和模糊多属性决策方法，如层次分析法、灰色相关分析法、多属性决策法等，实现应急物资的筛选。应急物资储备包括应急物资库选址规划和应急物资储备布局规划，需根据选址模型进行选址。应急物资调配可根据专家经验估计相关参数，并以不确定性变量进行描述，主要解决应急物资调配路径优化和应急物资调度方案问题。

7.4.4.3 水电机电设备健康评价

水电机组设备健康评价是电厂智能化的一个重要组成部分。在设备信息数字化的基础上，它根据运行数据和性能指标进行机组设备的趋势分析、健康评价和故障诊断，并给出决策建议，为状态检修提供支撑和依据。

1. 设备趋势分析

通过建立水轮机、水轮发电机、主变压器以及调速油压系统、空压机、技术供水系统、顶盖排水系统、检修排水系统、渗漏排水系统等辅机设备的趋势预警模型，以及典型主机设备多维预警模型，研发设备故障预警组件。

（1）基于预定义逻辑的预警模块。基于预定义的相关逻辑对实时数据进行处理，自动生成报警或预警事件。

（2）基于健康状态模型的趋势预警模块。对有功功率、工作水头、振动等进行分析得到设备处于健康状态的模型，并将当前的有功功率、工作水头等参数输入模型得到健康状态值，与测量值进行比较实现设备劣化预警。

（3）基于特征提取的趋势预警模块。选取历史数据输入到预测模型中，预测得到未来特征的趋势序列。通过计算查找预测趋势序列中超过劣化度阈值的对应时刻，并根据所设预警时间进行提前预警。图 7.4-13 为设备趋势分析界面。

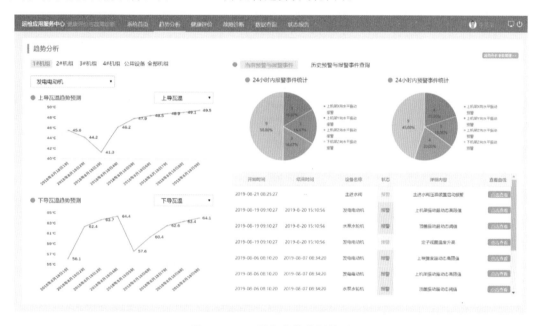

图 7.4-13　设备趋势分析界面

（4）预警和报警事件信息的筛选模块。通过归并、延时、关联、综合计算等方式建立预警和报警事件过滤机制，屏蔽无效的事件信息，向运行人员实时推送需要关注的事件信息，以提高电站自动化管理水平和预防性维护决策能力，保障设备安全稳定运行。

（5）预警和报警事件信息的推送模块。通过提供全厂报警与预警事件信息全景展示模块，以简洁、友好的画面向工作人员推送预警和报警事件信息。

（6）报警和预警事件知识模块。该模块提供报警条件、报警启停、报警状态等报警知识的管理功能。

（7）报警和预警事件追忆模块。通过事件信息自动关联各时间粒度的状态数据，并给出相关的分析结果，以满足运维人员事件追忆的需求。

2. 设备健康评价

基于健康评价模型开展设备健康等级量化评估，利用模糊组合判别法确定被评估水轮机、水轮发电机、主变压器、辅机设备的健康状态，并自动生成健康评价报告。

（1）健康评价管理模块。该模块提供人机交互界面，实现健康评价知识、权重和评分的管理。图 7.4-14 为设备健康评价界面。

图 7.4-14 设备健康评价界面

（2）评价数据处理模块。根据健康评价业务需求，对生产实时数据、生产管理数据、导入的离线数据进行处理，为定期/离线的评价奠定基础。

（3）层次分析综合评价模块。基于层次分析模型定期或人工触发评价水轮机、水轮发电机、主变压器、辅机设备的健康状态。

（4）状态报告模块。该模块提供状态分析报告，能反映各状态监测参量的数值和变化趋势以及健康评估结果，并附有相关的图形和图表。这些图形和图表可采用与 Excel、Word、PDF 等兼容的文件格式。图 7.4-15 为设备健康评价报告界面。

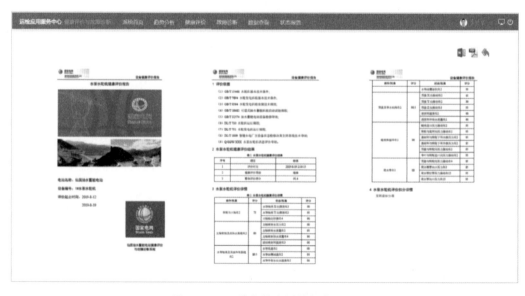

图 7.4-15 设备健康评价报告界面

（5）评价关联模块。通过自动关联各个来源的数据和相关分析结果，提供关联数据查询服务。

3. 设备故障诊断

通过构建水轮机、水轮发电机、主变压器、辅机设备故障诊断专家知识库，研发基于大数据技术与传统故障诊断技术相结合的设备故障诊断组件。设备故障诊断功能为电厂运维人员实时推送故障诊断报告，包含故障信息、故障时间、故障部位、故障原因、处理措施和运行意见。

（1）故障树诊断模块。故障树诊断模块通过专门的树状结构，对故障进行深度和广度的搜索，最终完成故障推理。结合故障树的结构，该模块采用正向搜索方法，综合使用阈值比较与模糊识别的方法，自顶向下的进行故障搜索，结合底事件关键重要度，得到最终故障发生的概率，并将诊断结果从大到小排序，提交给人机交互模块。

（2）专家系统故障诊断模块。专家系统主要包括知识库、推理机、解释器、学习机、人机交互等模块。知识库模块用于存储各种专家知识及故障信息，具有通用性添加、修改、删除等功能；推理机提供了统一的推理模式，按照各个知识库模块中的规则进行推理，并完成结果融合；解释器主要完成获取知识库中的故障信息，根据推理机提供的诊断结果输出用于人机界面显示的各种信息；学习机主要功能为根据用户提交的实际故障结果反馈，对于误诊、漏诊的情况进行规则修改；人机交互模块主要提供结果输出、报表生成、非量化特征获取、诊断结果反馈、知识库管理等功能接口。图 7.4-16 为设备故障诊断报告界面。图 7.4-17 为设备故障诊断报告界面。

图 7.4-16　设备故障诊断报告界面

（3）故障知识图谱模块。针对主机设备和辅机设备，进行知识建模。采用自底向上的方式，基于水电行业标准从数据源进行映射，设计实现数据存储模块。通过选定实体与实

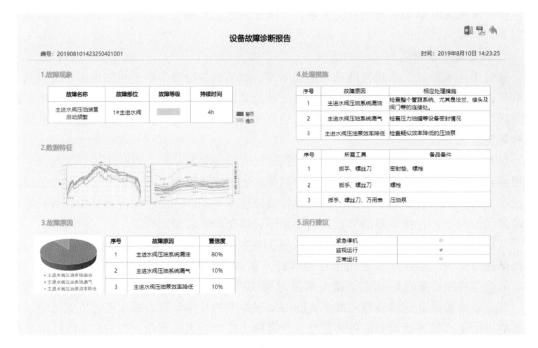

图 7.4-17 设备故障诊断报告界面

体间的关系，进行数据表的搭建。最终设计实现知识图谱的可视化模块，达到知识重构并展示的目的。

7.4.4.4 水电生产智能管理

为提高水电生产管理，通过智能接地线、智能工器具、智能钥匙、智能仓储等智能应用，实现智能电站设计。但是由于各系统孤立运行，并不能整体提升生产效率，在考虑应用市场上先进的技术设备时，需打通各应用系统数据，实现厂内数据共享。数据共享将极大提升现场工作的办事效率，比如打通智能接地线系统和两票系统的数据，可简化操作或检修时对设备状态检查的传统烦琐流程，增加了防误闭锁逻辑，杜绝误操作带来的风险。

1. 智能接地线

电力系统常用地线和地刀进行接地，来消除被检修设备上的感应电，并防止突然来电造成人身触电事故。但是又极易发生带地线（或地刀）合闸和带电挂地线（或合地刀）事故。智能接地线系统从库房管理入手，自动完成接地线的挂接任务布置及出入库房管理。同时管理中心能够全过程远程查看和监控接地线数量、状态、位置等信息，并实现接地线挂接、拆除等关键工作节点状态的手机短信自动告知。该系统实现了接地线使用全过程的数字化闭环管理。

水电生产智能管理集成电站智能地线管理子系统，提供接地线状态、阀门机械闭锁状态和各隔离点状态展示画面。它确保生产管理人员能够实时获取接地线状态、阀门机械闭锁状态和各隔离点状态，从而实现对电站内的临时接地线进行统一管控。通过识别临时接地线，可实时查询地线是否在地线柜规定位置，并实时跟踪和检测当前各组临时地线在现场所挂接的位置及状态，从而实现地线与接地桩之间匹配校核功能。该系统能做到地线按章管理、规范管理、记录可查，为电力安全生产提供有力的保障。

2. 智能工具

水电生产智能管理集成智能工具管理子系统，实现对电厂工具的管理、查询及典型工作工具的配置等功能。智能工具管理子系统主要功能包括工器具的租用、使用说明、校检周期提醒、寿命管理、补货管理、预约管理、工具的正确借还、工具入库管理及其配套说明管理等。在机电设备检修过程中，实现进入风洞及尾水管等重要检修场地时记录入场设备，出场地时自动清除入场设备，确保不会有工具遗漏在检修设备中。同时针对检修对象，能够提示需要使用的工器具清单，及提示检修的流程及重点事项等功能。

3. 智能钥匙

水电生产智能管理集成智能钥匙管理子系统，利用电厂钥匙的状态展示及查询功能，实现对电厂设备维护钥匙的智能化管理。该子系统根据目前钥匙管理的现状，采用了RFID技术、网络技术、通信传输技术、数据仓储技术，并结合钥匙管理的核心价值而设计。该系统融合了现代管理的新理念，实现了对钥匙进行科学化的集中管理，它具有安全、方便、管理功能强大等特点。它能对所授权的钥匙进行严格的管理，并能详细地记录钥匙使用者的情况。尽最大可能地解决因钥匙管理不当引发的各种问题。

智能钥匙柜具有钥匙审批、自动借出、归还的功能。它采用指纹、密码、刷卡等方式认证人员权限信息，并采用安全电控锁，只有授权用户才能打开。当智能柜被强行打开时或钥匙逾期未还、锁匙被强行取出、门未关妥、错位归还钥匙时，系统会发出警报。系统采用三级权限管理，在紧急情况下，管理员可通过应急解锁钥匙将柜门全部打开，同时释放所有的钥匙。智能钥匙扣采用插入式智能锁控栓对钥匙进行智能化管理，在其内植入RFID电子身份标签。系统采用脱机运行，能在没有电脑辅助的情况下独立运作，进行各种功能操作，以及保存记录信息。

4. 智能仓储

水电生产智能管理集成智能仓储子系统，实现对电厂物资状态的查询功能。智能仓储应用结合电厂现有的物资管理系统，通过RFID电子标签、智能货架、智能运输机器人、智能盘库机器人、智能物品管理机器人、智能盘库系统管理平台软件等设备，实现自动定位、自动盘库、自动搬运、自动检测和报警功能。

（1）自动定位：盘库系统可以实现对所有库存物品的自动定位，定位精度达到厘米级，可以引导仓库管理人员到库存物品附近。

（2）自动盘库：盘库系统可以按照规划好的路径，自动完成库房内存储物资的盘点，当物品被误放到错误位置时，会自动发出报警信号，并形成盘库报表。

（3）自动搬运：盘库系统可以自动将物品运送到指定的位置，包括从仓库门口运送到规划好的存储位置，以及从存储位置运送到仓库门口。

（4）自动检测和报警：当未经授权的物品或人员进出时，系统可以自动报警。

（5）其他功能：盘库系统中的机器人可以自动进行充电，并具备摄像和实时通信功能。

5. 智能两票

工作票是为运行人员根据电力系统或厂用电系统运行方式改变或者设备维护维修所需安全措施而进行的操作、所准备的操作顺序。其目的是规范操作流程和防止误操作，是安全管理的重要保证。工作票的产生包括从工作票数据库中提取典型工作票和手动生成工作票两种情形。当设备缺陷或者预防性维护触发的工单流程中需要安全隔离措施时，通过安全管理模块中的工作票许可，触发运行管理模块中的工作票。如果数据库里已经存在典型工作票，则立即产生该工作票或者结合实际情况进行适当修改。如果数据库未形成该工单对应的工作票，运行人员也可以单独填写工作票，然后进行审批和操作管理，最后保存工作票进入数据库，便于下次工作时作为典型工作票使用。操作完成后，由运行工作许可人许可工作票，返回维护计划员。对于电力系统或厂用电系统运行方式的改变，本身不涉及设备维修工作，依然可以通过工作票模板或者手动形成工作票。

基于现有的工作票管理模式，可实现工作票的许可和终结环节，与现场计算机监控系统实现联动。在相应环节中，通过执行设置的安全防护措施，实现相关设备运行参数的校验。在三维虚拟电厂中，以工作票的时间要素和空间要素生成虚拟电子围栏。可对相应的工作人员进行授权，同时对非授权人员的侵入进行报警和监控，防止非授权人员误入设备间造成误操作。

6. 智能照明系统

传统照明装置运行能耗高、光源寿命短，其维护周期短、工作量大、成本高。智能照明系统基于物联网技术，在灯罩内安装单灯控制器，与稳压器进行连线，可远程控制灯的开关、亮度等，实现时控＋光控＋经纬度控制＋手动控制的智能综合控制。图7.4-18为智能照明系统示例，通过单灯控制器检测灯具的实时运行状况，并由电力专网将数据上传至照明控制系统，实现电站照明系统实时在线监测。系统可实现照明系统实时状态信息查询、预警信息推送、故障自动远程报警及故障定位等。通过对控制器、组、节点的查询，实现自动计算、统计、查询照明配电箱的用电量、亮灯率等数据。

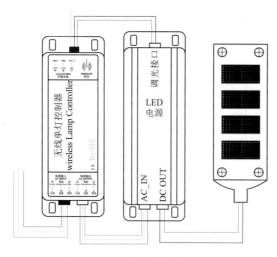

图 7.4-18 智能照明系统示例

通过智能化的管理，智能照明系统能快速准确地发现故障，从而方便检修，降低人的巡视和操作工作量，提高管理水平。通过控制照明时间及场景模式转换，以达到节能的效果。

7. 智能巡检管理

电站巡检工作是保证设备安全稳定运行、提高电力系统供电可靠性的有效途径。随着电站设备数量的增多、规模的扩大以及智能化水平的提升，人工巡检的方式越来越难以满足要求。巡检人员的巡检间隔、业务能力、精神状态等多种因素均可能导致故障误检、漏检情况的出现，容易造成重大的事故损失。而且人工巡检在信息获取、状态感知方面存在以人力作业为主的困局，需要占用运行人员大量的时间，存在效率低和不安全等一系列问题，与智能电站"无人值班，少人值守"的发展目标背道而驰。因此，在水电站智能电厂设计中引入智能巡检机器人。

智能巡检机器人系统包括巡检机器人、监控系统、机器人室、微气象系统、通信基站等五大部分。图 7.4-19 为机器人巡检系统结构示意图。系统可对电站高压出线场、GIS、GIL、主变层及发电机层设备，进行全天候巡检、状态判别、智能读表、图像识别、视频监控、环境监测、红外测温、设备位移形变实时监测、数据报表分析、异常预警及联动处置。在发生异常紧急情况时，智能巡检机器人可作为移动式监控平台，代替人工及时查明设备故障，以降低作业人员的安全风险。

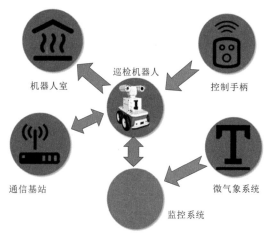

图 7.4-19　机器人巡检系统结构示意图

另外，利用三维数字化模型的碰撞检测等功能，可以辅助智能巡检机器人开展路线自动规划与实时动态优化，并结合模型中设备编码信息，自动识别定点位置。

与此同时，依托电站全生命周期管理平台，对机器人巡检数据进行智能化处理分析。因此，所述巡检机器人系统采用了传感器技术、定位规划技术、视觉技术、无线传输技术等，具有实时监视、巡检任务管理、结果确认等功能。结合智能电厂数据集成优势，可进一步对巡检设备进行状态评估与健康评价，机器人巡检系统功能导图见图 7.4-20。

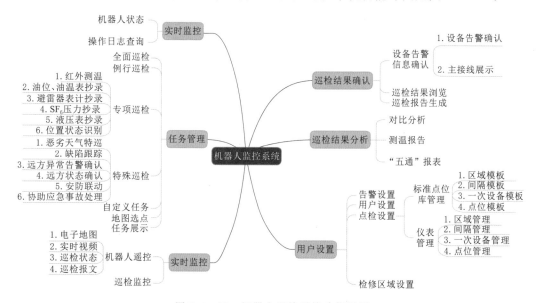

图 7.4-20　机器人巡检系统功能导图

7.4.4.5 电站综合安全管控

电站设计的计算机监控、消防和工业电视、反恐等系统，为设备的安全运行提供了有力的保障。但各值守系统的报警信息比较分散，报警策略和手段相对单一，且对测点的趋势预警、多测点的关联分析支撑不够，需要管理人员实时关注屏幕运行信息，工作效率低，容易忽略重要的报警和预警信息。而且，当发生报警事件时，缺乏相关的应急处置机制辅助值守人员进行科学的报警处置和设备故障恢复处理。综合安全管控的设计是对电站监控系统的有效补充，能够对报警及预警信息进行统一管理，并能通过设置灵活的报警预警规则，实现智能监测器及报警事件的快速应急处置提示，为提升电站运行人员的决策能力提供有力支撑。此外，通过安全管控系统建设，打通各业务系统间的数据壁垒，可以破解工作现场业务子系统孤立运行、各自为政、工作流程冗长、效率低下的难题。

1. 人员作业安全管理

人员作业安全管理模块主要面向管理人员及安全监督人员。通过此模块能够查看人员分布/统计信息，从而实时掌握地下厂房内的作业人数及分布情况。也可以通过人员搜索功能，查询特定人员实时位置及历史轨迹。此外，通过关联生产管理系统中的两票信息，可以显示作业区域内当天有哪些作业任务。利用"大超脑"的行为检测算法，可以监测作业人员安全帽的佩戴情况。当出现未佩戴安全帽作业的情况，系统将自动产生报警。

（1）人员定位。通过接入门禁系统数据、人员定位系统数据和人脸识别数据，综合安全监控平台配置人员作业安全管理模块，可结合门禁、人员定位系统、人脸识别，实现全面的人员定位，统计各区域人员数量与有关信息。

（2）人员作业安全管理。利用移动摄像机和现有的固定摄像机监视人员作业接入数据，综合安全监控平台配置人员作业安全管理模块，可显示作业区视频信号，并自动弹出现场联动信息。

（3）防坠落保护语音提示。针对生产厂房、洞室群高空作业和高临边等高处作业，为其防坠落保护装置增加语音提示设备，并对进入防坠保护区域的有关人员进行实时语音提示。语音提示设备采用成熟的人体红外热释电感应技术。在侦测到人体经过时，它能第一时间播放语音，并可以根据不同场所更换不同语音。

（4）区间测速。通过接入进厂交通要道设置区间车速监测系统的数据，综合安全监控平台可查看有关车辆的监测数据，当发生车辆超速行驶时可自动弹出超速车辆和相关信息。图7.4-21为综合安全管控系统界面。

2. 视频监控和应急广播系统

电厂建设的视频监控系统和应急广播系统往往是互相独立的。为实现数据联动，将上述两个系统接入电站综合安全管控系统，增强系统之间的融合互通，提高电厂的智能化管理水平。

（1）通过集成工业电视、反恐系统的视频监控和门禁、消防系统的联动策略，综合安全管理平台对视频进行集中管理，并能在工业电视、反恐系统的大屏显示终端进行联动展示。

视频监控系统的功能主要包括智能识别/侦测、实时预览、录像管理、报警管理、用户权限管理、日志管理、手机应用、远程图像传输等。

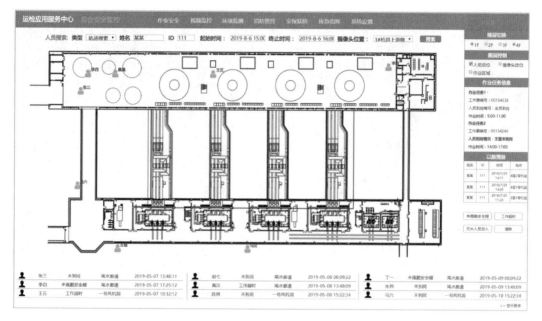

图 7.4-21　综合安全管控系统界面

（2）通过接入反恐系统的应急广播系统，综合安全管理平台对其进行集中的管理，并实现与门禁、消防系统的联动。

应急广播系统功能包括融合调度功能、系统联动功能、紧急广播功能、语音调度功能、录音和存储等。

3．安全环境监控系统

安全环境监控系统用于显示、查询电站内生产区域和生活区域的环境监测数据，以图、表的形式直观地显示环境监测数据的实时监测值和历史变化趋势。生产区域环境监测主要包括温度、湿度和 SF_6 气体含量的实时数据。生活区域环境监测主要包括温度、湿度、风向、风量、大气压、雨量、富氧离子等监测参数。图 7.4-22 为安全环境监控系统界面。

系统能够监控工作人员生产生活相关的特征信号，如噪声、粉尘、一氧化碳、二氧化碳、氧气等，并对相关信号进行分析与报警，进而辅助作业人员监测和检修，保障密闭环境内检修维护作业人员的安全。

4．消防管控系统

消防管控系统用于查询、确认火灾报警信息，确认发生火灾报警后辅助火灾应急指挥。该系统主要提供联动视频、联动门禁、显示"联动一张图"和快速查询辅助应急指挥信息的功能，从而提高火灾应急指挥效率，缩短事故处理时间。图 7.4-23 为消防管控系统界面。

通过接入消防系统的火灾报警和动作信息，综合安全监控平台对其进行统一的管控。在监测到异常情况时，根据联动策略，平台可联动应急广播系统、视频监控系统、门禁系统等，并自动播报告警信息提示人员处置和/或避险、自动调整视频监控系统、自动释放

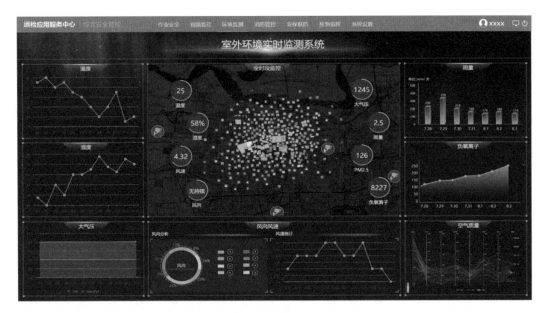

图 7.4－22　安全环境监控系统界面

图 7.4－23　消防管控系统界面

门禁系统以协助应急处置。综合安全监控平台配置消防报警模块，实时显示电站重要区域的消防报警信息，并推送消防报警与工业电视、门禁联动后的画面。

5. 安防管控系统

安防管控系统主要服务于安全监督人员（包括安保人员）。它提供入侵检测、陌生人检测、区域准入和进厂审批四个功能，实现对人员（包括施工人员、工作人员和访客等）和车辆（包括施工车辆、厂内车辆等）的出入控制。当出现非法入侵时，能够自动产生报警。此外，进厂审批功能旨在实现审批流程电子化，将现有纸质流程转化为电子流程，从而提高审批效率。图 7.4-24 为安防管控系统界面。

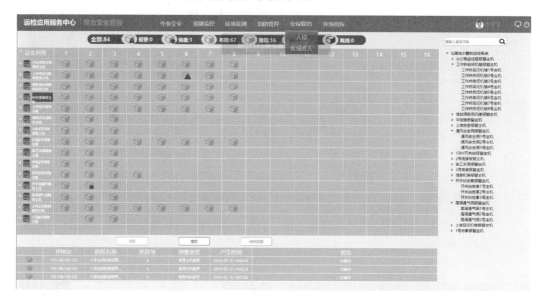

图 7.4-24　安防管控系统界面

通过接入反恐系统的出入控制系统、入侵报警系统、电子巡查系统的数据，综合安全监控平台对其进行统一的管控。当发生非法入侵时，平台自动弹出相关违章告警，并实现入侵检测系统与视频监控系统、区域准入系统与视频监控系统联动。综合安全监控平台配置安防系统模块，实现对接入的各个系统进行智能化、人性化的集中控制与管理。

7.4.4.6　三维设备管理系统

随着 BIM 技术以及三维可视化技术的不断革新，基于各类网页端三维引擎而开发的应用逐渐增多。三维模型与工程全寿命周期文档、实时数据，以及监测系统或是各类管理系统的有机结合，使得三维展示在系统中不仅仅起到了模型展示的作用，更多时候还作为系统集成、综合查询、辅助决策的工具，逐步发展成为数字化运维系统的纽带和门户。图 7.4-25 为三维模型在抽水蓄能电站运维系统中的应用示例。

1. 立体化的工程数据管理

工程全过程和全专业的文档管理工作一直是工程运维阶段的难题。数据的管理工作囊括了施工过程中的文档资料、设计图纸、竣工资料、各类报告以及工程影像资料等大量无规律的离散数据。这类数据在交付后，缺乏集中、有效的管控，数据之间的关联关系松散，为运维人员的工作带来很大的不便。

数字化的运维往往会涉及工程文档的电子化管理。而三维数字化技术与工程数据相结合，利用三维可视化技术可直观地将文档资料挂接至模型。这不仅将工程数据进行了统一的整理和归类，且更进一步将数据资料以"立体化"的方式进行展示。运维人员可以通过三维模型的浏览直接查看相关数据资料，省去了通过庞大的设备系统搜寻查找的烦琐过程，从而极大地提高了资料搜索的效率。图 7.4-26 为利用三维模型查看工程文档示例。

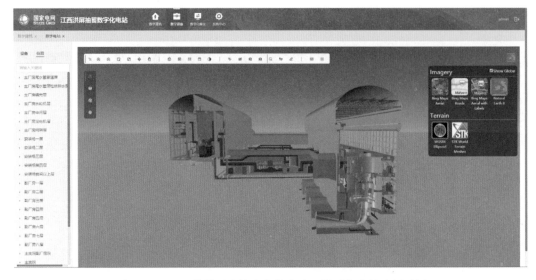

图 7.4 - 25　三维模型在抽水蓄能电站运维系统中的应用示例

（a）三维模型浏览界面

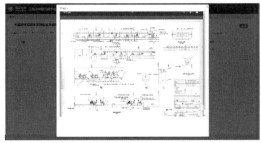

（b）工程相关数据资料查看示例

图 7.4 - 26　利用三维模型查看工程文档示例

2. 状态检测与三维虚拟巡检

在三维模型展示系统中，不论是模型、文档数据还是设备台账，大部分都是已经固化的数据。利用这些静态数据的数字化运维平台，可以进行基础的文档查询，但缺乏生命力，在电厂的运行维护中起到的作用十分有限。如何让数据从静态走到动态，保证电厂数据与数字化运维平台的数据有机统一，实时数据和巡检数据的接入不可或缺。

实时数据监测的工作目标是基于三维可视化技术，实现三维场景漫游、监测仪器查询与管理、监测数据展示与辅助分析、数据报送等功能。图 7.4 - 27 为三维模型测点展示界面。

三维巡检的基本流程是根据巡检标准制定巡检计划，利用移动设备巡检形成巡视路线与预设路线的比对。首先利用移动设备的表单、照片、视频等多种手段，记录巡检数据；然后通过三维虚拟场景、位置、功能等，进行巡检展示以及数据查询；最后根据巡检点的异常记录统计，快速发起抢修任务。

7.4.4.7　智能风险管控

通过收集国内外水电大坝及水工建筑物安全事故案例，归纳总结水电大坝及水工建筑

图 7.4-27　三维模型测点展示界面

物运行隐患和处置措施，构建水电大坝及水工建筑物风险评估因素体系。通过构建缺陷处置知识库，研究水电大坝及水工建筑物运行安全风险管控智能评估模型。

根据水电大坝及水工建筑物风险智能评价模型，结合水电站的安全管理模式，构造水电站大坝及水工建筑物安全管控智能决策体系。对大坝及水工建筑物运行安全风险实行动态评估、隐患辨析，并给出处置建议。

7.4.4.8　梯级电站群智能调度

应用物联网、云计算、大数据、人工智能、移动互联、虚拟现实等技术，在自动化、信息化、智能化的基础上进行决策辅助，可实现多电站智能协同防洪、发电、生态、航运、供水等多目标的梯级水电站调控模式。从以下五个方面进行研究：

（1）采用卷积神经网络、粒子群优化算法等，构建流域水文预报模型，提高中长期水文预报精度。

（2）采用基于认知计算的自适应参数调整技术，提高洪水预报精度。

（3）采用专家库结合人工智能技术，建立涵盖安全、经济运行的约束与模型库，提高机组负荷智能调控效率。

（4）采用水力发电系统的水力过渡过程理论，通过程序开发构建专家知识库。在电站运行中通过程序的快速计算，给出机组运行的建议值，优化运行调度。图 7.4-28 为电站运行智能调度结果示例。

（5）研究开发闸门智能运行调度管理系统，结合电厂运行调度指令远程控制闸门。图 7.4-29 为闸门智能运行调度管理子系统界面。

7.4.4.9　工作质量智能评判

为提高管理效率，对水电站管理工作进行质量智能评判，包括对评判指标进行量化计算、优化评价标准及对工作质量进行在线统计汇总和智能分析等。以评判指标的量化为

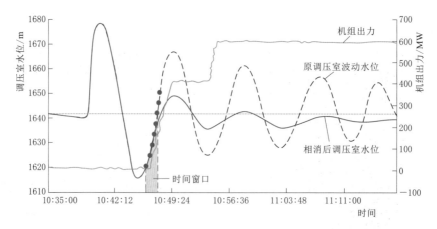

图 7.4-28　电站运行智能调度结果示例

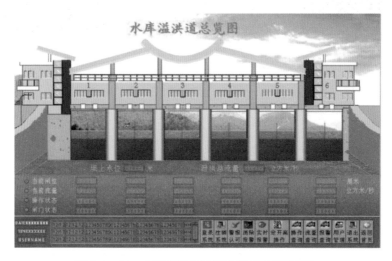

图 7.4-29　闸门智能运行调度管理子系统界面

例，可包括数据录入及时率、数据采集完整率、有效数据检查率、巡视检查完成率等。大坝安全管理工作评价示例如图 7.4-30 所示。

7.4.4.10　培训管理系统

工程机电设备的维修教学一直是难点。机电设备因构造复杂，对其进行检修的工序烦琐。运行中的机电设备不能随意启停，教师只能靠平面图纸和文字资料来讲解设备原理及检修流程。传统教学方法因缺少感性认识手段而不利于学员提高维修技能，迫切需要形象直观的技术手段来帮助学员提高业务技能。

培训管理系统包括三维虚拟拆装动画、三维虚拟拆装仿真、自评测试、资料查询等功能。三维虚拟拆装动画主要用于开发、模拟教学课程中难于理解的教学内容，帮助学员理解、掌握检修工艺流程。三维虚拟拆装仿真主要用于构建虚拟互动实习环境，让学员巩固所学知识，更好地掌握维修技能。培训管理系统的主旨就是利用已建成的三维模型进行虚拟拆装、三维动画制作等方面的应用，提升电站培训的整体水平。

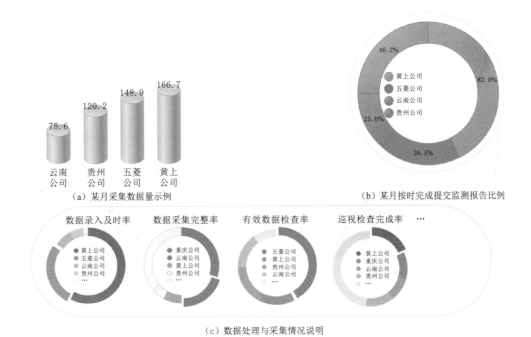

（a）某月采集数据量示例

（b）某月按时完成提交监测报告比例

（c）数据处理与采集情况说明

图 7.4 - 30　大坝安全管理工作评价示例

1. 三维虚拟拆装动画技术的应用

电厂机电设备检修工作的教学是按照工艺流程卡来实施的。工艺检修流程卡是一些枯燥烦琐的规范步骤。为了让广大学员更好地理解、掌握检修技能，可尝试用三维动画技术来模拟机电设备的检修环节，使教学内容更形象生动，且易于掌握。图 7.4 - 31 为三维教学动画视频截图。

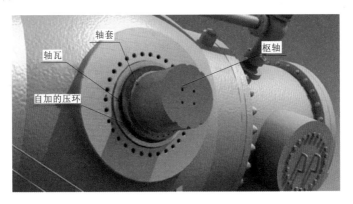

图 7.4 - 31　三维教学动画视频截图

三维动画可以通过剖切、透明显示等方式，全方位地展示设备内部的细节。相较于实际的拆装视频，三维动画可以深入肉眼无法看到的部分，更直观地展示设备的结构和联动关系。通过三维动画的演示和详细讲解，也可以更全面、细致地展示设备的拆装流程和运行原理。

2. 三维虚拟拆装仿真技术的应用

虚拟现实目前在教育、军事、能源、城市规划建设及应急演练等方面都有广泛的应用。在工程数字化运维教学系统中应用虚拟现实技术，实现了虚拟互动教学系统。与原有教学系统相比，具有实时、互动、强体验感的特点，增加了学习的趣味性，有利于巩固学员的学习成果，解决机电设备检修培训缺少实习环境的问题，从而大大节约了教学成本。图 7.4-32 为检修拆装视图。

（a）视图一

（b）视图二

图 7.4-32　检修拆装视图

在虚拟拆装的基础上，可以通过检测学员的操作顺序来开发考试模式。考试模式是利用检修工序逻辑系统，来检查学员的设备操作是否正确，并在设定的时间内统计工序操作错误率，并给出评分。考试模式与数据库关联，记录学院的档案及考试成绩，从而激励学员自主学习和自我提升。

基于虚拟现实技术、三维动画技术及多媒体技术，虚拟互动教学系统能从根本上解决机电设备教学培训的困难。它能充分发挥信息化、数字化的优势，给学员提供一个全新的互动学习环境，并提供一个虚拟实习空间，使学生在虚拟现实环境中形象直观地了解机组的安装和检修过程，掌握设备的结构特征和检修的步骤。灵活运用这些技术不仅有利于改善教学模式，减轻教师的教学强度，还能提高机电设备维修培训质量和效率，为电厂教学培训的信息化、数字化发展创造条件。

7.4.4.11　移动端应用

作为 Web 平台的补充，研究开发水电站运维管理 App。将 Web 平台中常用的功能或模块进行集成，使用户在一个 App 中就能高效、便捷地进行电站运维数据的查询和浏览。

同时，移动端作为便携设备，可以更大范围地运用于电厂运维、巡检等日常工作中，为电厂的智慧化运维带来便利。

7.4.5　小结

在三维数字化设计和数字化施工管理技术积累的基础上，在计算机环境中建立全生命周期管理的数字化平台，实现物理电站和数字化电站在全过程管理数据的一一对应，即实现电站数字化。在电厂数字化的基础上，利用先进的 BIM 技术、物联网、智能技术、云计算与大数据等新一代信息技术，以全面感知、实时传送和智能处理为基本运行方式，建立动态精细化的可感知、可分析、可控制的智能化电站建设与运行体系，实现电厂的智能化建设和运行，并逐步向智慧化过渡。

7.5　典型案例——仙居抽水蓄能电站

7.5.1　项目基本信息

仙居抽水蓄能电站枢纽由上水库、输水系统、地下厂房、地面开关站及下水库等建筑物组成。上水库由一座主坝、一座副坝及库周山岭围成，总库容 1294 万 m^3，主坝、副坝均为混凝土面板堆石坝，坝顶高程 679.20m，主坝坝顶长 263.66m，最大坝高 88.2m；副坝坝顶长 222m，最大坝高 59.7m。输水系统采用两洞四机的布置方式，上水库、下水库进/出水口高差 464m，输水管道总长度为 2216.1m（沿 3 号机组），其中引水系统长 1215.5m，尾水系统长 1000.6m。地下厂房布置在输水系统中部，洞群包括主副厂房洞、主变洞、母线洞、尾闸洞、500kV 出线洞等洞室。下水库利用已建下岸水库，新增一泄放洞，全长 730m，隧洞内径 7.4m。500kV 地面开关站位于下水库进/出水口边的山坡上。电站于 2010 年 12 月 17 日正式开工建设，2016 年 6 月 7 日首台机组正式投入商业运行。

该工程以实现全生命周期数字化应用为目标导向，全面开展三维数字化设计、设计施工一体化应用、工程数字化移交应用、工程全生命周期管理研究与应用等工作，成为国内第一个全面实现数字化交付、全生命周期管理的抽水蓄能电站。以仙居抽水蓄能电站作为依托工程，华东院建成了国内第一个水电工程全生命周期管理平台，并于 2016 年 4 月全部完成系统研发，并在仙居现场正式上线运行。

7.5.2　三维数字化协同设计

仙居抽水蓄能电站三维数字化设计应用的具体内容包括工厂各专业三维建模协同设计及设备布置优化、电气端子接线和电缆敷设设计、工程量计算、分析计算、三维出图、设计交底及联络等。图 7.5-1 为仙居抽水蓄能电站三维数字化设计应用实例。

通过三维数字化协同设计，建立了土建结构、机电设备及明、暗管线等三维模型。此外，随着设计进度的推进，各专业的设计深度也在加深，不同的设计阶段对应于不同的设计深度，从而使得三维设计最优地服务于工程设计。

7.5.3　三维数字化工程建设管理

仙居抽水蓄能电站设计施工一体化平台基于三维设计信息模型搭建。根据工程现场实际施工方案，采用现场施工标段划分、WBS 工作包分解方式进行动态模型分解、调整及编码。在融合进度、成本信息的基础上，建立施工期动态多维施工信息模型，并在工程建设期间对三维信息模型进行更新维护和处理。通过统一的数据标准体系和通信标准，实现

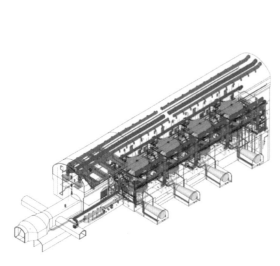

（a）主厂房三维模型

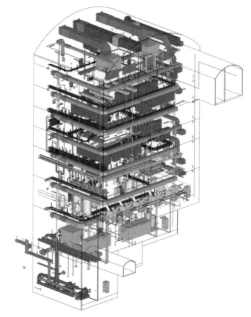

（b）主副厂房三维模型

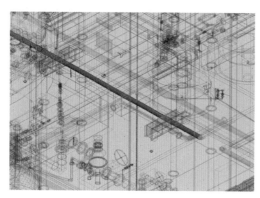

（c）三维模型碰撞检查

（d）三维模型漫游查看

图 7.5-1　仙居抽水蓄能电站三维数字化设计应用实例

基于 BIM 模型和数字化、信息化技术的工程进度、质量、资产、安全等全方位工程建设管控，并能够为电站运行期的数字化运维管理提供可继承的工程数据中心。仙居抽水蓄能电站工程建设管理平台应用见图 7.5-2。

　　施工期通过三维模型向施工单位进行设计交底，能够更好地表达设计的意图，强化设计交底的效果，避免施工单位由于图纸理解错误而发生施工错误及返工。深度结合 BIM 模型与施工进度，实现进度展示、进度模拟、进度对比、差异分析等功能，以辅助监管、督促项目建设进度，确保项目计划持续有效推进。通过科学划分 WBS，串联全部项目信息，并将 BIM 模型与质量管理、移动技术、云技术相结合，使质量管理高度贴合项目现场，提高项目质量管理水平。

　　当电站竣工投产后，通过工程数字化移交，实现了由传统的提供单一纸质产品（或文

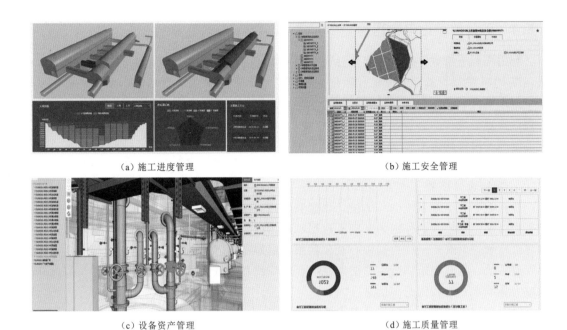

（a）施工进度管理　　　　　　　　　　　　（b）施工安全管理

（c）设备资产管理　　　　　　　　　　　　（d）施工质量管理

图 7.5-2　仙居抽水蓄能电站工程建设管理平台应用

档性产品）向全方位提供数据库、三维模型、信息系统等综合数字化产品方向的跨越。从而最大限度地保留了"工程基因"和知识重用性，缩短了电站竣工投产期资料搜集与整编周期，实现了投产期数据、资料的无缝对接，并可投入运维期使用。图 7.5-3 为仙居抽水蓄能电站数字化移交平台应用界面。

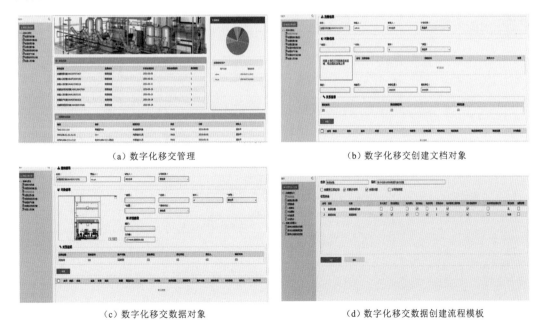

（a）数字化移交管理　　　　　　　　　　　（b）数字化移交创建文档对象

（c）数字化移交数据对象　　　　　　　　　（d）数字化移交数据创建流程模板

图 7.5-3　仙居抽水蓄能电站数字化移交平台应用界面

7.5.4 三维数字化电站运维

利用工程三维数字化、数字化移交、网络通信、实时监控等技术手段，开发基于水电站运维 BIM 模型为基础的、集合运行维护所需数据的数字化运维系统。系统通过三维场景、三维模型、设备与构件目录树作为入口，进行大坝安全监测管理、电站枢纽管理、设备资产管理、设备状态管理等工作。通过展示电站三维面貌、台账管理、实现对象的空间定位管理、对象的关系管理、档案的关系管理、移动应用等，形成统一的工程运维管理平台，为电站运行维护服务。

1. 系统功能框架

根据数字化运维系统的总体设计思想和原则，结合分布式应用及数据库技术，整个系统采用三层结构模式，分别为基础平台层、应用模块层和表现层。其中基础平台层又包括计算机软硬件资源、工程数据中心及公共服务框架等内容。应用模块包括大坝安全监测信息管理系统、枢纽建筑物全生命周期系统、电厂设备运维管理系统。表现层则是通过网页端或者移动端，进行浏览和信息录入。

针对应用模块层，大坝安全监测信息管理系统包括测点管理模块、监测数据预警模块、监测数据展示查询模块。枢纽建筑物全生命周期系统包括三维模型展示、三维监测信息管理、三维巡检与日志管理、三维水工缺陷与维护管理等模块。电厂设备运维管理系统包括电厂设备资产管理、机电设备性能管理、机电设备虚拟检修管理等模块。图 7.5-4 为三维数字化运维系统模块结构图。

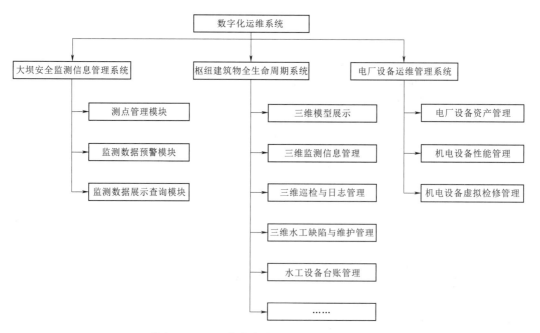

图 7.5-4 三维数字化运维系统模块结构图

数字化运维系统基于三维可视化浏览框架构建，它具备统一的身份信息、统一的位置服务。它不仅支持在一个身份认证库一次登录情况下，在同一个可视化三维场景中，展示电站的地理位置、地形地貌、周边环境、建筑物布置、建筑物内部场景等；也支持水情、环境、地质灾害、安全监测、监控视频等信息的集成三维可视化展示，并通过三维模型实现分建筑物、楼层或高程、房间或桩号段等区域位置管理，实现各管理对象地图、室内定位服务。

2. 系统部署方案

通过对电厂运行维护管理研究，利用电力系统专线实现数据的异地同步。该系统将数字化电站服务的服务器都部署在电力网管理信息大区，并通过网络隔离设备，将自动化监测数据单向备份至主数据库中。文档系统、生产管理系统等办公系统相关数据服务，通过电力网管理信息大区网络进行数据同步。移动设备采用在内网注册，数据读取通过数据线进行数据传输，从而实现数据移动采集。图 7.5-5 为数字化运维系统网络部署方案示例。

电厂设备全生命周期系统在开发研究期间，先后对仙居抽水蓄能电站、洪屏抽水蓄能电站、天荒坪抽水蓄能电站、龙开口水电站、沙坪二级水电站、彭水水电站等展开了全面的调研。通过与电站运行单位充分沟通，了解和掌握电站运行维护中的各种规章制度、管理方法、业务需求、运用的信息系统、数据组织框架等内容。重点对设备的台账管理、物资管理、在线监控、检修管理、巡检管理、生产运行管理等重点工作环节进行跟踪和实地体验，充分掌握电站业主在电站运行中的工作模式和习惯。同时，对照数字化电站运维管理和工程全生命周期管理要求，对电站现有工作模式进行剖析，发掘业主目前运维中的管理缺陷和改进项目，为工程数字化业务的开拓创造需求。

通过科学的调研发现，虽然电站运行管理业主拥有众多的运维信息管理系统，并且多数的信息系统能够得到良好的实施和应用，但在以下几个方面还存在着薄弱面：

（1）一个成熟的电站运行单位拥有十多个业务信息系统，涵盖了电站的自动化办公、财务物资、生产运行、在线监测、大坝安全、检修、巡检等所有业务系统。但由于这些业务系统由多家单位为其开发，系统之间的数据共享困难，保持同一物理对象在不同系统中的数据一致性难度也较大。因而缺乏统一的对象身份数据管理系统和统一的数据共享服务，来保证数据的连接性和一致性。

（2）这些信息系统多以条目化的数据进行对象管理。由于对象之间的逻辑关系较少，且没有经过系统的设计，缺少很好的数据模型来支撑整个电站数据，难以形成一个合理的数据架构、清晰的逻辑关系、严密的数据组织。

（3）数据的展示不够形象。因缺少三维可视化的支持，设备对象真实的空间分布难以表达，设备个体的定位也没法展示，以及更多交互性的体验都无法通过可视化展示。

通过上述的调研和研究，项目组提出开发电厂设备全生命周期管理系统，以满足电站设备更高层次的管理要求。

7.5.4.1 系统功能框架

电厂设备全生命周期系统是电站全生命周期系统的业务子系统之一。该管理系统主要服务于电站运行期设备资产管理，为现场生产人员提供一个数据完整、功能全面、形象直观、数据消费方便的管理界面。它综合管理了设备台账、档案、逻辑关系、空间关系、人员职责等信息，实现全厂设备在运维过程中的配置管理，从而保证现场设备与数据库中数

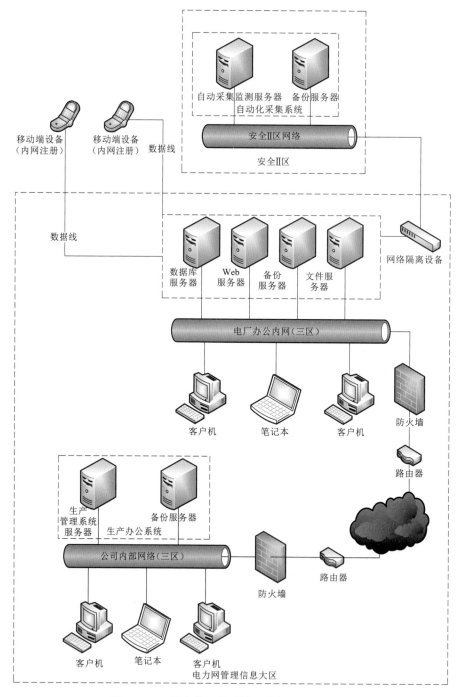

图 7.5－5　数字化运维系统网络部署方案示例

据的一致性和正确性。电厂设备全生命周期系统架构图如图 7.5－6 所示。

电厂设备全生命周期管理系统逻辑架构图见图 7.5－7，整个系统由业务内容、业务逻辑和开放平台三个部分构成。

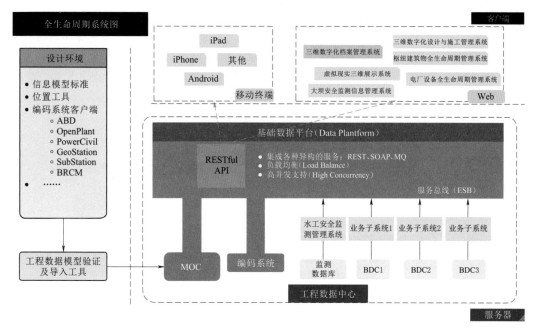

图 7.5－6　电厂设备全生命周期系统架构图

（1）业务内容包括电站三维设备模型和数据库以及相关文档和编码等资料，这些资料均存储于数据中心。数据中心为该系统提供以下各类服务。

1）数据以"资源"形式提供，以供该系统使用。

2）将该系统新创建的业务数据，通过服务总线 ESB 技术转换为标准格式进行存储，以供其他系统使用。

3）实时对各业务子系统之间的数据进行交换并存储。

（2）业务逻辑层负责封装系统的各个功能对象，并以服务的方式部署在 Web 服务器上。它响应来自用户的请求，并从数据层提取数据后，将数据包装成为图形或者数据对象，再由展示层返回给用户。

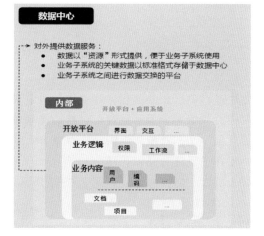

图 7.5－7　电厂设备全生命周期管理系统
逻辑架构图

（3）开发平台负责与用户进行交互，并提供交互操作的 Web 界面。该平台不仅可以实现在电脑、手机和平板电脑等各类客户端中运行，还可跨平台在 Windows、Mac、iOS、Android 等系统中运行。

7.5.4.2　电厂设备数字资产管理

依托浙江仙居抽水蓄能电站，项目组开发了国内首个基于工程数字化的电厂设备数字

423

资产管理系统。该管理系统开发的主要目标是实现仙居抽水蓄能电站设备资产数字化信息管理功能。其主要工作内容包括电厂设备数据准备、数据检索及数据变更控制。通过建立设备资产的功能属性、逻辑关系信息、位置信息、厂商信息等，实现设备的技术状态管理、变更管理、变更影响分析等功能。图7.5-8为仙居抽水蓄能电站工程全生命周期管理系统应用界面。

图7.5-8 仙居抽水蓄能电站工程全生命周期管理系统应用界面

1. 电厂设备对象定义和数据准备

通过对电厂业务流程、建筑物和机电设备的功能特性进行梳理、研究、分类抽象，将电厂相关数据划分为9大类，包括功能系统对象、数据对象、规格型号对象、资产对象、位置对象、文档对象、组织结构对象、人员对象、关系对象。以仙居抽水蓄能电站项目为例，建立了系统对象库、功能标签（tag）库、规格型号库、电厂分区位置库、组织结构库、人员库、文档库等，如图7.5-9所示。

（a）系统对象库　　　　　　　　　　　（b）功能标签(tag)库

图7.5-9（一） 电厂相关数据库

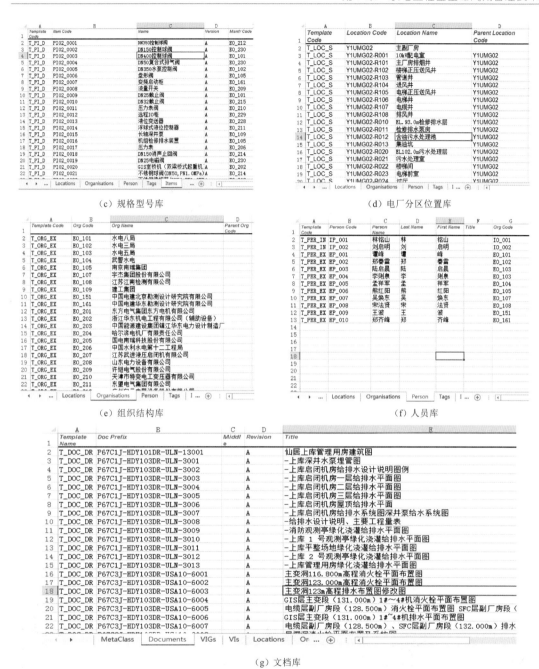

（c）规格型号库 （d）电厂分区位置库

（e）组织结构库 （f）人员库

（g）文档库

图 7.5-9（二） 电厂相关数据库

与此同时，项目组确立了电厂全生命周期系统所需的各种模板，对各数据的亚类进行划分和模板定制，尤其在关系对象的定义上，定义了隶属关系、责任关系、位置关系、描述关系、安装关系、制造关系、供货关系等，为数据关系组织提供了模板。最后对全信息三维模型的数据进行优化、整理，并发布至工程数据中心，形成电厂设备全生命周期管理子系统基本数据结构。图 7.5-10 为电厂数据目录树结构示例。

| （a）示例一 | （b）示例二 | （c）示例三 | （d）示例四 |

图 7.5-10　电厂数据目录树结构示例

2. 设备运行状态同步

作为主数据主要提供方，该系统一方面为各类监控系统提供设备主数据，同时与电厂 SCADA 系统对接。通过截取主要设备的状态数据，为设备生命周期管理提供历史记录管理。

3. 设备管理信息展示

通过全生命周期管理平台与 Windows 域管理器交互，该系统采用 Oauth 一键登录机制，实现系统的单点登录，并为统一账户在不同系统中设置不同的访问、编辑权限。电厂设备全生命周期管理系统登录界面如图 7.5-11 所示。

图 7.5-11　电厂设备全生命周期管理系统登录界面

登录之后，首页集合了一部分统计数据，并以图表的方式展现，更为直观。图 7.5-

12 为电厂设备全生命周期管理系统界面。

图 7.5－12　电厂设备全生命周期管理系统界面

4. 设备系统详情检索

电厂设备数据条目众多、关系复杂，系统中每个设备均包含了其 KKS 系统分解信息、空间位置信息、三维模型信息、文档信息、人员/部门责任信息、设备规格型号台账等。电厂设备主要数据对象的关系示意图如图 7.5－13 所示。

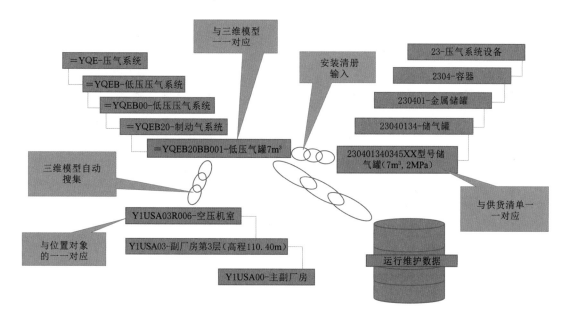

图 7.5－13　电厂设备主要数据对象的关系示意图

系统为用户提供了6个维度的数据检索入口和三维可视化检索入口，分别为系统、位置、生产商、分类、文档、组织/人员、三维导航检索，以满足用户在不同已知信息、不同需求情况下，数据的快速查找和定位。数据检索主入口如图7.5-14所示。

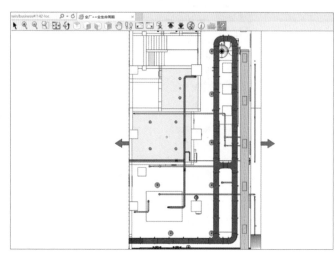

图7.5-14　数据检索主入口

通过调用电厂设备检索功能，可对设备系统详情进行查看。

（1）全厂数据目录树。整个系统界面采用左右布局，左侧为数据分类树。系统将所有的数据按照各自不同的类别进行排布，并且具有检索功能，从而方便数据查询。图7.5-15为仙居抽水蓄能电站项目全厂数据目录树结构。

（a）结构一　　　　（b）结构二　　　　（c）结构三　　　　（d）结构四

图7.5-15　仙居抽水蓄能电站项目全厂数据目录树结构

（2）信息展示栏。系统界面右侧为信息展示栏，展示各数据详细信息。每个详细信息页面都由一个标签页面来展示。当出现多个标签页面的时候，可以左右拉动，或者关闭别的标签页面。图7.5-16为仙居抽水蓄能电站工程全生命周期管理系统标签和信息展示栏示例。

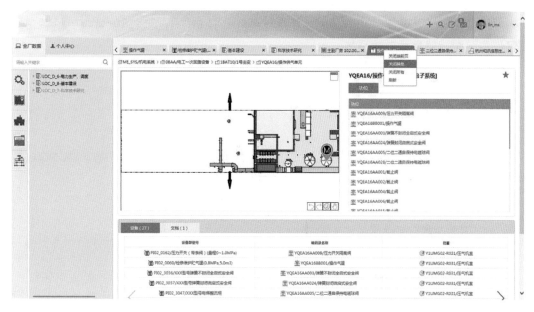

图 7.5-16 仙居抽水蓄能电站工程全生命周期管理系统标签和信息展示栏示例

（3）电厂设备详情页面。每个详情页面分为上、中、下结构，分别表示位置导航、主体信息、主体关联信息。其中主体信息附带了模型展示。以下是典型的详情页面。

1）系统详情页面。系统详情页面（见图 7.5-17）的主体信息展示系统在模型当中的定位、系统下面关联的子系统。

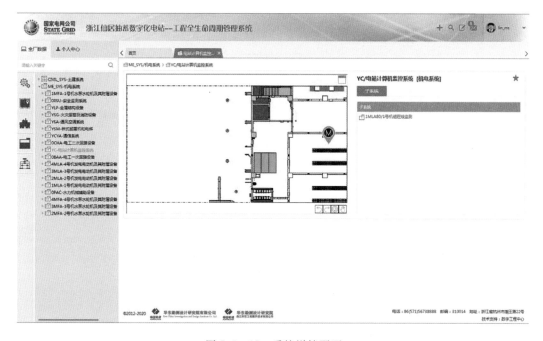

图 7.5-17 系统详情页面

2）子系统详情页面。子系统详情页面（见图 7.5 - 18）的主体信息展示子系统在模型当中的定位及子系统下关联的功位。其主体关联信息将所有关联功位对应的设备信息、位置信息、文档信息等展示出来。

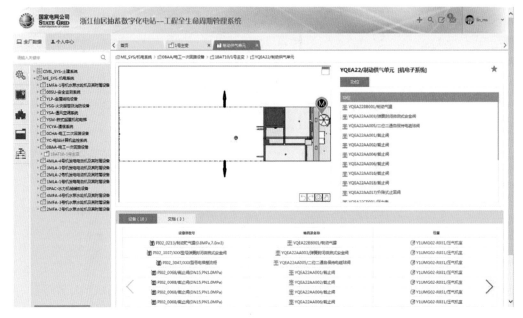

图 7.5 - 18　子系统详情页面

3）功位详情页面。通过子系统详情界面，能进一步进入到功位详情页面（见图 7.5 - 19）。该页面的主体信息展示功位在模型当中详细的位置以及该位置上面显示所用的设备、设备对应的生产商、设备型号等信息，其主体关联信息展示设备对应的属性信息。

图 7.5 - 19　功位详情页面

通过以上几个详情页面展示的数据与模型相互的关联关系，让用户能结合模型理解数据，或者能依据数据了解模型。

4）生产商详情页面。生产商详情页面（见图 7.5-20）包含通信信息、生产商产品信息等。

图 7.5-20　生产商详情页面

5）设备详情页面。设备详情页面（见图 7.5-21 和图 7.5-22）包含有生产厂商、维护人员、技术参数、关联信息。

图 7.5-21　设备详情页面（一）

图 7.5 - 22　设备详情页面（二）

5. 设备数据变更控制

全生命周期的设备数据变更控制是以技术状态管理理论为依据。设备技术状态管理的主要目的是通过定制标准的管理流程和制度，在运维过程中严格执行，保证计算机系统中的数据与现场服役设备的数据之间的一致性、正确性。

数据变更控制的功能包括变更申请类型定制、改造类型定制、变更流程开发、版本管理、变更影响分析功能等。图 7.5 - 23 为数据变更管理界面。

图 7.5 - 23　数据变更管理界面

系统定制了各类设备的变更模板，主要有整套设备变更、零部件变更、电缆变更等。

并基于模板定制了标准工单、任务流程、设备的版本管理、变更影响分析等功能。图 7.5 -
24 为流程模板定义界面。图 7.5 - 25 为流程模板管理界面。图 7.5 - 26 为发起流程（数据
变更）界面。图 7.5 - 27 为任务执行界面。

图 7.5 - 24　流程模板定义界面

图 7.5 - 25　流程模板管理界面

图 7.5 - 26　发起流程（数据变更）界面

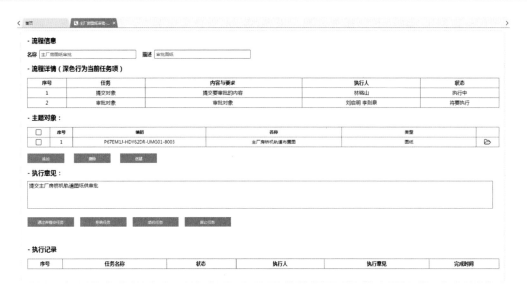

图 7.5 - 27　任务执行界面

6. 设备文档管理

所有系统、子系统、生产商等相关文档信息，都可以在系统相应的页面中进行展示。与设备相关的设计图纸、验收报告、厂家说明书、安装调试报告等文档，都可以被查询、展示和下载。

所有系统、子系统、生产商等页面的关联文档信息中有两个按钮。通过点击按钮，能查询该文档存放路径并预览该文档。图 7.5 - 28 为子系统详情页面中的关联文档界面。图 7.5 - 29 为文档关联信息页面界面。

图 7.5 - 28　子系统详情页面中的关联文档界面

图 7.5 - 29　文档关联信息页面界面

7. 电厂设备数字化移交管理

对上述流程任务中已完成移交的数据进行展示和管理。这些数据包括系统对象、数据对象、规格型号对象、资产对象、位置对象、文档对象、组织机构对象、人员对象等。图 7.5 - 30 为数字化移交成果管理界面。

图 7.5 - 30　数字化移交成果管理界面

7.5.4.3　机电设备性能管理

通过对机电设备进行有效的综合管理、使用和维护，使设备保持良好的技术状态，以满足产品生产要求。对这些设备的更新、移装、使用、检修、保养、报废、封存等的管理过程，称为机电设备性能管理。该模块对机电设备的生产时间、安装时间、检修时间、检修责任人等信息予以记录，可在设备检查周期到达之前对运行人员和检修责任人发出提示信息。

通过对机电设备进行故障风险管理，以提高设备运行可靠性，减少电站机组的非故障停机；对设备运行性能进行监控与管理，以减少检修工作量，降低检修费用。最后，实现检修策略、计划的智能化编制。

可经过以下途径逐步实现上述要求：

（1）通过集成监控系统数据，挖掘各种设备的 KPI 指标，对设备进行智能化、精细化管理。

（2）通过 KPI 指标参数，智能化评判设备健康状况和潜在风险，并进行自动报警。

（3）以设备可靠性为中心，智能化完成检修决策和计划的制订。

（4）根据程序预设规则，智能、自动地建立并触发检修工作流程。

通过以上研究，最终实现性能管理模块与 SAP、Maximo 等企业资产管理软件无缝集成，并智能同步工单、设备状态、标准作业流程、任务等。

7.5.4.4 机电设备虚拟检修

通过虚拟现实技术、三维动画技术及多媒体技术的综合应用研究，结合电厂设备检修工艺流程，为电厂开发了机电设备虚拟检修互动教学系统。该系统主要采用动画技术和虚拟现实技术。其中动画技术主要用于开发、模拟教学课程中难于理解的教学内容，帮助学员理解、掌握检修工艺流程。虚拟现实技术主要用于构建虚拟互动实习环境，让学员巩固所学知识，更好地掌握维修技能。图 7.5 - 31 为虚拟检修互动教学系统界面。图 7.5 - 32 为菜单控制球阀枢轴密封拆装示例。图 7.5 - 33 为编号控制工序拆装示例。

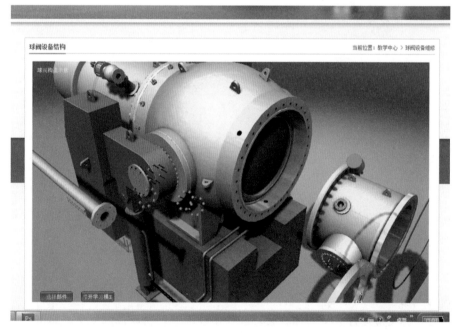

图 7.5 - 31　虚拟检修互动教学系统界面

图 7.5 - 32　菜单控制球阀枢轴密封拆装示例

图 7.5 - 33　编号控制工序拆装示例

7.5.5　小结

（1）本节提出基于工程三维数字化协同设计平台和电站三维全信息模型的工程全生命周期管理解决方案。围绕覆盖工程全过程的工程数据中心，建设物联网、云服务等新一代信息技术为特征的工程全生命周期管理系统，并创新提出统一编码服务的工程数据中心、三维全信息模型轻量化发布、数字化设计与施工管理一体化、智能三维数字化档案、虚拟现实三维展示等技术，用于解决工程数据信息跨阶段、跨单位、跨平台损失等核心问题，实现集团型企业和设计施工总承包项目的数据共享利用，促进了工程行业信息化发展。

（2）本节以实现设计施工一体化为目标，通过工程全生命周期管理系统建设，构建了工程建设管理的智慧工程平台。该平台促进了设计、采购、施工、管理等各种信息的融合，大幅提高了工程建设的进度管理、物资管理、采购管理、计划管理、决策管理等综合信息化管理能力和效率。通过更加高效、智能、直观、便捷的手段，提升了水电站建设管理水平，有效地控制了工程建设质量、施工进度和建造成本。

（3）通过工程全生命周期管理系统建设，打破设计、施工、运维阶段工程数据信息以图纸报告作为主要交付物的传统，创导工程数字化生产管理模式。通过充分利用新一代信息技术实施工程数字化移交、大数据云中心托管服务等新型业务，进一步提升工程咨询行业服务水平。

（4）通过研究、分析国内外和各行业应用的 BIM 技术，以能够贯穿设计、施工、运营阶段为原则，初步建立工程全生命周期管理系统相关技术标准体系，并在行业内率先完成工程数字化设计、工程编码、工程数字化移交等新技术标准。

（5）研究成果已成功应用于除仙居之外的天荒坪、沙坪二级、彭水等多个水电站。该研究不仅提升了工程安全性和可靠性程度，还有效节省了直接管理成本、人力成本和运营成本，产生了良好的经济效益，从而促进了工程运营向数字化、自动化和智能化方向发展，使得我国水电站等大型基础设施工程资产管理水平紧跟国际领先水平，具有很好的推广应用价值。

第 8 章

三维协同设计技术
在非水电工程中的应用

8.1 概述

工程行业涵盖电力、水利、交通、市政、建筑、照明、航空、新能源、景观园林、石油石化等领域。各领域的建设内容互有不同，涉及专业众多。为了满足水电工程 20 多个专业的三维协同设计需求，华东院经过十几年的持续投入和自主研发，打造出一系列符合国内设计习惯和行业规范的专业设计软件，并形成了 HydroStation 工程三维协同设计平台。HydroStation 不仅能满足水电工程各专业三维协同设计的需要，还能满足其他工程行业对三维协同设计的工作需求。目前，华东院三维协同设计解决方案已成功应用于水利工程、轨道交通工程、路桥隧工程、水务工程及工业与民用建筑工程等多个基础建设行业。

水利工程是国民经济的基础产业和基础设施，在防洪、排涝、防灾、减灾、供水等方面为社会发展建设作出了重大贡献。一直以来，国家高度重视并不断加大对水利建设的投资。随着水利工程建设规模的逐步扩大，针对现代水利建设参与专业多、建设周期紧、质量管控严等高标准需求，传统二维设计的弊端也被逐渐放大，采用三维协同设计已是大势所趋。以工程勘测阶段为例，采用数字化技术，地形测绘专业可为后续设计专业提供基础的三维地形模型和实景模型；地质勘察专业通过集中管理地质信息数据，可创建工程地质三维模型，并能便捷获取地质图件。依托符合国内行业标准和设计习惯的专业软件，各专业在标准化设计环境中开展协同设计，可有效提高设计效率和成果质量。

轨道交通工程建设规模大，包含规划、勘察、设计、建造、运营等多个阶段，覆盖专业众多且彼此关系复杂。结合 GIS、VR 等先进技术，轨道交通工程通过三维协同技术体系和协同技术环境的建立来开展三维协同设计。对规划、勘察、设计过程进行三维专业审查，可最大程度地优化设计方案，减少由设计问题引起的施工变更和返工，保证项目进度和质量。

道路交通工程具有复杂空间结构多、项目涉及专业广和交叉协作要求高等特点。在道路交通工程中采用三维协同设计，可以进一步完成设计方案的优化。通过良好的协同机制和标准的模型应用，还能减少设计变更、保证设计效率、提高设计质量。

水务工程通常会面临参与专业较多、标准化程度低、协同配合要求高等情况。采用多专业、同平台的三维数字化协同设计，可以让各专业实时了解全项目的设计进度和设计成果，更好地组织专业配合。通过各专业三维模型的合理化检查、碰撞性检查及大量方案布置的优化工作，可以使各专业和全项目的设计方案均达到最优、实现最佳。

工业与民用建筑工程对三维协同设计技术的应用也在加速发展。三维协同设计技术常用来验证项目设计的可行性、评估项目实时的经济性、分析结构设计的安全性。此外，通过碰撞检测和三维管线综合，还能实现空间竖向净空优化和管线排布方案调整。

海上风电工程环境条件复杂，传统二维设计已不能很好地满足其"精细化"的设计要求。三维协同设计则能细化设计流程、提高设计质量，降低风电规划设计的不确定性，是海上风电工程实现数字化、信息化与智慧化的重要手段。

8.2　三维协同设计在其他行业中的应用

8.2.1　水利工程应用

8.2.1.1　水利工程行业背景

水利工程作为人类用于控制调配自然界地表水与地下水而修建的工程，是国民经济和社会发展的重要基础设施，也是防洪、排涝、灌溉、航运和城镇供水等社会需求的重要保障设施。水利工程建设内容多，包括挡水大坝、输水塔、引水隧洞、渠道、输水管道、水闸、泵站、护岸等建筑物。其参与专业也非常多，包括测绘、地质、电气、气象、水工结构、建筑结构、金属结构、水文水资源、环境保护、水土保持等专业。随着建设投入的持续增长与建设规模的逐渐扩大，水利工程建设对勘察设计、施工建造和运营维护等阶段各参建单位的能力要求也越来越高。

基于 CAD 的传统二维设计工作模式，已不能满足水利工程快速发展的建设需要。三维协同设计成为引领水利工程勘察设计变革的新动力。水利工程在设计阶段通常会因为方案变动而产生设计变更。前序专业在方案修改后，如不能及时把变更信息传递给后续专业，则会降低设计效率、影响设计质量，并造成设计方案的差异性冲突。此外，由于二维图纸很难完整反映工程三维空间布置方案，因此容易产生设计缺陷和沟通疏漏。三维协同设计则具有高效设计协同、高度资源共享等优势，能够有效优化设计流程、降低设计成本、提高设计质量，保障参建各方的沟通准确性。从而三维协同设计将更为广泛地应用于水利工程，为经济建设和民生建设作出更大贡献。

国内水利水电勘测设计单位使用的 BIM 软件主要来自 Autodesk、Bentley 和 Dassault Systemes 三大软件厂商。三家厂商在水利水电行业均有代表性用户，分别是中国电建集团昆明勘测设计研究院有限公司（简称"昆勘院"）、中国电建集团华东勘测设计研究院有限公司（简称"华东院"）和中国电建集团成都勘测设计研究院有限公司（简称"成勘院"）。昆勘院基于 Autodesk 软件平台打造了 HydroBIM 水利水电工程综合设计解决方案，并应用于全球超过 50 个水利水电工程的项目设计；华东院基于 Bentley 软件平台进行深度自主研发，形成了 HydroStation 工程三维协同设计平台，在保障本单位水利水电项目完成三维协同设计的同时，还广泛应用于国内其他水利水电勘测设计单位的工程项目；成勘院基于 Dassault Systemes 软件平台进行二次开发，形成了水利水电工程三维数字化设计总体解决方案，在国内外大型水利水电工程的勘察设计中也得到了广泛应用。

8.2.1.2　水利工程三维协同设计解决方案

三维协同设计作为水利工程勘察设计的"革命性"新技术，在组织架构、专业协调、成果交付等各方面都发挥着创新驱动作用。依托标准的协同管理平台和完善的技术管理标准，三维协同设计的顺利开展，将各专业传统的串联式工作方式转变为并联式工作模式，进而降低了专业间、流程间的沟通成本。三维协同设计采用统一的模型存储格式，保证了专业间信息传递的完善性，提高了各环节的设计流畅度。各专业基于三维模型开展校审，可以有效减少或避免工程设计的错、漏、碰、缺、偏等问题，从而确保设计成果的高质量、高精度和高标准。HydroStation水利工程三维协同设计解决方案见图8.2-1。

华东院水利工程三维协同设计解决方案覆盖测绘、地质、水工、建筑、水机、暖通、电气、交通、给排水等多个专业，贯穿水利工程规划、设计、施工、运营全生命周期。

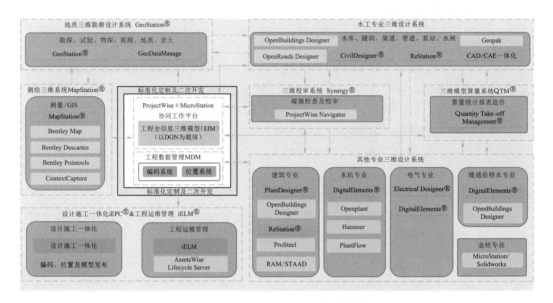

图8.2-1 HydroStation水利工程三维协同设计解决方案

地形测绘作为水利工程三维设计的前续专业，可以为后续地质模型与场地布置的三维设计提供基础的三维地形资料。传统测绘作业需要携带测量仪器，在工程区域范围内布点再进行现场测量，工作环境苦、人力成本高、作业时间长。现阶段大型水利工程的建设周期和测绘周期普遍较紧，传统测绘方式效率低、耗时久、处理慢的技术现状已不能满足新时期水利工程的建设需要，采用机载雷达、无人机倾斜摄影等新技术开展测绘工作逐渐成为趋势。新测绘技术可在短时间内高效、高质的完成大面积测绘任务，配合专业测绘软件还可快速生成三维地形模型和实景模型，为工程设计提供准确可靠的基础地形资料。

传统设计模式下的地质勘探工作，其成果资料通常会由不同工作人员各自统计、分散管理，集中管理的需求不够、流程不全、难度较大。传统查看工程布置调整后的地质情况，需要搜集查阅原始地质资料，并重新绘制地质图件，工作效率低、耗费时间长。利用华东院自研产品GeoStation，把物探、试验、地质等专业数据集中统一管理，可实现工程勘察设计的三维协同化和工程地质勘察的远程信息化，并根据地质数据信息生成三维地质体，实现地质图件的自动编绘和动态更新，大幅提高地质勘探专业的工作效率和成果质量。此外，工程师可以通过GeoStation实时查看三维地质模型的属性信息，助力工程选址和方案设计的进一步优化。

电气设备、电缆桥架、埋管敷设布置错综复杂，需要在有限的空间内合理布置且便于检修。由于传统二维设计方式很难直观反映管线设备等的三维位置关系，因此常造成错、漏、碰、缺、偏等问题，从而导致重复校核与设计变更，降低总体设计效率。电气三维设计系统 Electrical Designer 可用于开展电气工程的三维设计，并对多种布置形式进行梳理、比选、算量，生成直观可视化的三维设计内容，能很好地避免设计纰漏、优化布置方案、保障设计质量。

在三维协同设计过程中，消防、给排水、通风空调、动力照明、供电设备、通信设备等专业系统的部分三维模型，具有标准化可重复使用的特点。Digital Elements 可将这些具有可重复使用特性的三维标准专业元件集中起来，形成元件库，并将部分元件进行参数化，以支持专业属性信息的编辑，便于各专业的查询和调取，进而提升三维设计效率和构件匹配速率。

三维协同设计具有可视化、一体化、精确化等优势，在工程设计阶段的应用价值明显、适用性强，是工程设计发展的必然趋势。各专业可以在标准化定制的协同设计环境下集中开展工作，这种协同性的技术体系和管理方式能够提高设计管理水平和设计成果质量。基于三维设计的可视化价值，各专业通过三维模型或三维图纸展示设计方案，有助于提高参建各方的沟通效率，准确表达方案优化的实施意见。各专业利用三维模型开展碰撞检查，可快速查验工程设计问题，并作出及时调整与优化，有效避免由设计环节引起的重复变更或无效返工。三维协同设计在图纸量表等设计成果的输出与变更方面，具有良好的联动性和精准性。由三维模型直接生成设计成果或由模型变更直接修正设计成果，都可以大量节省绘图及量表统计时间，让工程师集中于工程设计优化，专注于工程设计本身。

针对水工结构异形结构繁多、构件大小各异、非标准化配筋烦琐的工程实际，三维配筋系统 ReStation 可直接基于水工结构模型开展三维配筋，使得配筋科学合理、符合行业规范、模型信息完整。由三维钢筋模型直接输出钢筋图纸与量表，可大幅提升配筋工作效率。对于已建好的三维模型，还可通过二次开发插件直接导入有限元软件进行应力分析，得到的分析结果也能返回到三维模型中，便于工程结构与配筋方案的优化调整。此外，基于三维协同设计的信息模型可以在多种应用场景体现价值。利用三维模型开展施工模型，有助于掌握建设进度、优化施工工序、合理安排施工。将三维模型与实景模型相结合进行渲染等后处理操作，可快速生成方案彩图和动画视频，为设计方案的汇报、比选和宣传做好资料储备。基于三维模型进行分部分项编码和标准属性赋予，有助于参建各方高效沟通协调和建设运维管理，充分发挥信息模型贯穿工程全生命周期的应用价值。

8.2.1.3　三维协同设计在乌沙河泵闸枢纽工程的应用

1. 项目概况

乌沙河流经江西省南昌市昌北城区，该段灾害频发，且水环境问题严重。现有防洪治涝工程已不能适应城市发展的需要，需新建乌沙河泵站、改建乌沙河闸、建造泵闸管理房。乌沙河泵站设计排涝流量 $342m^3/s$，采用 7 台竖井贯流泵，转轮直径 4.05m，单机容量 2500kW，总装机容量 17500kW，泵站规模为大（1）型，等别为 I 等。图 8.2－2 为乌沙河泵闸枢纽工程整体模型。

江西省水利规划设计研究院完成了该项目的勘察设计工作。

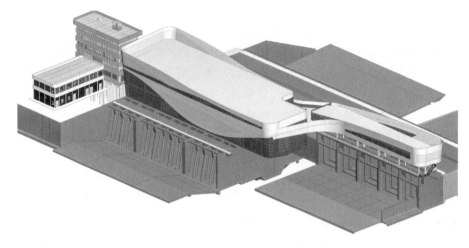

图 8.2-2　乌沙河泵闸枢纽工程整体模型

2. 项目小结

三维协同设计解决方案在乌沙河泵站工程中的成功应用，表明三维协同设计技术在水利工程设计中具有显著优势。

（1）可提前介入，提高了专业之间和专业内部的组织配合。从而缩短设计周期，优化设计方案。

（2）可进行高效地协同设计，变更信息准确传达，避免重复修改。

（3）通过专业间、专业内碰撞检查，可以发现设计差异、消除设计冲突、保证设计质量。

（4）三维信息模型真实、直观，便于工程的展示、汇报、宣传。

（5）提高工作效率，比如一键式统计工程量、剖切生成二维图纸（包含钢筋图）等。

三维协同设计技术在水利工程勘察设计阶段的应用，可以为各专业开展三维协同、校审出图提供标准化的设计环境与设计平台，并有效减少设计阶段错、漏、碰、缺、偏等问题，从而提高勘察设计的工作效率和成果质量。

8.2.2　轨道交通工程应用

8.2.2.1　轨道交通工程行业背景

轨道交通工程建设包含规划、勘察、设计、施工、运营等各阶段，是一个规模庞大、关系复杂、信息综合的系统性工程。其专业覆盖多、行业涉及广、技术难度大、建设规模大、建设工期长、参建单位多、施工工艺难等特点，直接增加了项目管理难度。在轨道交通工程中引入 BIM 技术，并充分结合三维 GIS、VR 等先进技术，建立 BIM 管理与技术标准体系、搭建 BIM 协同设计与建设管理平台，则可以重新定义轨道交通工程的全过程管理模式。利用三维信息模型对规划、勘察、设计、施工等全过程进行专业化、规范化的管理和审查，可以最大限度地优化设计方案，减少因设计误差引起的后续变更和施工返工，确保工程进度及建设质量。基于三维信息模型的全过程管理，通过全信息模型整合项目相关的各种信息，并在项目全生命周期中共享传递，有助于工程管理人员对项目信息做出高效判别和正确应对。其为参建各方提供协同工作的平台基础与环境基础，在提高生产效率、节约建设成本、缩短建设工期、统筹项目运维等方面，发挥着重要作用。为推动 BIM 技术在城市轨道交通工程中的广泛应用，住房城乡建设部于 2018 年 5 月 30 日发布了《城市轨道交通工程 BIM 应用指南》。

现阶段的轨道交通工程三维协同设计软件主要来源于 Autodesk 和 Bentley 两大基础平台。其中，Autodesk 平台解决方案以 Revit 软件为基础建模工具。因其操作容易、费用亲民等原因，在行业中得到了快速推广应用。基于 Autodesk 平台的一系列二次开发软件和插件，还适用于工点级单体建筑的设计协同以及工点内部的专业协同。相比 Autodesk 平台，Bentley 平台凭借其图形技术能力强、专业解决方案全等优势，尤其是在解决大场景地形、地质建模以及线路设计、区间路桥隧设计等线性工程设计上的突出表现，使其受到了越来越多工程企业的关注和使用。Bentley 平台还配有高水平管理逻辑的协同设计平台 ProjectWise，为工程项目跨企业或跨专业协同、总装、集成、调用等需求提供了专业性的技术路径。此外，个别设计单位还应用 Dassault 平台进行车辆段、停车场和建筑物的建模设计，Tekla、Graphisoft 等软件也被应用于个别专业的设计建模工作中。

8.2.2.2　轨道交通工程三维协同设计解决方案

截至 2022 年，华东院已在 20 多个轨道交通工程项目中开展了三维数字化设计，项目主要位于杭州、深圳、宁波、成都、绍兴等城市。应用华东院轨道交通三维协同设计解决方案，可完成车站及区间整体三维信息模型的建立，并从中快速获取工程量清单、结构编码清单、统计材料报表或进行施工模拟等。图 8.2 - 3 为华东院轨道交通三维协同设计解决方案。其中，绍兴地铁 1 号线作为华东院首个轨道交通工程 BIM 总体项目，率先实现了轨道交通行业基于三维模型的二维出图，成为全国首个实现全线三维协同设计的轨道交通工程项目。

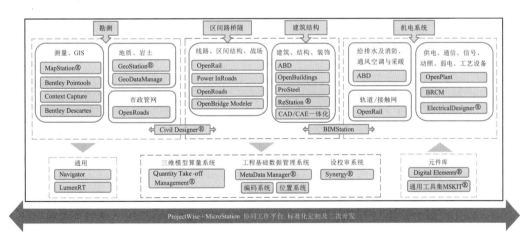

图 8.2 - 3　华东院轨道交通三维协同设计解决方案

勘测工作是轨道交通工程保证质量、保障安全、防控风险、贯穿始终的基础性工作。在轨道交通工程的勘测工作中，可采用无人机倾斜摄影技术对轨道交通沿线进行三维实景建模，辅助前期现场踏勘，并可对场地勘察钻孔资料进行数据编录和统一管理，通过数据驱动自动生成场地工程地质实体模型，辅助地质状况预判；还可根据场地管线探测资料，批量还原施工场地影响范围内的市政管网敷设现状，辅助管线的迁改与保护。

通过 BIM 与 GIS、VR 技术的结合，对场地进行精确测量和可视化呈现，增强现场仿真效果，辅助业主理解项目设计意图，并为方案设计和项目决策提供准确的基础资料依据。同时，测绘、地质、地下管线、建（构）筑物等周边场地模型与轨道交通工程本体模型的整合，是项目规划、勘测、设计分析的重要技术手段，能为各参建单位提供城市基础信息数据库。作为设计施工的可靠依据，能有效节省现场踏勘、地质分析、接口协调的人力成本和工期成本，进而加快工程建设进度、节约工程总体成本。图 8.2-4 为轨道交通工程三维地质模型应用示例。

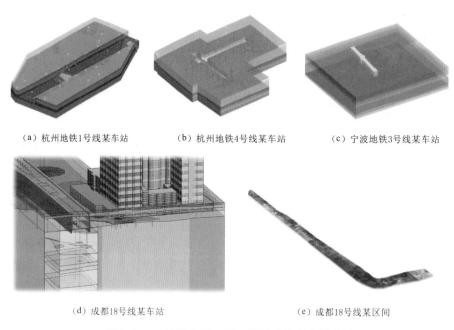

（a）杭州地铁1号线某车站　　　（b）杭州地铁4号线某车站　　　（c）宁波地铁3号线某车站

（d）成都18号线某车站　　　　　　　（e）成都18号线某区间

图 8.2-4　轨道交通工程三维地质模型应用示例

与传统设计模式相比，基于 BIM 的协同设计可打破时间壁垒，实现信息的实时共享，并优化设计流程、联动设计变更。BIM 技术提供的三维可视化建模环境能增强设计表达效果，有利于及时查验，并解决在设计环节出现的错、漏、碰、缺、偏等问题。三维协同平台能够统一托管、推送及动态更新轨道交通工程中各专业的设计标准，能够统一异地协同工作的设计建模环境，从而保证各专业设计工作的规范统一。轨道交通工程的设计工作容易受到环境条件复杂、涉及专业较多、参建单位众多等因素的制约，而利用 BIM 技术则可有效解决由多部门组织冲突、设计施工管理接口众多等组织架构不明确而引起的诸多问题，从而实现提高效率、提升质量、促进协同、节约造价等应用价值。图 8.2-5 为轨道交通工程设计信息模型示例。

在初步设计阶段，可应用 BIM 技术对轨道交通工程项目的设计方案或重大技术问题解决方案进行综合分析。通过协调设计管理接口、稳定主要外部条件，论证技术实施的可行性、可靠性和经济上的全面性、合理性。可基于初步设计模型，对建筑设计方案、结构

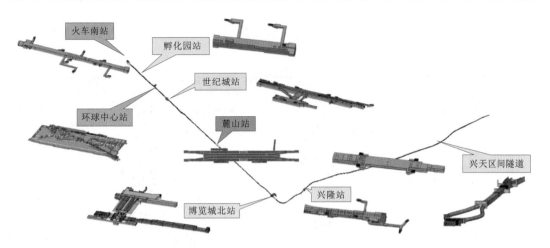

图 8.2-5　轨道交通工程设计信息模型示例

施工方案、专项风险工程、交通影响范围、交通疏解方案、管线影响范围及管线迁改方案等，进行可视化沟通、交流、讨论和决策。图 8.2-6 为交通导改（疏解）模拟示例。

图 8.2-6　交通导改（疏解）模拟示例

在施工图设计阶段，可应用 BIM 技术对轨道交通工程项目的设计方案进行综合模拟及检查，优化方案中的技术措施、工艺工法和工程用料等。在初步设计的基础上，辅助编制可供施工和安装阶段使用的设计文件。可基于施工图设计模型，开展限界优化设计、管线碰撞检查、三维管线综合、预留预埋检查、工程量统计等方面的应用，从而提高设计质量。图 8.2-7 为基于三维信息模型的工程量统计示例。

智能化、精细化、多单位、跨阶段的三维协同设计是 BIM 发展的趋势。轨道交通工程设计时间紧、任务重，通过建立完善的轨道交通 BIM 管理与技术标准体系，并根据各专业规范手册定制研发专业化的三维设计软件，不但可以减少推进三维协同设计的阻力，而且有效提高轨道交通工程三维协同设计的效率性和实用性。图 8.2-8 为轨道交通工程部分 BIM 系列标准。为满足轨道交通三维协同设计与应用工作高效开展的要求，各专业三维设计软件需集设计建模、计算、出图、统计于一体，涵盖完善的标准构件库和行业标准体系，充分实现设计过程的参数化、自动化、图纸、报表一键生成，做到专业、智能、

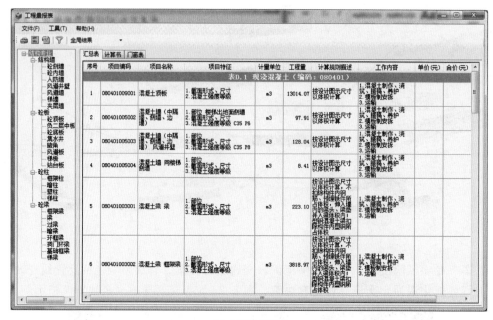

（a）工程量汇总表

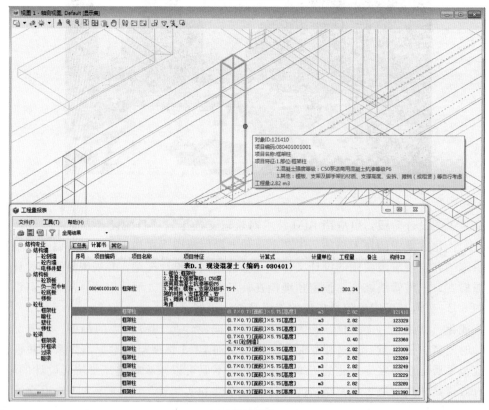

（b）计算书反查

图 8.2-7　基于三维信息模型的工程量统计示例

精细、易学、易用，保证模型准确、信息全面、操作便捷，并实现各阶段、跨专业、跨单位的设计信息无损传递与有效共享。

图 8.2 - 8　轨道交通工程部分 BIM 系列标准（已通过审查）

　　华东院轨道交通三维协同设计解决方案，在多专业三维协同设计、设备优化布置、二三维自动出图、模型属性检查、碰撞检查、接口审查、工程量统计等方面，拥有显著优势。该解决方案形成了涵盖 BIM 模型、编码、应用及数据交付全过程的 BIM 管理与技术标准体系，成功指导了相关工程项目三维协同设计的实施，保证了轨道交通工程信息化模型的完善性。它为基于 BIM 的施工建设、项目管理和运营维护夯实了数据基础，有效推动了轨道交通行业的数字化转型和信息化实践。

8.2.2.3　三维协同设计在绍兴市轨道交通 1 号线工程中的应用

8.2.2.3.1　项目概况

　　该项目 BIM 技术应用范围涵盖绍兴市城市轨道交通 1 号线（以下简称"1 号线"）全线工程，包括车站、区间、停车场、主变电所、出入段线、控制中心等。线路全长约 31.3km，设一条主线和一条支线，含车站 23 座，均为地下建设。1 号线工程穿越城市繁华地段，周边高层建筑密集，市政接口众多，河道水系密布，具有地下空间局促、环境条件复杂、未知条件隐蔽、安全风险较大、技术接口和参建单位接口众多等特点，加之涉及专业众多、参建单位众多，项目管理难度大。

受绍兴市轨道交通集团委托，由华东院承担 1 号线全线 BIM 技术应用和总体咨询管理工作。从设计阶段切入，要求完成 BIM 管理与技术标准体系、企业工程数据中心和绍兴市轨道交通 BIM 协同设计与建设管理平台的建立。华东院致力于将该项目打造为 BIM 应用样板工程，提供了高标准的全过程 BIM 技术支撑与管理咨询服务，并统筹协调 1 号线全业务、全流程、全队伍参与开展 BIM 技术的应用工作。通过创新采用轨道交通项目"线上＋线下"的三维协同设计与设计施工一体化建设管理模式，实现了项目勘察设计全要素的精细化管控。

8.2.2.3.2　三维协同设计成果

1. 总体成果

项目完成了测绘、地质、市政管线、建（构）筑物等周边环境的模型创建，形成了绍兴市轨道交通工程建设基础信息"一张图"。在项目勘测阶段，为 1 号线进场的各参建方提供了全线数字化基础数据。通过将这些基础数据与轨道交通工程三维信息模型融合，开展了 BIM＋GIS 的一体化应用，包括全线方案浏览、建筑方案分析、交通导改（疏解）模拟、管线迁改模拟、地质条件分析和周边建（构）筑物保护等。图 8.2-9 为 BIM 模型与 GIS 模型总装示例。

项目完成了建筑、结构、通风空调、给排水及消防、动力照明以及各机电系统专业信息模型技术标准的建立、三维协同设计工作环境的定制（文件层级、构件分类、非几何属性定义、三维显示样式、二维出图样式等配置）、标准模型构件库的搭建以及各阶段三维信息模型的创建。基于三维信息模型，开展了多层次的模型应用，如建筑方案分析、碰撞检查、设计优化、三维校审、二三维出图、工程量统计、多终端设计交底与 VR 虚拟现实。该项目创新完成了国内首批轨道交通三维设计图册，并建立了轨道交通三维协同设计的标准化流程。图 8.2-10 为车站建筑模型与机电模型总装示例。图 8.2-11 为车站及区间结构模型示例。

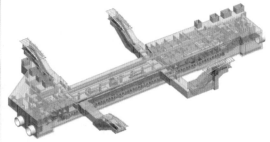

图 8.2-9　BIM 模型与 GIS 模型总装示例　　　图 8.2-10　车站建筑模型与机电模型总装示例

利用 MapStation 将 BIM 模型一键发布到 GIS 平台，实现了 BIM 模型与 GIS 模型的无缝融合，为基于 BIM 技术的建设管理和综合应用提供了可靠的数据基础。

2. 协同成果

利用 ProjectWise 协同管理平台，为 1 号线 13 家设计单位推送统一了三维协同设计工作环境，从而保证了全线设计单位全专业协同设计成果的规范统一。图 8.2-12 为专业协

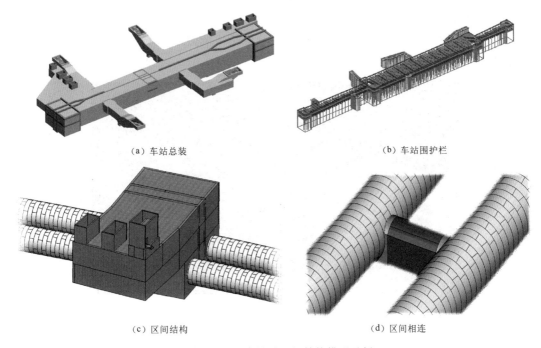

（a）车站总装　　　　　　　　　　　　　　（b）车站围护栏

（c）区间结构　　　　　　　　　　　　　　（d）区间相连

图 8.2-11　车站及区间结构模型示例

同示例。各专业通过 ProjectWise 实现了文件的相互参考与协同。通过专业间的三维协同配合，直接固化三维建模版本，进行三维模型出图。由于取消了传统图纸的会签环节，大大缩短了会签校审时间，提高审查效率达到 3 倍以上。图纸审查意见较常规二维 CAD 制图减少了 80%，基本回避了图元线型颜色不统一、标注比例错误、平剖不一致等基础性问题，大幅提高了图纸质量，有效减少了设计变更与施工返工。

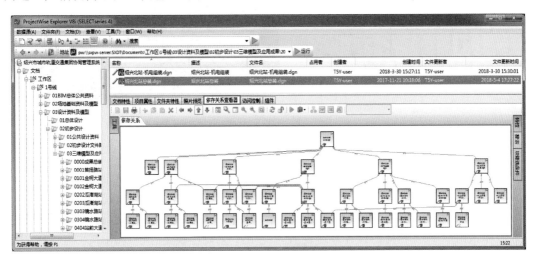

图 8.2-12　专业协同示例

3. 模型成果

（1）测绘专业。采用无人机倾斜摄影技术，完成了 1 号线沿线测绘地理信息模型的创建。利用地理信息实景模型，开展了辅助现场踏勘、周边地块接口关系审查、规划红线分析、建（构）筑物保护、区域交通组织分析和全线方案浏览等工作。图 8.2-13 全线方案浏览示例。

图 8.2-13　全线方案浏览示例

（2）地质专业。采用地质三维勘察设计系统 GeoStation 建立了全线地质数据库，快速完成了场地三维地质实体模型的建立和出图。图 8.2-14 为地质三维模型示例。利用地质模型可辅助深基坑围护设计和开挖专项方案设计；进行不良地质重点标识，辅助解决隐患排查、地铁保护等应用需求。

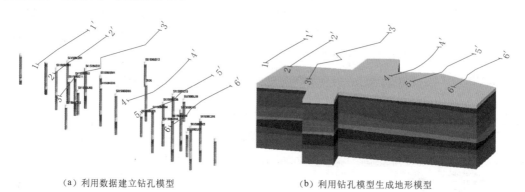

（a）利用数据建立钻孔模型　　　　　　（b）利用钻孔模型生成地形模型

图 8.2-14　地质三维模型示例

（3）市政管线专业。利用 Power InRoads（即 OpenRoads Designer 的低版本），完成了 1 号线沿线市政管线三维信息模型的创建，并在此基础上开展了管线迁改模拟应用。

（4）建筑专业。利用 AECOsim Building Designer（OpenBuildings Designer 的低版本，简称 ABD）以及相应的设计环境配置，完成了主要建模工作。应用华东院自研的建筑三维设计系统 BIMStation，快速完成简装布置、弱电设备布置、构件信息及空间尺寸核查、辅助建筑内部漫游等工作，最终形成了完整的建筑模型。基于模型，完成了设计方案的优化，并按需求抽取了相应平面图、剖面图和轴测图。利用 BIMStation 高效完成了统计报表输出和图纸标注，生成了满足施工图规范的二维图纸及辅助设计交底的二三维图册。

（5）结构专业。对于建筑结构，利用 ABD 以及相应的设计环境配置，完成了主要建模工作。应用 BIMStation 高效完成了板腋及梁腋建模、梁交接节点处理、预埋管及预留孔洞设计和模型质量检查，从而形成了完整、精细、准确的结构信息模型。利用 GeoStation 实现结构模型与地质模型的协同分析。基于模型完成了设计方案优化后，同样按需求生成了相应平面图、剖面图、轴测图。利用 BIMStation 完成了图纸标注，形成了满足施工图规范的二维图纸以及辅助设计交底的二三维图册。图 8.2-15 为基于模型生成结构专业施工图示例。图 8.2-16 为站台层结构图。利用 BIM 算量系统（Quantity Take-off Management，QTM）完成了三维模型的工程量计算，开展了概算工程量的复核应用。对于盾构隧道结构，利用 Civil Designer 完成了盾构中线设计、管片参数化设计与排版建模工作。

同时，利用 ABD 完成了施工影响范围内周边建（构）筑物的模型创建，并在此基础上开展了辅助隐患排查和地铁保护等需求应用。图 8.2-17 为建（构）筑物保护系列。

（6）通风空调专业。利用 ABD 以及相应的设计环境配置，完成了常规管线设计。应用 BIMStation 快速完成了设备及附件布置、辅助碰撞检查、模型质量检查，从而形成了完整的通风空调系统三维信息模型，精细度达到 LOD200。基于三维模型完成设计方案优化后，同样按需求抽取了相应的平面图、轴测图，并利用 QTM 完成了设备及材料工程量统计。利用 BIMStation 完成了图纸标注，形成了满足出图规范的二维图纸及二三维图册。图 8.2-18 为公共区通风空调系统布置图。图 8.2-19 为 B 端站厅设备区通风空调系统布置图。图 8.2-20 为基于三维信息模型生成设备及材料工程量统计表示例。

（7）给排水及消防专业。利用 ABD 以及相应的设计环境配置，完成了常规管线设计。应用 BIMStation 快速完成了设备及附件布置、喷淋系统设计、辅助碰撞检查和模型质量检查，从而形成完整的给排水与消防系统三维信息模型，精细度达到 LOD200。图 8.2-21 为给排水与水消防系统轴测图示例。图 8.2-22 为冷冻机房水系统轴测图示例。给排水及消防专业的后续步骤同通风空调专业，此处不再赘述。

（8）动力照明专业。利用 Electrical Designer 完成了动力照明设计建模、计算分析、二维出图以及材料统计，模型精细度达到 LOD200。基于三维模型完成设计方案优化后，按需求抽取了相应平面图、轴测图，并形成了满足出图规范的二维图纸及二三维图册。

8.2.2.3.3 项目小结

作为绍兴 1 号线三维正向协同设计试点，通过运用轨道交通三维协同设计解决方案，该项目实现了以下目标。

（1）提高了设计效率、校审效率、建模深度、模型质量、图纸质量，减少了设计变更。

（2）通过形成标准化的三维信息模型，为基于模型的清单工程量统计、基于 BIM 的建设管理等应用提供了数据基础。

（3）完成了国内首批轨道交通三维设计图册。通过创新采用了二三维结合方式对全专业设计内容进行立体化表达，提高了 BIM 应用的综合效益。

（4）通过建立一套较为完善的协同工作流程、建模及出图标准、设计环境配置库、标准模型构件库以及车站模型样板，为轨道交通三维协同设计的推广应用奠定了基础。

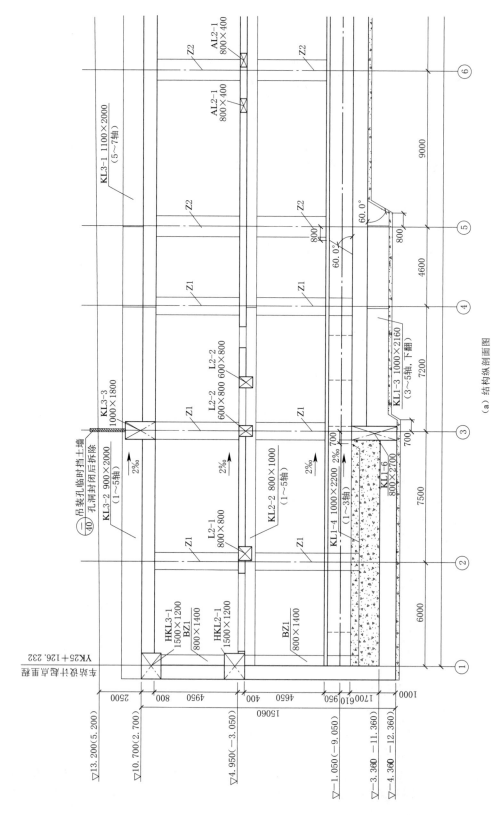

（a）结构纵剖面图

图 8.2-15（一） 基于模型生成结构专业施工图示例（单位：高程 m，尺寸 mm）

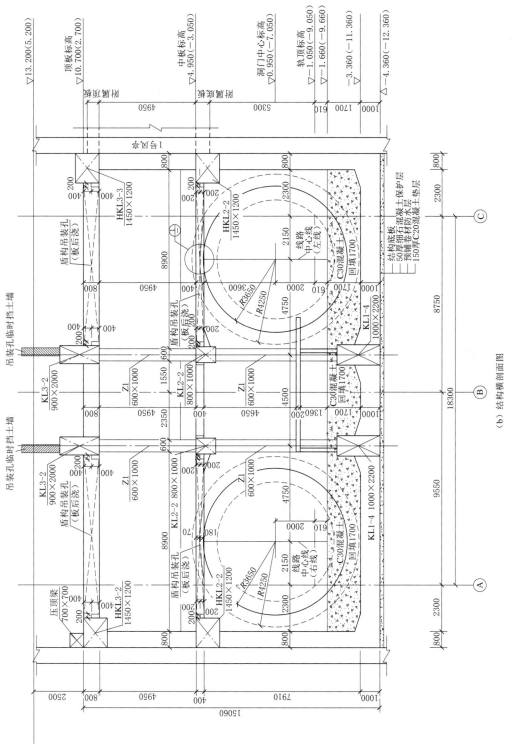

图 8.2 - 15 （二）　基于模型生成结构专业施工图示例（单位：高程 m，尺寸 mm）

（b）结构横剖面图

455

图例:
建筑隔墙
结构混凝土墙

(a) 站台层平面图

(b) 站台层轴测图

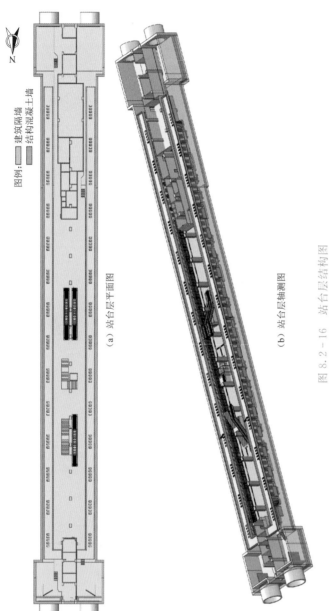

图 8.2-16 站台层结构图

图 8.2-17 建(构)筑物保护系列

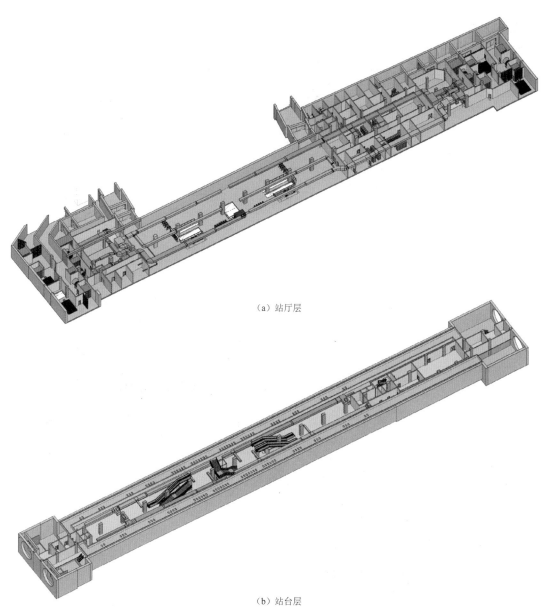

（a）站厅层

（b）站台层

图 8.2-18　公共区通风空调系统布置图

8.2.3　道路交通工程应用

8.2.3.1　道路交通工程行业背景

　　"十三五"期间是我国交通基础设施建设推进和转型发展的黄金时期，公路增加约 32 万 km，其中高速公路增加约 3 万 km。交通运输总投资规模达到 15 万亿元，公路投资额 7.8 万亿元。交通行业高速发展的同时也面临着各种转型需求，包括生产模式转型需求、产业工人转型需求、安全生产转型需求、环境友好转型需求、品质提升转型需求和绿色交通建设需求等。交通行业转型升级的实质是推进工业化与信息化融合，其中工业化是硬

457

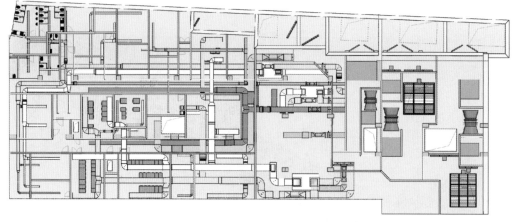

（a）平面图

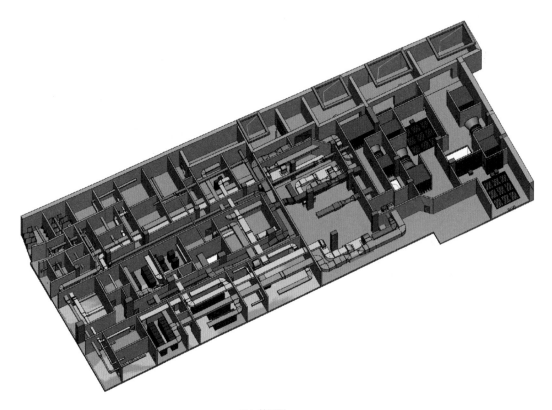

（b）轴测图

图 8.2-19 B端站厅设备区通风空调系统布置图

件，信息化是软件。

为推进工程管理信息化，通过大数据与项目管理系统的深度融合，逐步实现工程全生命周期关键信息的互联共享。BIM 技术与相关解决方案的形成，为项目管理模式的创新提供了新思路和新方法。通过"BIM＋"工程的实施，可以有效解决协同组织难、管理效率低、浪费现象重、信息时效差、沟通成本高等传统生产方式存在的问题，使产业发展模

设备统计

暖通
├ 管道-风管变径
├ 管道-风管三通
├ 风管部件-风口矩形2
│　└ H_格栅部口矩形2
├ 风管部件-阀门
│　├ 手动多叶风量调节阀
│　├ 防烟防火阀70
│　├ 排烟防火阀280
│　├ 电动多叶风量调节阀
│　├ 插板阀
│　└ 风止回阀
├ 管道-风管
│　├ 柔性风管道
│　└ 圆形风管道
├ 风管部件-静压箱
│　└ 静压箱
├ 管道-风管弯头
├ 管道-风管墙
├ 设备-风机
│　└ DTF系列轴流风机
├ 管道-水管弯头
├ 管道-水管三通
├ 管道-水管变径
├ 管道-水管
│　└ P_水管
├ 设备-水泵
│　└ 多级离心泵XQDW150-20
├ 设备-水冷机组
│　└ 离心式水冷水机组TK系列
├ 设备-空调
│　└ 变冷媒流量多联空调室内机-天花机
└ 管道-风管四通

编号	数量	管道名称	材质	形状	截面宽度	截面高度	板材厚度	接口形式
36	1	镀锌通风管道	镀锌钢板	矩形	200.00	100.00	0.6mm	法兰咬口连接
37	12	镀锌通风管道	镀锌钢板	矩形	630.00	400.00	0.6mm	法兰咬口连接
38	3	镀锌通风管道	镀锌钢板	矩形	630.00	250.00	0.75mm	法兰咬口连接
39	3	镀锌通风管道	镀锌钢板	矩形	800.00	400.00	0.75mm	法兰咬口连接
40	3	镀锌通风管道	镀锌钢板	矩形	400.00	800.00	0.75mm	法兰咬口连接
41	4	镀锌通风管道	镀锌钢板	矩形	800.00	250.00	0.75mm	法兰咬口连接
42	8	镀锌通风管道	镀锌钢板	矩形	1000.00	1000.00	0.75mm	法兰咬口连接
43	7	镀锌通风管道	镀锌钢板	矩形	630.00	250.00	0.75mm	法兰咬口连接
44	4	镀锌通风管道	镀锌钢板	矩形	1000.00	400.00	0.75mm	法兰咬口连接
45	6	镀锌通风管道	镀锌钢板	矩形	200.00	200.00	0.6mm	法兰咬口连接
46	2	镀锌通风管道	镀锌钢板	矩形	250.00	200.00	0.6mm	法兰咬口连接
47	1	镀锌通风管道	镀锌钢板	矩形	200.00	100.00	0.6mm	法兰咬口连接
48	7	镀锌通风管道	镀锌钢板	矩形	630.00	630.00	0.6mm	法兰咬口连接
49	12	镀锌通风管道	镀锌钢板	矩形	800.00	400.00	0.6mm	法兰咬口连接
50	4	镀锌通风管道	镀锌钢板	矩形	800.00	630.00	0.6mm	法兰咬口连接
51	1	镀锌通风管道	镀锌钢板	矩形	400.00	630.00	0.6mm	法兰咬口连接
52	1	镀锌通风管道	镀锌钢板	矩形	320.00	250.00	0.6mm	法兰咬口连接
53	2	镀锌通风管道	镀锌钢板	矩形	800.00	250.00	0.6mm	法兰咬口连接
54	1	镀锌通风管道	镀锌钢板	矩形	800.00	200.00	0.6mm	法兰咬口连接
55	6	镀锌通风管道	镀锌钢板	矩形	1000.00	1000.00	0.6mm	法兰咬口连接
56	1	镀锌通风管道	镀锌钢板	矩形	1000.00	400.00	0.6mm	法兰咬口连接
57		镀锌通风管道	镀锌钢板	矩形	1000.00	500.00	0.6mm	法兰咬口连接

图 8.2-20　基于三维信息模型生成设备及材料工程量统计表示例

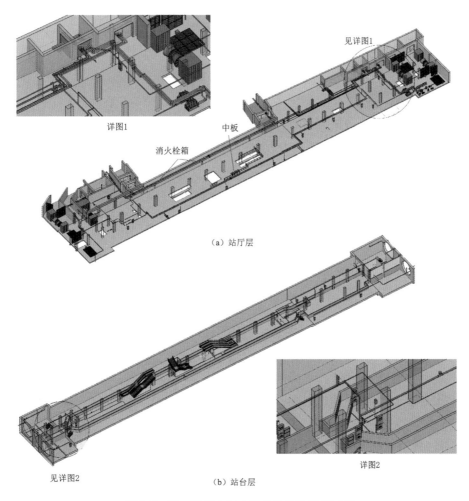

详图1

见详图1

中板

消火栓箱

（a）站厅层

见详图2

（b）站台层

详图2

图 8.2-21　给排水与水消防系统轴测图示例

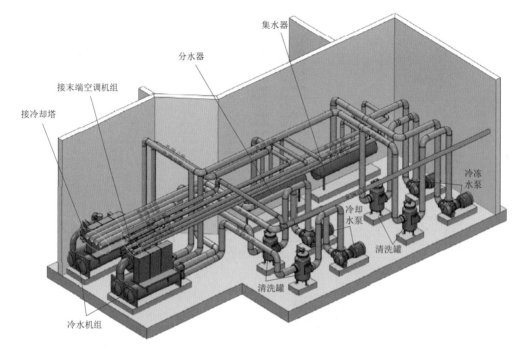

图 8.2－22　冷冻机房水系统轴测图示例

式由过去的粗放零散型转变为精细集约型。

交通行业三维数字化技术应用的总体特点是起步晚、应用浅、投入大、增速快。其背景主要从 BIM 技术应用政策导向、BIM 技术解决方案创新、BIM 技术标准体系建设三个方面进行阐述。

1. BIM 技术应用政策导向

（1）2014 年 6 月，交通运输部发布《关于科技创新促进交通运输安全发展的实施意见》（交科技发〔2014〕126 号），将建筑信息模型（BIM）技术研究与应用作为重点任务。

（2）2015 年 11 月，交通运输部发布《交通运输重大技术方向和技术政策》（交科技发〔2015〕163 号），将 BIM 技术的研究应用列为十大技术之首。

（3）2016 年 7 月，交通运输部发布《关于实施绿色公路建设的指导意见》（交办公路〔2016〕93 号），明确要求"积极应用建筑信息模型（BIM）新技术"专项行动。

（4）2017 年 1 月，交通运输部公路局发布《关于征求对〈关于推进公路水运工程应用 BIM 技术的指导意见〉的函》（交公便字〔2017〕11 号），提出要进一步推进 BIM 技术在公路水运工程中的应用。

（5）2017 年 1 月，交通运输部办公厅印发《推进智慧交通发展行动计划（2017—2020 年）》，再次将 BIM 技术应用列为基础设施建设的主要目标和重点任务，并明确 BIM 技术在设计、建设、运维等各个阶段的应用范畴，为下阶段工作的开展指明了方向。

2. BIM 技术解决方案创新

（1）BIM 设计平台。BIM 设计平台是推进交通工程 BIM 技术应用发展的关键。其开发过程既要考虑工程项目各阶段、各专业、各单位的实际需求，也要符合国内现有技术规范和部分国外相关技术要求。BIM 平台研发要强化软件平台承载能力，要提高出图出表的精准性，并最终实现以数据为基础的数字化、标准化、智能化的平台成果，从而构建基于 BIM 技术的交通行业解决方案。

（2）协同设计流程。三维协同是一种协同工作方式、一种项目实施流程和信息流转的应用过程。它不仅能完成管线综合、进度模拟、碰撞检测等传统设计方式不能实现的技术需求，还可以优化项目流程、降低变更频率、提高设计质量。三维协同需要在协同环境与协同平台的基础上统一数据格式，并结合现有"两校三审"的二维设计流程，最终实现以信息传递融合为目的的三维数字化解决方案。

（3）模型应用。BIM 模型应用主要包含"常规建设管理＋信息采集记录"和"专项施工 BIM 应用＋大数据分析应用"两大类内容。正向设计理念的不断深入和图纸翻模需求的持续保有，都促进了 BIM 技术的有序拓展。这也要求解决方案应紧扣"应用为主"的服务理念，并在 BIM 建模时强化由源头创建数据模型的重要性。以正向设计为导向，BIM 模型在创建过程中将更加专业、智能、快速，更加符合 BIM 技术转变生产模式的应用价值。设计人员可以抽身于烦琐的二维设计变更，集中精力去做设计方案完善和结构设计优化等工作，进而得到数据完备、信息准确、贯穿全局的全生命周期 BIM 模型。

3. BIM 技术标准体系建设

作为行业发展的基本准则，标准体系是保障行业健康、有序发展的基础规范。以《公路工程信息模型应用统一标准》（JTG/T 2420—2021）、《道路工程勘察信息模型交付标准》（SJG 89—2021）等为代表的技术标准的编制，为 BIM 技术在交通行业的全面推广奠定了政策基础，为交通工程全生命周期各个阶段模型数据的有效共享和准确传递提供了制度保障。

8.2.3.2 道路交通工程行业解决方案

道路交通工程是指公路和市政道路工程。两者虽在服务功能、标准规范和建设要素等方面存在差异，但主要专业组成及总体设计流程相似，因而采用一套兼顾公路及市政道路特点的解决方案。道路交通工程行业解决方案是集信息模型标准、专业设计软件、三维设计流程和模型管理应用为一体的综合性专业建设路径。该解决方案通过实现标准与软件的融合，保证了标准规范落地和模型精准完备。通过协同机制的优化提升了设计效率、减少了模型变更、提高了设计质量。图 8.2-23 为道路交通三维协同设计流程。

1. 方案设计阶段

设计环境的构建是开展方案设计的基础。传统二维设计中的环境资料主要有地形图、钻孔资料、物探资料和规划资料等。但通常存在信息体现不完善、统筹融合难度大、设计支撑力度小等问题。而三维协同设计则可通过三维地形、三维地质、实景模型、现状管线等空间资料，构建三维设计环境。针对线性工程里程较长、沿线地质地形复杂、现状控制因素较多等特点，三维协同设计将设计环境与方案设计相结合，保证了设计方案的经济性、可行性和美观性。图 8.2-24 为实景模型修复示例。图 8.2-25 为实景模型处理（单体化与模型结合）示例。

采用 ContextCapture 系统，道路交通工程项目可快速生成三维实景环境模型。所得模型可在项目全生命周期，为设计、施工、运维等各阶段的决策部署，提供精确的现实环境背景。

图 8.2-23　道路交通三维协同设计流程

（a）修复前　　　　　　　　　　　　　　（b）修复后

图 8.2-24　实景模型修复示例

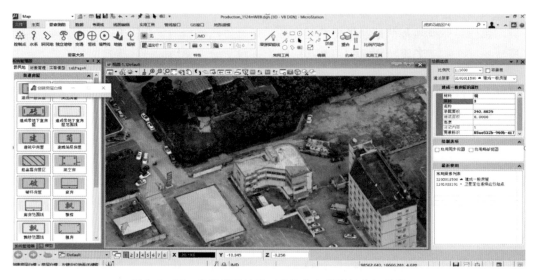

图 8.2-25　实景模型处理（单体化与模型结合）示例

测绘工程采用三维测绘地理信息系统 MapStation。以测绘新技术为驱动、以智慧化服务为引导、以工程全过程应用为目标，MapStation 融入了智能、创新、高效、专业、开放的设计理念。它可提供基础地形测绘、GIS 数据入库、BM＋GIS 应用、三维管线处理和地形模型协同设计实景三维勘测等测绘领域的技术服务能力，不仅提高了测绘、地质、水工、环保等专业的协同设计效率，还丰富了测绘工程的成果输出形式。

地质工程采用地质三维勘察设计系统 GeoStation。GeoStation 集地质数据库、数据管理、三维建模、分析计算、二维出图、网络查询、系统接口等模块于一体，为地质勘察和土建设计提供了环境统一的协同勘察设计平台。它支持主流钻孔资料数据和地质界面数据的读取导入，不仅能够创建地质模型、地质界面并添加地质属

图 8.2－26　地质模型示例

性，还能实现设计模型（如桩基、隧道等）的协同分析。图 8.2－26 为地质模型示例。

道路工程设计环境的构建采用 OpenRoads ConceptStation 系统，通过结合地图、地形图、实景模型等多源数据来实现。使用简单易用的工程草图功能，可以快速完成道路桥梁等基础设施的路线布置和方案初拟。图 8.2－27 为路桥隧总体方案设计示例。同时可就多种方案进行造价比选，最终完成方案线路向详细设计的导入。

图 8.2－27　路桥隧总体方案设计示例

2. 详细设计阶段

详细设计阶段主要是依附三维设计环境，基于已有路线资料进行结构物的建模、配筋、分析等，进而完成构造物设计。由于交通工程项目通常存在大量非标准构造，且随着

路线方案的调整或者设计资料的更新，往往需要重新建模。为此，该阶段的重点工作是通过参数化及联动性设计，快速实现道路、桥梁、隧道、边坡等构造模型的建立，解决尺寸数据多、变更调整多等问题。具体软件应用如下。

OpenRoads Designer：一款功能完善、应用广泛的道路设计 BIM 软件，适用于勘测、排水、道路和地下设施。软件可引入综合建模环境，完成面向施工成果交付的工程设计。

CivilDesigner：该软件基于 MicroStation 平台开发，可用于道路交通工程中的复杂边坡设计、排水设施设计、隧道设计和涵洞设计等，可快速参照地形、道路模型并进行参数化设计与联动修改。

图 8.2-28 为人形骨架植草防护模型示例。图 8.2-29 为排水设施模型示例。图 8.2-30 为隧道、洞口、通道模型示例。

（a）整体模型

（b）局部模型

图 8.2-28　人形骨架植草防护模型示例

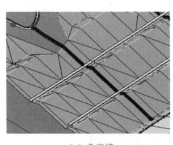
（a）急流槽

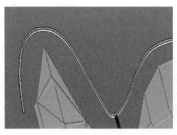
（b）截水沟

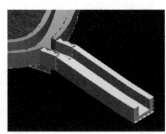
（c）排水沟

图 8.2-29　排水设施模型示例

BridgeStation：该软件是集项目管理、结构设计、成果输出和模型应用于一体的桥梁三维设计系统，能够实现桥梁专业正向设计的建模分析一体化和设计施工一体化。BridgeStation 集成自由度、专业性、参数化和高效性等特点，还能快速实现桥梁信息与路线信息的变更联动。软件的强扩展性可满足桥梁信息模型的全桥快建、指定修改和快捷重建，极大提高了桥梁三维设计的工作效率。图 8.2-31 为桥梁方案设计（三维协同布跨、结构选型、方案对比）示例。图 8.2-32 为全桥快速建模界面。图 8.2-33 和图 8.2-34 分别为桥梁上部结构、桥梁下部结构模型示例。

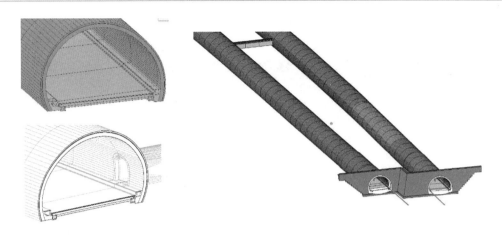

图 8.2-30　隧道、洞口、通道模型示例

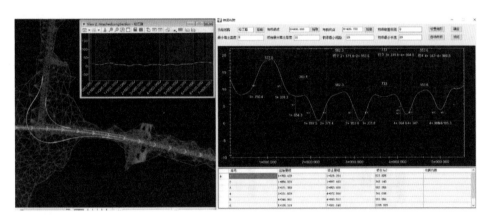

图 8.2-31　桥梁方案设计（三维协同布跨、结构选型、方案对比）示例

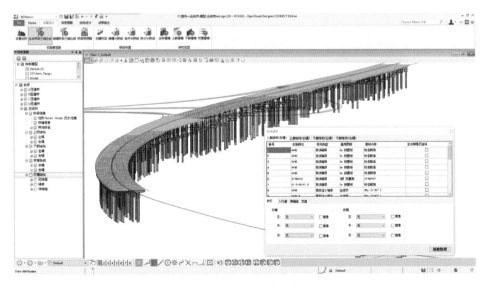

图 8.2-32　全桥快速建模界面

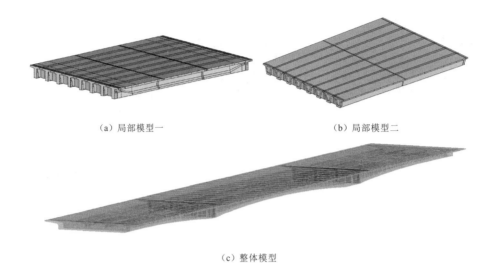

（a）局部模型一　　　　　　　　　　　　　（b）局部模型二

（c）整体模型

图 8.2-33　桥梁上部结构模型示例

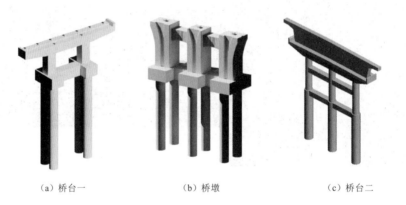

（a）桥台一　　　　　　　　　（b）桥墩　　　　　　　　　（c）桥台二

图 8.2-34　桥梁下部结构模型示例

ReStation：它是一款适用性广、通用性强的三维配筋出图软件。ReStation 的三维钢筋创建和编辑功能强大，兼具钢筋自动编号、统计钢筋报表及二维抽图等功能，还支持桥隧涵洞等结构的高效配筋和出图。软件完成的配筋与出图完全符合我国现行的多种结构设计规范的要求。图 8.2-35 为 ReStation 现浇箱梁配筋示例。

LimStation：它是一款集地形设计、硬质景观设计、植物种植设计和植物数据库于一体的景观正向设计 BIM 软件。软件不仅支持景观专业的全流程设计，还支持由二维图形向 BIM 模型快速转换，映射准确、效果逼真。实时展示植物季相效果，从而实现二维到三维的所见即所得的设计效果。图 8.2-36 为国内植物手册（含四季变化）示例。图 8.2-37 硬质景观设计、植物种植设计示例。

8.2.3.3　三维协同设计在科创大道等工程的应用

8.2.3.3.1　项目概况

1. 西安沣西新城科创大道

科创大道位于西安沣西新城丝路创新谷，为城市主干路。道路全长 3.996km，道路

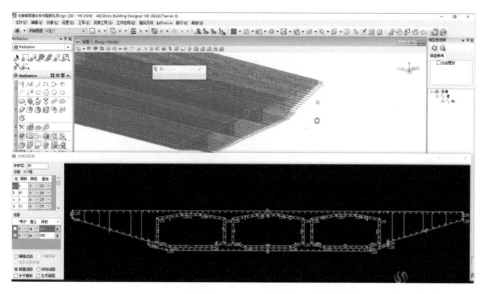

图 8.2 - 35　ReStation 现浇箱梁配筋示例

图 8.2 - 36　国内植物手册（含四季变化）示例

图 8.2 - 37　硬质景观设计、植物种植设计示例

红线宽 60m，设计速度 50km/h，穿越丝路创新谷 A、B、C 地块，包含一座斜弯钢结构索塔桥。

2. 重庆合川区嘉江路

嘉江路位于重庆市合川区，为城市主干道，双向四车道，全长 5.7km。该路段包含高速收费站 1 座，其中包括收费站大棚、综合楼及设备用房各一栋；大桥 2 座，其中新城溪大桥全长 150m，富裕溪大桥全长 570m，主跨采用 70m＋120m＋70m 的预应力混凝土连续钢构形式。

3. 抚长高速公路人民大街出口改移工程

该项目全线建设里程为 12.623km，共设置 2 座高架桥，总长 9328.7m，包含互通式立体交叉 2 处，分离式立体交叉 1 处。其中建筑专业驻场导航的主体内容为长春南互通收费站综合楼及交警办公大楼，道路桥梁专业驻场导航的主体内容为永春互通范围主线路桥、A～I 九条匝道路桥及其相关市政道路永春快速路部分。

8.2.3.3.2 三维协同设计成果

1. 总体成果

在华东院和华北市政院、长春建业集团的共同努力下，经过一个多月的培训与实施，通过协同设计环境的定制，创建了道路、桥梁、给排水、交通设施等专业的三维模型。并且按需要在三维模型基础上，抽取了道路平面、纵断面、横断面等图纸。通过项目三维应用实践，还积累了大量标准横断面、土木单元、参数化单元、材质库等工程素材，形成了一套可复用、可扩展、可变更的本地化资源。最终完成了交通工程三维协同设计在科创大道、嘉江路、抚长高速改移等工程中的应用。图 8.2-38 为科创大道整体模型展示。图 8.2-39 为嘉江路整体模型展示。图 8.2-40 为抚长高速公路人民大街出口改移工程模型展示。图 8.2-41 为部分道路横断面及交叉口模板示例。图 8.2-42、图 8.2-43、图 8.2-44 和图 8.2-45 分别为部分下部构件参数化库、部分交通标志标牌库、部分照明设施库和部分节点及管道库。

图 8.2-38　科创大道整体模型展示

2. 协同成果

利用协同平台 ProjectWise 进行项目管理和文件管理。在协同环境下，参与项目的各专业、各部门及项目现场、后方技术部门，均可在同一环境下同步开展设计工作。项目实施期间，道路桥梁专业与管线专业在不同办公场地进行设计建模，然后基于协同平台完成

图 8.2-39　嘉江路整体模型展示

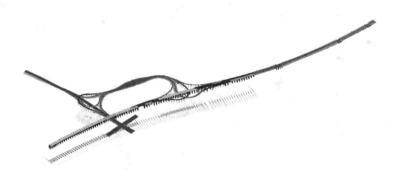

图 8.2-40　抚长高速公路人民大街出口改移工程模型展示

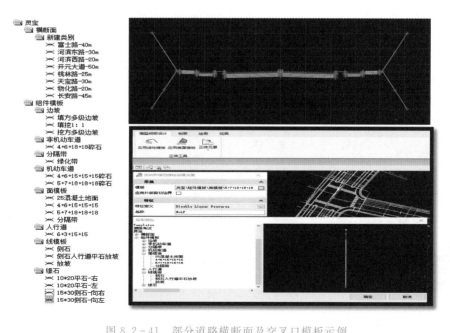

图 8.2-41　部分道路横断面及交叉口模板示例

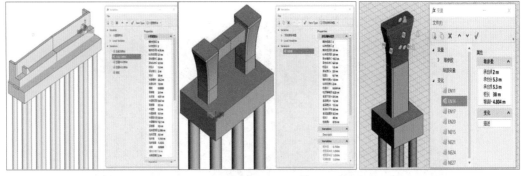

（a）桥台　　　　　　　　（b）墩型一　　　　　　　　（c）墩型二

图 8.2-42　部分下部构件参数化库

图 8.2-43　部分交通标志标牌库

图 8.2-44　部分照明设施库

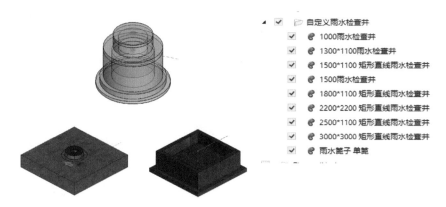

图 8.2 - 45　部分节点及管道库

项目总装。协同设计的各专业在设计阶段，即可实现相互参照检查、同步进行消缺、变更准时传递，从而大幅提高了设计建模的工作效率和成果质量。图 8.2 - 46 为 ProjectWise 文件层级管理界面。图 8.2 - 47 为协同设计流程图。

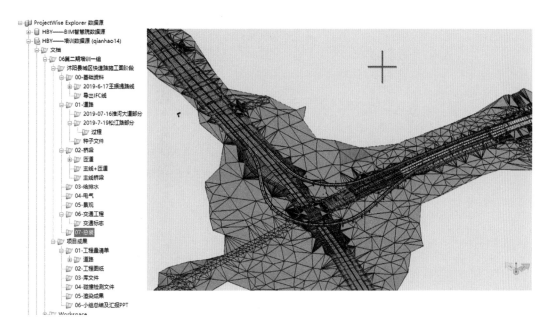

图 8.2 - 46　ProjectWise 文件层级管理界面

3. 模型成果

（1）道路专业。利用 OpenRoads Designer 软件，创建了包括绿化、分流道、公交站、标示线在内的全路段道路模型。该模型构件齐全，并包含对应阶段已知的所有工程信息。基于道路三维模型，抽取了道路平面、纵断面、横断面等图纸，并输出了工程数量统计表。图 8.2 - 48 为科创大道模型（局部）。图 8.2 - 49 为嘉江路巨梁沱立交模型。图 8.2 - 50 为平交口精细化模型。图 8.2 - 51 为某高速公路互通模型。

（2）桥梁工程。利用桥梁三维设计系统 BridgeStation，创建了包含索塔在内的斜弯桥

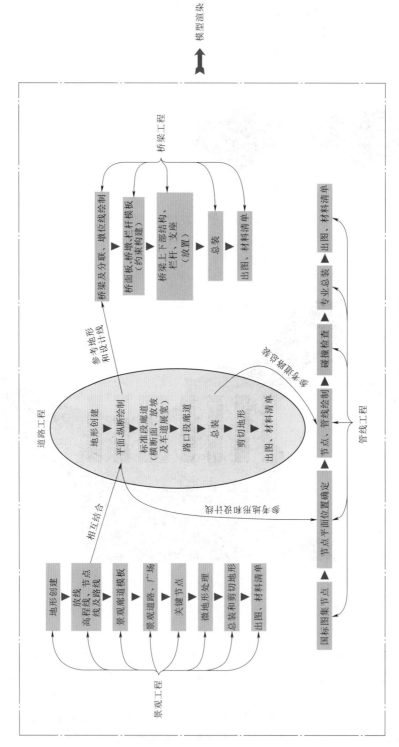

图 8.2 - 47　协同设计流程图

图 8.2-48 科创大道模型（局部）

图 8.2-49 嘉江路巨梁沱立交模型

图 8.2-50 平交口精细化模型

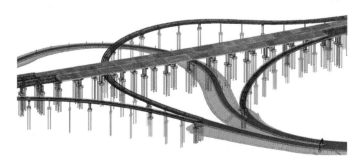

图 8.2-51 某高速公路互通模型

模型。该模型构件齐全，并包含对应阶段已知的所有工程信息。通过 BridgeStation 全桥建模功能，完成了高架桥模型的快速创建，从而有效提高了三维设计的工作效率和模型精度。图 8.2－52 为科创大道斜弯桥模型。图 8.2－53 为嘉江路三环主桥模型。图 8.2－54 为嘉江路沙溪嘉陵江大桥模型。图 8.2－55 为永春互通高架桥模型。

（3）地下管线工程。利用 MicroStation 创建了全路段地下管线设施的节点井和地面路灯。利用 OpenRoads Designer 中的 Subsurface Utility Engineering 模块，完成了给排水、电力敷设等地下管线设施的建模及地面路灯的布置。积累了一批可复用的标准化节点和管道库。基于三维模型，还输出了地下管线工程各构件的工程量清单。图 8.2－56 为自定义节点井示例。图 8.2－57 为科创大道管线模型（局部）。

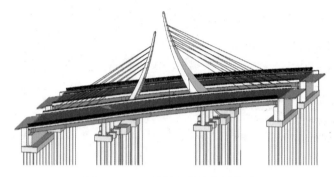

图 8.2－52　科创大道斜弯桥模型

图 8.2－53　嘉江路三环主桥模型

图 8.2－54　嘉江路沙溪嘉陵江大桥模型

4. 成果应用

（1）碰撞检测。利用 OpenRoads Designer 的碰撞检测模块，对科创大道地下管线设施及道路设施、标志标牌等设施进行了碰撞检测。依据检测结果，对存在碰撞的地下管线等构造进行了设计优化调整。从而在设计阶段便将以往在施工阶段才可能发现的布置问题提前解决，提升了设计质量、节约了项目成本。图 8.2－58 为管线碰撞检测及处理示例。

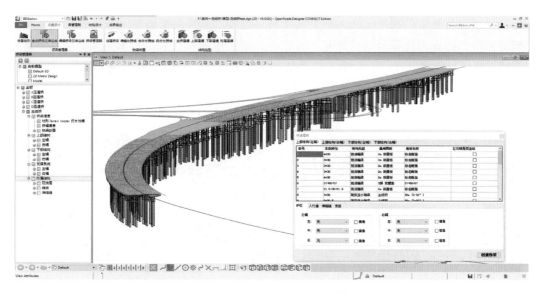

图 8.2-55　永春互通高架桥模型

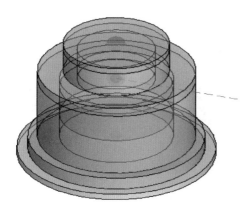

图 8.2-56　自定义节点井示例

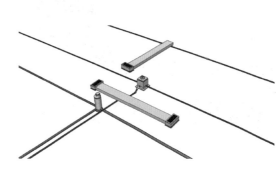

图 8.2-57　科创大道管线模型（局部）

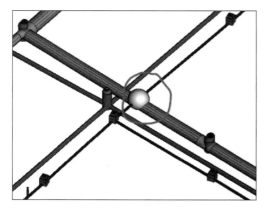

（a）碰撞检查结果

（b）模型优化成果

图 8.2-58　管线碰撞检测及处理示例

（2）可视化展示。利用 LumenRT 软件对科创大道总装三维模型进行场景填充和可视化渲染。输出的成果视频及效果图片，可作为科创大道的项目展示资料，从而丰富了科创大道和丝路创新谷项目的宣传汇报工作素材。图 8.2-59 为科创大道渲染效果图。图 8.2-60 为嘉江路渲染效果图。图 8.2-61 为科创大道地下管线模型渲染图（含路灯）。

图 8.2-59　科创大道渲染效果图

图 8.2-60　嘉江路渲染效果图

图 8.2-61　科创大道地下管线模型渲染图（含路灯）

8.2.3.3.3　项目小结

西安沣西新城科创大道项目作为中国市政华北院及长春建业集团的第一批交通工程三维协同设计项目，通过以上项目的实施，实现了以下目标。

（1）培养了一批交通工程三维协同设计的技术人才。

（2）建立了较为完善的交通工程三维协同设计流程和工作标准。

（3）提高了专业之间和专业内部的配合效率，缩短了设计周期、优化了设计流程。

（4）初步建立了交通工程三维协同设计配置库和成果素材库，为交通工程三维协同设计在后续交通工程项目中的应用奠定了基础。

（5）借助科创大道项目成果，让城市管理者意识到推进三维协同设计和工程数字化实施的巨大应用价值，为后续城市信息模型（City Intelligent Modeling，CIM）智慧城市建设项目的实施创造了有利条件。

8.2.4　水务工程应用

8.2.4.1　水务工程行业背景

水务工程主要包括城市给水工程（水的取用、净化与供水）、城市排水工程（污水的处理及污水、雨水的排放）、城市节水工程、城市防洪及河道整治工程、水资源利用与水环境保护工程、城市水务管理、建筑给水排水等专业内容。这些内容基本涵盖了城市水资源的可持续开发利用和生态循环全过程。随着 BIM、云计算、物联网、大数据、人工智能等新一代信息技术的发展，水务管理已进入智能化时代。随着智慧水务建设成为智慧城市建设的重要组成部分，发展智慧水务受到了党中央国务院及各级政府部门的高度重视。

8.2.4.2　水厂项目三维协同设计解决方案

1. 方案设计阶段

水厂工程建设条件复杂，施工场地有限，需要从项目方案阶段便开始使用 BIM 技术开展正向设计，并充分结合倾斜摄影、虚拟现实等先进技术。图 8.2-62 为水厂三维倾斜摄影场地展示。

图 8.2-62　水厂三维倾斜摄影场地展示

利用 ContextCapture 软件进行倾斜摄影。在方案设计阶段，将 BIM 模型与倾斜摄影技术相融合，来完成工程建设的方案比选和环境分析，从而推进最终设计方案的确定。相比传统效果图的展示方式，通过倾斜摄影得到的三维场景更加真实，且 BIM 模型获取的工程信息更加准确，为此应用于方案分析工作中的总体效率更高。此外，虚拟现实技术的代入式体验，不仅可以优化厂区交通、景观照明等细节设计，还可以为水厂建设的交流汇报，提供全新的技术手段和逼真的展示效果。图 8.2-63 为水厂三维倾斜摄影与 BIM 总装模型融合示例。

2. 设计阶段

水厂项目的设计有别于一般意义上的土木工程设计，具有专业面广、标准化程度低、协同配合要求高等特点。此外，还涉及供水工艺、结构、建筑、电气、自控、建筑给排水

图 8.2-63　水厂三维倾斜摄影与 BIM 总装模型融合示例

等多个专业，且各专业之间需要进行频繁的数据交互。在水厂项目中引入三维协同设计，各专业基于同一个协同平台开展工作，能够实时了解其他专业的设计成果，可以更好地进行专业组织和技术配合。图 8.2-64 和图 8.2-65 为水厂内部结构展示。

图 8.2-64　水厂内部结构展示（一）

图 8.2-65　水厂内部结构展示（二）

水厂整体三维设计解决方案主要由 OpenPlant Modeler、OpenBuildings Designer、ProjectWise 和华东院自研 Electrical Designer 组成。结合华东院自主研发的元器件库、ReStation 和 BIMStation，可以大幅提高水厂项目的综合生产效率。

通过三维数字化协同设计，建立机电设备、污水厂站、明暗管路及构筑物单体土建结构等三维信息模型。基于模型，完成碰撞检查和设计合理性检查等方案优化工作，以保证各专业的设计方案达到最优。

8.2.4.3　三维协同设计在仙居县污水处理二期工程的应用

1. 项目概况

仙居县污水处理二期工程位于工业集聚区，占地面积为 147010.83m²，工程污水处理规模 4 万 m³/d。工程旨在保护流域水资源，完善城市基础设施，保证社会经济可持续发展，为实现污染物减排任务提供基础保障。图 8.2-66 为仙居县污水处理二期工程污水厂平面模型。

图 8.2-66　仙居县污水处理二期工程污水厂平面模型

2. 三维协同设计

（1）总体成果。项目涵盖了仙居县污水处理二期工程的全部三维设计和数字化应用内容。应用的具体内容包括污水厂三维数字化协同设计、三维出图、对外协作设计、设计交底及施工指导等。

（2）应用成果。

1）合理化检查、碰撞检查。该项目为污水处理厂建设工程，包含大量的构（建）筑物、设备及管道。在工艺、结构、建筑、电气、自控、建筑给排水等多个专业中，采用三维数字化协同设计。各专业可在同一协同平台开展工作，能够实时了解各专业的设计成果和变更信息，更好地进行模型检查，以保证设计成果的准确性。图 8.2-67 为管道与构筑物碰撞模型示例。

2）景观绿化方案优化。厂区景观绿化是污水厂建设形象的展示窗口，而植物是景观绿化设计实践的重要依托。由于该项目又新增了人工湿地工程，绿化面积、植物种类也随之增加。传统二维景观绿化设计无法体现综合绿化的整体效果。而通过采用三维协同设计建立植物景观信息模型，对厂区植物景观进行仿真模拟及优化设计，可以充分保证厂区景

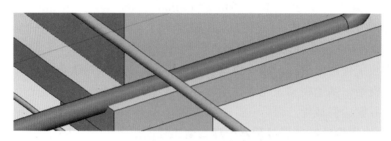

图 8.2－67　管道与构筑物碰撞模型示例

观绿化设计的美观性、协调性与合理性。图 8.2－68 为优化后景观绿化模型布置示例。

图 8.2－68　优化后景观绿化模型布置示例

3）装饰方案优化。位于湿地公园内的综合楼与公园景观设计同步进行，可以直观地形成整个地块的标志性建筑物。因此，采用何种装饰方案才能使综合楼更好地与现代化工业生产相适应，并与地势地貌完美协调融合，显得尤为重要。基于综合楼三维模型，该项目进行了装饰方案的模拟比选，最终得到了最优解装饰效果。图 8.2－69 和图 8.2－70 分别为优化前和优化后的综合楼装饰方案。

图 8.2－69　优化前的综合楼装饰方案

图 8.2-70　优化后的综合楼装饰方案

3. 项目小结

通过以上项目的实施，实现了以下目标：

（1）各专业在同一平台上开展三维协同设计，降低了沟通成本，减少了设计差错率，使得设计方案达到最优。

（2）采用三维数字化设计，优化了布置方案，缩短了设计周期，为工程提前投入使用创造了有利条件。

8.2.4.4　市政管网项目三维解决方案

城市地下管网是城市发展建设的生命线工程，具有规模大、范围广、变动大、增长速度快、形成时间长、管网种类繁多和空间分布复杂等特点。城市地下管网触及城市各个角落，与人们生活息息相关。利用三维可视化和虚拟现实技术开展地下管网三维模型的创建，能够直观地显示地下管网纵横交错、上下起伏的空间关系，解决了传统二维设计中管网位置不明晰、显示效果不直观等问题，并可辅助地下管网与水务设施管理。通过三维可视化分析应用，为管网高效运维、水务设施养护和安全信息监测等提供可靠的技术支撑。

对于市政管网工程，在项目实施前需利用物探手段对节点和管线数据进行探测。在项目实施阶段需对物探数据进行筛选处理，确认数据的准确性和完整性，确保数据满足管网建模要求。在确认物探数据合理无误后，将数据导入市政三维软件中进行批量建模，模型完成后发布到平台，并结合项目需求完成项目应用。

市政管网项目的实施流程为，先利用 MapStation 的管线工具将物探数据转换成符合批量建模要求的数据格式。然后将此数据导入 OpenRoads Designer 软件的 Subsurface Utility Engineering 模块，即可批量生成管网模型。最后将模型轻量化发布至平台，再进行后续的项目应用。

8.2.4.5　三维技术在深圳某智慧管网项目中的应用

1. 项目概况

深圳某片区地下雨水管网，拥有较大数量级的节点和管线。采用传统建模方法易造成建模误差大、建模效率低等问题。综合考虑，通过三维数据导入快速建模的方式完成该项目三维模型的创建。图 8.2-71 为雨水管网三维模型。

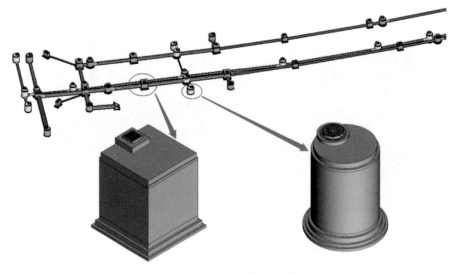

图 8.2-71　雨水管网三维模型

2. 管网模型应用

（1）规划审批应用。在新建管线的规划设计阶段，通过分析规划管线范围内相邻管线数据、与相邻管线或建筑物的间距，来辅助规划设计单位进行布设区间的方案分析，以提高管线规划设计的合理性和可行性。

（2）设备运行监测管理应用。将三维模型与设备相关信息进行集成，可基于模型数据直接查看供应厂商、参数性能、使用年限、维修电话、所在位置、实时状态等信息。还可以通过不同颜色来显示设备的实时运行状态，并累计形成历史运行状态库，便于对此类状态数据进行统计分析。

通过三维模型与物联感知技术集成，将监测水流、水压、可燃气体浓度等数据的多传感器接入平台统一管理，实现排水管网运行状态的实时监测和预警。

（3）综合应急管理应用。基于三维模型的应急管理，可以将预防、预警和处理集中起来。利用管网三维模型，可实现事故的快速定位与处置（关闭阀门），并能够分析受影响区域内的单位、人口等信息，为城市应急抢险提供保障。例如，通过自动分析管线流向确定最近距离上下游控制阀门，并提示受影响区域。可为管理抢修提供精准直观的断面数据，避免抢修过程中二次事故的发生。同时结合其他类型数据，还可以联动分析周边小区、单位、人口等相关信息，为快速应急处置提供精准的数据支持。图 8.2-72 为三维管线爆管及连通性分析示例。

（4）城市空间综合管理应用。地下设施开发包括地下人防、综合管廊、地铁线路、地下商业等。在开发时通过调取范围内管线三维数据，可以快速掌握管线方位、管径、埋深、敷设时间、所属单位等工程信息，从而减少施工过程中的误挖、错挖等情况为施工安全与管网安全保护提供保障。图 8.2-73 为城市空间综合管理示例。

（5）管线综合及统计算量。建立排水管网三维模型后，可对其进行碰撞检测与管线标高检查，并可任意剖切、轴测及动画漫游。还可对零碰撞三维管线进行工程量统计，从而

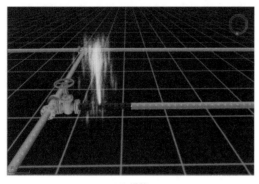
（a）爆管

（b）连通性

图 8.2-72　三维管线爆管及连通性分析示例

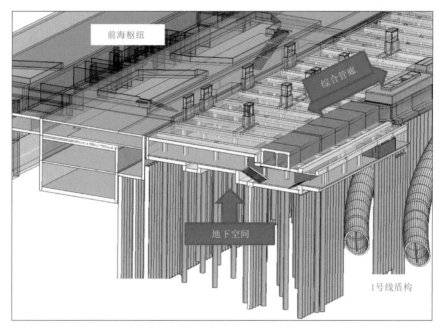

图 8.2-73　城市空间综合管理示例

形成管线工程最优方案。最终生成工程量清单，并开展工程计价工作。

8.2.5　工业与民用建筑行业应用

8.2.5.1　行业现状

我国在 BIM 技术的应用方面起步较晚，但在国家政策的引导下，民用建筑行业的 BIM 技术应用正在加速发展。2011 年住房城乡建设部发文将 BIM 纳入了"十二五"建筑业重点推广技术，后续发布的《关于推进建筑信息模型应用的指导意见》（建质函〔2015〕159 号）、《2016—2020 年建筑业信息化发展纲要》，都强调了 BIM 技术应用的重要性。按计划到 2020 年年末，所有申报绿色建筑的公共建筑和绿色生态示范小区的新立项项目，多阶段集成应用 BIM 技术的项目比率将达到 90%。

8.2.5.2 行业解决方案

1. 三维设计平台

在民用建筑设计行业，三维设计平台主要有专注于建筑设计的 Graphisoft Archi-CAD，功能强大的 Bentley OBD 和生态完善的 Autodesk Revit 等。就市场占有率而言，Autodesk Revit 无疑有着更为优异的表现，其内置模块覆盖了建筑、结构、水暖和电气等各专业，功能针对性强、操作简单，配合大量第三方资源，适合常规民用建筑设计中小团队快节奏的工作模式。

但 Revit 难以创建复杂异形构件，无法独立完成复杂异形建筑的设计。Autodesk 整体解决方案缺乏对地质专业建模需求的支撑，无法进行集成地质、路基、隧道、桥梁等多专业的三维协同设计。此外，Autodesk 不同产品之间的设计成果数据格式不统一也是比较明显的缺陷。

2. 建筑行业 BIM 应用点

（1）方案设计阶段。方案设计阶段 BIM 应用主要是利用 BIM 技术对项目设计方案的可行性进行验证，并对下一步深化工作进行推导和方案细化。利用 BIM 软件，对建筑项目所处的场地环境进行必要分析，如坡度、坡向、高程、纵横断面、挖填量、等高线、流域等，并作为方案设计的依据。利用 BIM 软件，完成建筑模型的创建和场地环境相应信息的输入，进而对建筑物的出入组织、结构安全、人车流动、节能排放和物理环境（如气候，风速、地表热辐射、采光、通风等）等方面进行模拟分析，最终确定最优的设计方案。

（2）初步设计阶段。初步设计阶段 BIM 应用主要是深化结构建模设计和分析核查，完善方案设计模型。通过 BIM 设计软件，对专业间平面、立面、剖面位置进行一致性检查，将修正后的模型进行剖切，生成平面、立面、剖面及节点大样图。在初步设计过程中，沟通、讨论、决策应围绕方案设计模型进行，以此充分发挥模型准确性、可视化和专业协同的优势。

（3）施工图设计阶段。施工图设计阶段 BIM 应用主要是完成各专业模型的构建，包括建筑、结构、给排水、暖通、电气等多个专业的信息模型，并进行联动调整和优化设计。根据设计、施工等知识框架体系，可进行碰撞检测、三维管线综合与竖向净空优化等基本应用，进而完成对施工图阶段的多次设计优化。针对某些影响净空的建筑构造，需进行具体分析讨论，如优化机电系统空间走向排布和净空高度等。

8.2.5.3 三维协同设计在雄安市民服务中心项目的应用

1. 项目概况

雄安市民服务中心项目作为雄安新区建设第一标，是贯彻落实"雄安质量"理念的一次重要实践，将对新区后续规划建设起到示范引领作用。为打造高标准的"雄安质量"，项目在建造过程中采用 BIM 技术，旨在为雄安质量插上科技之翼。图 8.2-74 为雄安市民中心三维模型。

2. 模型应用

（1）全专业模型深化。在设计模型及施工图基础上，土建、机电、装饰、钢结构等各

图 8.2-74　雄安市民中心三维模型

专业对模型进行了整体深化。通过提升模型精度达 LOD400 以上，保证了模型与施工现场的一致性，为项目施工提供了可靠的三维模型数据参考。图 8.2-75 为多专业设计模型深化示例。

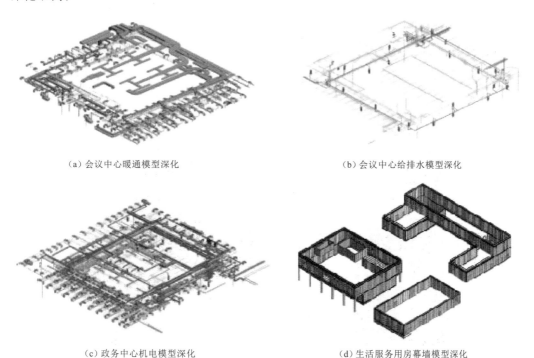

（a）会议中心暖通模型深化　　　　　　　　　　　（b）会议中心给排水模型深化

（c）政务中心机电模型深化　　　　　　　　　　　（d）生活服务用房幕墙模型深化

图 8.2-75　多专业设计模型深化示例

（2）碰撞模拟。基于三维可视化信息模型，雄安市民服务中心项目利用 BIM 软件进行了碰撞检查，有效查验了设计与施工流程中的空间碰撞情况。并针对碰撞点进行了设计优化，在施工实施前解决了碰撞问题，从而节约了施工成本，提高了工程质量。

（3）虚拟现实技术。虚拟现实技术是一种可以创建和体验虚拟世界的计算机仿真技术。它利用计算机生成一种模拟环境，是一种多源信息融合的三维动态实景和实体行为交互式系统仿真。在完成 BIM 模型总装后，可以分阶段导入 VR 平台。通过 VR 眼镜进行虚拟现实体验，观看者可以在虚拟建筑环境中切实感受设计方案的合理性和仿真性。在复杂节点处进行 VR 体验，可以协助施工人员增强对设计节点三维空间位置的感知认识。此外，在 VR 软件中添加渲染效果，还可以帮助项目确定内装饰颜色方案。图 8.2-76 为室内模型 VR 渲染示例。

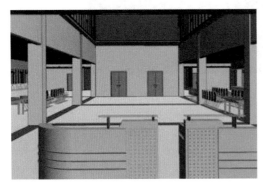

（a）BIM模型 （b）VR渲染效果

图 8.2-76　室内模型 VR 渲染示例

（4）BIM＋GIS 系统。通过将 BIM 模型导入 GIS 平台中，并加以渲染优化，对园林景观内容进行补充。为此可以提前展示项目整体竣工效果，并辅助项目完成景观设计与施工方案的优化。图 8.2-77 为景观模型渲染示例。

图 8.2-77　景观模型渲染示例

（5）BIM＋3D 打印。BIM＋3D 打印技术是三维信息模型的重点应用之一，它有助于现场可视化施工的直观展示。通过打印项目中复杂节点的三维模型，可以清晰地展现节点的细部构造和复杂曲面等，协助施工人员了解建筑特征，保障现场施工的顺利进行。图 8.2-78 为 3D 打印模型示例。

8.2.6　海上风电工程应用

8.2.6.1　海上风电工程背景

新能源工程包括风能、太阳能、海洋能、地热能和新能源微电网等内容。其中风能是一种储量巨大的可再生清洁能源，产业化条件最为成熟。进入 2010 年以后，风力资源得到高速发展，中国已成为世界第一风电大国。据统计，2008 年我国风电装机容量只有 1300 万 kW 左右，上网发电量仅为 120 多亿 kW·h，占全部发

图 8.2-78　3D 打印模型示例

电量的比例几乎可以忽略不计；而到了 2016 年年底，我国风电装机规模达到了 1.69 亿 kW，发电量为 2410 亿 kW·h，占全部发电量的 4%。但随着"三北"地区弃风限电的加剧，可开发的风电场条件愈加复杂，风电场设计也在由过去的"管控粗放型"向"质量效益型"转变，传统的二维设计方式已不能满足风电场精细化的设计要求。

随着工程数字化与信息化进程的不断加快，风电行业也迎来了全新发展机遇。BIM 技术作为工程数字化转型的重要途径，在风电工程领域有着广阔的应用空间和巨大的应用前景。基于三维协同设计平台，各专业可以同时开展协同设计，能够有效提高设计质量和设计效率，降低风电规划设计的不确定性，从而使风电场的设计更精准、发电量更高、运维成本更低。特别是海上风电场，所有工程建设内容都由内陆工程完成加工成配件、组件、设备等后船运至海上指定场地进行组装，BIM 技术在精细化设计、精细化下料施工建造过程中发挥的效益尤为突出。

8.2.6.2　海上风电工程三维协同设计华东院解决方案

海上风电三维数字化设计平台涉及建筑、结构、电气、暖通、给排水等多个专业，且各专业之间需要进行频繁的数据交互。设计过程中，平台要求各专业间紧密配合，各专业设计成果开放共享。这就要求设计过程中，需要尽可能地使用统一的图形平台和数据格式，并制定高效的协同管理办法。图 8.2-79 为海上风电三维协同设计解决方案。

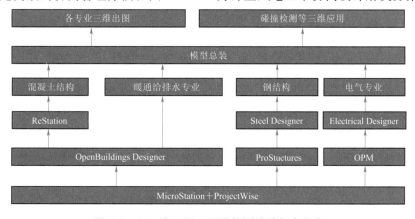

图 8.2-79　海上风电三维协同设计解决方案

MicroStation 是 Bentley 软件的基础平台，其数据兼容性良好，无须转换即可打开其他 Bentley 软件创建的各种模型文件，并支持 ISO 计算机图元文件（CGM）、美国工业标准交换格式（IGES）、通用三维内核 Parasolid 格式（X_T）、ACIS 实体对象文件格式（SAT）、STEP PART 文件（STP）、PDMS、PDS、三维数据交换格式（STL）、Ulead COOL 3D 文件格式（U3D）等几十种三维数据格式和几乎所有的标准影像格式（如 JPG、BMP、PNG 等）。同时，它还支持 COBie、IFC 等十几种数据转换标准协议，是目前世界上综合开发性最好的 CAD 软件之一。

ProjectWise 协同设计管理软件，是目前全球最为优秀的协同设计及内容管理平台之一。在向用户提供强大的制图功能和完善的数据兼容性的同时，平台系列软件还为用户的企业管理和协同作业提供了丰富的工具和手段。该平台能让用户方便地实施企业级的制图标准，从而强化企业管理；通过平台的标准检查器，该平台还能够使用户方便地对设计成果进行验收，从而提高设计质量；通过平台强大的引用参考功能，用户可实现基本的多专业协同，从而提高企业的整体工作效率。团队成员不仅可以同时在一个项目中开展工作，而且可以对设计中添加的内容和改动的内容进行无缝访问，从而确保自己利用的信息始终是最新的，且是符合团队设计标准的。

OpenBuildings Designer（OBD，低版本为 AECOsim Building Designer）包含建筑、结构、暖通、给排水等专业建模工具。它能够快速实现三维建模，并根据配置的设计环境赋予相应属性。模型固化后，可按需抽取相应的平面图、剖面图、立面图、轴测图、节点大样图等二三维图纸。

ReStation 能够高效、快速完成三维钢筋模型创建，并进行自动编号、生成钢筋表以及抽取二维钢筋图纸等应用。钢筋配置和出图效果完全符合我国现行的多种结构设计规范要求。

ProStructures 是钢结构深化设计软件。它拥有强大的型钢库、节点库，可以自定义增加型钢截面，能够快速完成钢结构三维建模工作。但 ProStructures 的出图流程较为复杂，操作设置烦琐。为此华东院研发了符合国内出图习惯的插件 SteelDesigner，并针对海上风电工程扩展了节点库。

Electrical Designer 能够快速完成电缆桥架、电缆敷设、动力照明设施等三维模型的创建，并可根据三维模型统计材料表、抽取平剖图纸，形成满足出图规范的二维图纸以及二三维图册。

8.2.6.3 三维协同设计在华能如东海上风电场工程的应用

1. 项目概况

华能如东 300MW 海上风电场工程位于江苏省如东县近海海域，场区中心离岸距离约 25km，海域东西长约 10km，南北宽约 8km，规划面积约为 82km²，项目规模 300MW。该工程场区共布置 38 台上海电气 4.0MW、12 台远景能源 4.2MW 和 20 台重庆海装 5.0MW 的风电机组，实际装机规模为 302.4MW。电气系统分三部分布置，其中海上布置两座 110kV 升压站，陆上布置一座 220kV 升压站和一座现场生产管理中心。

2. 三维协同设计成果

（1）总体成果。华能如东项目海上风电场工程采用三维数字化建模设计，模型包含了海上升压站上部组块、下部结构和风机基础等全部结构、设备、桥架等。二维图纸全部基于三维模型进行抽图，并添加标注、文字说明等组成套图。图 8.2-80 为海上升压站轴测图示例。图 8.2-81 为海上升压站多专业布置配合图示例。图 8.2-82 为海上升压站上部结构设备总装模型。其中结构专业完成了风机基础、海上升压站上部组块、海上升压站下部结构 24 套共 270 张图；建筑专业完成了海上升压站建筑图 1 套共 56 张图；电气专业完成了各部位桥架布置、埋管埋件及盘柜布置安装图、照明布置图等 5 套共 500 张图；给排水专业完成了给排水及消火栓给水系统布置图 3 套共 41 张图；暖通专业完成了海上升压站的通风空调系统布置图 1 套共 46 张图。

图 8.2-80 海上升压站轴测图示例

图 8.2-81 海上升压站多专业布置配合图示例

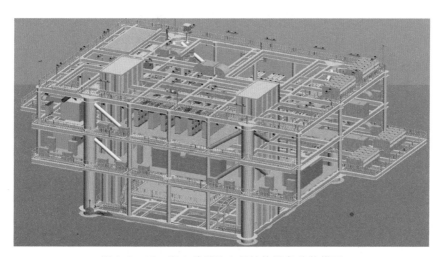

图 8.2-82 海上升压站上部结构设备总装模型

（2）协同成果。该项目协同设计利用 ProjectWise 软件，进行项目管理和文件管理。在项目三维建模之初，项目组统一创建项目和各专业的三维文件目录和文件命名规则。创建文件时采用的种子文件均执行企业关于三维设计的有关规定，保证了项目三维文件按不同部位、不同系统进行分类，从而确保三维模型组织体系的合规性、合理性、完整性和准确性。图 8.2-83 为 ProjectWise 文件夹组织结构示例。

（3）模型成果。

1）结构专业。利用 ProStructures 软件的 ProSteel 模块创建钢结构模型，包括各种钢构件、连接节点、焊缝等，并依据三维模型生成对应的材料表，抽取相应的平面图、剖面

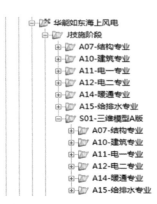

图 8.2－83　ProjectWise 文件夹
组织结构示例

图、节 点 详 图 等 图 纸。通 过 MicroStation 和
AECOsim Building Designer 软件进行混凝土结构的
建模，并赋予相应属性。再采用 ReStation 软件进行
三维配筋，创建钢筋模型。图 8.2－84 为海上升压站
钢结构轴测图示例。图 8.2－85 和图 8.2－86 分别为
海上升压站二层和四层钢结构轴测图示例。图 8.2－
87 为钢结构梁柱节点示例。图 8.2－88 为钢结构立
面和平面图示例。图 8.2－89 为钢结构节点详图
示例。

2）电气专业。利用 SubStation、BRCM 及 Elec-
trical Designer，创建电气三维模型。基于三维模型
完成方案优化，按需求抽取相应的平面图、轴测图，
形成满足出图规范的二维图纸以及二三维图册。图 8.2－90 为电气主设备布置示例。图
8.2－91 为电缆通道布置示例。图 8.2－92 为电气一次图纸示例。

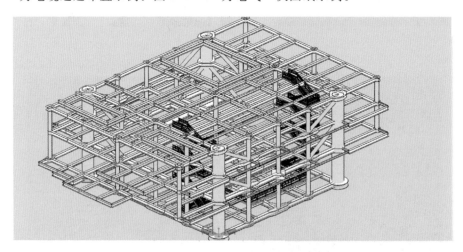

图 8.2－84　海上升压站钢结构轴测图示例

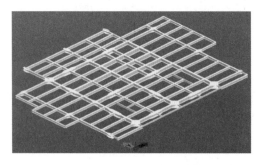

图 8.2－85　海上升压站二层钢结构轴测图示例

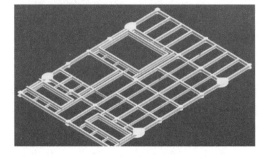

图 8.2－86　海上升压站四层钢结构轴测图示例

3）给排水暖通专业。利用 AECOsim Building Designer、OpenPlant 软件，完成水
管、风管等各种管线、设备的模型创建。将该模型与结构专业模型进行碰撞检查，从而完

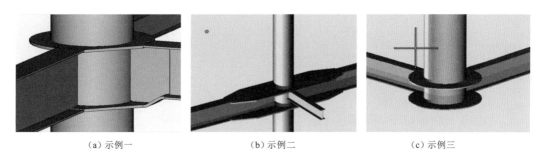

（a）示例一　　　　　　　（b）示例二　　　　　　　（c）示例三

图 8.2-87　钢结构梁柱节点示例

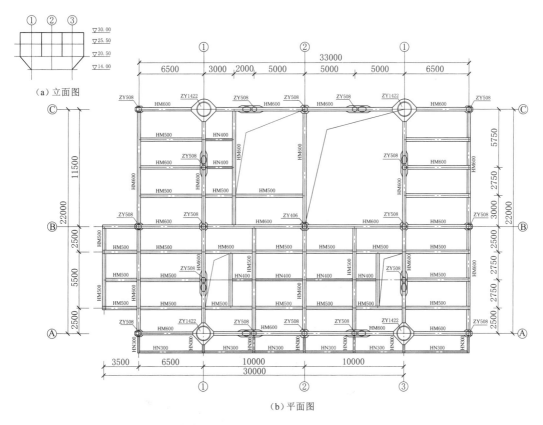

（b）平面图

图 8.2-88　钢结构立面和平面图示例（单位：高程 m，尺寸 mm）

成设计优化。图 8.2-93 为高压细水雾系统示例。图 8.2-94 为暖通总装模型示例。图 8.2-95 为通风空调系统轴测图示例。图 8.2-96 为通风空调机房布置图示例。图 8.2-97 为细水雾系统轴测图示例。

（4）项目小结。与二维设计相比，三维协同设计解决方案的应用，给华能如东海上风电场项目带来了显著改变。

1）专业内、专业间的碰撞检查，有效降低了各结构、设备、管线之间冲突的可能性，减少了设计变更，提高了图纸质量。

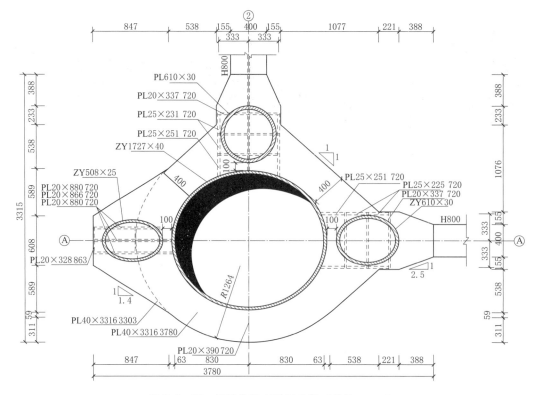

图 8.2 - 89　钢结构节点详图示例（单位：mm）

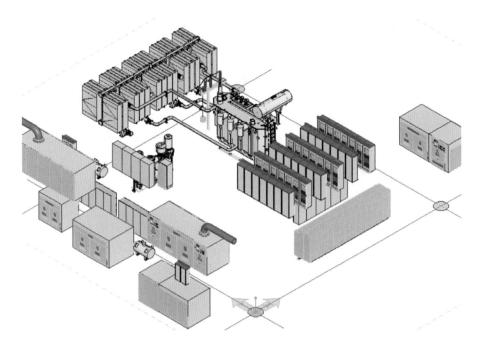

图 8.2 - 90　电气主设备布置示例

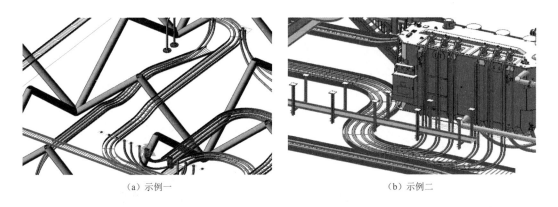

（a）示例一　　　　　　　　　　　（b）示例二

图 8.2-91　电缆通道布置示例

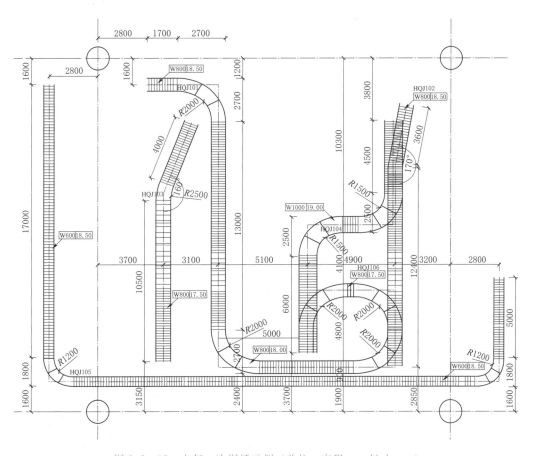

图 8.2-92　电气一次图纸示例（单位：高程 m，尺寸 mm）

2）三维模型直观、可视，特别是节点复杂、管线众多的部位，能够优化设计方案，有效指导现场施工。

3）利用三维模型，可抽取三维示意图作为二维图纸的辅助视图，一定程度上可以减少剖面图，从而提高图纸查阅的直观性和可读性。

4）三维协同设计提高了专业内部和专业之间的配合，有利于加快设计进度，从而缩短设计周期。

5）完善了海上风电三维设计的标准化。

6）为后续延伸项目的信息获取做好了良好铺垫。

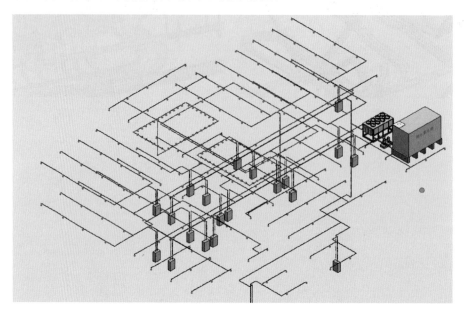

图 8.2-93　高压细水雾系统示例

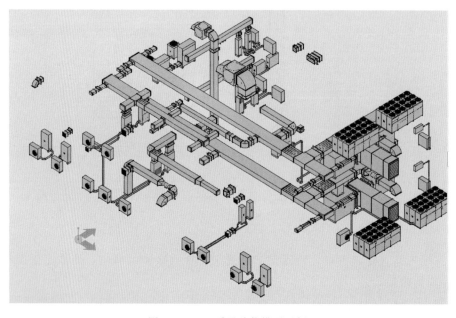

图 8.2-94　暖通总装模型示例

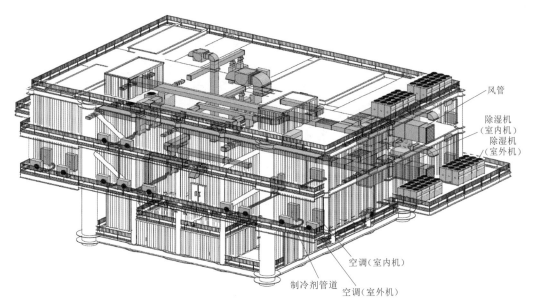

图 8.2 - 95　通风空调系统轴测图示例

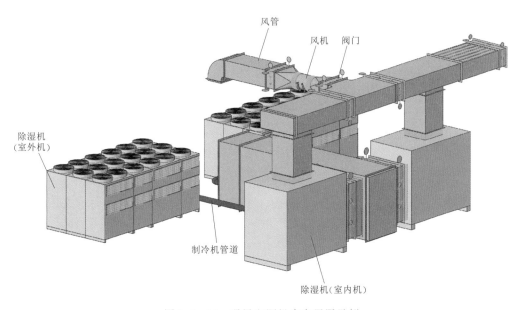

图 8.2 - 96　通风空调机房布置图示例

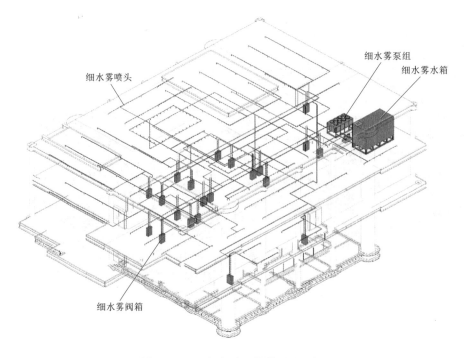

细水雾泵组

细水雾水箱

细水雾喷头

细水雾阀箱

图 8.2 - 97　细水雾系统轴测图示例

第 9 章

数字城市（CIM）创新的思考

9.1 数字城市的背景

顺应经济建设和社会进步的时代潮流，我国的城市规模快速扩张，城市面貌日新月异。然而，城市发展速度与规划的不平衡往往导致资源短缺、交通拥堵、环境污染等问题。为解决上述问题，智慧城市的建设理念逐渐走进人们的视野。它将基于信息技术构建的数字城市与物联网技术深度结合，强调对城市数据进行深度挖掘和实时利用，从而极大地提升城市管理的统筹协调能力，符合更精细化、动态化及智能化的现代城市发展要求。

自 2009 年 IBM 公司首次提出智慧城市概念后，许多学者结合中国城市的发展现状开展了相关理论研究。李德仁等（2011）探讨了由数字城市发展到智慧城市的基础理论和必然趋势；许庆瑞等（2012）提出了具有中国特色的智慧城市愿景和战略目标。此外，智慧城市概念下的城市级功能应用也受到人们的广泛关注，研究成果涵盖城市交通运输、居民服务平台、城市运维及安全管理等多个方面。由于智慧城市是具有复杂功能体系的庞大工程，如何实现不同功能体系下的信息实时融合处理，促进各城市功能之间的协调配合，仍然是当前智慧城市建设的关键问题。

信息化发展不进则退、慢进亦退。当前，全球信息化浪潮汹涌而至，以习近平同志为核心的党中央准确把握时代大势，把实施网络强国、加快建设"数字中国"作为举国发展的重大战略。党的十九大制定了面向新时代的发展蓝图，提出要建设网络强国、数字中国、智慧社会，推动互联网、大数据、人工智能和实体经济深度融合，发展数字经济、共享经济、培育新增长点、形成新动能。习总书记多次强调打造"数字中国"，并就数字中国建设发表了一系列重要讲话，为"数字中国"建设把舵定向，不仅标定了前进路径，更擘画了清晰未来。而智慧社会的概念，是对"新型智慧城市"的理念深化和范围拓展，强调基于智慧城市使市民拥有更多的获得感、幸福感，再一次强调了智慧城市的发展要注重以人为本，强调市民在智慧城市建设过程中的参与行为。

9.2 概念创新：从 EIM 到 CIM

在建筑信息模型 BIM 的基础上，工程信息模型（Engineering Information Modeling，EIM）拓宽了工程应用的领域，从单一建筑扩展到市政、交通、轨道、水电、水利等工程领域。在工程项目全生命周期中，以资产为单元、以模型为载体、以合同为纽带、以数据为基础，EIM 实现全过程、全参与方的工程信息创建、传递、管理与应用，并不断积累形成各参与方支撑企业发展与行业进步的核心数据资源库。

城市作为工程建设密集发生的区域，可以说工程建设的成果构成了城市的物理实体，如建筑、道路、地铁等。同时工程也时刻影响着城市，在城市的建设和运营过程中，工程信息都在默默地发挥作用。工程信息的缺失总会不可避免地带来人员财产的损失，如各个城市在建设过程中不时发生的修路引起地下管线破坏等。

然而城市的管理除工程外，还需土地、环境、人员、社会等综合性的信息。据此，在 BIM 以及 EIM 的基础上，扩充信息模型的范畴，形成城市信息模型（CIM），使得信息更完整、全面。如果把 CIM 比喻为一个有机体，BIM 就相当于把单个建筑作为城市的细胞。

CIM 有三层含义，三层含义的英文缩写均为 "CIM"，但意义内涵逐层递进。

1. 城市信息模型

以 GIS＋BIM＋IoT 为城市信息基础设施，映射真实城市，建立起三维城市空间模型和城市时空信息的有机综合体，为城市的数字化应用和智慧化管理提供基础实体。

2. 城市智慧模型

基于城市基因库、知识库、指标体系，以机器学习、人工智能为支撑，实现城市管理实时智能决策。城市智慧模型更侧重于单一领域的智能、智慧。

3. 城市智慧管理

城市智慧管理是在城市信息模型的基础上，融合多领域的城市智慧模型，实现智慧统筹、规划、监控、协调城市的公共服务、经济业态、社会活动、管理执法等。通过跨行业、跨部门、跨职能对城市的综合管理，实现治理现代化。

9.3 理论创新：数字城市类人生命体内涵

类人生命体是指将复杂的工程系统与人体结构建立映射关系，运用人体特征的理念分析并诠释工程系统中各功能体系之间的协调统一。目前已出现类人生命体与工程建设的结合应用实例。鉴于城市系统和人体系统在很多方面存在高度相似的特征，将类人生命体概念引入到智慧城市体系中具备现实可行性，且已有初步的研究成果。如姜仁荣等（2015）借鉴城市有机体、城市新陈代谢、城市生态学等相关领域的研究经验，对构建城市生命体的理论体系进行了研究。刘玲（2010）从城市生命体的视角出发，剖析了我国诸多城市问题的产生原因。高春留等（2016）将智慧城市与生态城市的发展相结合，从仿生学的角度提出城市生态智慧的新表征。

将生物学、生命科学等经典理论引入智慧城市建设中，智慧城市生命体特性已被研究人员提出，但尚未将其与人类的行为特性相结合。基于类人生命体研究智慧城市，使其内涵更具体、形象。通过借鉴人体结构特性及行为特征，类比指导城市规划、建设、运营的数字孪生城市构建。智慧城市顶层平台的数据汇聚过程类比于饮食过程，不同类型数据源源不断地汇入是保证城市生命体存活的数据基础。智慧城市好比一个类人生命体，骨架、血肉、大脑、神经系统互相依赖，都是生命体的重要组成部分，又均为城市行为的物质载体。

1. 基底模型：城市骨架

智慧城市建设过程中，城市地质信息、测绘地理信息、规划信息共同组成了城市骨架。其中，有效的地质信息为合理开发利用地下空间提供有力保障，在城市规划与建设过程中起基础承载作用，主要涉及工程地质、水文地质、地下水资源等方面；城市测绘贯穿于城市规划、建设全过程，通过地表各类信息反映城市面貌，制约着城市规划的制定与城市建设的实施；城市规划是城市建设的基本依据，引导着城市发展方向。智慧城市建设及运营管理均需基于该城市骨架开展，因此，将该类信息视为智慧城市的基底模型。

2. BIM：城市血肉

建筑信息模型 BIM 是基于三维技术实现了工程全生命周期内的数据信息管理，是一个数字化的信息平台。一方面，BIM 可对城市感知数据进行汇总、分析与处理，作为数字城市各类应用的基础数据平台；另一方面，BIM 基于海量数据的可视化，具有安全可靠性、开放共享性，还可与云计算较好连接，可对智慧城市决策与应用提供支撑。BIM 包含的各类工程数据模型，是数字城市建设的重要组成部分。因此，将 BIM 作为数字城市的血肉，给数字城市发展带来了新的生机与活力。

3. 物联感知：城市神经

物联网是通过信息传感设备，将物品与互联网进行关联，实现对物品的定位、跟踪、识别、监控、管理的一种网络，通常将物联网分为感知层、网络层、应用层。其中，感知层是物联网数据的来源，是通过物联感知设备实现大数据的动态监测以及及时的数据信息反馈，因此，可将感知层视作城市神经。常用的物联感知设备包括射频 RFID、红外感应器、全球定位系统、激光扫描器、各种传感设备。常见的监控数据包括以下三类：

（1）可见的交通流、人流。

（2）不可见的电流、资金流、信息流。

（3）生态环境数据，如气象、空气质量、水质、土质、能耗、噪声等。

4. 时空数据与云计算：城市大脑

智慧城市建设需要城市大脑，"城市大脑"是指城市数据大脑。"民以食为天"，平台以数据汇聚为先，因此，需要将不断地汇集包括 GIS 数据、BIM 数据及 IoT 监测数据等业务数据作为首要任务。然后，数据的积累与应用需要借助"大脑"来帮助城市完成思考与决策功能，使城市具备良好的自我调节能力，可与人类良性互动。伴随着大数据时代的到来，采用传统的方式进行城市规划、建设及运营管理已无法满足现实需要，依赖大数据处理与深度挖掘技术助力智慧生态城市建设已刻不容缓。

随着各地兴起的智慧城市建设，发展云计算，正是打造城市"智慧大脑"的核心基础。云计算是一种新型的信息资源管理和计算服务模式，因其规模庞大且具有较好的可扩充性，因此具有超强的计算能力；通过保障措施提供了服务的可靠性，使开展云计算比采用本地计算机具有更高的可靠性；通过特殊容错措施使海量级数据管理成本大幅降低。

建设"城市大脑"，重点在于对时空数据的研究与应用，用数据思维重塑城市管理模式。为了保证汇入数据的有效性，需对采集的数据进行分析处理，并使用有效数据为城市管理提供支撑。利用海量时空数据解决城市规划、建设、运营管理中的各类问题，是一种新型城市治理模式。作为智慧城市系统的大脑，时空大数据是正确决策支持的基础。

5. 智慧应用：城市行为

开展智慧城市研究与实践探索，根本目的是达到城市智慧化应用目标。以往智慧城市已在智慧园区、智慧交通、智慧水务、智慧执法、智慧应急指挥、智慧能源、智慧医疗、智慧政务、智慧教育、智慧金融等不同领域取得了进展。在上述方面的基础上，现在智慧城市又在智慧森林、智慧征地拆迁等方面开展了更多的应用。每一种智慧应用都可指导在该方面的城市行为，如通过智慧交通系统，可以引导车辆避开车辆拥堵的道路，还可通过统计道路行车信息，规划不同路段的开放与关闭，进行道路修复工作。

6. 标准体系：城市基因

人类的精准遗传、新陈代谢及功能的实现均受制于 DNA，它具有一套庞大但具有规则的语法体系，也可以称作人体的标准体系。类似于此，智慧城市建设中，无论是数据存储、导出格式及精度，还是数据处理分析过程，都必须遵循一定的行为规则，如法律法规、行业标准等有明确要求的必须满足。BIM 数据格式尚未形成统一的标准，在智慧城市应用过程中，采用的某些数据同样存在标准不完备的情况。例如无人载具需采用精确的底图，底图的精度及格式目前并未形成统一的规定，给实际应用实践带来了较大的困难。因此，在智慧城市建设中，需要建立各种标准体系，给城市发展拟定基因体系，助力智慧城市发展沿着正确轨道发展。

9.4 数字城市具备的技术创新

1. GIS＋BIM＋IoT 协同

GIS 侧重对空间地理信息进行存储、分析、展示，而 BIM 则是对人工建（构）筑物的形态和信息的数字化展示。两者并非对立，只是从不同尺度，用略有差别的方法描述城市的空间和部件。GIS 的范畴更广，包含了建筑以外的自然环境、人文经济等多种要素。BIM 的范围较为集中在建筑及其内部的构件、空间上。二者都表现为空间实体及其相应的属性信息。

随着技术和应用的发展，GIS 已经不再局限于土地管理、资源配置分析、规划等，而是发展为关于位置的科学。BIM 与 GIS 之间的边界将不断模糊甚至融合。BIM 可以看作是 GIS 在局部的关于建筑的延伸，从空间上对建筑构件及其信息进行管理。可以说 GIS 与 BIM 的结合完整地在数字空间中体现了静态的城市，即城市的骨架及血肉，包括地上地下自然要素及人工建（构）筑物的完整三维模型，不仅是数字城市的基础数据，更是智慧城市的空间基准。

然而仅有骨架和血肉，城市仍然是静态的、植物性的，缺乏动态的生命力。不仅自然环境持续在变化，城市中的人也在不断与人、与环境进行交互。动态的城市不仅需要动态的感知，也需要即时的回馈。IoT 通过传感器与网络动态获取现实城市中的状态，并通过数字化控制设备对现实进行反馈操作。IoT 构建了现实城市到数字模型之间的桥梁，将城市中动态的状态信息反映到数字空间中，同时将数字空间中的操作反馈到现实中的控制设备上。像人的神经，一方面感受，一方面反馈。

GIS＋BIM 可以为 IoT 的传感器提供精准的空间定位，为 IoT 的感知数据提供空间环境。IoT 数据进而可以在空间上进行聚合，以点代面完整反映现实空间的状态分布。另外，数字化控制设备在 BIM 中都有对应的体现，可以准确获知反馈操作的效果。

2. 智慧城市类人生命体管理平台

依据智慧城市类人生命体内涵，以及 GIS＋BIM＋IoT 融合的技术体系，构建智慧城市类人生命体管理平台（HSCP），其框架如图 9.4－1 所示。

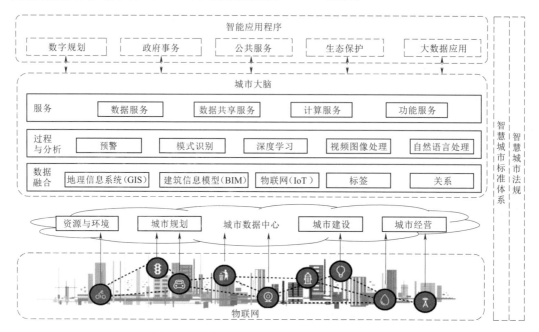

图 9.4－1　智慧城市类人生命体管理平台框架

平台基础是城市数据中心，包含资源与环境数据、城市规划数据、城市建设数据、城市运营数据。分布在城市各个角落的传感器网络产生的动态数据不断汇入，是城市数据中心的重要数据来源。

城市大脑是智慧城市类人生命体的中枢核心，其功能分为三个层次：最底层是数据融合层，对城市数据中心中的各类数据，基于 GIS＋BIM 的空间属性对 IoT 数据进行融合，同时基于数据的属性标签与空间位置建立数据之间的关联；过程与分析层，则是基于融合后的数据，利用深度学习、模式识别等方法进行数据价值的深入挖掘，提取数据中的真实有效的信息；顶层是服务层，通过数据、共享、计算、功能等方式为各类智慧应用提供服务。

智慧应用是城市数据和城市大脑发挥功用、反馈城市行为的体现。集中的城市数据和共享的城市大脑，结合到不同的城市应用中，在城市建设运营的各个环节发挥智慧功用。

此外，智慧城市的标准体系和法律法规贯穿体现于整个平台中，不仅包括物联网的硬件标准、数据标准、服务标准，也包括信息安全、政务、环保、生态等各方面的法律法规。

9.5　总结与展望

采用 GIS＋BIM＋IoT 的技术手段，在技术架构方面为智慧城市的规划、建设及运营管理提供了技术架构基础保障。将此技术应用到智慧消防中，实现了三种技术集成在智慧城市运营管理中的一项智慧应用。GIS 可优化消防车的行驶线路，BIM 模型可清晰展示消防器材布设信息，IoT 监测数据为消防人员和指挥人员提供了有效信息。将三者集成在智慧城市不同领域应用时，三者又会有不同的角色与作用。在智慧城市构建过程中，GIS、BIM、IoT 三种技术发挥着各自的优势，缺一不可。然在智慧城市这个庞大系统中，城市建设运营管理过程涵盖了方方面面，如何将不同领域、不同时段内三种技术有效集成，仍需不断探索。

人之所以区别于其他生物，在于高度发达的大脑，在于智慧。对于智慧城市来说，GIS＋BIM＋IoT 技术实现了真实城市到数字城市的映射，为单一领域的智慧应用（某一类城市行为）提供了解决方案。更进一步，需要汇聚各类智慧应用的海量时空数据，利用云计算从全局角度建立数据间的关联关系，洞识城市现象本质，以反馈智慧城市的行为。此外作为城市基因的标准体系，其研究与制定也应予以重视，规范智慧城市的各环节建设与应用。

参 考 文 献

陈观林，孙欣欣，李圣权，等，2015. 基于智慧城市视角的浙江省智慧城管推进机制研究 [J]. 科技与经济，28（3）：86－90.

陈立强，2015. Bentely 电气三维软件在水电站设计中的应用 [J]. 商品与质量（25）：12－13.

陈璇，2009. 集成 CAD/CAE 分析技术的三维设计方法在水电枢纽布置中的应用探索 [D]. 天津：天津大学，2009.

陈佑，王慧峰，2015. 仙游抽水蓄能电站厂房三维设计与实践 [J]. 华东工程技术，133：100－104.

丁志勇，2017. 三维可视化通道设计与智能电缆敷设在发电厂中的应用 [J]. 电气时代（5）：83－85.

杜成波，2014. 水电工程信息模型研究及应用 [D]. 天津：天津大学.

高春留，程德强，刘科伟，2016. 生态智慧的新表征——生命体城市 [J]. 科技管理研究，36（17）：257－261.

龚和平，竺强，2005. 移民管理信息化 [C]//中国水力发电工程学会，中国水力发电工程学会水库经济专业委员会 2005 年年会论文集，200－202.

郭阳阳，王英丽，李大伟，2014. 工程量清单计价实务 [M]. 北京：北京理工大学出版社.

郭振兴，2018. 泸定水电站枢纽接地网接地电阻超标处理 [J]. 中国水能及电气化（11）：47－50.

国家能源局，2017. 水电工程三维地质建模技术规程：NB/T 35099—2017 [S]. 北京：中国水利水电出版社.

杭磊，李浩，2016. 公路工程测量中 GPS－RTK 测量技术的应用优势 [J]. 道路桥梁（3）：147－148.

洪敏，王伟，2018. BRCM 电缆敷设软件在工程中的应用研究 [J]. 中国勘察设计（5）：98－101.

胡婷，邓新星，2017. Electrical Designer 电气三维设计系统开发与应用 [J]. 工程建设与设计（13）：19－21.

胡婷，钱玉莲，余勇飞，2019. 基于 OpenPlant Modeler 软件的水电站电气三维照明系统的设计及应用 [J]. 大坝与安全（5）：62－66.

胡婷，唐海涛，马沧，等，2018. 基于 BRCM 软件的水电站厂房电缆敷设技术研究及应用 [J]. 大坝与安全（6）：28－31.

黄艳芳，吕昌伙，张玲丽，2015. 大中型水电站地下厂房三维参数化设计技术应用 [J]. 人民长江，46（1）：46－49.

黄艳芳，吕昌伙，张玲丽，等，2015. 大中型水电站地下厂房三维参数化设计技术应用 [J]. 人民长江（1）：46－49.

姜仁荣，刘成明，2015. 城市生命体的概念和理论研究 [J]. 现代城市研究（4）：112－117.

金永新，刘佳，罗宇，2016. 国产高精度宽覆盖多波束系统关键技术研发及应用 [J]. 科技资讯（4）：18－21.

李德仁，邵振峰，杨小敏，2011. 从数字城市到智慧城市的理论与实践 [J]. 地理空间信息，9（6）：1－5，7.

李栋，2005. 基于 CAD 的坐标测量机驱动技术研究 [D]. 西安：西安理工大学.

李海涛，张雷，陈星亮，2017. 基于人体理论的智慧海洋工程建设方案 [J]. 计算机系统应用，26（9）：46－53.

李明超，钟登华，王忠耀，等，2010. 水电工程地质-水工三维协同设计系统研究 [J]. 中国工程科学，12（1）：43－47.

李锡伟，朱雪丹，2016. 基于机载 LiDAR 点云数据的高效自动分类生产技术研究 [J]. 道路桥梁（6）：71-72.

李晔，2015. 算量软件在建筑工程上的应用及问题探讨 [D]. 青岛：青岛理工大学.

李子扬，陈斌，石能森，等，2014. 电力电缆的排管敷设方式设计 [J]. 山东电力技术（s1）：43-47.

栗祯泽，吕凯，2018. CATIA 在三河口枢纽工程中的电气设计 [J]. 陕西水利，212（3）：175-177.

廖明伟，廖明，万敏，2017. 空地一体化倾斜摄影与实景三维融合关键技术探讨 [J]. 江西测绘（1）：2-3.

刘娟，2014. 水电三维协同设计系统研究及应用初探 [C]//云南省岩土力学与工程学会. 2014 年学术年会论文集. 北京：中国科学技术出版社：170-173.

刘军，陈明，李伟，2015. 桃源水电站五步实现三维数字化移交 [J]. 中国计算机报，27.

刘玲，2010. 城市生命体视角：现代城市和谐建设初探 [D]. 上海：复旦大学.

刘铁忠，李志祥，王梓薇，2006. 企业安全管理能力概念框架研究 [J]. 商业时代（24）：50-52.

刘正军，徐胜攀，左志权，等，2012. 机载激光雷达数据处理软件设计及关键技术研究 [J]. 测绘通报（12）：91-93.

陆秀平，黄谟涛，翟国君，等，2016. 多波束测深数据处理关键技术研究进展与展望 [J]. 海洋测绘（4）：1-6.

罗飞，2016. Revit Architecture 三维建筑模型 WebGL 显示及优化 [D]. 杭州：浙江工业大学.

马登武，叶文，李瑛，2006. 基于包围盒的碰撞检测算法综述 [J]. 系统仿真学报，18（4）：1058-1061.

马贵安，2007. 水利水电工程移民信息管理 [M]. 北京：中国水利水电出版社.

彭自强，2018. 基于 Bentley 的水电电气三维元器件库管理及参数化建模探索 [J]. 水利规划与设计，172（2）：142-144.

彭自强，2018. 基于 Bentley 的水电电气三维元器件库管理及参数化建模探索 [J]. 水利规划与设计，2：139-141.

尚宪锋，李斌，2014. 水位库容曲线计算与拟合 [J]. 吉林水利（10）：31-33.

水利部，2014. 水利水电工程照明系统设计规范：SL 641—2014 [S]. 北京：中国水利水电出版社.

苏业助，洪为善，1999. 根据水量平衡原理修正水库库容曲线方法 [J]. 人民长江（30）：39-41.

孙杰贤，2010. 智慧科技成就绿色城市 [J]. 中国信息化（20）：50-51.

孙玉兵，2016. 利用 GIS 技术对莲花电站水库库容曲线复核分析 [J]. 测绘与空间地理信息（4）：173-174，177.

天工开物 TGCW，2017. BIM+风电 你不可不知的未来！[EB/OL]. 2017-12-25/2020-05.

田方，2017. 机载激光雷达与点云数据处理技术简述 [J]. 硅谷（17）：23，39.

万云辉，李小帅，钱富运，2015. 三维勘测设计技术在水电工程中的应用研究 [J]. 长江科学院院报，32（7）：137-142.

汪立峰，1999. 500kV 北绍（Ⅲ）线绝缘子串设计 [C]//中国电机工程学会，中国电机工程学会输电电气分专委会学术年会.

汪志强，陈泓宇，2017. 电缆敷设和管路桥架三维设计在抽水蓄能电站的应用 [J]. 水电与抽水蓄能（3）：79-83.

王广斌，张洋，谭丹，2009. 基于 BIM 的工程项目成本核算理论及实现方法研究 [J]. 科技进步与对策（21）：47-49.

王广彦，2002. 基于 CAD 的加工中心在线检测关键技术研究 [D]. 天津：河北工业大学.

王国光，李成翔，2015. 地质三维勘察设计系统的应用实践 [J]. 中国建设信息，14（5）：36-39.

王国光，徐震，单治钢，2014. 地质三维勘察设计系统关键技术研究 [J]. 水力发电，40（8）：13-17.

王国光，徐震，张春生，2014. 地质三维勘察设计系统中模型自动更新方法与实现 [J]. 水力发电，40

（8）：37－41．

王红娟，2007．三维实体建模及布尔运算造型技术［D］．青岛：山东科技大学．

王进丰，李南辉，王宁，2015．基于CATIA/ENOVIA VPM的水电工程三维协同设计［J］．人民长江，46（17）：28－32．

王磊，2011．综合布线系统桥架设计及安装研究［J］．现代商贸工业（8）：282－283．

王丽君，2011．GPS RTK测量关键技术分析及在辽阳某工业区测量案例研究［J］．科技资讯（2）：101－102．

王文进，朱亮亮，赵钦，等，2018．重力坝参数化设计系统开发［J］．水利水电技术，49（2）：56－62．

王晓罡，2004．小型水电站的设备防雷设计［J］．能源工程（3）：40－42．

王峥，2012．关河水电站防雷保护与接地设计简述［J］．山西水利（11）：44－45．

魏志云，王国光，卓胜豪，等，2016．岩土三维勘察设计系统在地铁工程中的应用［J］．中国交通信息化（7）：133－136．

毋涛，张云勇，房秉毅，2013．面向智慧城市的公共服务平台解决方案［J］．信息通信技术，7（5）：37－40．

伍鹤皋，付山，汪洋，等，2014．基于CATIA的水电站月牙肋钢岔管三维参数化设计［J］．武汉大学学报（工学版），47（6）：738－742．

肖波，朱兰艳，2015．基于DPGrid的低空无人机遥感影像应用技术研究［J］．地矿测绘（31）：22－25．

谢建春，孙丙玉，李文清，等，2015．一种低空无人机航摄系统关键技术的试验研究［J］．测绘通报（10）：85－87．

谢彦钧，2017．水电站电气二次设计分析［J］．华东科技（学术版）（9）：146－146．

熊东，2018．水电工程信息模型共享技术研究［D］．郑州：华北水利水电大学．

徐静，谭章禄，2016．基于智慧城市的地下空间安全管理研究［J］．地下空间与工程学报，12（1）：1－5，43．

徐长青，许志闻，郭晓新，等，2004．计算机图形学［M］．北京：机械工业出版社．

许庆瑞，吴志岩，陈力田，2012．智慧城市的愿景与架构［J］．管理工程学26（4）：1－7．

杨国东，王民水，2016．倾斜摄影测量技术应用及展望［J］．测绘与空间地理信息（1）：13－15．

袁俊森，2010．水电站［M］．郑州：黄河水利出版社．

詹维勇，李长耘，2019．大华桥水电站桥架安装及电缆敷设工艺优化［J］．水力发电（6）：100－103．

张斌，2016．BIM技术在智慧城市建设中的应用［J］．中国建设信息化（24）：33－35．

张春影，高平，汪茵，等，2015．施工图设计阶段BIM模型的工程算量问题研究［J］．建筑经济（8）：53－57．

张芳，朱合华，2010．三维TIN与TIN相交算法及其在岩土工程中应用［J］．工程图学学报（5）：151－156．

张社荣，顾岩，张宗亮，等，2008．水利水电行业中应用三维设计的探讨［J］．水力发电学报（3）：65－69，53．

张同伟，秦升杰，唐嘉陵，等，2018．深水多波束测深系统现状及展望［J］．测绘通报（5）：82－85．

张卫君，李亦凡，张煦，等，2018．智慧水电工程三维可视化技术与应用研究［J］．水电与抽水蓄能，4（6）：8－12．

张玉辉，2018．基于智慧城市的兰州市交通拥堵治理研究［D］．兰州：兰州大学．

张再杰，2018．防雷设计中保护范围计算方法探究［J］．河南科技，661（35）：81－82．

张志檩，2010．信息化与工业化融合中的自动化与信息融合［J］．自动化博览，27（7）：42－44．

赵剑平，2014．电力物资管理的实效性及其相应措施研究［J］．广东科技（14）：22－23．

郑欣欣，2015．MicroStation与AutoCAD辅助设计软件对比［J］．科技视界，（34）：107．

中国水利水电勘测设计协会，2018．水利水电BIM设计联盟［M］．北京：中国水利水电出版社．

中华人民共和国建设部，中华人民共和国国家质量监督检验检疫总局，2007. 电力工程电缆设计规范：
　GB 50217—2007 [S]. 北京：中国计划出版社.

钟登华，郭享，2009. 水电工程地下主厂房三维参数化设计方法 [J]. 水力发电学报，28（1）：171 -
　177.

周波，2016. 基于智慧城市的测绘地理信息服务模式探讨 [J]. 建材与装饰（26）：236 - 237.

周天，欧阳永忠，李海森，2016. 浅水多波束测深声纳关键技术剖析 [J]. 海洋测绘（3）：1 - 6.

周晓敏，赵力彬，张新利，2012. 低空无人机影像处理技术及方法探讨 [J]. 测绘与空间地理信息（2）：
　182 - 184.

索　引

《中国水电关键技术丛书》
编辑出版人员名单

总 责 任 编 辑：营幼峰

副总责任编辑：黄会明　刘向杰　吴　娟

项 目 负 责 人：刘向杰　冯红春　宋　晓

项 目 组 成 员：王海琴　刘　巍　任书杰　张　晓　邹　静
　　　　　　　　李丽辉　夏　爽　郝　英　范冬阳　李　哲
　　　　　　　　石金龙　郭子君

《水电工程三维协同设计技术》

责任编辑：冯红春　任书杰

文字编辑：任书杰

审稿编辑：方　平　王　勤　冯红春

索引制作：陈　佑

封面设计：芦　博

版式设计：芦　博

责任校对：梁晓静　黄　梅

责任印制：崔志强　焦　岩　冯　强

排　　版：吴建军　孙　静　郭会东　丁英玲　聂彦环

Contents

of China.

As same as most developing countries in the world, China is faced with the challenges of the population growth and the unbalanced and inadequate econom-ic and social development on the way of pursuing a better life. The influence of global climate change and extreme weather will further aggravate water short-age, natural disasters and the demand & supply gap. Under such circum-stances, the dam and reservoir construction and hydropower development are necessary for both China and the world. It is an indispensable step for economic and social sustainable development.

The hydropower engineering technology is a treasure to both China and the world. I believe the publication of the *Series* will open a door to the experts and pro-fessionals of both China and the world to navigate deeper into the hydropower engi-neering technology of China. With the technology and management achievements shared in the *Series*, emerging countries can learn from the experience, avoid mis-takes, and therefore accelerate hydropower development process with fewer risks and realize strategic advancement. The *Series*, hence, provides valuable reference not only to the current and future hydropower development in China but also world de-veloping countries in their exploration of rivers.

As one of the participants in the cause of hydropower development in Chi-na, I have witnessed the vigorous development of hydropower industry and the remarkable progress of hydropower technology, and therefore I am truly de-lighted to see the publication of the *Series*. I hope that the *Series* will play an active role in the international exchanges and cooperation of hydropower engi-neering technology and contribute to the infrastructure construction of B&R countries. I hope the *Series* will further promote the progress of hydropower engineering and management technology. I would also like to express my sincere gratitude to the professionals dedicated to the development of Chinese hydropower technological development and the writers, reviewers and editors of the *Series*.

Ma Hongqi
Academician of Chinese Academy of Engineering
October, 2019

river cascades and water resources and hydropower potential. 3) To develop complete hydropower investment and construction management system with the aim of speeding up project development. 4) To persist in achieving technological breakthroughs and resolutions to construction challenges and project risks. 5) To involve and listen to the voices of different parties and balance their benefits by adequate resettlement and ecological protection.

With the support of H. E. Mr. Wang Shucheng and H. E. Mr. Zhang Jiyao, the former leaders of the Ministry of Water Resources, China Society for Hydropower Engineering, Chinese National Committee on Large Dams, China Renewable Energy Engineering Institute, and China Water & Power Press in 2016 jointly initiated preparation and publication of *China Hydropower Engineering Technology Series* (hereinafter referred to as "the *Series*"). This work was warmly supported by hundreds of experienced hydropower practitioners, discipline leaders, and directors in charge of technologies, dedicated their precious research and practice experience and completed the mission with great passion and unrelenting efforts. With meticulous topic selection, elaborate compilation, and careful reviews, the volumes of the *Series* was finally published one after another.

Entering 21st century, China continues to lead in world hydropower development. The hydropower engineering technology with Chinese characteristics will hold an outstanding position in the world. This is the reason for the preparation of the *Series*. The *Series* illustrates the achievements of hydropower development in China in the past 30 years and a large number of R&D results and projects practices, covering the latest technological progress. The *Series* has following characteristics. 1) It makes a complete and systematic summary of the technologies, providing not only historical comparisons but also international analysis. 2) It is concrete and practical, incorporating diverse disciplines and rich content from the theories, methods, and technical roadmaps and engineering measures. 3) It focuses on innovations, elaborating the key technological difficulties in an in-depth manner based on the specific project conditions and background and distinguishing the optimal technical options. 4) It lists out a number of hydropower project cases in China and relevant technical parameters, providing a remarkable reference. 5) It has distinctive Chinese characteristics, implementing scientific development outlook and offering most recent up-to-date development concepts and practices of hydropower technology

China has witnessed remarkable development and world-known achievements in hydropower development over the past 70 years, especially the 4 decades after Reform and Opening-up. There were a number of high dams and large reservoirs put into operation, showcasing the new breakthroughs and progress of hydropower engineering technology. Many nations worldwide played important roles in the development of hydropower engineering technology, while China, emerging after Europe, America, and other developed western countries, has risen to become the leader of world hydropower engineering technology in the 21st century.

By the end of 2018, there were about 98,000 reservoirs in China, with a total storage volume of 900 billion m^3 and a total installed hydropower capacity of 350GW. China has the largest number of dams and also of high dams in the world. There are nearly 1000 dams with the height above 60m, 223 high dams above 100m, and 23 ultra high dams above 200m. There are also 4 mega-scale hydropower stations with an individual installed capacity above 10GW, such as Three Gorges Hydropower Station, which has an installed capacity of 22.5 GW, the largest in the world. Hydropower development in China has been endeavoring to support national economic development and social demand. It is guided by strategic planning and technological innovation and aims to promote project construction with the application of R&D achievements. A number of tough challenges have been conquered in project construction and management, realizing safe and green development. Hydropower projects in China have played an irreplaceable role in the governance of major rivers and flood control. They have brought tremendous social benefits and played an important role in energy security and eco-environmental protection.

Referring to the successful hydropower development experience of China, I think the following aspects are particularly worth mentioning. 1) To constantly coordinate the demand and the market with the view to serve the national and regional economic and social development. 2) To make sound planning of the

Informative Abstract

This book is one of *the series of Key Technologies of Hydropower in China*, funded by the National Publication Foundation. Based on nearly 20 years of practical cases in 3D collaborative design of hydropower engineering by PowerChina HuaDong Engineering Corporation Limited (abbreviated as "HDEC"), it explains the technical theory of 3D collaborative design, summarizes the production organization, general technology, professional technology, management technology and standard system of 3D collaborative design. Furthermore, combined with the in-depth application results of HDEC in engineering digitalization, the book introduces how to carry out digital construction management and smart operation and maintenance management in hydropower engineering, and makes in-depth explanations on the innovative promotion and application of CIM (City Information Modeling) . In addition, the book also introduces the application of 3D collaborative design in non-hydropower engineering. The book aims to provide reference for 3D collaborative design of hydropower engineering and provide ideas for the application of digital technology in the entire life cycle of engineering and smart city construction.

This book is suitable for technical and management personnel in the engineering industry such as design, construction, supervision, and operation and maintenance, as well as teachers and students in engineering-related majors, especially for hydropower engineering technicians and engineering digital technology personnel.

China Hydropower Engineering Technology Series

3D Collaborative Design Technologies for Hydropower Engineering

Zhang Chunsheng Shi Leiming Wang Jinfeng

中国水利水电出版社
China Water & Power Press
· Beijing ·